100% TECHNO LOGIQUE

Ces objets qui nous changent la vie.

>>

Pour l'édition originale

Édition Kate Bradshaw, Julie Ferris, Andrea Mills, Rosie O'Neill

Maquette Philip Letsu, Joanne Little, Sarah Ponder, Johnny Pau

Suivi d'édition Carey Scott, Fran Jones, Sarah Larter
Graphisme Joanne Connor

Responsable éditorial Camilla Hallinan
Responsable artistique Sophia M Tampakopoulos Turner

PAO Siu Yin Ho

Directeur artistique Simon Webb
Direction éditoriale Andrew Macintyre
Éditeur en chef Jonathan Metcalf

conographe Louise Thomas
Fabrication Alison Lenane
Maquette de couverture Bob Warner

llustrateurs Kevin Jones, Andrew Kerr, Lee Gibbons

Conseillers Roger Bridgman, Tom Standage, an Graham et Dr Susan Aldridge

Pour l'édition française
Responsable éditorial Thomas Dartige
Édition Éric Pierrat

Adaptation, traduction et mise en page
Bruno Porlier
Correction Dominique Mojal-Maurel
Relecteurs-spécialistes Gérard Mojal, ingénieur et Françoise Pitrou, docteur en médecine
Couverture Raymond Stoffel et Aubin Leray
Photogravure de couverture IGS (16)

SBN 2-07-057289-7

Dépôt légal octobre 2006
n° d'édition 138148
Loi n°49-956 du 16 juillet 1949
sur les publications destinées à la jeunesse

Ne peut être vendu au Canada

Photogravure Icon Reproduction, Londres
mprimé et relié en Chine par SNP Leefung

100% TECHNO LOGIQUE

Ces objets qui nous changent la vie.

Ecrit par Chris Woodford, Luke Collins, Clint Witchalls, Ben Morgan et James Flint

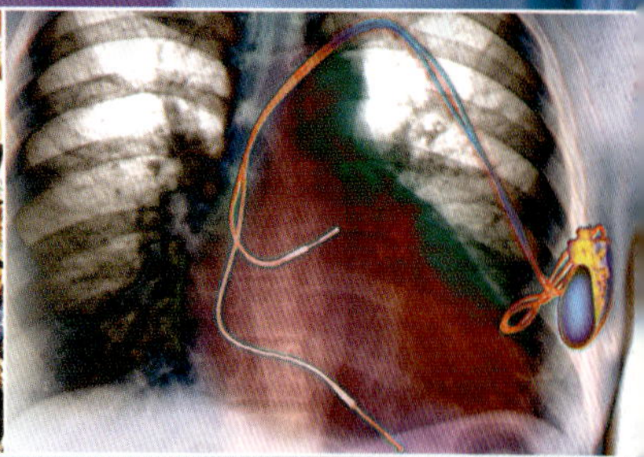

GALLIMARD JEUNESSE

>> SOMMAIRE

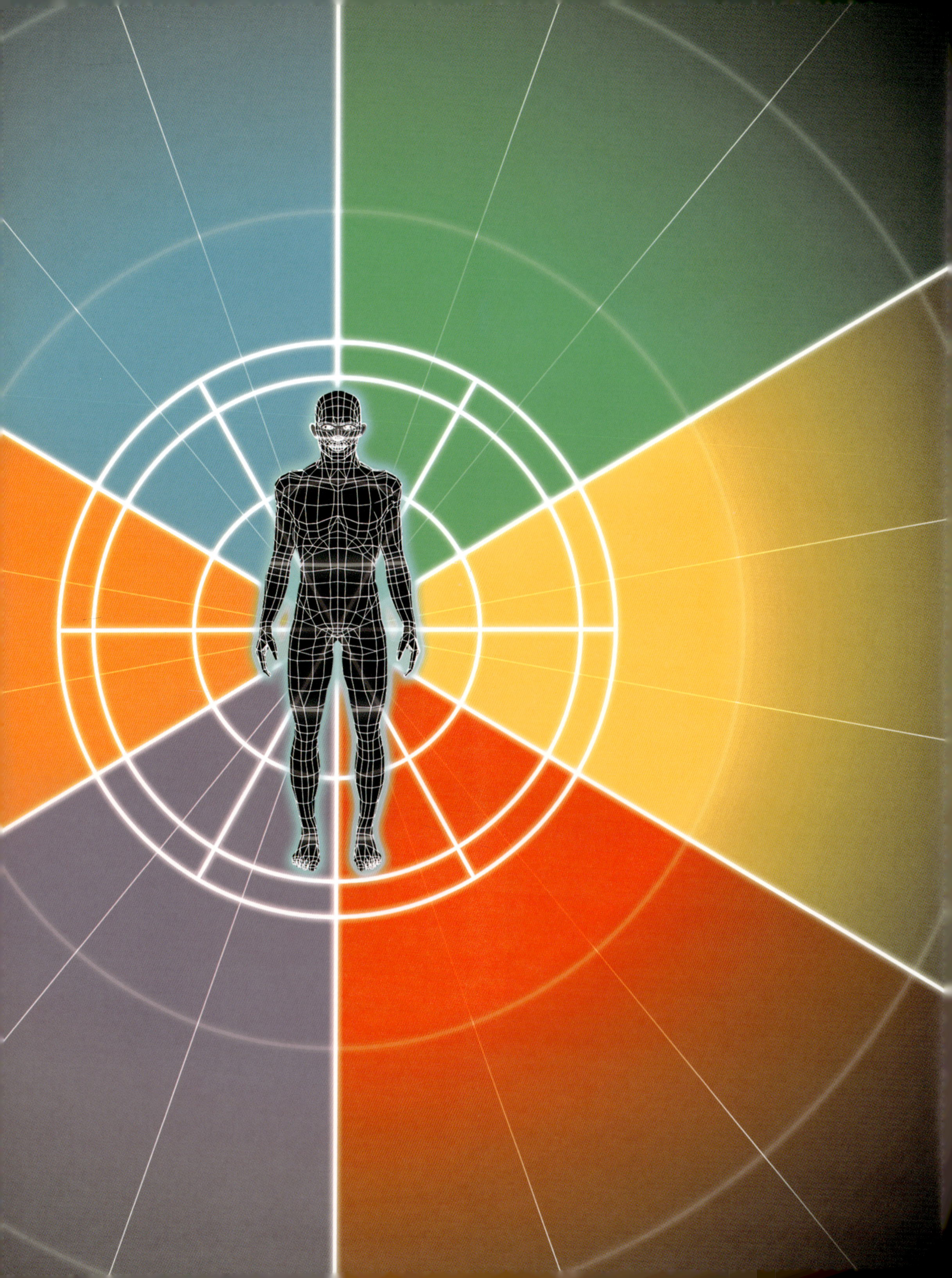

SOMMAIRE

TRANSPORTS

TRAVAIL

SANTÉ

ANNEXES

Les techniques d'imagerie

Au cours du siècle dernier, les avancées successives dans les technologies d'imagerie ont transformé notre façon de voir les choses. Dans des domaines aussi divers que la médecine, l'ingénierie ou la prévision météorologique, des univers invisibles peuvent aujourd'hui être observés. Ainsi, il existe des microscopes capables de produire des images des atomes eux-mêmes. Ces éléments de base de la matière sont si petits qu'ils doivent être grossis 100 millions de fois pour devenir visibles. Dans le monde de l'infiniment grand, à l'inverse, les miroirs quasi parfaits qui équipent le télescope spatial Hubble nous donnent des images des étoiles mourantes dans les lointaines galaxies.

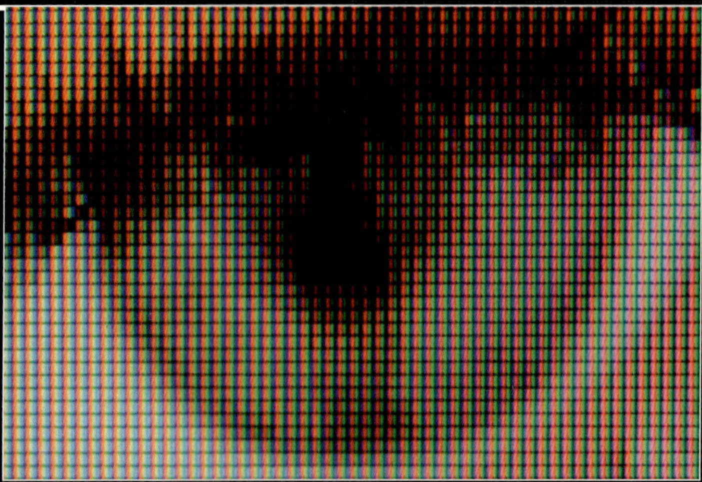

▶ LA MACROPHOTOGRAPHIE
La macrophotographie permet de restituer des images de petits objets à leur taille réelle ou supérieure à leur taille réelle, telle cette image d'un œil humain sur un écran à cristaux liquides (LCD). On utilise pour cela une optique photographique spéciale dotée d'un fort pouvoir de grandissement, permettant d'effectuer la mise au point très près de l'objet photographié. La macrophotographie révèle des détails difficiles, voire impossibles à déceler à l'œil nu. On l'utilise souvent pour réaliser des photos en gros plan de végétaux et d'insectes. Les scientifiques relient aussi leurs microscopes à des appareils photographiques. Cette technique est appelée microphotographie.

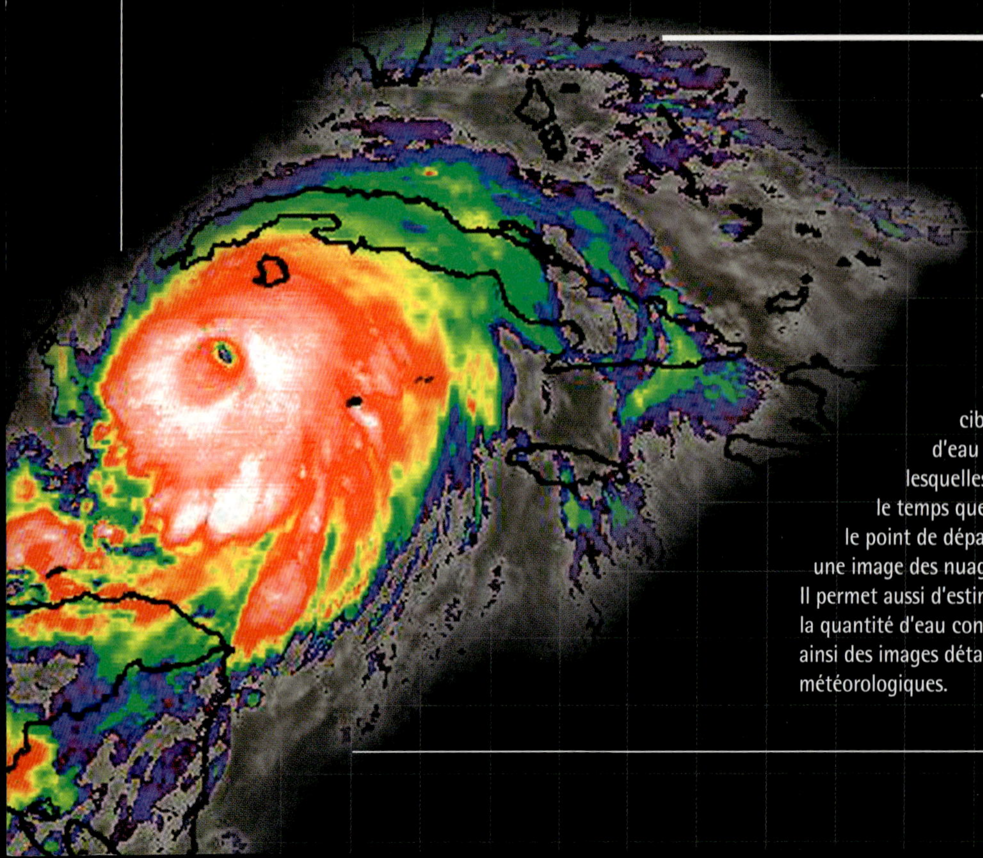

◀ LE RADAR DOPPLER
Le radar doppler permet aux météorologistes de suivre les tempêtes, les tornades et les cyclones. Il est conçu pour mesurer la vitesse d'un objet et la direction de son mouvement. Un émetteur envoie vers le ciel des ondes radio. Celles-ci voyagent à la vitesse de la lumière vers leur cible, généralement les gouttes d'eau constituant les nuages, sur lesquelles elles rebondissent. En calculant le temps que met leur écho pour revenir vers le point de départ, un ordinateur reconstitue une image des nuages et de leurs déplacements. Il permet aussi d'estimer, grâce à l'intensité de l'écho, la quantité d'eau contenue par un nuage. On obtient ainsi des images détaillées des événements météorologiques.

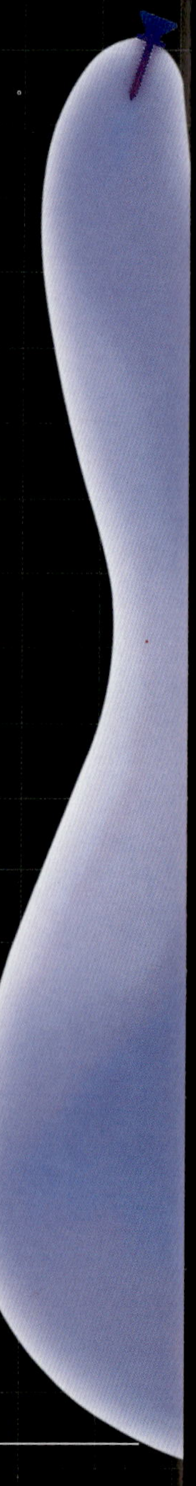

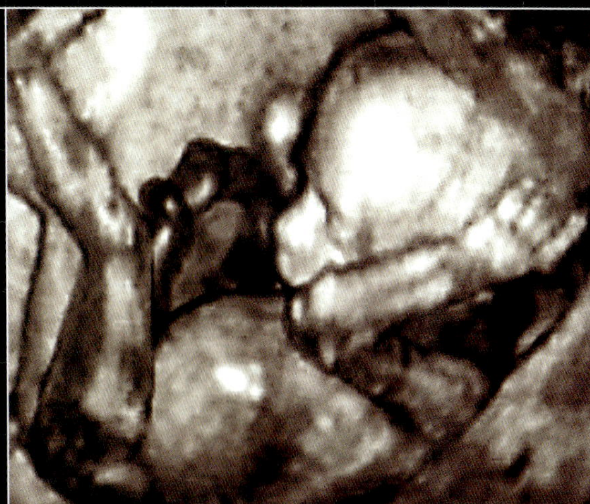

◀ L'ÉCHOGRAPHIE AUX ULTRASONS
L'échographie est une technique d'imagerie médicale souvent utilisée pour suivre le développement du fœtus dans l'utérus de la mère. Une sonde émettrice envoie dans le corps des ondes ultrasoniques de fréquence très élevée – au moins cent fois plus élevée que celles audibles par l'oreille humaine. En mesurant le temps que mettent les échos de ces ondes pour revenir vers la sonde, on peut recréer sur un écran une image détaillée des tissus traversés. Pour produire des images tridimensionnelles (ou 3D, produisant un effet de relief) comme celle-ci, on combine par ordinateur les images de plusieurs sondes.

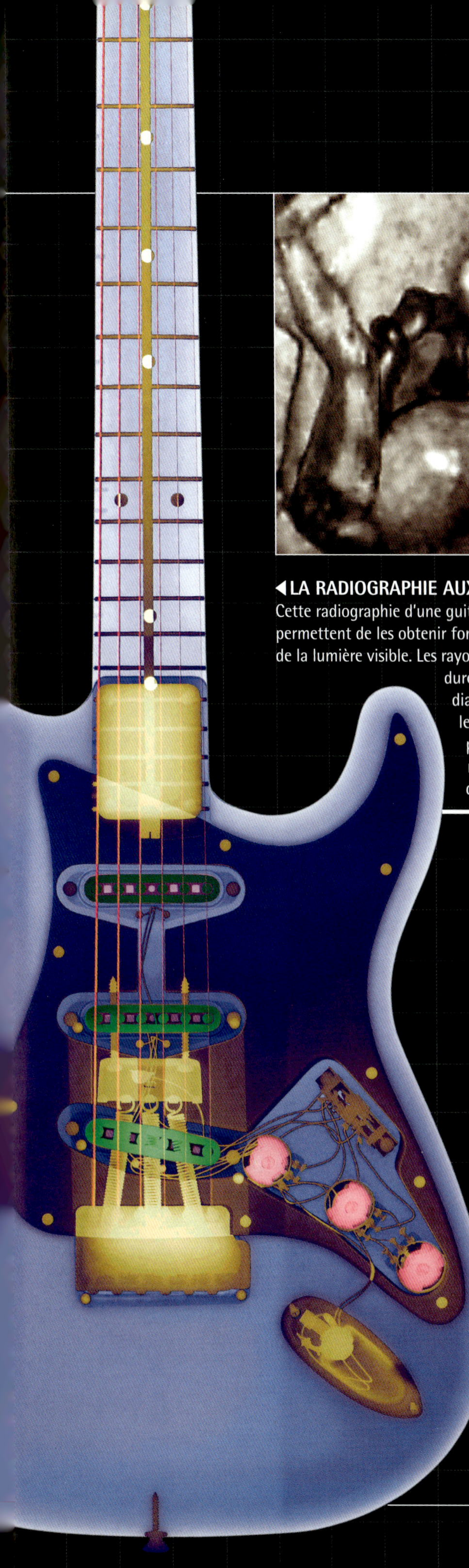

◀ LA RADIOGRAPHIE AUX RAYONS X
Cette radiographie d'une guitare électrique a été améliorée par l'application de fausses couleurs. Les machines qui permettent de les obtenir fonctionnent comme des appareils photographiques, mais utilisent les rayons X au lieu de la lumière visible. Les rayons X ont le pouvoir de pénétrer plus ou moins les matériaux en fonction de leur dureté, révélant ainsi les structures internes d'un objet. Ils sont utilisés en médecine pour diagnostiquer les fractures osseuses. Toutefois, à forte dose, ils peuvent endommager les tissus vivants. Leur emploi doit donc être très mesuré. Ils sont également employés par les ingénieurs pour détecter les imperfections microscopiques dans les structures métalliques, par les astronomes pour observer les étoiles lointaines, et par les services de sécurité des aéroports pour visualiser le contenu des bagages.

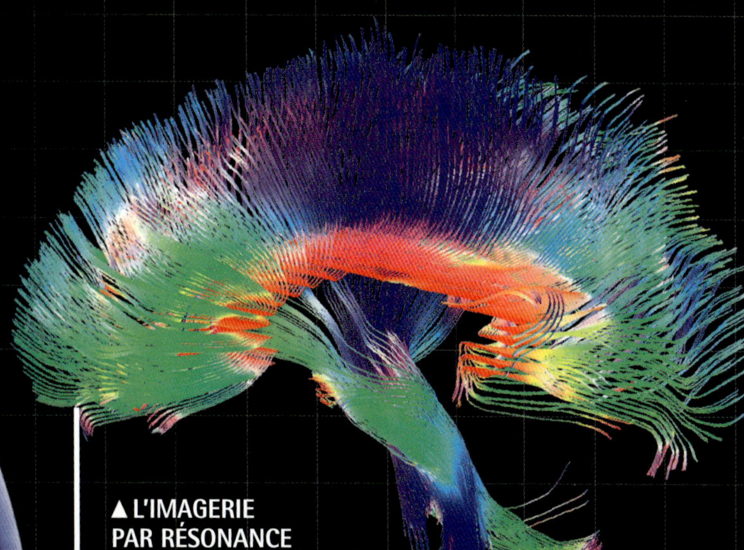

▲ L'IMAGERIE PAR RÉSONANCE MAGNÉTIQUE (IRM)
L'IRM permet aux médecins d'explorer les structures de l'organisme, telles que les réseaux nerveux du cerveau (ci-dessus). Un scanner IRM bombarde l'organisme d'ondes radio qui provoquent la vibration des atomes, maintenus par ailleurs en position par un puissant champ magnétique généré par la machine. Ces infimes vibrations fournissent l'information utilisée par un ordinateur pour construire une image tridimensionnelle très détaillée. L'IRM permet aux médecins de diagnostiquer des maladies graves et d'explorer le fonctionnement d'organes comme le cerveau.

▲ LE MICROSCOPE ÉLECTRONIQUE À BALAYAGE

Capable d'atteindre de très forts grandissements, le microscope électronique à balayage (MEB) permet de révéler à l'œil humain les structures microscopiques d'un organisme vivant, ou bien des organismes eux-mêmes microscopiques. À des taux de grandissement moins élevés, il permet aussi de réaliser de remarquables photographies de petits objets difficiles à voir à l'œil nu, tels que ces minuscules poils coupés sur une grille de rasoir électrique. Le MEB focalise un étroit faisceau d'électrons qui balaie l'objet à photographier. Les électrons renvoyés par l'objet sont détectés et convertis en signaux électriques. Ces signaux sont utilisés pour créer une image de type photographique sur un écran vidéo de très haute résolution. L'image formée est alors en noir et blanc, mais peut être colorée numériquement en lui appliquant de fausses couleurs, par un ordinateur.

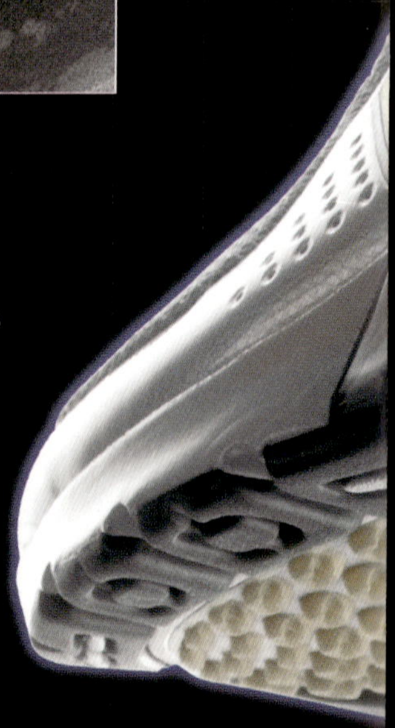

▲ LA PHOTOGRAPHIE EN INFRAROUGE, OU THERMOGRAPHIE

La technique de la thermographie repose sur l'emploi de caméras spéciales sensibles aux rayons infrarouges, porteurs de chaleur. Tous les objets, même les plus froids, comme les glaçons, émettent des rayons infrarouges. Dans une photographie en infrarouge, ou thermogramme, les températures les plus élevées se manifestent par les luminosités les plus brillantes. L'image générée est, à l'origine, en noir et blanc, mais peut être colorée pour la rendre plus informative. La thermographie a de nombreuses applications, parmi lesquelles le diagnostic médical, les opérations de recherche et de sauvetage et la mesure de l'isolation des bâtiments.

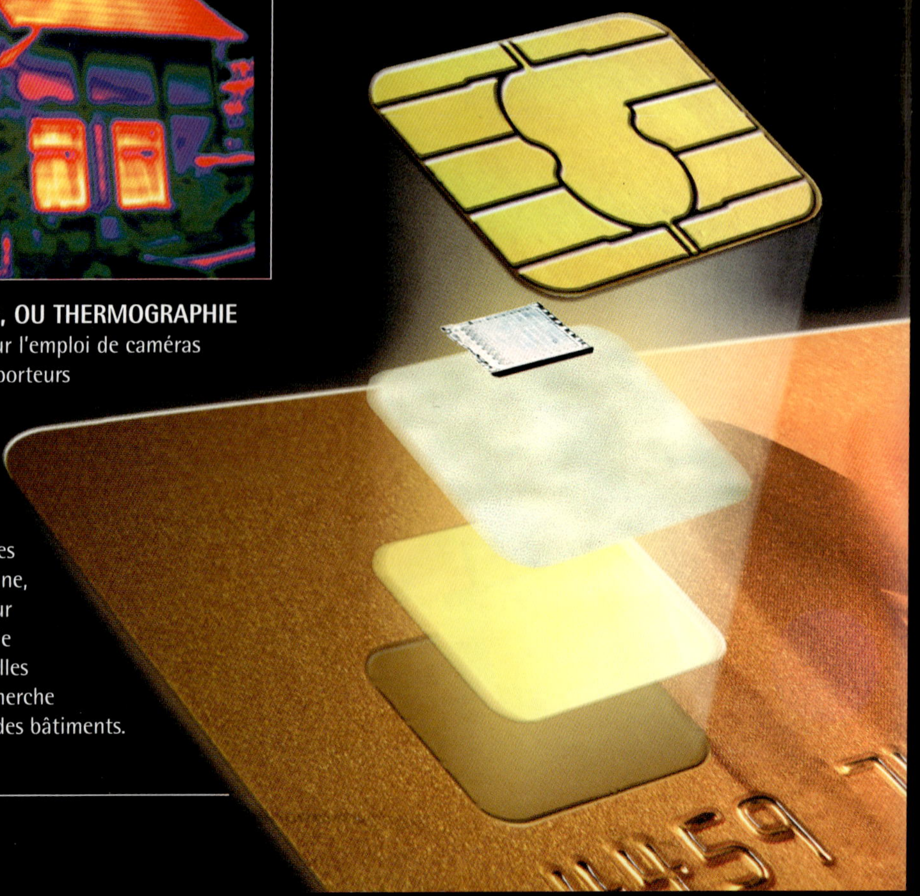

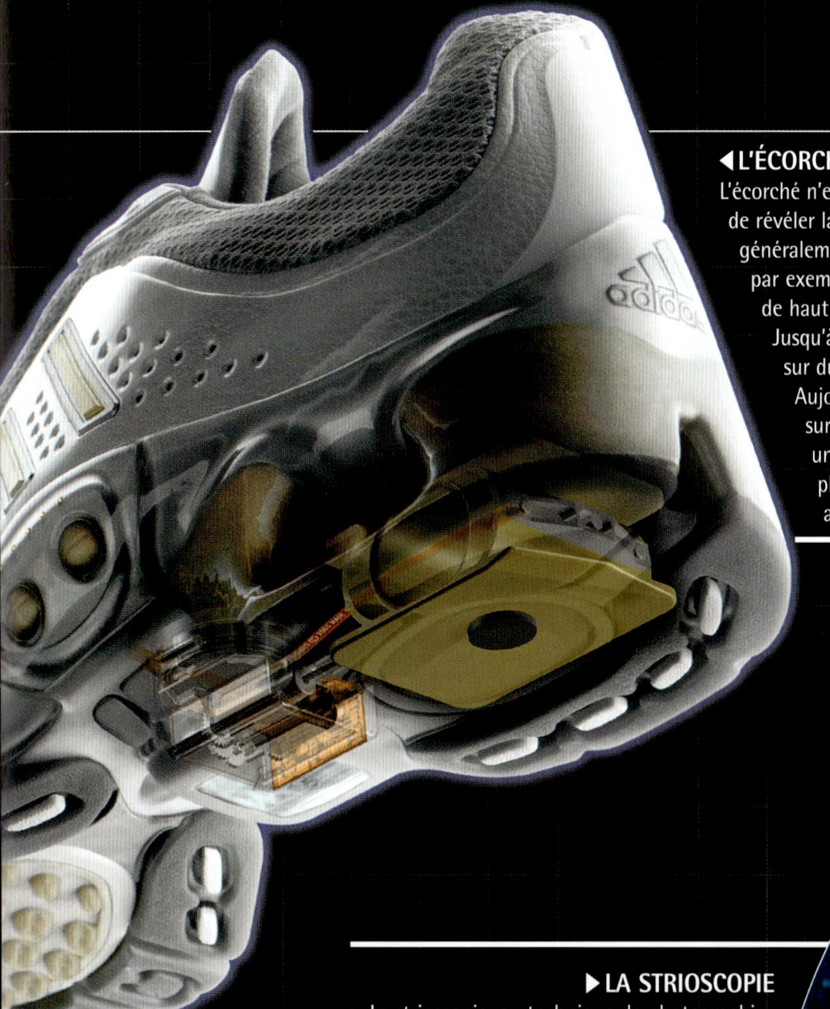

◀ L'ÉCORCHÉ

L'écorché n'est pas une technique d'imagerie mais d'illustration permettant de révéler la structure interne des objets. Elle est souvent utilisée, généralement en 3D, pour montrer le fonctionnement de mécanismes, par exemple la technologie d'amortissement d'une chaussure de sport de haut de gamme, ou la disposition du moteur dans une automobile. Jusqu'à une date récente, les écorchés étaient dessinés à la main sur du papier et leur exécution prenait beaucoup de temps. Aujourd'hui, les illustrateurs techniques travaillent plus souvent sur ordinateur. À l'aide des logiciels d'imagerie numérique, un artiste peut créer une illustration réaliste en superposant plusieurs couches dont il modifie le degré de transparence afin de laisser apparaître celles situées en dessous.

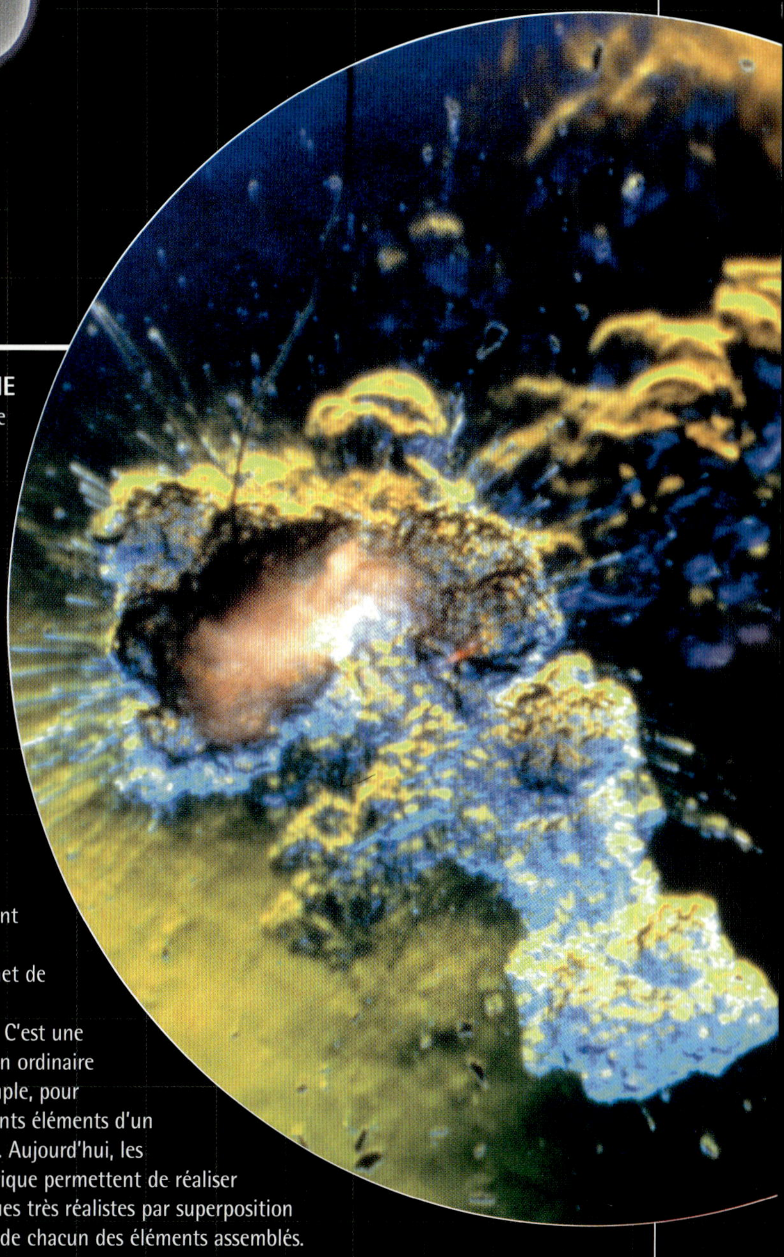

▶ LA STRIOSCOPIE

La strioscopie, ou technique de photographie Schlieren, est utilisée pour photographier les flux d'air autour d'un objet, par exemple un avion dans une soufflerie. Dans l'image ci-contre, cette technique a été utilisée pour visualiser les ondes de choc provoquées par un pétard qui explose. Un objet en mouvement rapide perturbe l'air autour de lui, le comprimant dans certaines zones de l'espace, l'étirant dans d'autres. Cela entraîne des modifications locales de la pression, donc de la densité de l'air. Ces différences de densité de l'air provoquent des différences de réfraction (courbure) des rayons lumineux qui le traversent se traduisant par des variations de luminosité et permettant de produire une image. Celle-ci est colorée au moyen de filtres.

◀ LA VUE ÉCLATÉE

Autre technique d'illustration, la vue éclatée permet de présenter les différentes parties d'un objet et la manière dont elles s'insèrent dans celui-ci, comme ici les couches qui composent une carte à puce électronique. Cela permet de comprendre comment les pièces s'assemblent et fonctionnent les unes par rapport aux autres. C'est une technique utilisée de longue date en dessin ordinaire dans les manuels techniques, par exemple, pour montrer dans quel ordre les différents éléments d'un appareil doivent être assemblés. Aujourd'hui, les logiciels d'illustration numérique permettent de réaliser des illustrations numériques très réalistes par superposition et retouche des images de chacun des éléments assemblés.

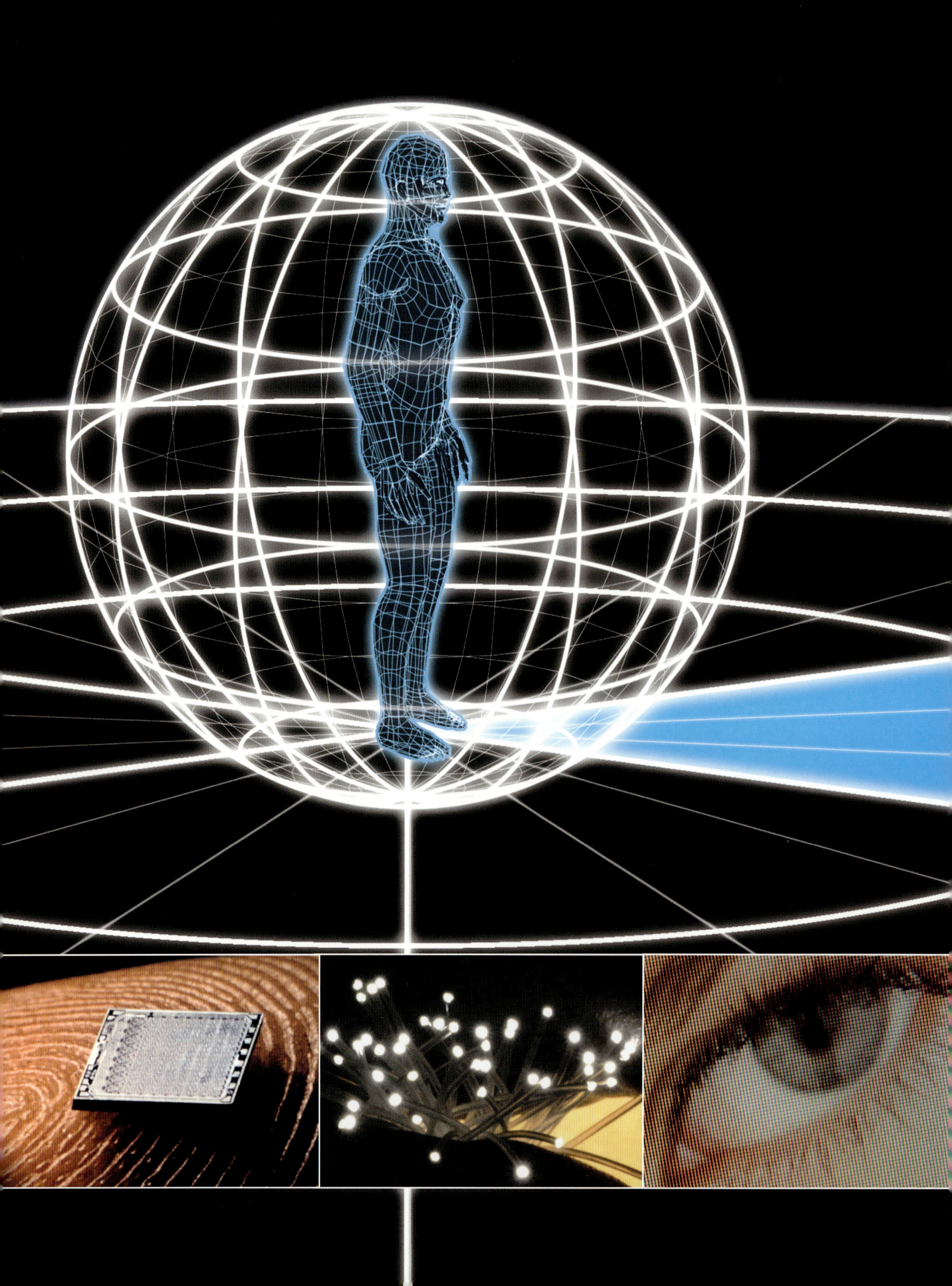

» COMMUNICATION

Les puces électroniques » Le téléphone portable
La fibre optique » La radio numérique » La télévision LCD
La reconnaissance vocale » Les traducteurs de langage animal
La reconnaissance d'iris » Les néons » Le réseau Internet
La liaison vidéo » Les satellites de communication

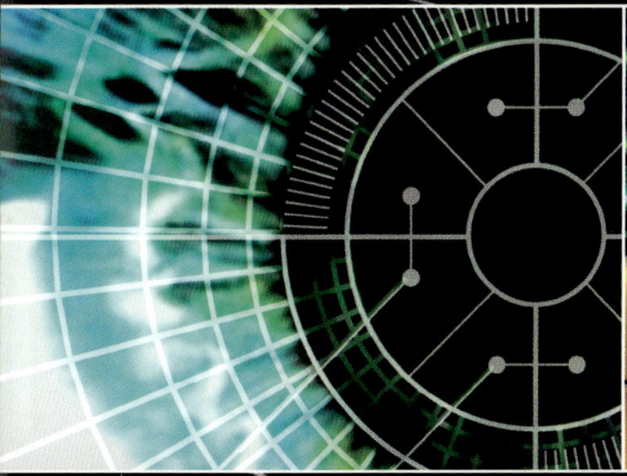

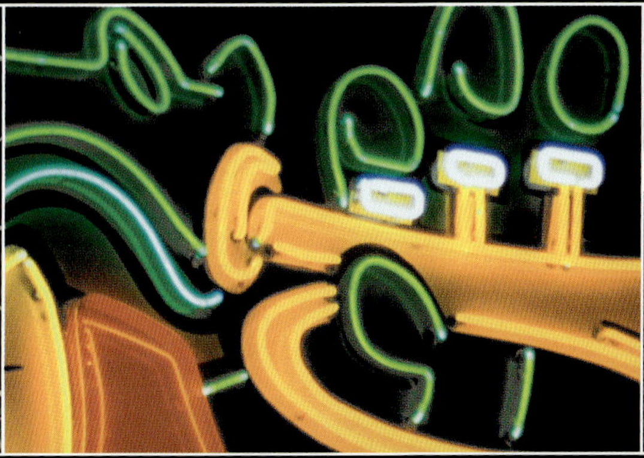

TOUCHES D'UNE TÉLÉCOMMANDE

Les systèmes de communication existent depuis des milliers d'années. Un système postal, avec ses relais de porteurs à cheval, existait en effet dans la Perse antique (l'Iran actuel) dès le VIe siècle avant J.-C. Jusqu'au XIXe siècle, ce système de transport de messages resta le seul moyen de communication à longue distance. Le temps que mettait un courrier pour parvenir à son destinataire dépendait de la vitesse de son porteur.

Au milieu du XIXe siècle, l'usage du télégraphe électrique s'est répandu. Pour la première fois, des messages composés dans un code spécial, le morse, pouvaient être émis et reçus quasi instantanément. En 1876, avec l'invention du téléphone, des personnes séparées de plusieurs centaines, et, plus tard, de plusieurs milliers de kilomètres, pouvaient se parler.

De nos jours, la technologie numérique (ou digitale) a révolutionné la manière de communiquer. Le numérique consiste à transformer l'information – images, mots, sons, textes – en suites de uns et de zéros qui peuvent être lus par des appareils tels que des ordinateurs ou des téléphones portables. Le numérique permet de diffuser instantanément dans le monde entier des millions d'appels téléphoniques et de messages électroniques. Rien de tout cela ne serait possible sans les ordinateurs et les câbles en fibre optique, capables de véhiculer 100 milliards de uns et de zéros par seconde à la vitesse de la lumière.

Les premiers calculateurs numériques développés peu après la Seconde Guerre mondiale occupaient des pièces entières et n'étaient pas plus puissants qu'une montre électronique actuelle. Cela semble peu au regard des capacités des ordinateurs d'aujourd'hui, et pourtant, en 1969, l'ordinateur était déjà capable d'effectuer les calculs qui ont permis à l'homme de mettre le pied sur la Lune.

Depuis, les ordinateurs n'ont cessé de se miniaturiser. Leur coût s'est également réduit tandis que leur puissance et leur facilité d'emploi augmentaient. La capacité de calcul d'un ordinateur réside dans son microprocesseur central. Ce dernier est constitué de millions de minuscules commutateurs, les transistors, gravés par procédé chimique à la surface de galettes de silicium (un élément naturellement présent dans le sable). Ces commutateurs électroniques permettent aux ordinateurs d'effectuer un nombre incroyable de calculs par seconde.

> « Nous pouvons partager l'information, échanger des idées et former des communautés en ligne avec des gens situés à des milliers de kilomètres. »

Deux ordinateurs ou plus reliés entre eux forment un réseau. En connectant ainsi plusieurs postes, on peut constituer des structures très complexes. Aujourd'hui, l'Internet met en contact des centaines de millions d'ordinateurs à travers le monde, qui peuvent ainsi accéder au World Wide Web, le réseau mondial délivrant les sites Internet. En 1993, ces sites n'étaient que cinquante. Il en existe aujourd'hui plus de huit milliards. Ce réseau d'ordinateurs extrêmement puissant donne accès à une quantité d'informations considérable. Il permet également d'envoyer un message à un ami de l'autre côté de la planète, de réserver un séjour de vacances, d'acheter ou vendre des biens ou de télécharger de la musique. L'Internet a transformé l'ordinateur en appareil de communication et, du moins pour la minorité de ceux qui en sont équipés, semble avoir réduit le monde à un « village global ».

Macrophotographie d'un microprocesseur sur le bout d'un doigt

▲ **Les puces électroniques** peuvent être plus petites que l'ongle du petit doigt. Elles fonctionnent comme un minuscule cervea
Les plus complexes, appelées microprocesseurs, renferment la puissance de calcul d'un ordinate tout entier sur un petit morceau de silicium.

LES PUCES ÉLECTRONIQUES

Les puces électroniques les plus puissantes qui équipent les ordinateurs récents sont capables de traiter environ 10 milliards d'instructions par seconde. Depuis 1971, le nombre de transistors que l'on peut faire tenir dans une puce n'a cessé d'augmenter, passant de plus de 2000 à 500 millions.

» COMMENT ÇEST FAIT

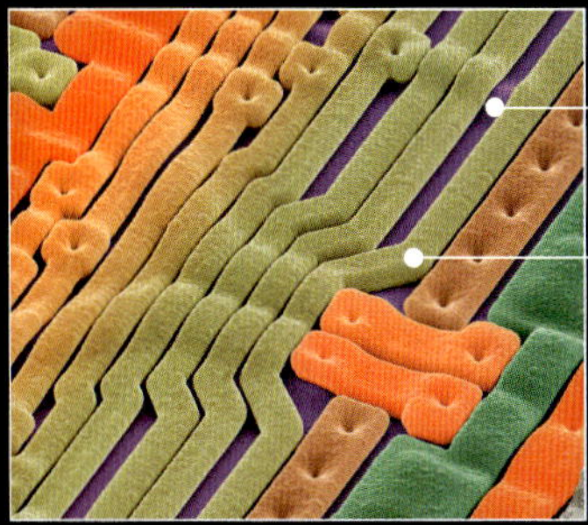

1. Une puce électronique révèle ses secrets lorsqu'elle est agrandie environ 1 200 fois. Les transistors (en violet) sont déposés en couches sur le support et reliés par des connections métalliques disposées par-dessus. Ces minuscules transistors s'ouvrent ou se ferment pour contrôler les signaux électroniques, traitant des milliers d'informations par seconde.

2. Des microfils d'or, grossis ici près de 300 fois, relient les minuscules points de contact sur les bords de la puce électronique aux pattes de connexion métalliques sur son enveloppe. L'or est coûteux mais c'est un excellent conducteur électrique, qui empêche la puce de surchauffer.

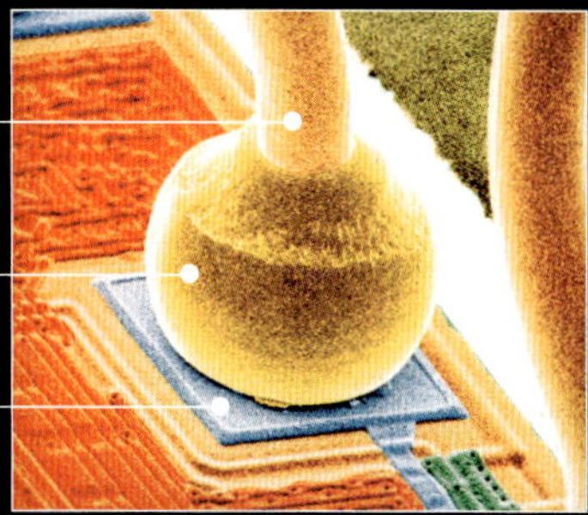

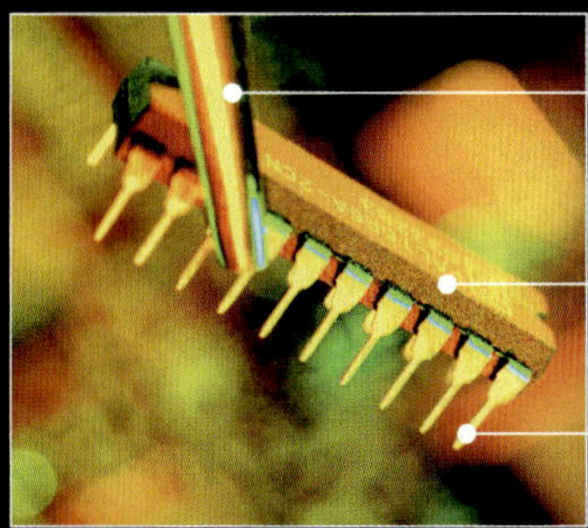

3. Une puce électronique est si petite et fragile qu'elle doit être protégée par une enveloppe de plastique ou de céramique. Chacune des pattes de connexion métalliques, reliée à un point de contact dans la puce, sera soudée sur une plaque à circuit imprimé afin de la connecter à d'autres composants.

◀◀ LE PASSÉ

En 1958, l'invention du circuit intégré, qui permettait de faire tenir des circuits complets sur de minuscules puces électroniques, permit la création d'appareils électroniques moins coûteux.

Les scientifiques travaillent actuellement sur un implant électronique oculaire qui stimule les cellules de la rétine. Il pourrait aider les aveugles à retrouver la vue.

LE FUTUR ▶▶

La fabrication des puces électroniques

▶ Les puces sont faites d'un élément appelé silicium. Elles commencent leur vie à l'état de cristaux obtenus à partir de silicium fondu. Celui-ci est modelé en cylindres de plus de 1 m de long et jusqu'à 30 cm de diamètre. Chacun est ensuite tranché en disques appelés galettes.

Galettes de silicium

▶ Les galettes de silicium sont chauffées dans un four et gravées chimiquement pour former à leur surface des transistors et des pistes conductrices. Des centaines de puces peuvent êtres logées sur une seule galette. Une fois la galette testée, les puces qui la constituent sont découpées et montées dans leur enveloppe.

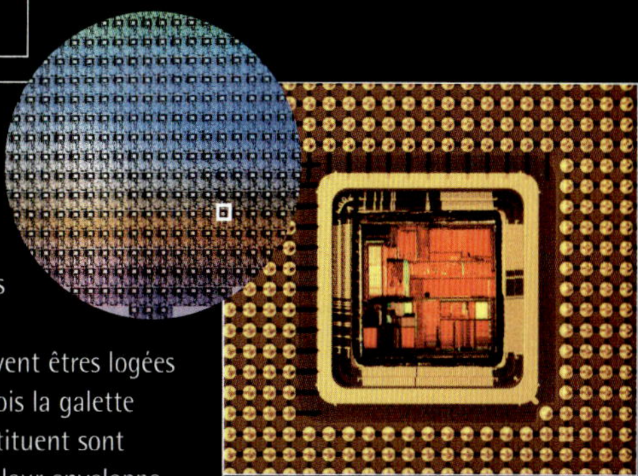
Galette de silicium et puce

▶▶ Voir aussi : p. 50, p. 170, p. 182, p. 246

LE TÉLÉPHONE PORTABLE

Le téléphone portable (ou mobile) permet de recevoir ou de passer des appels de n'importe quel endroit. Un quart de la population mondiale utilise aujourd'hui ce moyen pour téléphoner et quelque 800 millions de téléphones portables sont en usage.

Le téléphone portable Motorola Moto Razr V3 ▶

Écouteur constitué par un haut-parleur miniaturisé puissant

◀ **L'écran** possède une matrice couleur de 176 x 220 pixels permettant d'afficher les photos prises par l'appareil photographique intégré. Un accélérateur graphique constitué par un microprocesseur lui permet de diffuser des films, des vidéos musicales et des jeux.

▶ **Le clavier ultra-plat** fait un tiers de l'épaisseur d'un clavier de téléphone conventionnel. Des diodes électroluminescentes permettent aux touches de rester visibles dans le noir.

▶ **Ce téléphone mobile** constitue un centre de communication portable personnel, équipé d'une messagerie électronique, d'un navigateur Internet et d'une console de jeux vidéo dernier cri. Il embarque également un appareil photographique et deux écrans couleur (un à l'intérieur, un second à l'extérieur, visible quand le téléphone est fermé). Il pèse seulement 95 g.

◀◀ LE PASSÉ

Le premier réseau de téléphone mobile, Advanced Mobile Phone System (AMPS), fut installé à Chicago, aux États-Unis, en 1978. Avec un système de dix cellules, il reliait 2 000 clients.

Tous les téléphones portables seront équipés de lecteurs multimédia capables de télécharger et jouer simultanément (streaming) de la musique et de la vidéo depuis l'Internet.

LE FUTUR ▶▶

L'antenne interne est intégrée dans la charnière du téléphone.

▲ **L'appareil photo numérique** est équipé d'un zoom d'une amplitude de 4×. Les photos prises sont stockées en mémoire et peuvent être envoyées à d'autres téléphones portables.

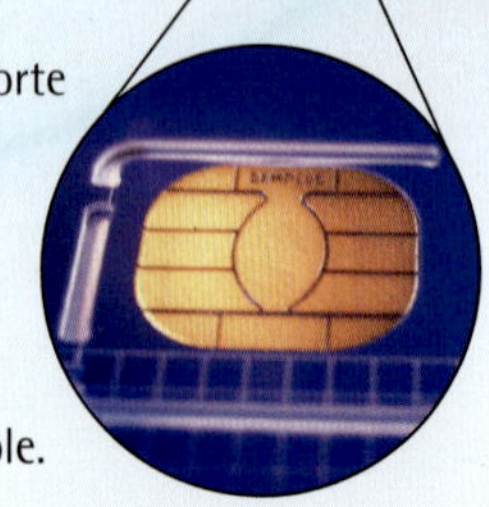

▶ **La carte SIM** comporte une puce qui renferme toutes les données sur votre identité téléphonique et peut être chargée dans un autre téléphone portable.

LE TÉLÉPHONE VU DE PROFIL À SA TAILLE RÉELLE

▶▶ Voir aussi : p. 22, p. 28, p. 38, p. 94

›› COMMENT ÇA MARCHE

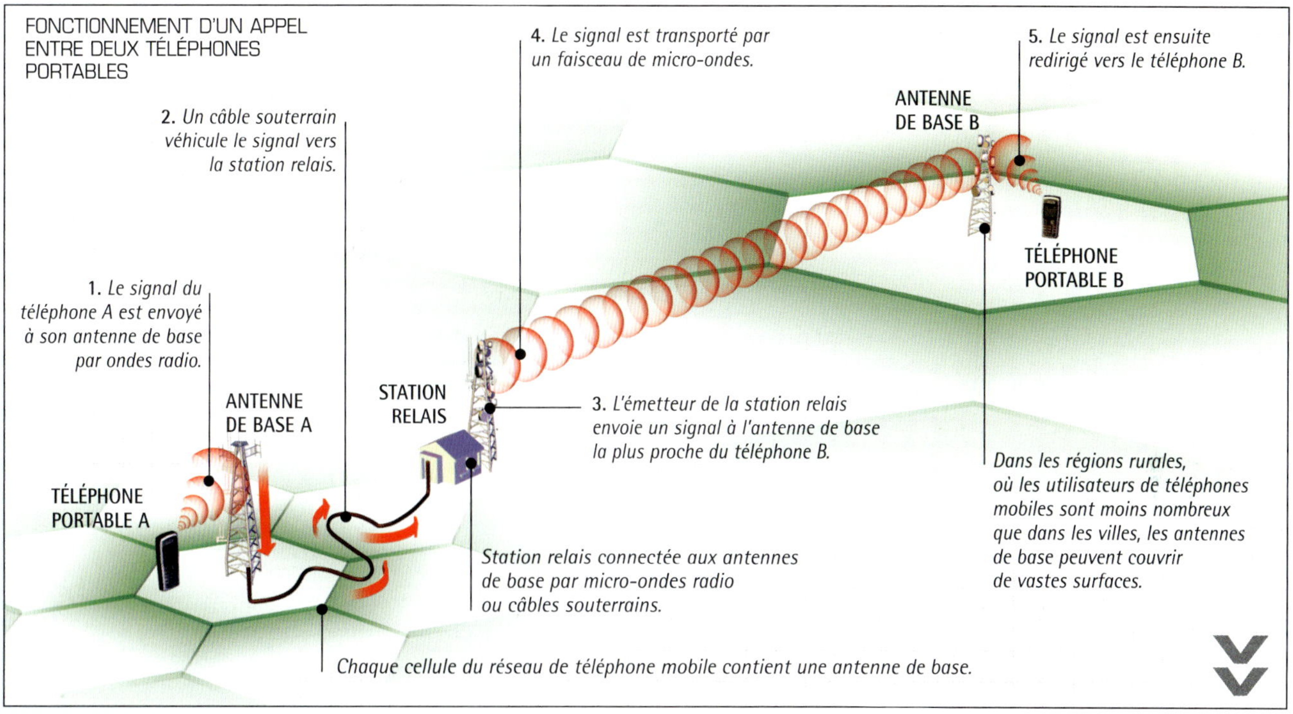

Les téléphones portables reposent sur un réseau de cellules correspondant au territoire couvert par l'émetteur radio d'une antenne de base. La surface de ces cellules varie mais leurs limites se chevauchent, de sorte que, lorsque l'utilisateur passe d'une cellule à l'autre dans ses déplacements, le faisceau radio puisse être transmis d'une antenne à l'autre sans interruption. Les stations relais gèrent les liaisons entre cellules distantes. Ce sont elles également qui connectent le réseau d'une compagnie aux réseaux des autres compagnies opératrices de téléphonie mobile, ainsi qu'au réseau téléphonique terrestre. Les téléphones portables émettent et reçoivent leurs données sous forme numérique. Cette technologie possède de nombreux avantages sur l'analogique, encore utilisé par de nombreuses lignes terrestres. Elle réduit les interférences et offre un son de meilleure qualité. Les appels numériques peuvent être cryptés pour empêcher les écoutes. Ils véhiculent aussi bien la voix que des télécopies, du texte et des données Internet, et cela en plus grande quantité que les lignes terrestres. Certains transportent l'information par paquets de données (GPRS), comme l'Internet.

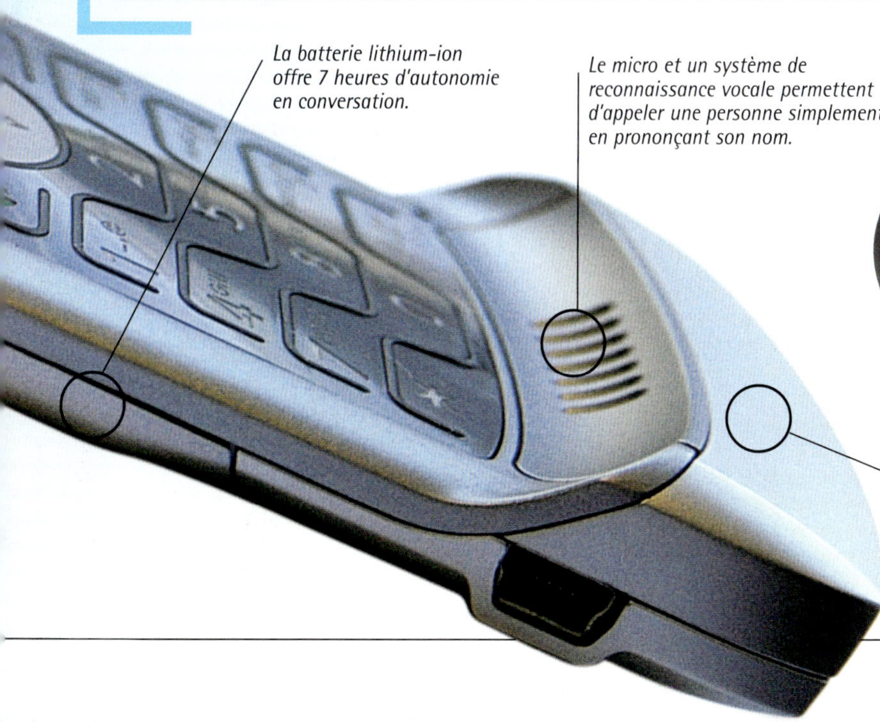

La batterie lithium-ion offre 7 heures d'autonomie en conversation.

Le micro et un système de reconnaissance vocale permettent d'appeler une personne simplement en prononçant son nom.

La coque en aluminium anodisé est robuste, légère et durable.

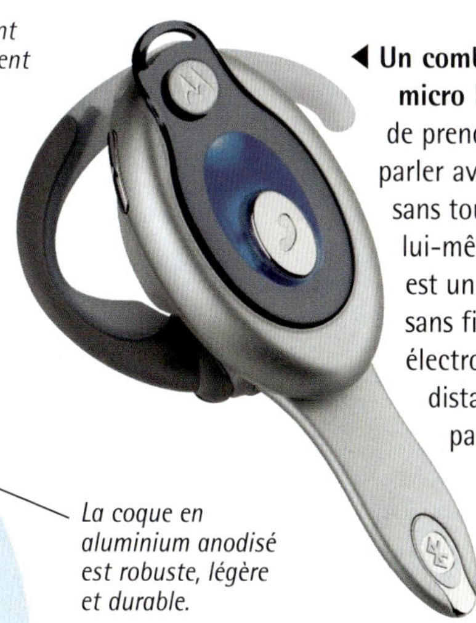

◀ **Un combiné oreillette-micro Bluetooth®** permet de prendre un appel et parler avec le correspondant sans toucher au téléphone lui-même. Le Bluetooth® est un système de contrôle sans fil d'appareils électroniques à courte distance. Il fonctionne par ondes radio.

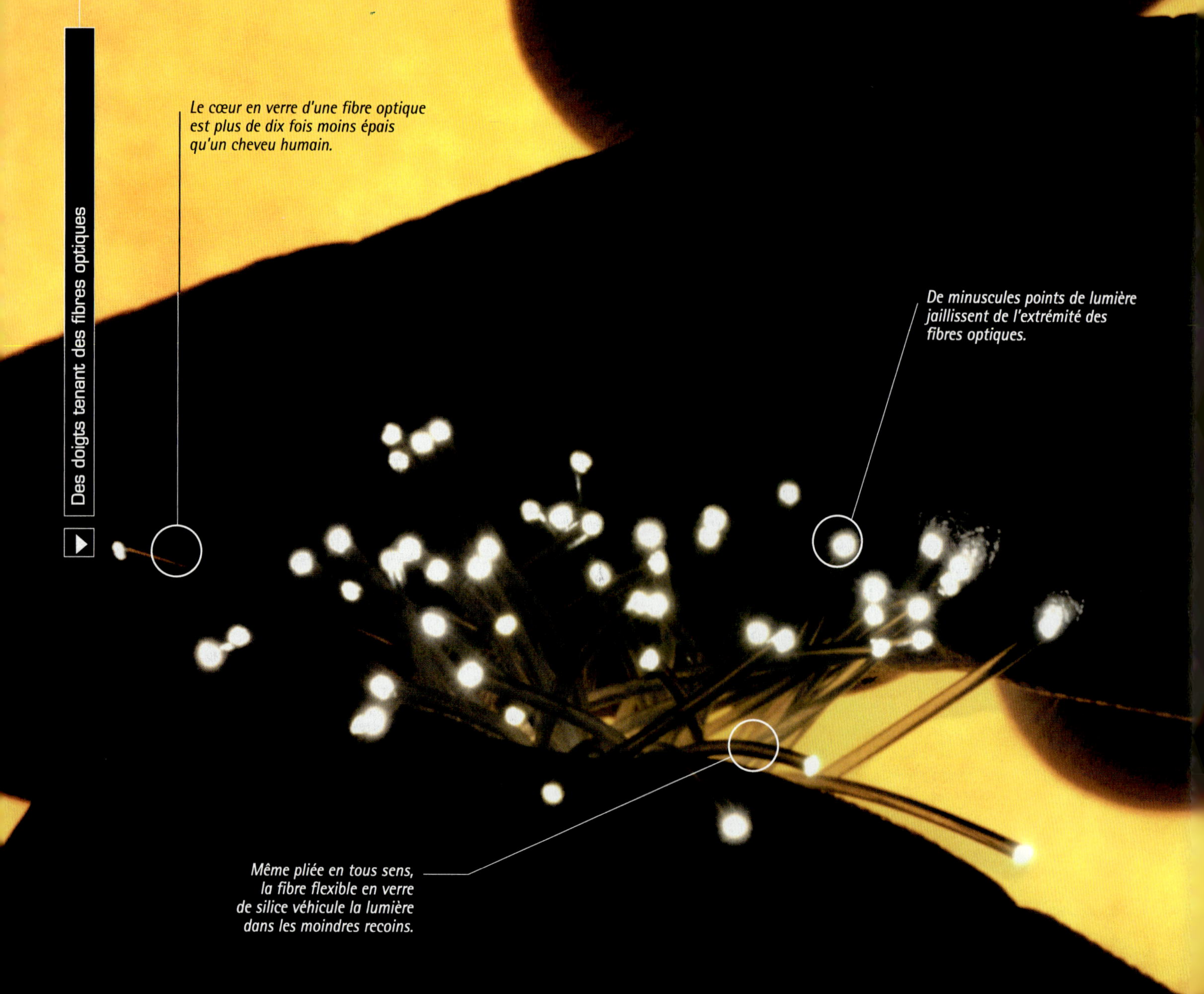

Des doigts tenant des fibres optiques

LA FIBRE OPTIQUE

Les câbles à fibres optiques, qui véhiculent de la lumière, constituent de nos jours les grandes artères des autoroutes de l'information. En convertissant d'énormes quantités de données numériques en signaux lumineux, on peut faire passer par une unique minuscule fibre optique 10 millions d'appels téléphoniques simultanément.

>> COMMENT ÇA MARCHE

L'information transmise par fibre optique existe initialement sous la forme d'un courant électrique véhiculant un flux de signaux numériques. Une source lumineuse, souvent un laser, transforme ce courant en impulsions de lumière qu'elle envoie dans le câble. À l'autre extrémité de ce dernier, une photodiode (un composant détecteur de lumière) reçoit les impulsions lumineuses et les reconvertit en courant électrique, recréant ainsi le signal initial. Les impulsions lumineuses voyagent dans la fibre optique par différents chemins, appelés modes, en se réfléchissant sur le revêtement externe de la fibre. En multiplexage (technique décrite à droite), différents flux d'information voyagent en même temps dans la fibre optique en utilisant des longueurs d'ondes lumineuses légèrement différentes pour chaque flux. Pour les communications à courte distance, la lumière peut voyager en zigzag, mais pour les distances plus grandes, on utilise des fibres plus fines qui véhiculent les signaux par un chemin plus direct, droit à travers le centre de la fibre.

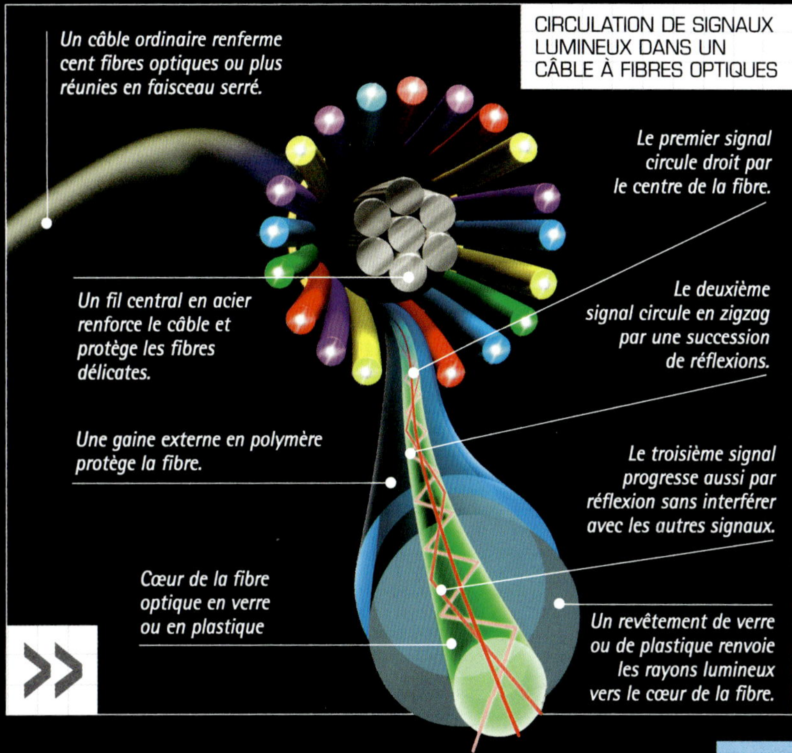

◀ **Les fibres optiques** sont des brins de verre, parfois de plastique, fins comme des cheveux, qui transmettent des données numériques à la vitesse de la lumière, c'est-à-dire suffisamment vite pour effectuer sept fois le tour de la Terre en une seconde. Elles coûtent moins cher et transportent plus de signaux que les fils de cuivre qu'elles remplacent. Les communications téléphoniques internationales et l'Internet à haut débit sont aujourd'hui beaucoup moins coûteux grâce aux câbles à fibres optiques.

Comment c'est fabriqué

▶ Le cœur en verre d'une fibre optique se présente initialement sous la forme d'une barre de verre solide appelée préforme. Celle-ci est fabriquée en mélangeant deux gaz, du dioxyde de silicium et du dioxyde de germanium, dans un tube creux monté sur un tour en rotation lente. Un brûleur parcourt la longueur du tube, le chauffant par en dessous jusqu'à l'apparition, à l'intérieur, d'un cœur de verre solide.

Préforme chauffée sur le tour

Étirement et modelage des fibres

◀ La préforme est ensuite plongée verticalement dans une tour chauffée à 1 900 °C. La barre de verre fond alors et s'étire sous son propre poids. Une machine située à la base de la tour chauffante étire et modèle le verre fondu en minces fibres cylindriques. Un laser mesure en permanence le diamètre des fibres, ralentissant ou activant la machine afin de le maintenir constant.

▶▶ Voir aussi : p. 40, p. 90, p. 212

LA RADIO NUMÉRIQUE

La radio numérique permet d'émettre des programmes sous la forme de codes numériques. Contrairement à la radio analogique, qui peut être gênée par les bâtiments ou autres obstacles, les signaux codés numériquement délivrent un son clair même lorsque l'on se trouve en mouvement dans une voiture ou loin d'un émetteur.

>> COMMENT ÇA MARCHE

ÉMISSION ET RÉCEPTION DE SIGNAUX DE RADIO NUMÉRIQUE

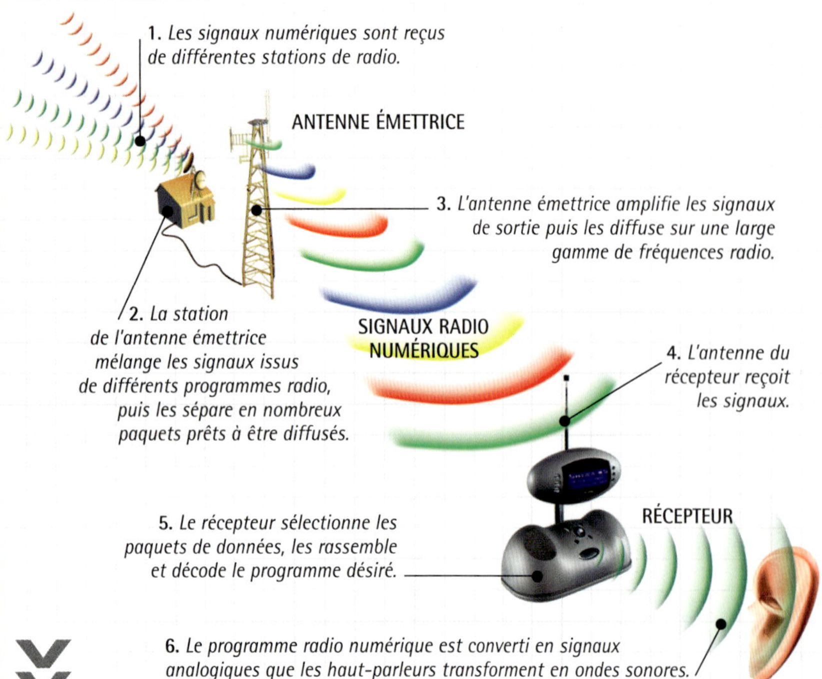

En radio analogique, chaque station émettrice envoie des signaux par les airs sur une gamme d'ondes étroite et spécifique. Ces signaux rencontrent des obstacles (bâtiments, collines, etc.) et des équipements électriques qui peuvent les perturber. De fait, certaines ondes radio n'arrivent jamais à leur but, provoquant des coupures dans les transmissions. D'autres subissent des distorsions, provoquant des sifflements, craquements et interférences entre stations. En radio numérique, les programmes sont convertis en code numérique, longues chaînes de zéros et de uns dont chaque fragment représente une fraction de seconde de musique ou de parole. Ces chaînes sont séparées en paquets puis transmises sur une large gamme d'ondes radio. Chaque paquet est émis plus d'une fois, à de faibles intervalles de temps et sur des fréquences légèrement différentes. Même si, sur une fréquence et une émission donnée, certains fragments sont perdus en chemin, le récepteur peut récupérer les portions manquantes sur d'autres fréquences et compléter le programme.

▶ **Ce récepteur de radio numérique,** dénommé The Bug, possède une puce mémoire interne qui stocke les signaux radio reçus. En pressant simplement un bouton, on peut faire une pause et même repasser des programmes radio en direct. Contrairement à la radio analogique, ce type de récepteur peut afficher le titre et le nom de l'interprète d'une chanson diffusée. Il indique aussi le nom de la station programmatrice, facilitant la recherche des programmes.

Les haut-parleurs reproduisent un son stéréo très clair.

Éclaté du récepteur de radio numérique The Bug, de la marque PURE

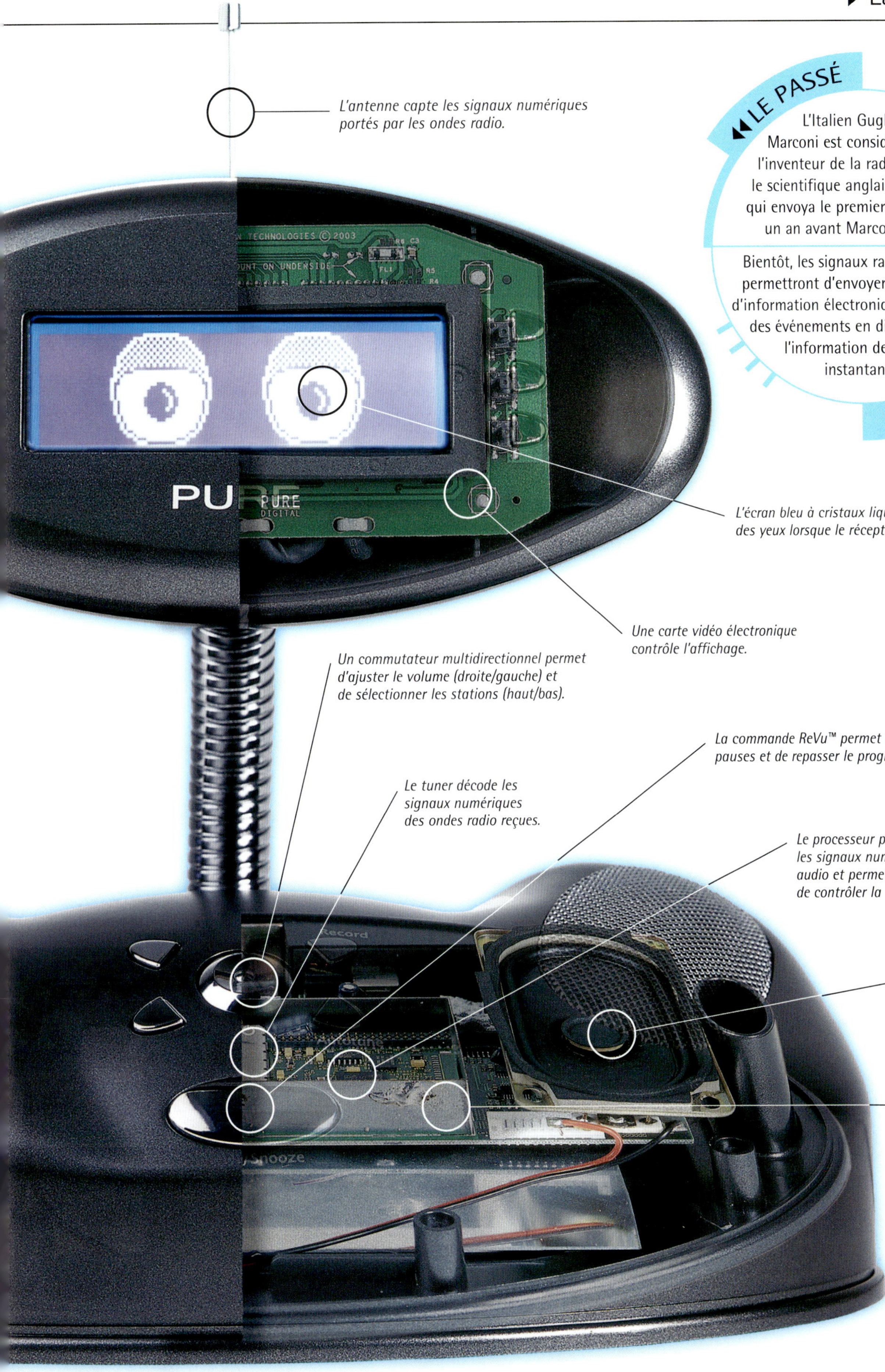

◀◀ LE PASSÉ

L'Italien Guglielmo Marconi est considéré comme l'inventeur de la radio, mais c'est le scientifique anglais Oliver Lodge qui envoya le premier message radio un an avant Marconi, en 1894.

Bientôt, les signaux radio numériques permettront d'envoyer aux magazines d'information électroniques les nouvelles des événements en direct, diffusant l'information de manière instantanée.

LE FUTUR ▶▶

▶▶ Voir aussi : p. 24, p. 70, p. 74, p. 249

Vue en très gros plan d'un écran de télévision LCD

▲ **De minuscules carrés colorés,** appelés pixels, composent l'image d'un écran de télévision. Les écrans à cristaux liquides (LCD) équipent de plus en plus souvent, de nos jours, les récepteurs de télévision ainsi que les ordinateurs, les téléphones mobiles et les lecteurs vidéo et musicaux numériques.

LA TÉLÉVISION LCD

On estime qu'il existe aujourd'hui environ 1,5 milliard de postes de télévision dans le monde – un pour quatre habitants sur la planète. Les récepteurs à écran à cristaux liquides, ou LCD, sont désormais plus plats, plus légers, plus fiables et économes en énergie que jamais.

▸▸ Voir aussi : p. 62, p. 64, p. 168, p. 246

» COMMENT ÇA MARCHE

PRODUCTION DE PIXELS COLORÉS PAR CRISTAUX LIQUIDES

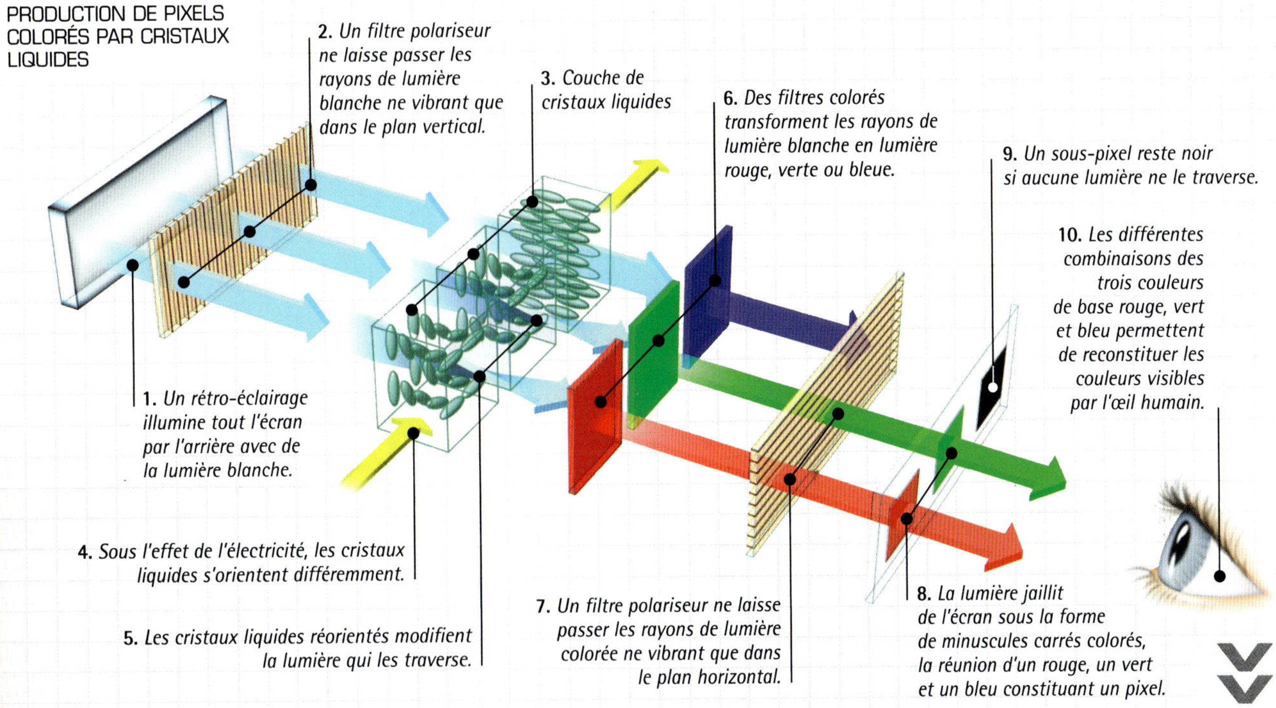

Comme leur nom l'indique, les cristaux liquides ont des caractères en commun à la fois avec les solides et les liquides. Dans les solides, les molécules occupent une place à peu près fixe, tandis que dans les liquides, elles se déplacent librement. Dans le cas des cristaux liquides, les molécules s'orientent différemment mais en se maintenant à peu près à la même place lorsqu'ils sont parcourus par de l'électricité, modifiant la façon dont la lumière les traverse. Leur angle d'orientation peut même être ajusté précisément en faisant varier l'intensité du courant. Cela en fait de parfaits composants pour contrôler une image de télévision. Un écran LCD, en effet, est fait de millions de minuscules carrés appelés pixels, contenant chacun trois sous-pixels : un rouge, un vert, un bleu. Derrière chaque sous-pixel, figure une couche de cristaux liquides. Les circuits électroniques du récepteur déterminent quels pixels doivent être activés et avec quelle intensité pour composer une image. Ils envoient des micro-signaux électriques à travers une matrice qui distribue le courant aux cristaux liquides de chaque pixel. La matrice agit comme autant de minuscules interrupteurs pour activer plus ou moins chaque sous-pixel.

◂◂ LE PASSÉ

C'est un botaniste autrichien, Friedrich Reinitzer, qui découvrit les cristaux liquides en 1888. Les premiers écrans LCD furent utilisés au début des années 1970 dans les montres-bracelets et les calculatrices.

Les cristaux liquides pourraient bientôt être incorporés aux vitres des fenêtres pour remplacer les rideaux ou volets. Une simple pression sur un interrupteur suffirait alors à assombrir une pièce.

LE FUTUR ▸▸

Le mélange des couleurs primaires

▶ Il est possible de reproduire toutes les couleurs visibles en mélangeant du rouge, du vert et du bleu. Le mélange de rouge et de bleu produit un violet vif appelé magenta ; celui de bleu et de vert, un bleu vif appelé cyan. Le jaune se forme là où le rouge et le vert se superposent. Lorsque les trois couleurs brillent d'une intensité égale, elles produisent de la lumière blanche (ou différentes nuances de gris selon leur intensité). Le noir se forme là où aucune couleur ne brille.

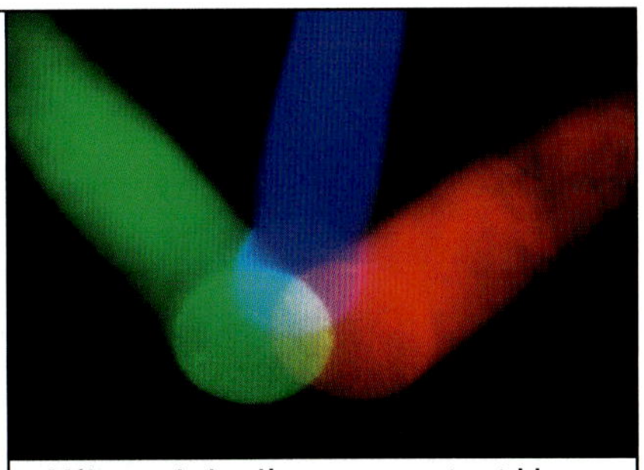

Mélange de lumière rouge, verte et bleue

GADGETS

L'électronique permet de nos jours le développement de toutes sortes d'appareils de communication et de loisirs. Ce sont souvent des gadgets à vocation essentiellement ludique, dont l'utilité peut donc sembler discutable, mais certains rendent aussi de véritables services.

« La Web cam

Les ordinateurs peuvent se transformer en visiophones grâce à l'emploi de caméras numériques de la taille d'une balle de golf. Ces « Web cams » se branchent sur ordinateur, filment les scènes à la vitesse de 30 images par seconde environ, et les envoient par Internet vers l'ordinateur d'un destinataire qui pourra les relire sous forme de séquences vidéo. Lorsque les utilisateurs disposent chacun d'une Web cam, ils peuvent faire de la visioconférence, c'est-à-dire se parler à plusieurs tout en se voyant à l'écran.

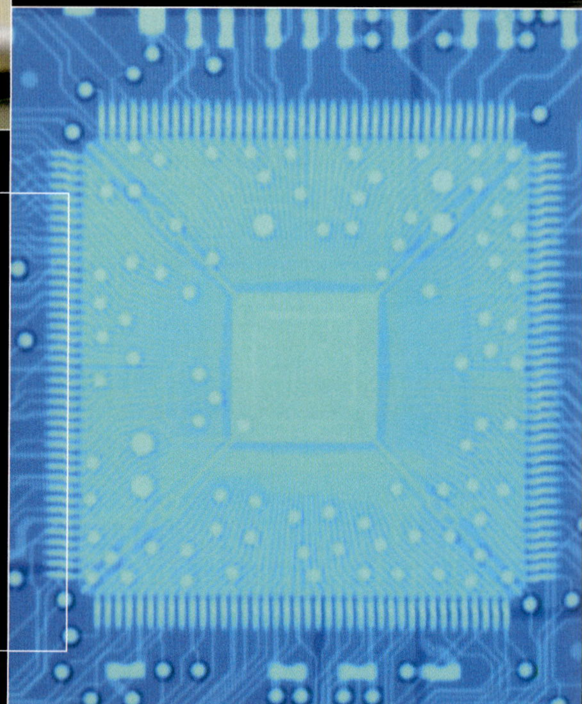

» La carte Wi-Fi

Le Wi-Fi, acronyme de *Wireless Fidelity*, permet de relier un ordinateur à un réseau, Internet ou autre, sans câble, par les ondes radio. Une carte électronique Wi-Fi comme celle-ci, installée dans un ordinateur portable, lui permet de se connecter à Internet par une borne Wi-Fi, c'est-à-dire un point de contact équipé d'un système de réception et d'émission des ondes radio Wi-Fi émises par l'ordinateur.

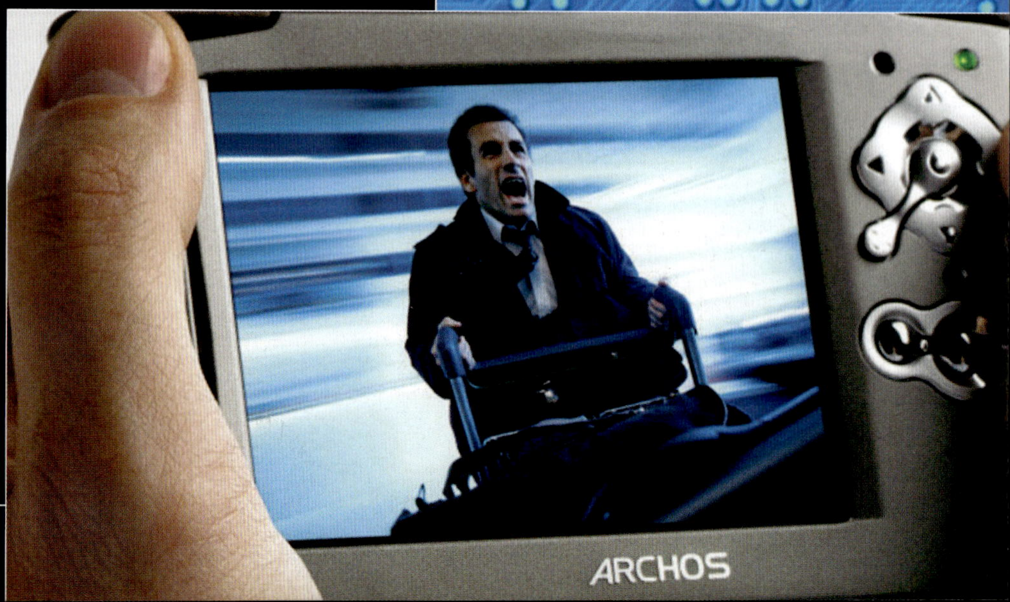

La télévision numérique

Équipés de fonctions interactives et offrant l'accès à un plus grand nombre de programmes, les appareils de télévision numérique remplacent peu à peu nos vieux récepteurs analogiques. Certains embarquent même un disque dur similaire à ceux que l'on trouve dans les ordinateurs. Ils peuvent ainsi enregistrer, stocker et restituer des heures de programmes télévisés. Ils permettent aussi de mettre en pause un programme en direct sans en perdre une seconde.

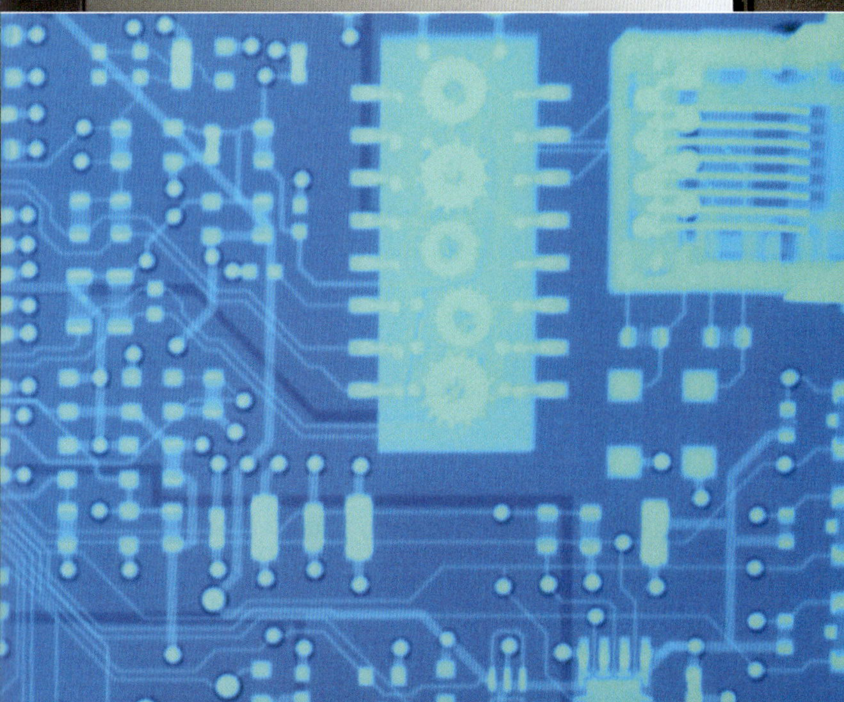

L'assistant personnel

Cet ordinateur de poche est un assistant personnel, ou PDA. Il est équipé d'un système de positionnement global (GPS) qui utilise des signaux émis par des satellites en orbite autour de la Terre pour le localiser à la surface du globe. Son écran couleur affiche des cartes en 3D d'une région et l'appareil peut même indiquer vocalement les directions à suivre. En outre, l'écran est tactile : le fait de le toucher de la pointe du stylet permet de sélectionner les options des menus et d'écrire des notes qui seront stockées numériquement.

Le lecteur MP4

Des millions de personnes possèdent déjà des petits lecteurs de musique numériques portables capables de stocker et de jouer des sons sous la forme de fichiers informatiques de format MP3. Les lecteurs MP4, quant à eux, vont plus loin dans la technologie numérique : ils permettent également de stocker et visionner des films. Ainsi, ce lecteur MP4 emmagasine jusqu'à 16 heures d'images animées sur un disque dur de 20 gigaoctets et les restitue sur un écran LCD de 9 cm.

▶▶ Voir aussi : p. 24, p. 70, p. 154, p. 168

LA RECONNAISSANCE VOCALE

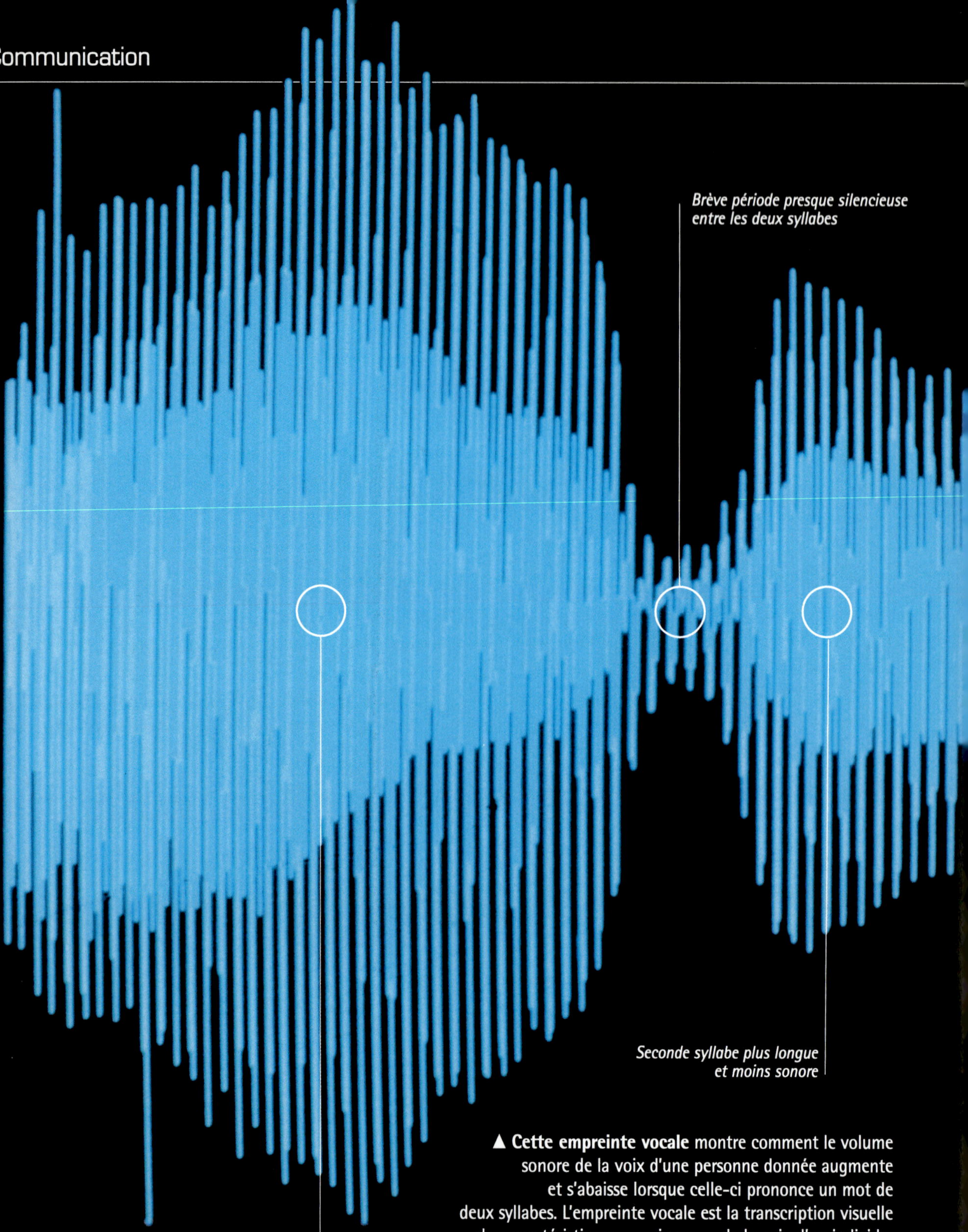

▲ **Cette empreinte vocale** montre comment le volume sonore de la voix d'une personne donnée augmente et s'abaisse lorsque celle-ci prononce un mot de deux syllabes. L'empreinte vocale est la transcription visuelle des caractéristiques – uniques – de la voix d'un individu. Les systèmes de reconnaissance vocale analysent les empreintes vocales pour identifier la personne qui parle ou bien les mots prononcés.

La voix de chacun est unique ; personne ne possède une voix qui soit en tous points similaire à la vôtre. Les systèmes de reconnaissance vocale permettent de distinguer une voix d'une autre. Ils peuvent, en outre, identifier plus de 50 000 mots différents.

La voix humaine

La voix est produite par les cordes vocales, deux replis de tissus élastiques tendus en travers du larynx. Contrôlées par des muscles, elles permettent de faire vibrer plus ou moins l'air expulsé des poumons, produisant ainsi des sons plus ou moins graves. Les femmes ont des cordes vocales plus courtes et tendues que les hommes, donc une voix plus aigüe.

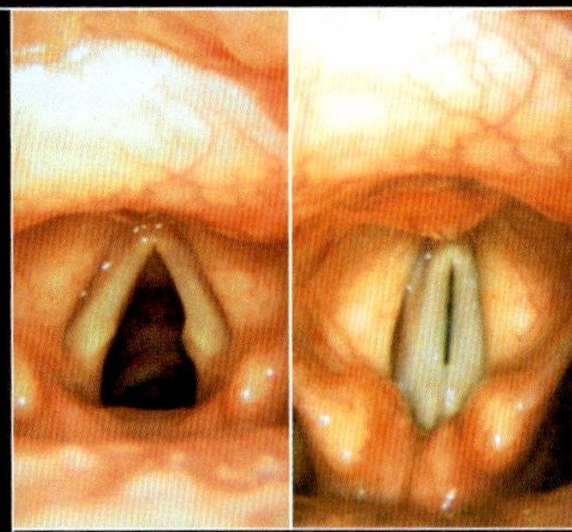

Cordes vocales ouvertes et fermées

Les sons produits par les cordes vocales sont amplifiés par le larynx. Les chanteurs d'opéra ont appris à contrôler précisément le volume et la hauteur de leur voix. Certaines cantatrices parviennent à tenir une note suffisamment aigüe et longtemps pour faire entrer un verre en cristal en résonance à tel point que celui-ci finit par se briser.

La voix humaine peut briser le cristal.

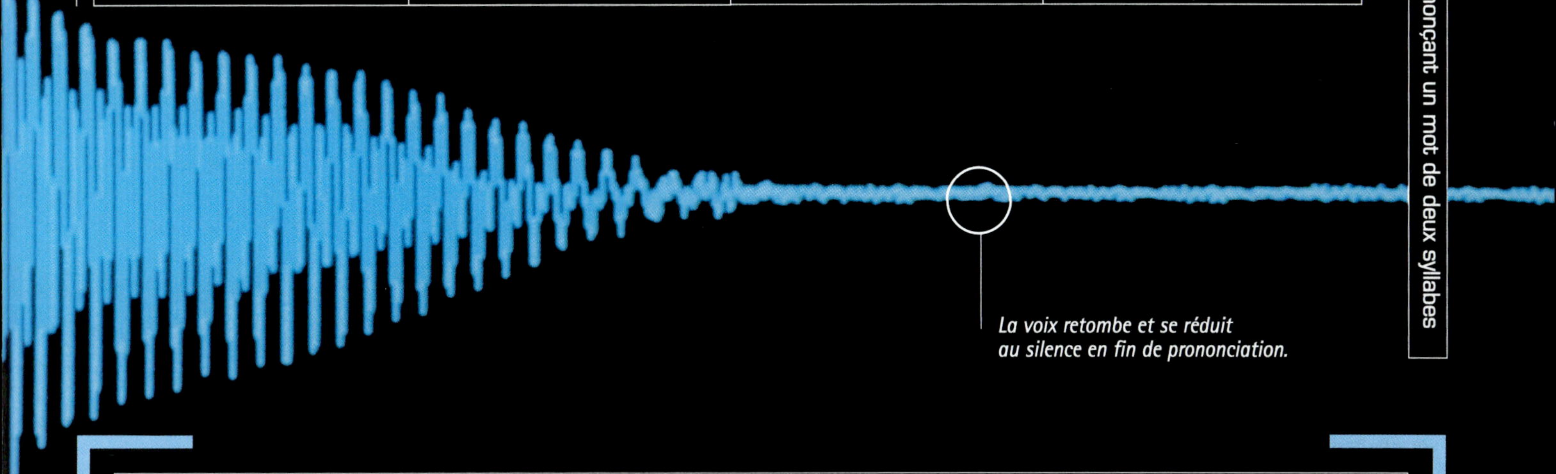

Empreinte vocale d'une voix prononçant un mot de deux syllabes

>> COMMENT ÇA MARCHE

COMPARAISON DES EMPREINTES VOCALES DE DEUX PERSONNES PRONONÇANT LES MÊMES MOTS

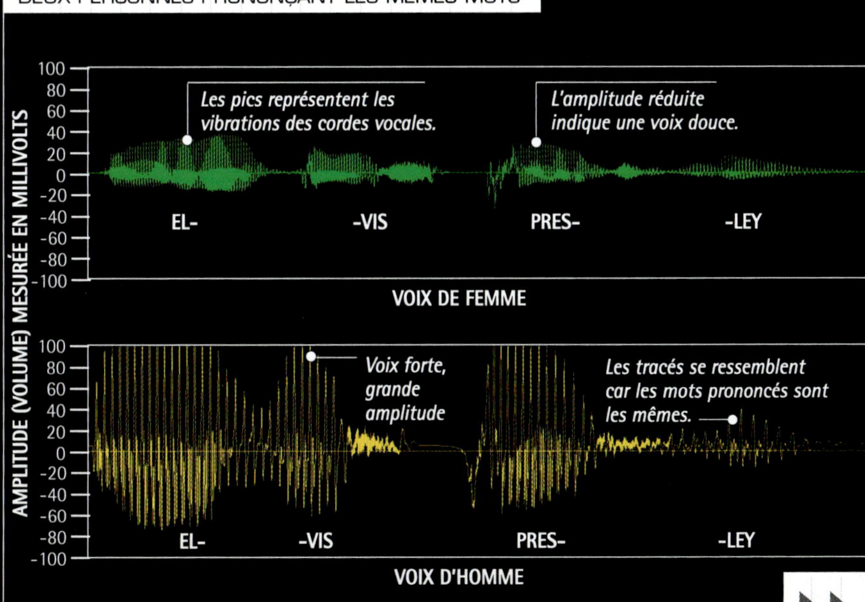

Chaque voix possède une empreinte vocale différente, mais toutes présentent des tracés (ou transcriptions graphiques) d'énergie sonore similaires lorsqu'elles prononcent les mêmes mots. Les tracés ci-contre montrent les changements d'amplitude (ou de volume) de la voix de deux personnes, une femme et un homme, en train de prononcer deux mots. Dans les systèmes informatiques de reconnaissance vocale, qui permettent de commander l'ordinateur par des mots prononcés au lieu de les taper sur un clavier, ce sont ces types de tracés vocaux qui sont utilisés. Mais avant de pouvoir les reconnaître, l'ordinateur doit être «entraîné» en enregistrant les voix de centaines de personnes différentes prononçant de nombreux mots différents. Pour reconnaître une voix non familière, il compare son empreinte vocale à celles qu'il possède en mémoire afin de comprendre ce que la personne a dit.

▼ Le traducteur de langage félin Meowlingual, de la société Takara

LES TRADUCTEURS DE LANGAGE ANIMAL

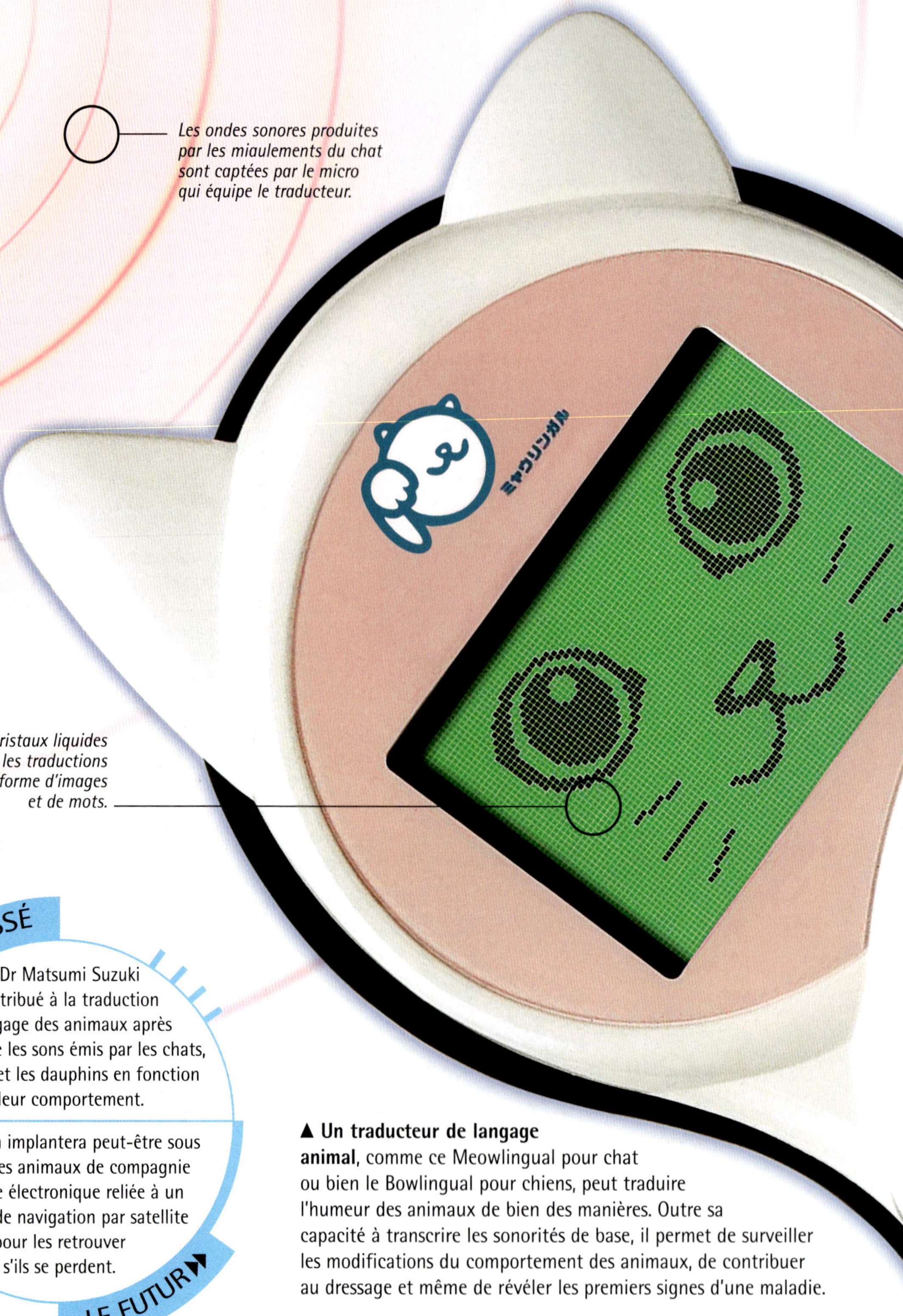

Les ondes sonores produites par les miaulements du chat sont captées par le micro qui équipe le traducteur.

L'écran à cristaux liquides affiche les traductions sous la forme d'images et de mots.

◀◀ LE PASSÉ

Le Dr Matsumi Suzuki a contribué à la traduction du langage des animaux après avoir étudié les sons émis par les chats, les chiens et les dauphins en fonction de leur comportement.

Un jour, on implantera peut-être sous la peau des animaux de compagnie une puce électronique reliée à un système de navigation par satellite pour les retrouver s'ils se perdent.

LE FUTUR ▶▶

▲ **Un traducteur de langage animal**, comme ce Meowlingual pour chat ou bien le Bowlingual pour chiens, peut traduire l'humeur des animaux de bien des manières. Outre sa capacité à transcrire les sonorités de base, il permet de surveiller les modifications du comportement des animaux, de contribuer au dressage et même de révéler les premiers signes d'une maladie.

Il existe de nos jours des appareils qui enregistrent les miaulements et les aboiements et les transcrivent en images et en mots. Ils sont censés nous aider à comprendre l'état d'esprit de nos animaux de compagnie et utilisent pour cela la technologie de l'empreinte vocale.

⩔ Les «réseaux neuronaux»

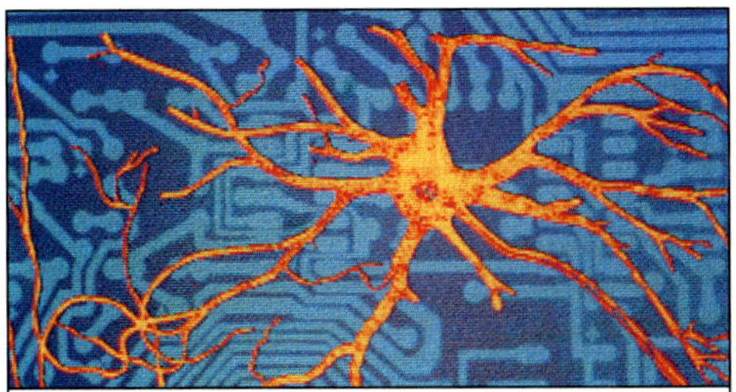

Cellule nerveuse (rouge) et circuit électronique

▲ Les réseaux de cellules nerveuses de notre cerveau nous permettent d'apprendre à identifier des voix nouvelles. Certains ordinateurs sont conçus pour fonctionner de la même manière. Les connections qui relient leurs composants, que l'on appelle «réseaux neuronaux», ont aidé les chercheurs à développer les traducteurs de langage animal. Ils sont capables d'apprendre à déchiffrer de nombreuses sonorités.

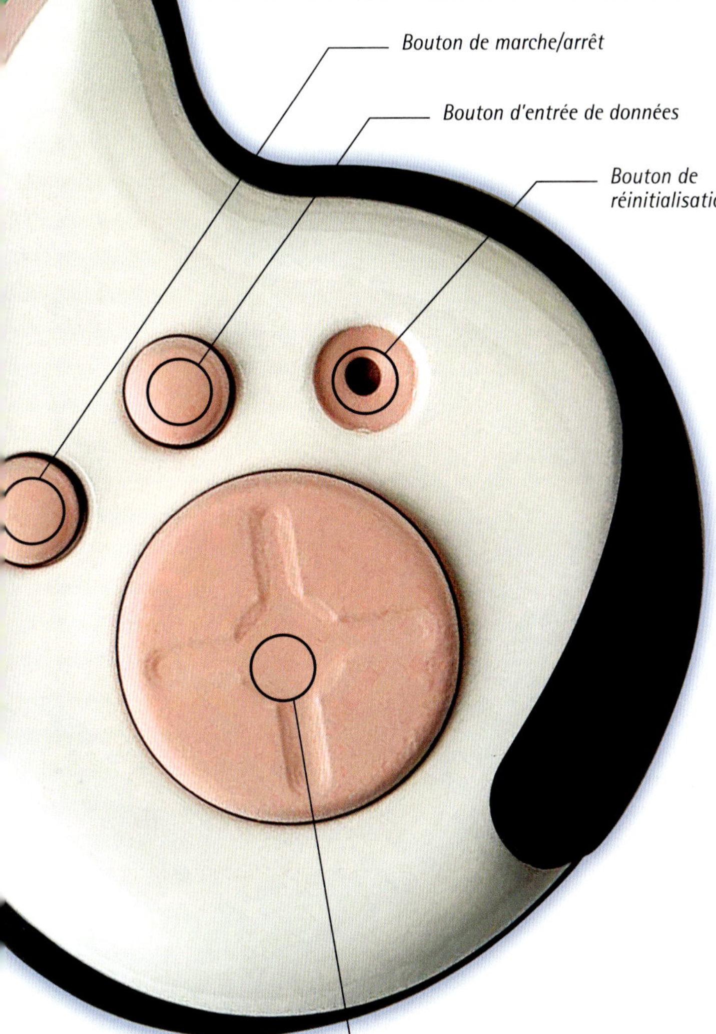

>> COMMENT ÇA MARCHE

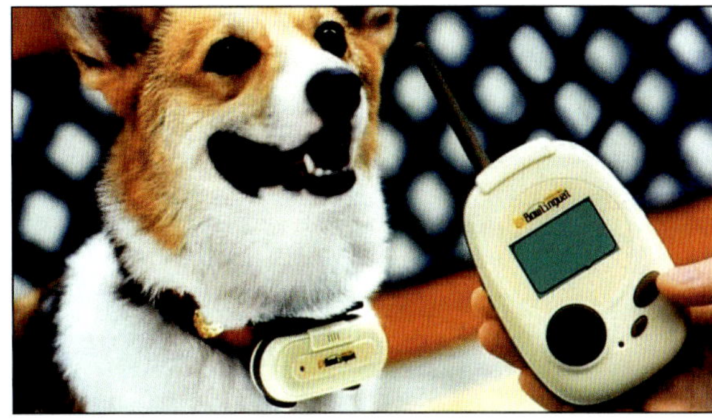

Le collier du Bowlingual et le module traducteur travaillent en liaison. Un micro sur le collier capte les aboiements du chien, qui sont alors transcrits en signaux numériques et envoyés par ondes radio au module traducteur. Celui-ci compare alors les caractéristiques de l'aboiement à ceux stockés dans une base de données qu'il possède en mémoire.

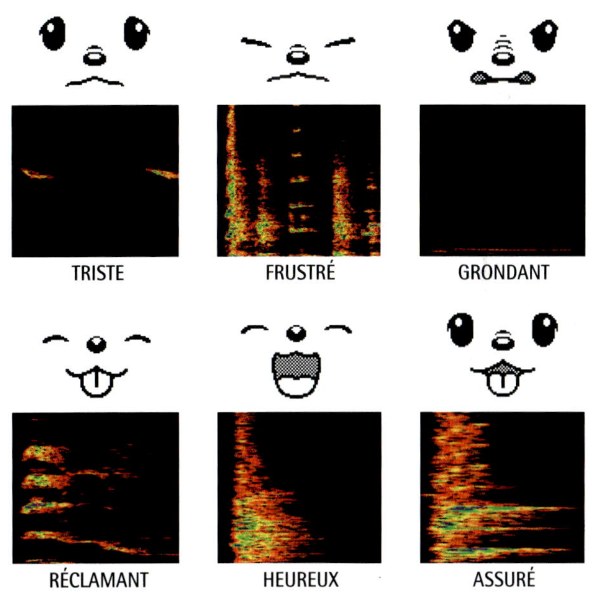

Le chien a des émissions vocales nombreuses qui, transcrites en empreintes vocales numériques, présentent des aspects très différents. Comme un système de reconnaissance de la voix humaine, le Bowlingual possède en mémoire les caractéristiques de 200 aboiements différents. Bien qu'un aboiement sonne différemment d'une race à l'autre, le traducteur parvient généralement à l'identifier à l'un des six grands types d'humeur présentés ci-dessus. Ainsi, un aboiement triste présente des sons brefs et aigus, tandis qu'un grondement de colère est un mélange de sonorités basses durant jusqu'à cinq fois plus longtemps. Une fois identifié, l'appareil affiche le dessin approprié et le mot traduisant la signification de l'aboiement !

▶▶ Voir aussi : p. 22, p. 24, p. 28

>> COMMENT ÇA MARCHE

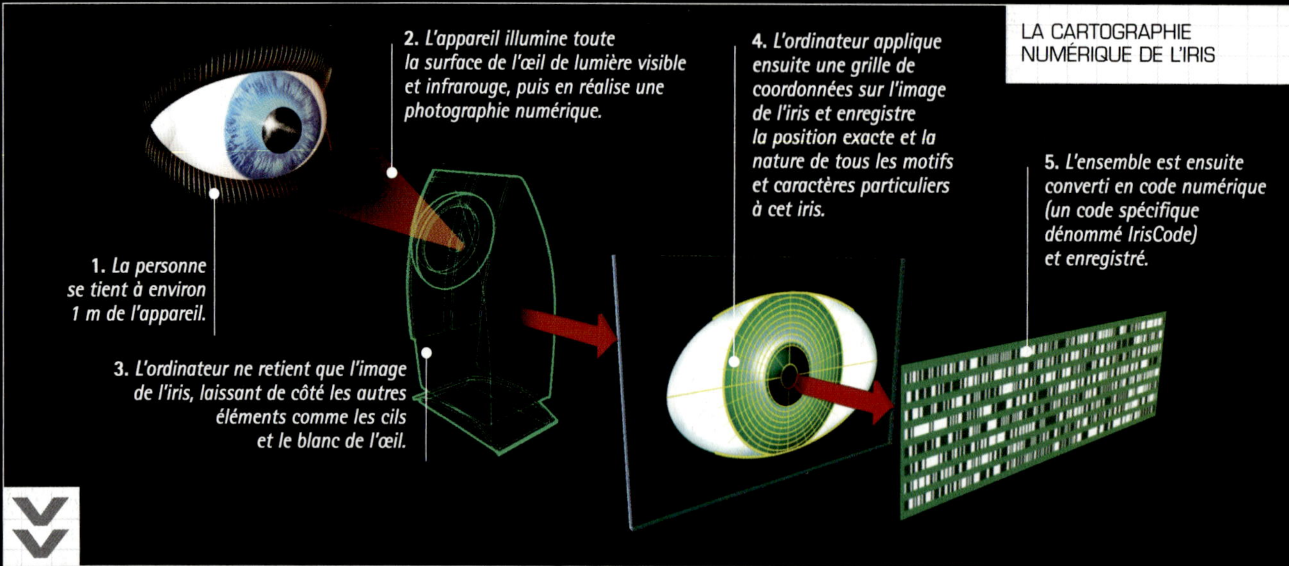

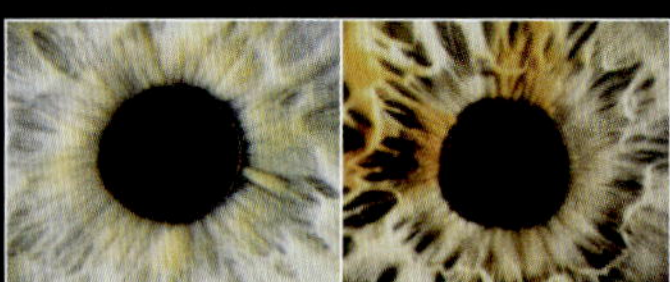

La couleur de l'iris, comme celle de la peau, dépend d'un pigment coloré : la mélanine. Présent en grande quantité, il donne un iris brun ; en plus faible quantité, il donne des yeux bleus, vert ou gris.

Les dessins colorés de l'iris sont propres à chacun – même deux jumeaux identiques présentent des motifs différents. Le système informatisé qui permet de reconnaître les gens d'après leur iris constitue donc la méthode d'identification biométrique (technologie d'identification des individus d'après leurs caractères biologiques uniques) la plus sûre à ce jour. Elle est déjà en usage dans les services de sécurité comme ceux des aéroports. La première fois qu'une personne se présente devant le système, l'appareil commence par photographier ses yeux ; cela dure deux minutes. L'image résultante est convertie en un code digital spécifique et stockée dans une base de données. Lorsque la personne repasse devant le système, ses iris sont analysés par un scanner. Le système compare alors avec les données présentes dans la base. En deux secondes, il peut trouver une correspondance et la personne est identifiée.

L'identification par empreinte digitale

▶ Sur cette image, l'ordinateur a encadré en vert la zone centrale d'une empreinte digitale et marqué de points rouges les crêtes principales. En mesurant ces points et l'angle formé par les crêtes, l'ordinateur transcrit l'empreinte digitale en code numérique qui peut être comparé avec d'autres codes stockés en mémoire. C'est une méthode d'identification efficace, mais la reconnaissance d'iris est 1 000 fois plus précise.

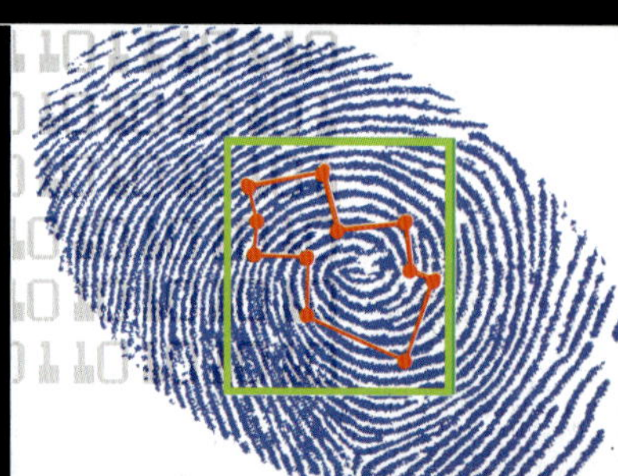

Analyse d'empreinte par ordinateur

◀◀ LE PASSÉ

En 1994, le chercheur en informatique anglais John Daugman inventa le procédé mathématique pour transcrire les dessins en code numérique.

La reconnaissance d'iris est si fiable qu'elle pourrait complètement remplacer les passeports et les numéros de code des cartes de paiement dans l'avenir.

LE FUTUR ▶▶

▶▶ Voir aussi : p. 62, p. 180, p. 182, p. 206

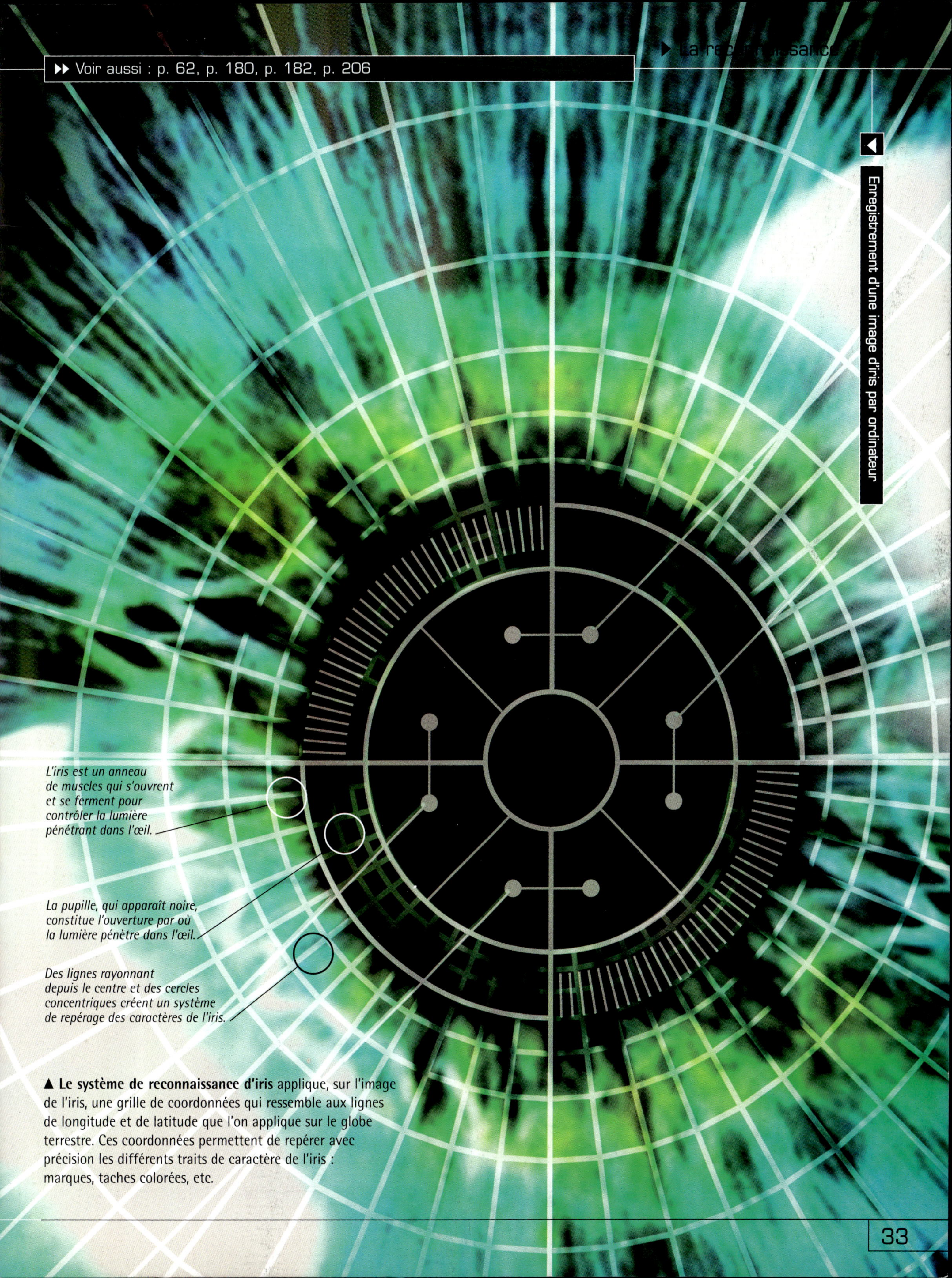

▲ **Le système de reconnaissance d'iris** applique, sur l'image de l'iris, une grille de coordonnées qui ressemble aux lignes de longitude et de latitude que l'on applique sur le globe terrestre. Ces coordonnées permettent de repérer avec précision les différents traits de caractère de l'iris : marques, taches colorées, etc.

LES NÉONS

Nos métropoles sont illuminées d'enseignes lumineuses aux couleurs vives : les néons, constitués de tubes de verre remplis de gaz. La ville de Las Vegas, aux États-Unis, est éclairée par 25 000 km de tubes au néon – une longueur suffisante pour couvrir la moitié du tour du monde.

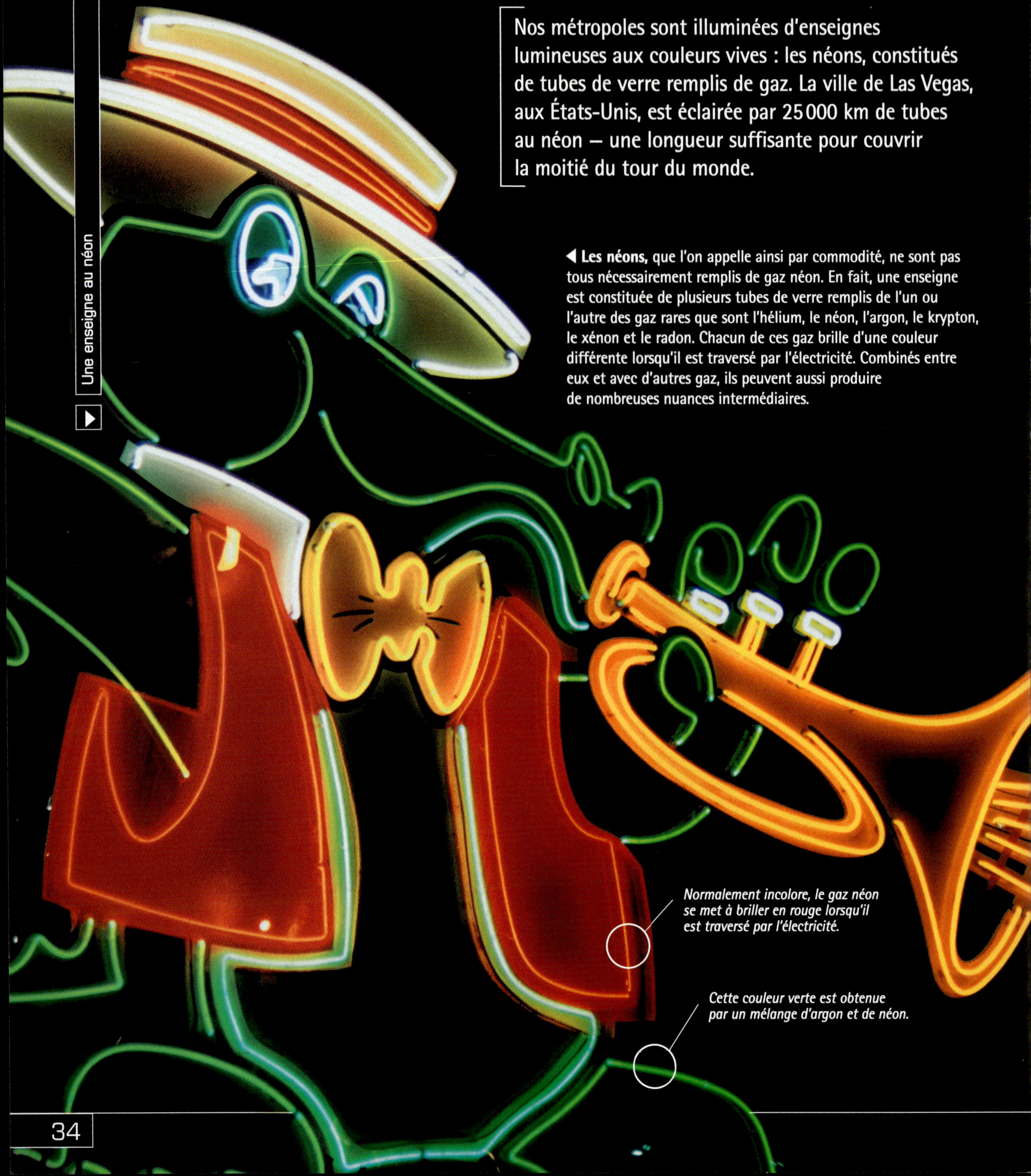

◀ **Les néons,** que l'on appelle ainsi par commodité, ne sont pas tous nécessairement remplis de gaz néon. En fait, une enseigne est constituée de plusieurs tubes de verre remplis de l'un ou l'autre des gaz rares que sont l'hélium, le néon, l'argon, le krypton, le xénon et le radon. Chacun de ces gaz brille d'une couleur différente lorsqu'il est traversé par l'électricité. Combinés entre eux et avec d'autres gaz, ils peuvent aussi produire de nombreuses nuances intermédiaires.

Normalement incolore, le gaz néon se met à briller en rouge lorsqu'il est traversé par l'électricité.

Cette couleur verte est obtenue par un mélange d'argon et de néon.

▶▶ Voir aussi : p. 78, p. 88, p. 247

>> COMMENT ÇA MARCHE

OBTENTION D'UNE LUMIÈRE ROUGE PAR COLLISION DES PARTICULES

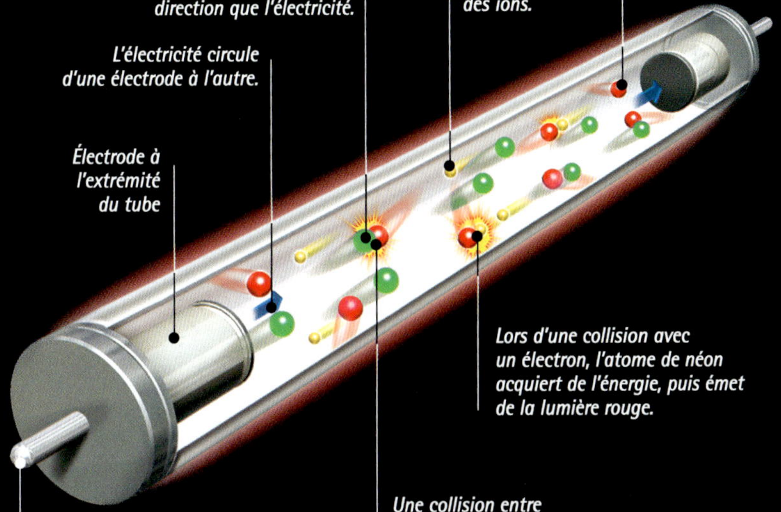

Un «néon» est un tube de verre étanche rempli de gaz néon à basse pression. Les millions d'atomes qui composent le gaz se déplacent de manière aléatoire dans le tube. Lorsqu'un courant électrique de haut voltage (jusqu'à 15000 volts) est appliqué entre les électrodes de métal situées aux deux extrémités du tube, le gaz s'ionise : certains de ses atomes perdent des électrons et deviennent des ions. Les atomes restants, les ions produits et les électrons libérés circulent à très grande vitesse dans toutes les directions à l'intérieur du tube et entrent en collision entre eux. Toutes ces particules en mouvement acquièrent de l'énergie cinétique (énergie du mouvement). Les atomes et les ions impliqués dans les collisions absorbent une partie de cette énergie mais, ainsi, deviennent instables, et tendent à se débarrasser de cette énergie en excès en émettant des particules de lumière, appelées photons. La lumière émise par le néon apparaît rouge. Les autres gaz rares produisent d'autres couleurs. Les gaz rares sont présents seulement à hauteur de 1% dans l'air que nous respirons.

Un mélange d'argon et de xénon produit cette lumière violette.

La lumière jaune est produite par un mélange d'argon et de gaz de mercure.

⌄ La bioluminescence

▶ Le phénomène qui permet à certains êtres vivants de produire de la lumière est appelé bioluminescence. Cette luciole émet des flashes d'une vive couleur jaune en transformant de l'énergie chimique en lumière. La réaction se produit dans la partie postérieure de l'abdomen, où une protéine, la luciférine, réagit avec l'oxygène de l'air. Les lucioles brillent pour attirer leurs partenaires et avertir leurs ennemis.

Vol nocturne d'une luciole

Éclair avertissant d'une méduse

◀ Les méduses émettent de la lumière de diverses manières. Certaines effraient les prédateurs par de vifs éclairs avertissants. D'autres libèrent des milliers de particules luminescentes pour leurrer leurs ennemis. Certaines produisent même une gelée lumineuse qui se colle sur les prédateurs et les rend visibles aux autres attaquants. Dans le noir des grandes profondeurs marines, 90% des êtres vivants sont bioluminescents.

LIENS

Liens télévisuels
Toute station de télévision possède une régie centrale de contrôle. Celle-ci utilise des ordinateurs pour combiner des signaux issus de divers programmes en direct et/ou enregistrés et assurer une diffusion permanente. Ces signaux sont ensuite transportés par des câbles ou transmis par ondes radio pour atteindre les récepteurs de télévision.

Réseaux d'ordinateurs
Ce schéma représente le réseau d'ordinateurs de la National Science Foundation américaine, qui relie des scientifiques à travers tous les États-Unis. Mais il n'est que l'un des nombreux réseaux reliant des postes informatiques. Il existe en effet d'innombrables réseaux internes au sein de sociétés privées, des systèmes publics qui couvrent un pays tout entier, ainsi que le réseau global que constitue l'Internet.

Les réseaux complexes de communication existant à la surface de la Terre et dans l'espace évoluent sans cesse. Ils permettent aux hommes de communiquer de multiples manières et de plus en plus vite.

▶▶ Voir aussi : p. 18, p. 38, p. 42

Satellites

Depuis leur position très élevée au-dessus de la Terre, les satellites de communication fonctionnent en combinaison pour relayer les signaux radio et TV à travers le monde entier. Ils véhiculent aussi des signaux téléphoniques, permettant de se maintenir en communication avec le reste de la planète lorsqu'on se trouve dans des régions de la Terre où n'existe ni réseau terrestre, ni réseau de téléphone mobile cellulaire.

Câbles téléphoniques

Décrocher le combiné ou appuyer sur le bouton d'appel déclenche un signal électrique partant de votre téléphone en direction d'un relais téléphonique local. Ce relais utilise des circuits et des câbles comme ceux que l'on voit ci-dessous, pour véhiculer le signal vers son destinataire et déclencher l'appel. Les signaux téléphoniques peuvent être transmis par des fils de cuivre, des fibres optiques ou par ondes radio, et peuvent être relayés par des satellites.

Relais hertziens

Ces hautes tours équipées d'antennes paraboliques émettrices et réceptrices sont des stations de relais de faisceaux hertziens. Elles captent les signaux envoyés à travers les airs par micro-ondes (un type d'ondes radio) et les envoient vers d'autres stations relais. Les micro-ondes peuvent transporter des signaux TV et radio, des appels téléphoniques et des données de télécopie quasi instantanément.

LE RÉSEAU INTERNET

L'Internet est un réseau d'ordinateurs qui relie plus de 200 pays. Des centaines de millions de personnes sur la planète l'utilisent aujourd'hui pour consulter ou envoyer des données.

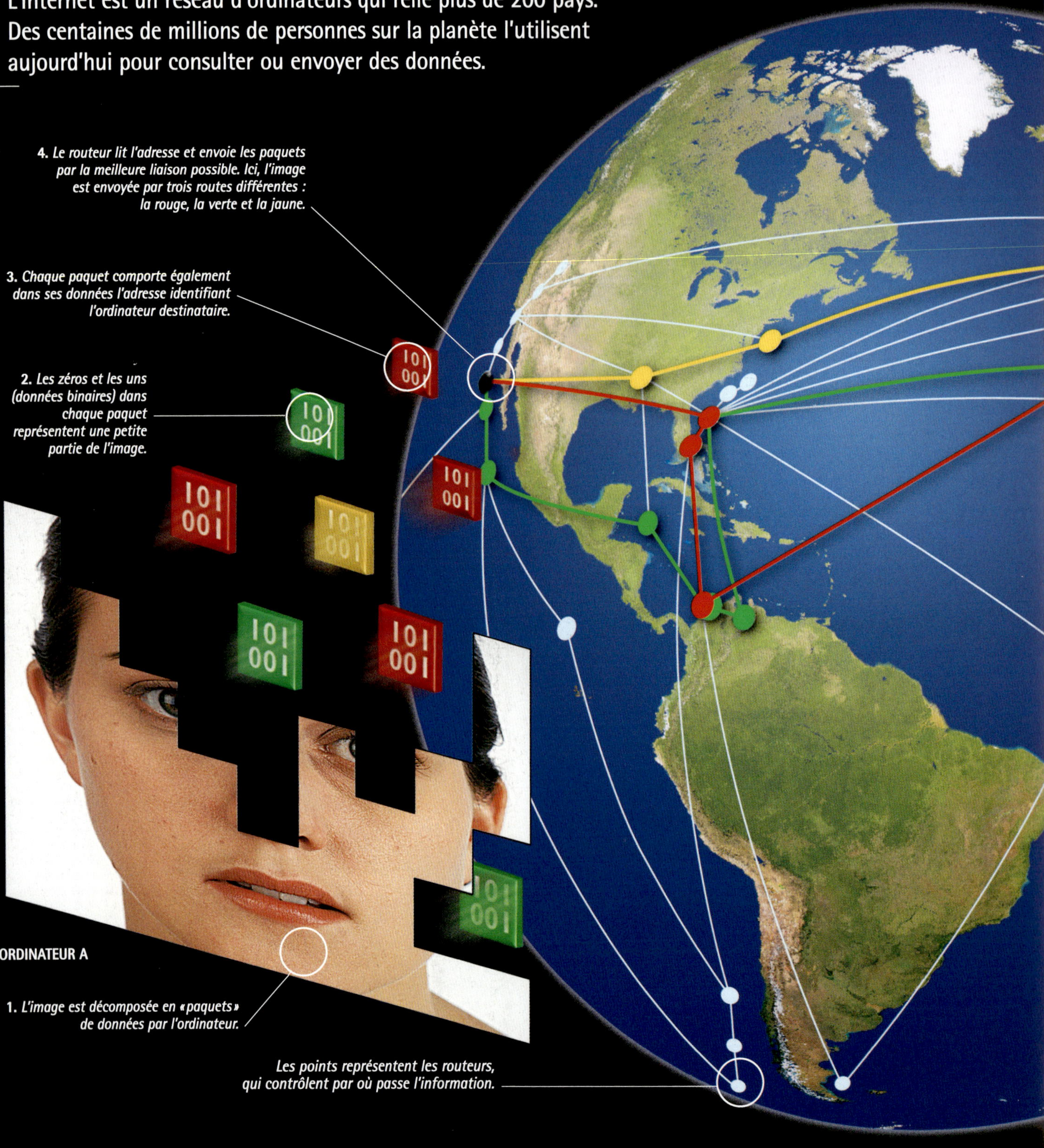

▶▶ Voir aussi : p. 26, p. 36, p. 168, p. 248

Schéma de la manière dont circule l'information sur le réseau Internet

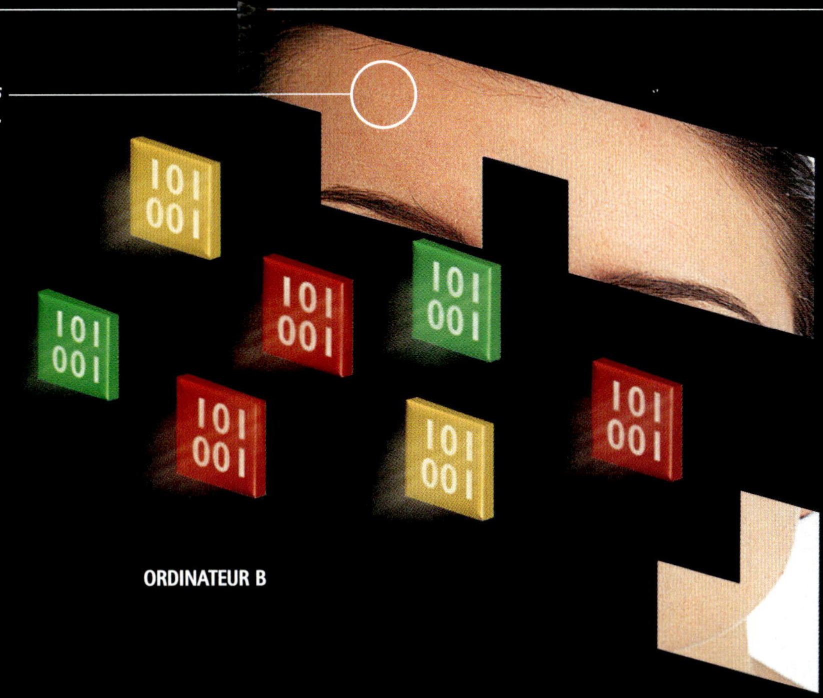

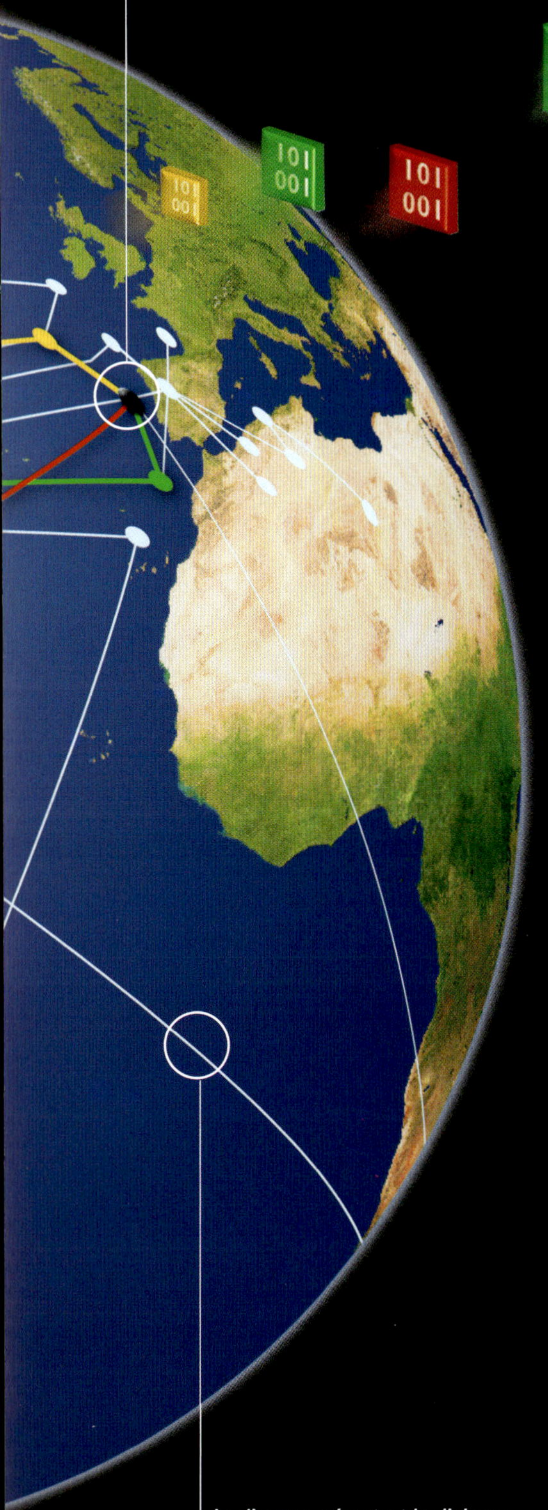

Les débuts du réseau Internet remontent aux années 1960, lorsqu'un groupe d'universitaires lança un projet visant à mettre en communication quatre universités américaines avec de gros systèmes d'ordinateurs. De nos jours, l'Internet s'est mué en un réseau mondial reliant des millions d'ordinateurs personnels et d'ordinateurs de réseaux locaux dans des écoles, des entreprises, des gouvernements, etc. Grâce à lui, nous pouvons désormais échanger des informations, des idées, des documents, et former des groupes en ligne avec des gens distants de plusieurs milliers de kilomètres. L'information circule sur le réseau mondial par «paquets» de données numériques, ce qui permet de véhiculer des éléments de toutes sortes : fichiers musicaux, programmes de télévision et de radio, SMS et appels téléphoniques. Les deux principaux modes d'utilisation de l'Internet sont la messagerie électronique, grâce à laquelle on échange des courriers numériques (ou e-mails), et le World Wide Web (plus simplement appelé «Web»). Ce dernier est un système qui permet de consulter au moyen d'un logiciel navigateur, des documents sous la forme de pages comportant des textes et des illustrations.

Des réseaux naturels

Filaments d'une toile d'araignée

Une toile d'araignée (*web* en anglais) évoque la structure en étroit réseau du World Wide Web (Internet). Ses pages sont reliées entre elles par des références électroniques croisées appelées hyperliens. Grâce aux hyperliens, on peut explorer les pages Web de différentes manières et dans l'ordre que l'on souhaite.

Une taupe qui creuse ses terriers aménage plusieurs entrées et sorties reliées par un réseau complexe de galeries. Si une partie des galeries s'effondre et devient inutilisable, l'animal peut toujours en emprunter d'autres. L'Internet fonctionne de la même manière. En informatique, ce principe est appelé redondance.

Terrier de taupe vu en coupe

LA LIAISON VIDÉO

Les bornes vidéo géantes Tholos, du nom des bâtiments circulaires de la Grèce antique, permettront bientôt de communiquer face à face depuis Paris avec des gens situés à Rome, par exemple. Ces bornes transmettront le son et des images en grandeur nature de ville à ville à travers le monde en moins d'une demi-seconde.

» COMMENT ÇA MARCHE

TRANSMISSION VIDÉO ET SONORE INSTANTANÉE PAR BORNE THOLOS

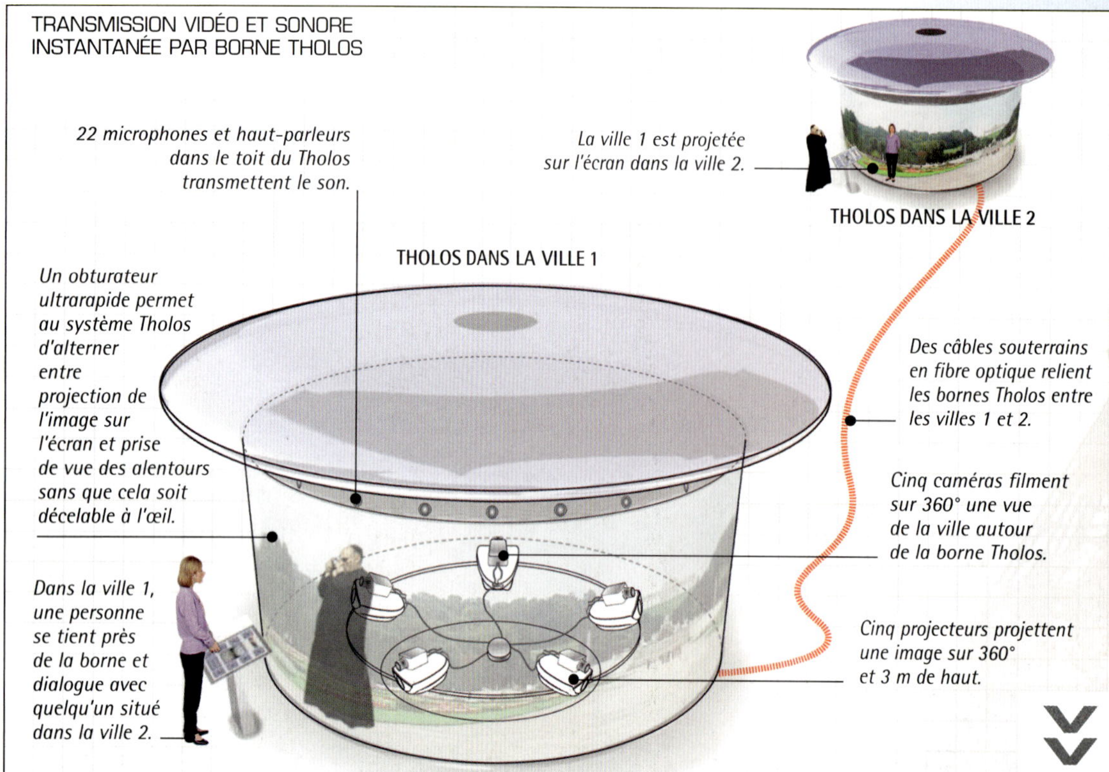

La plupart des gens communiquent avec des amis ou des collègues situés dans des pays étrangers par téléphone, fax ou e-mail sans se voir. Mais une nouvelle invention, le Tholos, pourrait bien changer tout ça. Il s'agit d'une borne vidéo géante capable d'échanger du son et des images d'une ville à l'autre et permettant aux utilisateurs de parler face à face malgré les grandes distances qui les séparent. Le principe de ce système consiste à transformer des images animées et du son en signaux numériques, qui voyagent par des câbles en fibres optiques d'une borne Tholos à l'autre, et cela quasi instantanément. Jadis, on ne pouvait entrer en contact à longue distance que par l'intermédiaire de messages écrits qu'il fallait transporter. Il y a plus de 2000 ans, les Grecs utilisaient des pigeons voyageurs et des coureurs à pied pour transmettre les nouvelles, tandis que les Romains mettaient au point le premier système postal utilisant des relais à cheval. Au XIXe siècle, l'invention du télégraphe permit de transmettre instantanément des messages écrits. Le téléphone, mis au point peu après, permit aux gens d'entretenir une conversation à distance. Le Tholos, quant à lui, va marquer un nouvel âge dans la communication : des personnes éloignées vont pouvoir se parler en ayant l'illusion d'être côte à côte.

▶▶ Voir aussi : p. 18, p. 20, p. 26, p. 36, p. 243

▶ **Les bornes géantes Tholos** devraient bientôt faire leur apparition dans les grandes villes d'Europe. On voit ci-dessous à quoi ressemblera une borne à Paris durant une communication avec Pise, en Italie. Le réseau des bornes, placé sous le contrôle d'un studio central, permettra la communication entre grandes aglomérations et servira également d'écrans publicitaires animés.

L'écran en verre de sécurité est enduit d'un traitement spécial empêchant les graffitis.

L'écran fait 3 m de haut et 7 m de diamètre.

Représentation d'une borne Tholos en projet à Paris

◀◀ LE PASSÉ

Tholos est un mot grec qui désigne des temples circulaires. Les bornes Tholos sont calquées sur l'antique temple d'Apollon, aujourd'hui en ruines sur le mont Parnasse, en Grèce.

Avec les progrès de la visiophonie, de plus en plus de gens pourront obtenir le contact visuel avec leur interlocuteur au moyen de leur téléphone mobile.

LE FUTUR ▶▶

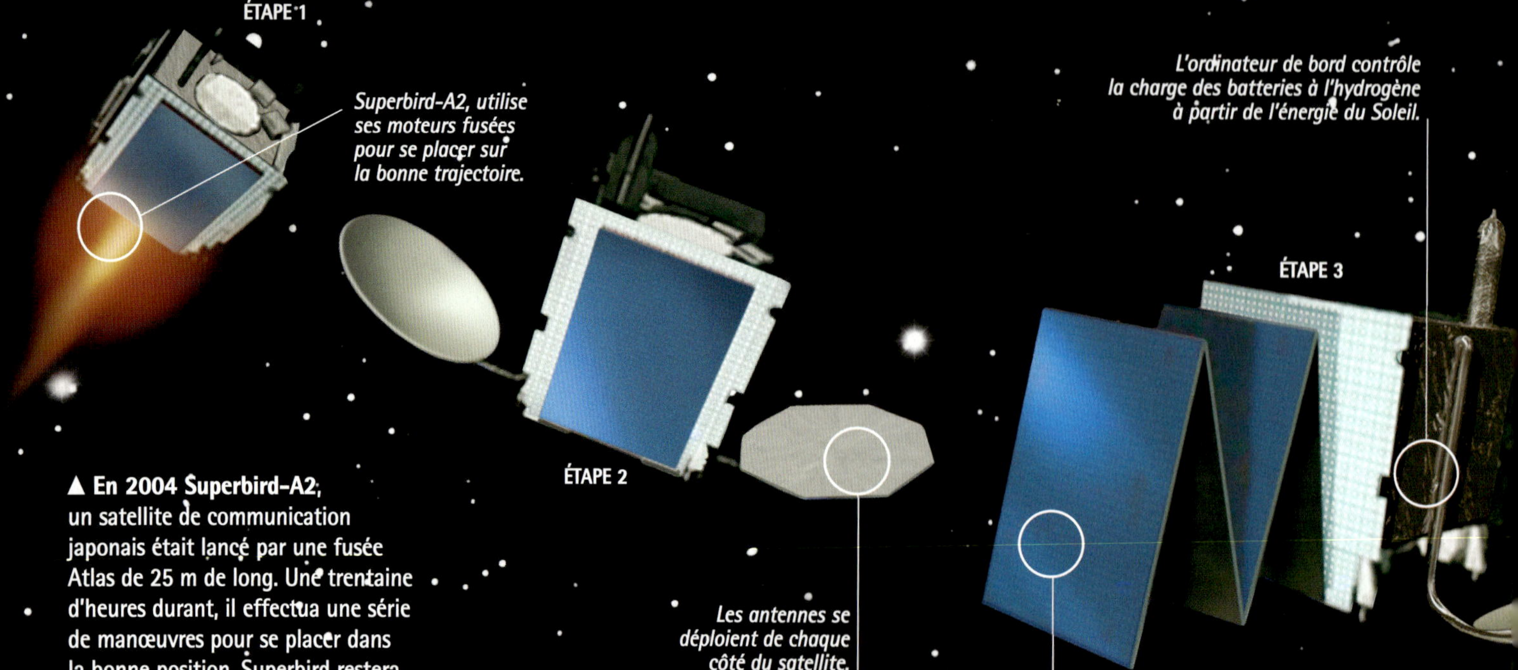

▲ **En 2004 Superbird-A2**, un satellite de communication japonais était lancé par une fusée Atlas de 25 m de long. Une trentaine d'heures durant, il effectua une série de manœuvres pour se placer dans la bonne position. Superbird restera en orbite pendant 13 ans, relayant des signaux TV et Internet au-dessus de l'Asie et du Pacifique jusqu'à ce qu'il soit remplacé.

LES SATELLITES DE COMMUNICATION

En orbite à 36 000 km au-dessus de la Terre, les satellites de communication relaient les signaux radio d'un côté à l'autre de la planète en un quart de seconde seulement.

Le lancement des satellites

▶ La plupart des satellites sont lancés par des fusées mais certains le sont par la Navette spatiale. Les plus gros sont sortis de la soute et mis en orbite à l'aide d'un bras robotisé. Les plus petits sont lancés à partir d'un pont de lancement rotatif, comme sur cette photo. Avant que des ressorts n'éjectent le satellite, le pont lui imprime un mouvement circulaire qui assurera sa stabilité sur sa trajectoire grâce à l'effet gyroscopique. Une fois éloigné de la Navette, les moteurs fusée du satellite sont mis en route pour fixer sa vitesse.

Lancement dans l'espace

◀◀ LE PASSÉ

L'écrivain Arthur C. Clarke conçut l'idée des satellites de communication en 1945. Le premier satellite de ce type, Echo I, fut lancé quinze ans plus tard.

Les satellites désaffectés et autres débris d'engins spatiaux présents dans l'espace pourraient provoquer des collisions catastrophiques avec des fusées ou des stations orbitales.

LE FUTUR ▶▶

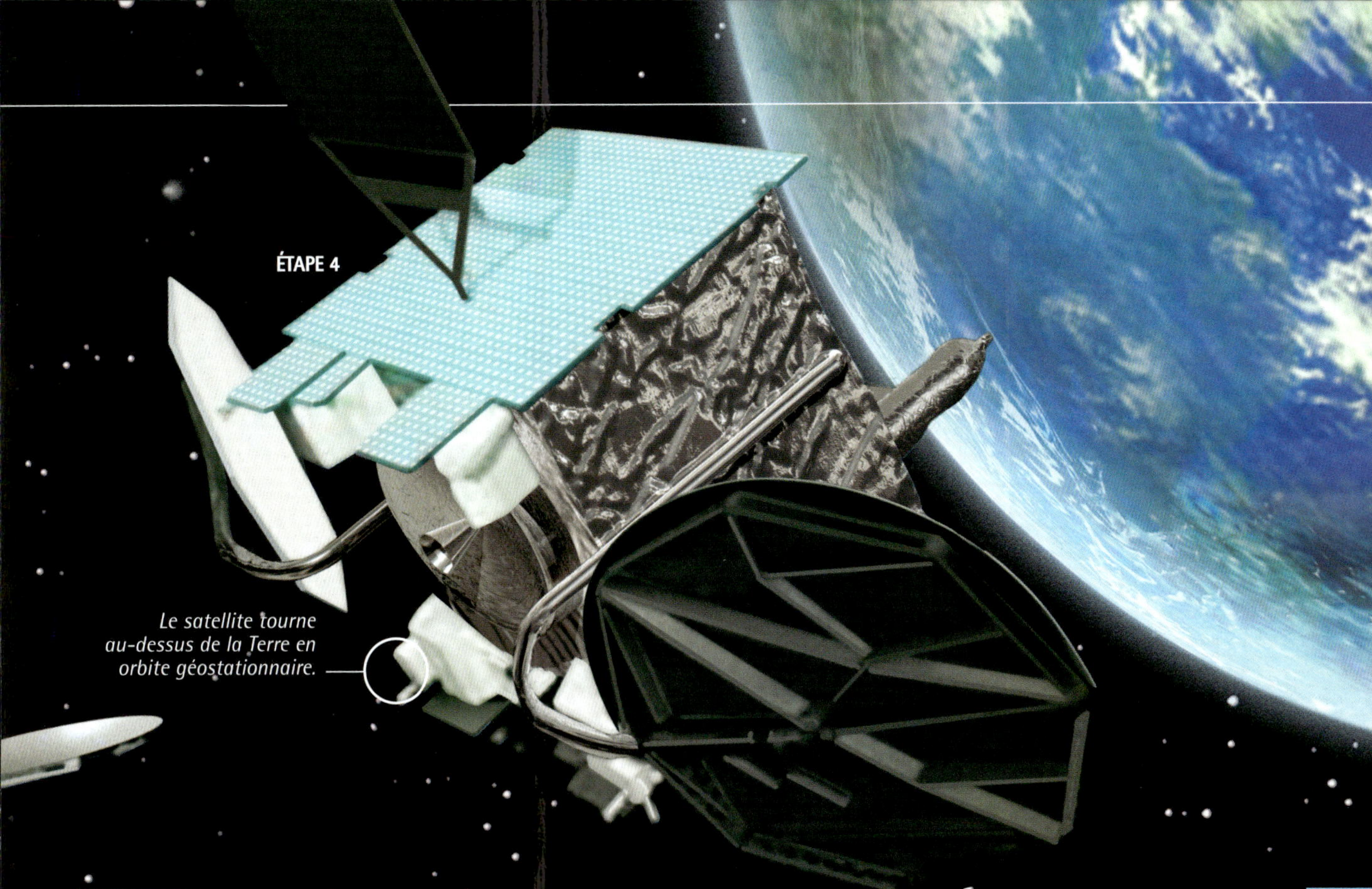

Le satellite tourne au-dessus de la Terre en orbite géostationnaire.

>> COMMENT ÇA MARCHE

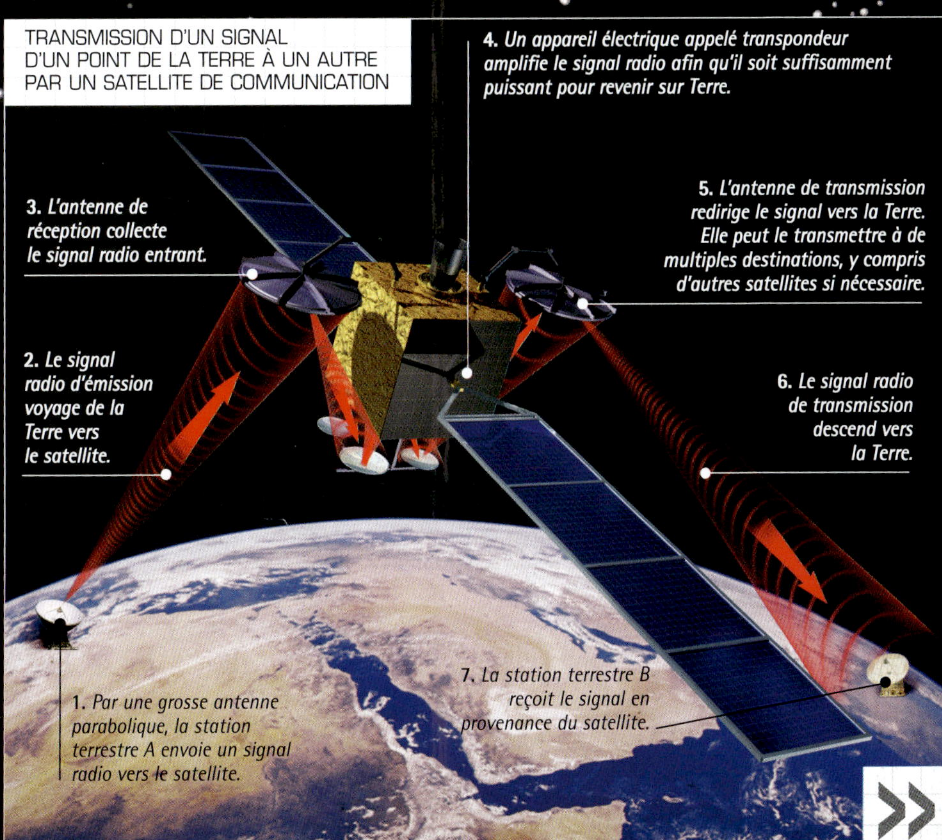

Un satellite de communication doit relayer, c'est-à-dire recevoir et renvoyer, des milliers d'appels téléphoniques et de programmes de télévision simultanément dans le monde entier. Les signaux lui parviennent de la Terre sous la forme d'étroits faisceaux de micro-ondes (ondes radio de haute énergie) qui voyagent à travers l'espace à la vitesse de la lumière.

La plupart des satellites de communication tournent autour de la Terre dans le même sens et à la même vitesse que cette dernière. De ce fait, ils se trouvent toujours au-dessus du même point de sa surface, paraissant immobiles. On dit alors qu'ils sont en orbite géostationnaire. Plusieurs centaines de satellites de communication gravitent ainsi autour de la Terre.

▸▸ Voir aussi : p. 26, p. 36, p. 156, p. 249

De nos jours, les ordinateurs et les appareils de communication sont devenus assez légers pour que nous puissions les emporter partout avec nous. La prochaine étape poussera plus loin encore la miniaturisation. À long terme, le développement des calculateurs quantiques ou basés sur la technologie ADN produira des machines un milliard de fois plus rapides que nos actuels appareils munis de puces au silicium.

Dans les dix prochaines années, la plupart des appareils électroniques seront connectés au réseau Internet par des fibres optiques à large bande passante. Des ordinateurs incorporés aux vêtements permettront de nous maintenir en contact avec les satellites de positionnement de type GPS. Nous pourrons ainsi en permanence connaître notre localisation précise lorsque nous serons en déplacement, et télécharger des informations à partir de services locaux.

« Des ordinateurs renfermant l'incroyable capacité de stockage de l'ADN humain effectueront des calculs à une vitesse inimaginable. »

Des capteurs invisibles insérés dans les espaces publics – sur les places des villes comme au cœur des galeries d'art – nous reconnaîtront et répondront à notre présence. Des secteurs d'« environnement intelligent » seront capables de nous fournir de l'information en fonction de nos besoins et de nos préférences, par exemple pour nous indiquer une place de parking ou nous diriger vers une exposition qui nous intéresse. Cette technologie interviendra également dans le commerce : passer devant un panneau publicitaire numérique déclenchera une modification automatique de l'affichage pour nous vanter des articles adaptés à notre style de vie !

Les détecteurs joueront un rôle central dans le développement de l'informatique « affective ». Cette technologie permettra aux ordinateurs d'être sensibles à nos états d'esprits et de réagir en conséquence. Les automobiles détecteront si nous sommes stressés ou en colère et abaisseront automatiquement la vitesse pour réduire les risques d'accidents. Les sièges sauront si nous sommes tristes, fatigués, frustrés et modifieront leur position afin de nous détendre ou nous rendre plus alertes. Les téléphones seront capables de détecter notre humeur tandis que nous dialoguerons et transcrirons nos émotions, sous la forme de motifs colorés par exemple, à notre interlocuteur à l'autre bout de la ligne.

Les calculateurs du futur n'utiliseront sans doute plus les technologies basées sur le silicium. Des ordinateurs renfermant l'incroyable capacité de stockage de l'ADN humain, présent dans nos gènes, pourraient effectuer des calculs à des vitesses inimaginables de nos jours. Quant à l'informatique quantique, elle fera directement appel aux atomes et aux molécules pour effectuer simultanément d'énormes quantités d'opérations.

Enfin, les progrès des technologies de communication balaieront les obstacles du passé. Par exemple, la traduction instantanée permettra de parler en français dans un téléphone et d'être entendu en japonais par un interlocuteur à Tokyo. Il est toutefois à craindre que, avec les téléphones mobiles et les ordinateurs dialoguant sans cesse, la surveillance par satellite depuis l'espace et les capteurs de détection au sol, toute vie privée libre devienne impossible. Il importera donc d'être vigilants afin que les inconvénients ne deviennent plus grands que les avantages, c'est-à-dire que des machines pilotées par une minorité ne finissent par gouverner la plus grande masse. Quoi qu'il en soit, l'ère de la communication est désormais lancée et va se poursuivre.

FIBRES OPTIQUES

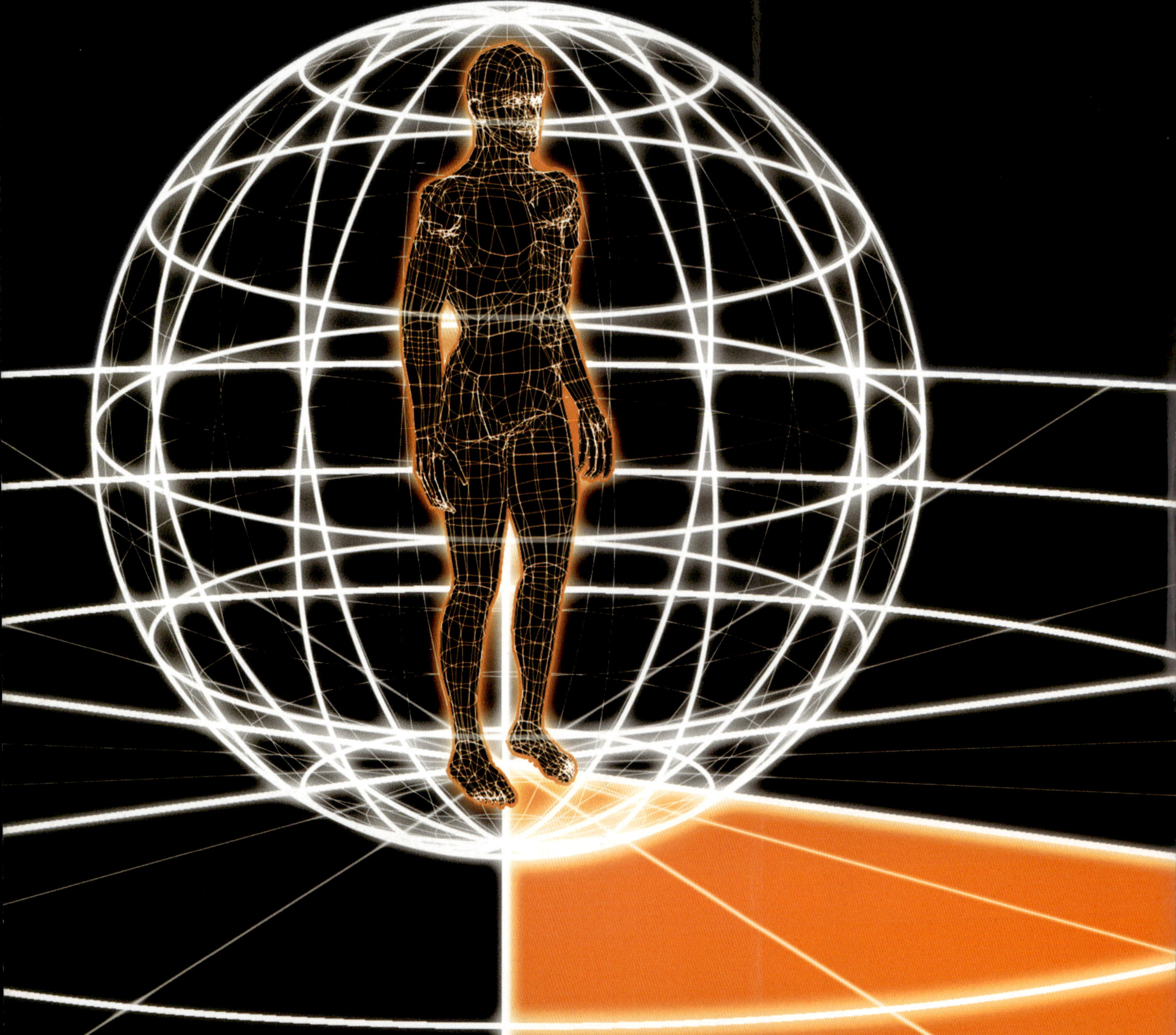

>> SPORTS ET LOISIRS

Les chaussures de sport >> Le ballon de football
La raquette de tennis >> Le snowboard >> Le vélo
L'appareil numérique >> Les jeux vidéo >> La guitare électrique
Le Compact Disc >> Le lecteur MP3 >> Les écouteurs stéréo
Les platines DJ >> Les feux d'artifice

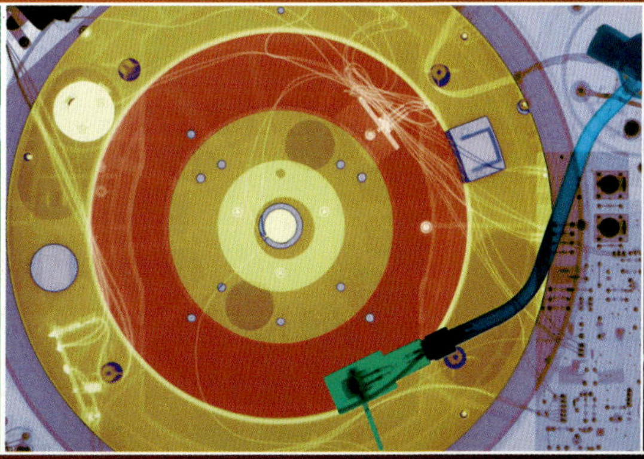

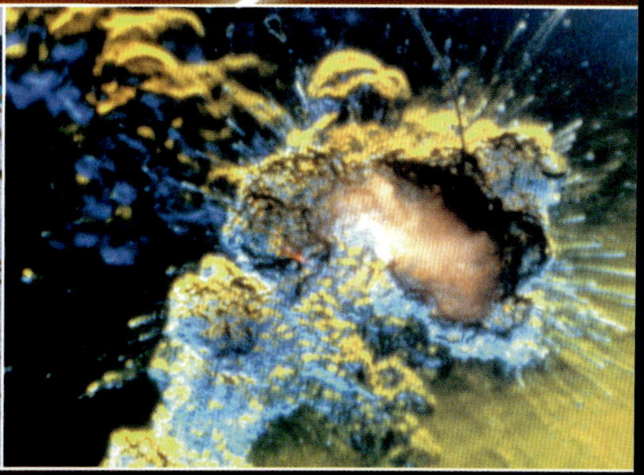

Les sports et les jeux sont une forme de divertissements organisés. Tout au long de l'histoire, l'homme a inventé des milliers d'activités différentes allant des jeux anciens, comme les échecs, aux sports athlétiques les plus extrêmes comme l'alpinisme et le snowboard. Au cours des dernières décennies, la technologie numérique a donné une autre dimension à nos loisirs.

CORDE DE GUITARE
VUE EN TRÈS GROS PLAN

Le sport est de plus en plus dominé par la compétition. Dans ce contexte, la technologie peut créer la différence qui fera le vainqueur. Grâce à la création et la modélisation assistées par ordinateur, les équipements utilisés dans de nombreuses disciplines sportives ne cessent de s'améliorer. Les raquettes de tennis deviennent plus puissantes et sensibles, les ballons de football plus légers et maniables, les chaussures d'athlétisme plus adhérentes et mieux amorties.

Les progrès en matière de fibres synthétiques ont permis le développement de vêtements de sport aux performances élevées. Ainsi, les nageurs disposent-ils aujourd'hui de maillots dont la structure du tissu est conçue pour optimiser l'écoulement de l'eau à leur surface, permettant de gagner quelques fractions de secondes essentielles à une victoire. Des tissus « respirants » assurent une meilleure ventilation, permettant à la transpiration de mieux s'évacuer durant l'effort. Les skieurs et les alpinistes se maintiennent au chaud grâce à des vestes légères mais extrêmement isolantes.

Les sports ne sont, évidemment, pas le seul domaine de divertissement. Les jeux sur ordinateurs ou consoles vidéo se sont répandus dans le monde entier et sont aujourd'hui familiers à des millions de personnes. Le premier jeu vidéo, inventé en 1958, était un jeu de tennis très simplifié qui s'affichait sur un oscilloscope (appareil de mesure des ondes). Le premier jeu utilisable sur télévision – encore du tennis ! – apparut en 1975 : deux joueurs devaient se renvoyer une balle de part et d'autre de l'écran. De nos jours, les jeux vidéo sont à la fois d'un design beaucoup plus sophistiqué et d'une maîtrise beaucoup plus exigeante. Qu'il s'agisse de bâtir et faire vivre une ville ou de recréer des scènes de bataille réalistes, ils sont devenus si complexes que leur création peut être aussi coûteuse que la réalisation d'un film de cinéma.

> « En 2004, les jeux Olympiques d'Athènes ont été suivis à la télévision par quatre milliards de personnes – les deux tiers de la population du globe! »

Le développement et la démocratisation des technologies numériques ont également ouvert la voie à de nouveaux loisirs. Avant l'avènement des caméras vidéo à prix accessible et des logiciels de montage faciles à utiliser, la réalisation de films était une activité spécialisée. Aujourd'hui, elle est à la portée de tous. Il en va de même de la composition musicale. L'arrivée de la guitare électrique dans les années 1950 avait révolutionné la musique populaire; la technologie numérique a aujourd'hui un impact similaire. On peut désormais composer un morceau grâce aux outils de composition assistée par ordinateur qui suppléent une grande part du savoir-faire.

L'accès aux loisirs a également changé. La plupart des foyers disposent aujourd'hui de la télévision, de systèmes audio, de lecteurs et enregistreurs vidéo. On peut même désormais disposer de tous ces appareils en un seul : grâce à la communication sans fil et aux connections Internet à haut débit, l'ordinateur personnel est devenu un centre de contrôle numérique muni de toutes ces fonctions.

LES CHAUSSURES DE SPORT

Les chaussures de sport modernes font appel aux technologies de pointe en électronique afin d'améliorer les performances tout en répondant aux évolutions de la mode.

◀◀ LE PASSÉ

Les premières chaussures de sport, de création anglaise, étaient des modèles simples à dessus en toile et semelles en caoutchouc. Ce type de modèle existe encore sur le marché aujourd'hui.

Avec les progrès dans la technologie des matériaux, les chaussures de sport deviendront si légères et confortables que l'on aura l'impression de n'avoir rien aux pieds.

LE FUTUR ▶▶

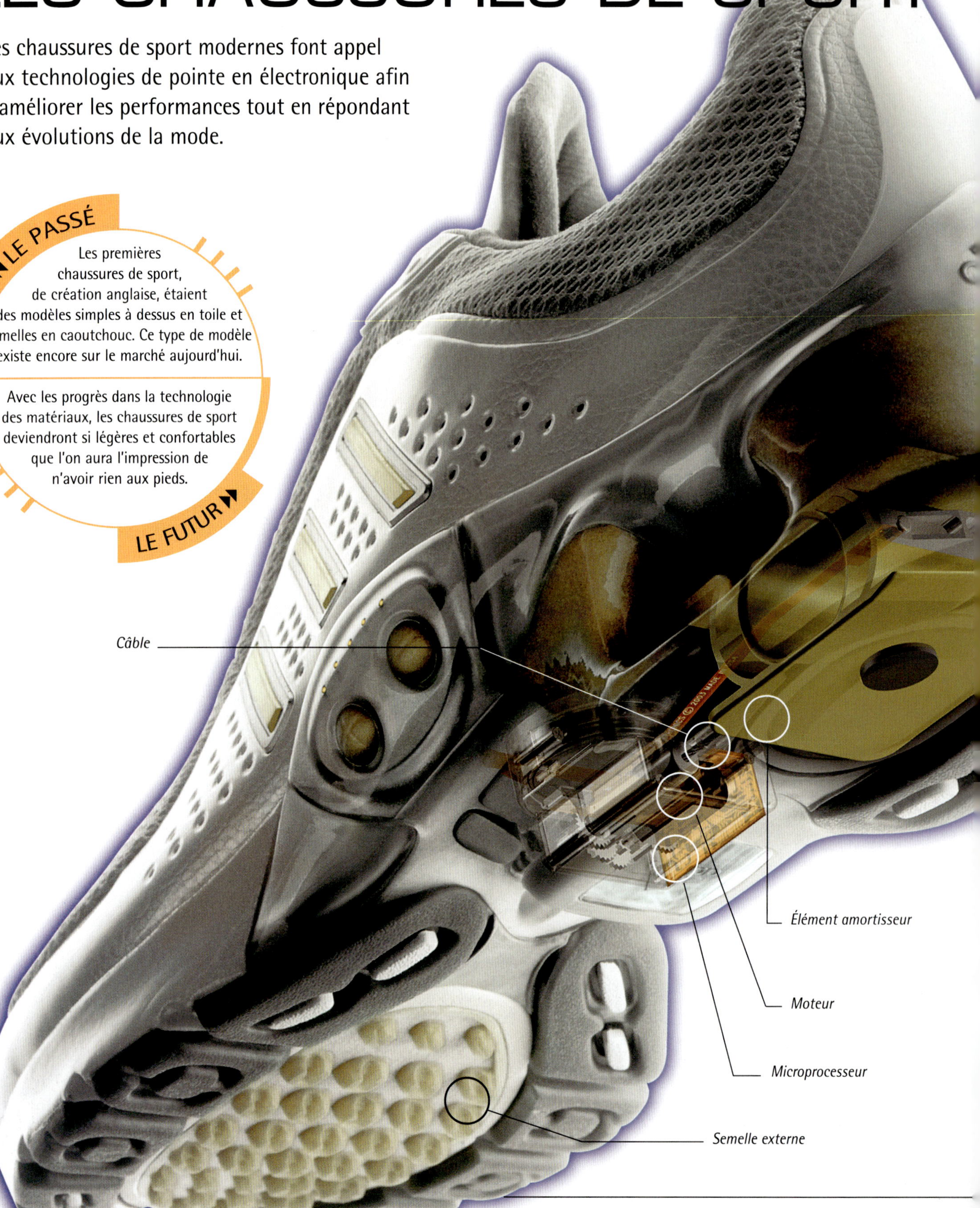

Semelle de chaussure à régulateur de choc ▶

◀ **La semelle** de cette chaussure de sport de haute technologie renferme un système de régulation d'amortissement automatique. Cela lui permet de s'adapter en permanence à la nature changeante de la surface du terrain et au style de course de celui qui la porte, permettant des performances optimales.

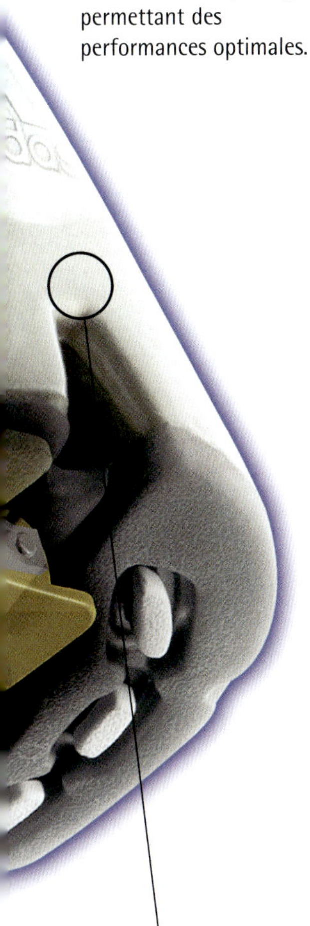

>> COMMENT ÇA MARCHE

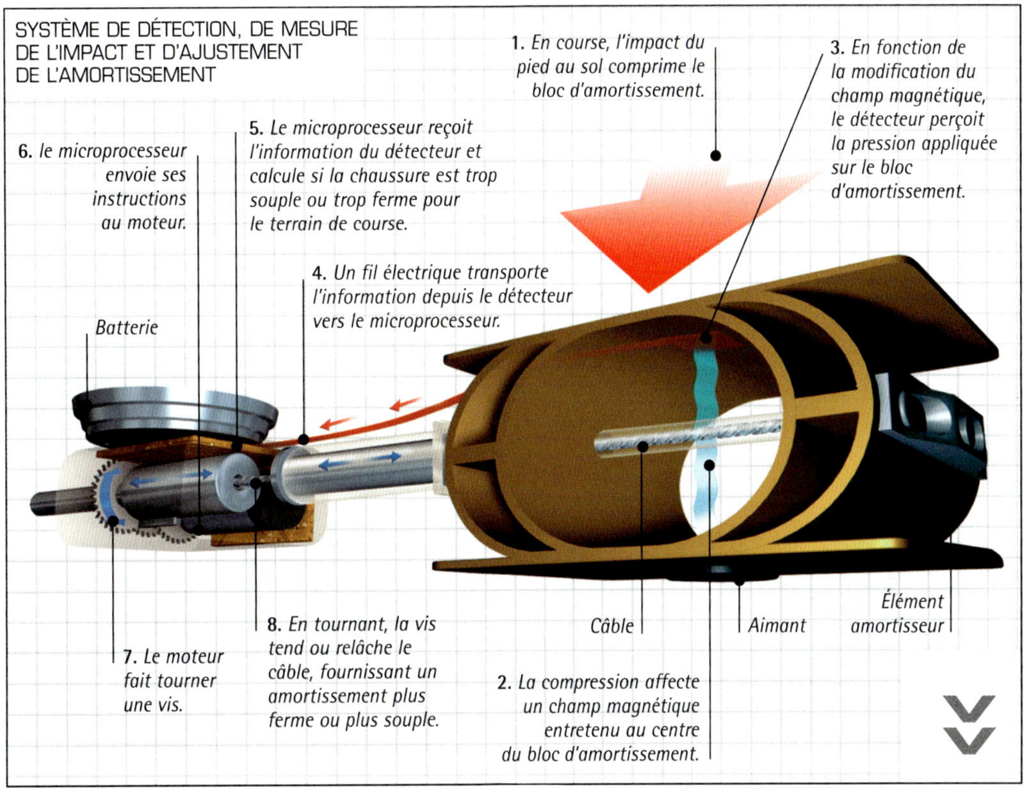

Chaque coureur a un poids donné et possède un style de course bien à lui. Par ailleurs, l'état du terrain change sans cesse : herbe, gravillons, pavés constituent autant de surfaces très différentes. L'étonnante chaussure de course présentée ici renferme, dans la semelle, un microprocesseur et un système d'amortissement modulable qui travaillent de conserve. Le système permet d'ajuster en permanence la dynamique de la semelle afin de fournir les meilleures performances. Dès que le porteur des chaussures commence à courir, un détecteur effectuant un millier de relevés par seconde entre en fonction. Les informations qu'il fournit permettent de durcir ou d'amollir le talon en fonction de la nature du support. Ces modifications interviennent de façon imperceptible ; tout ce que le coureur ressent est le haut degré de confort que ses chaussures lui apportent.

L'absorption des chocs

▶ À chaque foulée, le pied d'un coureur doit absorber un choc équivalent à quatre fois le poids de son corps. Cette image a été colorée pour montrer les zones de pression : de la plus forte (rouge) à la plus faible (bleu, en passant par jaune et vert). Les chaussures doivent protéger le pied en amortissant correctement toutes ces zones.

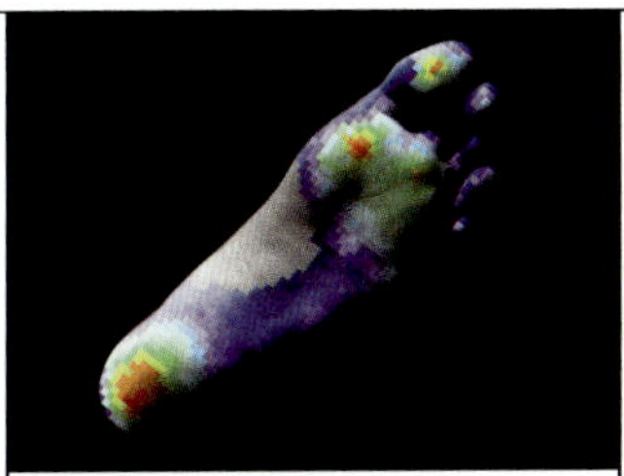

Empreinte de pied nu

▶ Dans une chaussure de course, le rôle du talon est d'absorber le choc de chaque foulée et d'assurer la stabilité. La couche externe de la semelle assure, quant à elle, l'adhérence. Elle constitue la surface de contact et présente un système de crampons pour améliorer la traction sur différentes surfaces.

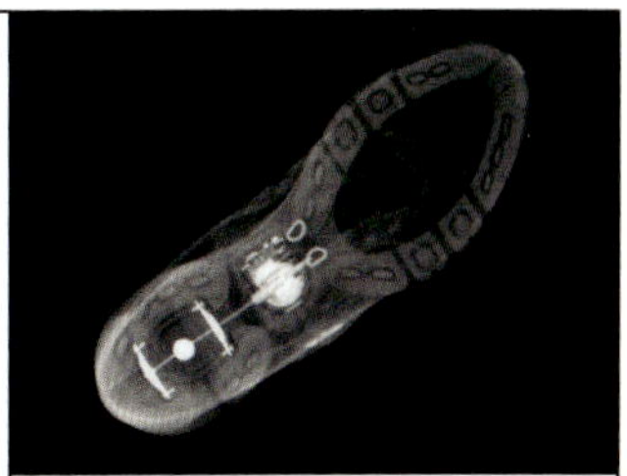

La semelle vue aux rayons X

▶▶ Voir aussi : p. 16, p. 60, p. 246, p. 250

Voir aussi : p. 50, p. 54, p. 72

LE BALLON DE FOOTBALL

Le football est un sport qui draine beaucoup d'argent et attire des millions de supporters. L'amélioration de l'équipement permet de perfectionner également le jeu. C'est pourquoi les marques de sport testent plusieurs prototypes avant de lancer un nouveau ballon.

Un footballeur effectue un tir de ballon avec effet.

LE PASSÉ

Le premier modèle de ballon de football moderne fut déposé en 1855. Il était constitué d'une vessie de caoutchouc gonflable enveloppée dans une gaine de cuir.

LE FUTUR

Les ballons du futur pourraient renfermer des balises radio qui aideront à déterminer s'ils ont ou non franchi les lignes en cas de litige d'arbitrage.

L'angle de frappe imprime un mouvement rotatif au ballon qui déterminera sa trajectoire dans les airs.

» COMMENT ÇA MARCHE

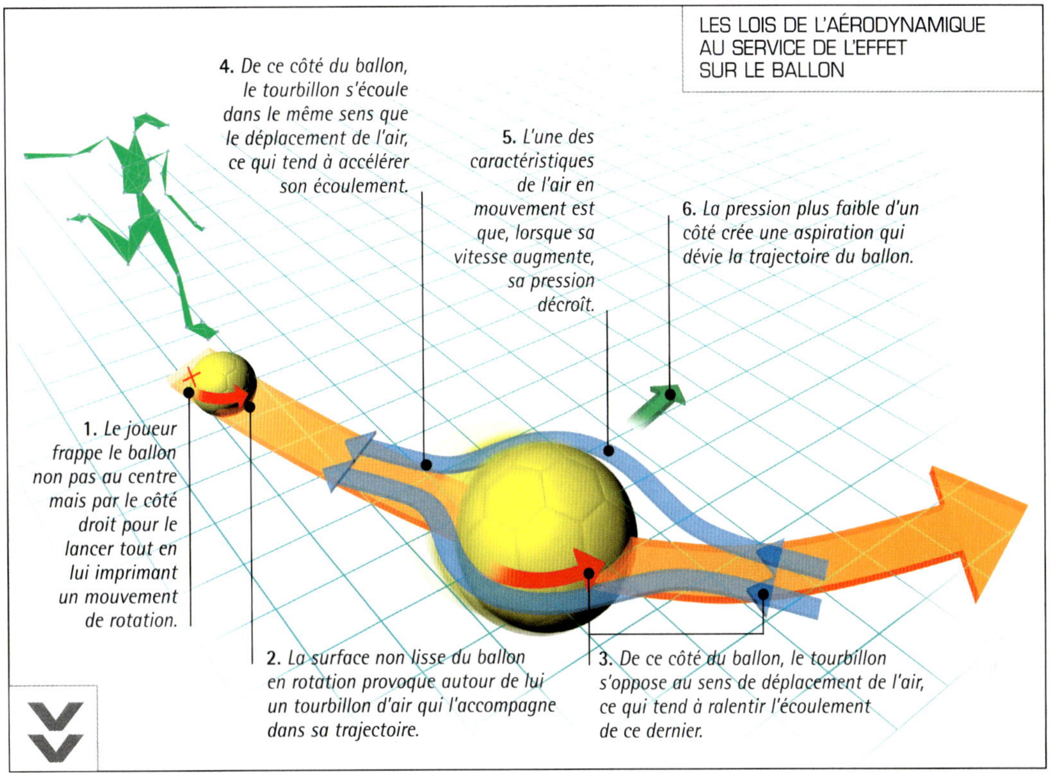

Les footballeurs professionnels sont capables, grâce à des centaines d'heures d'entraînement, d'imprimer à un ballon des trajectoires, courbes, lobées, plongeantes très élaborées. Un tir de balle peut ainsi s'élever au-dessus d'un mur de défense et retomber soudainement vers la cage de but à la dernière seconde. Donner ainsi « de l'effet » au ballon est devenu plus facile depuis que l'on sait fabriquer des modèles allégés et plus élaborés. Dans le passé, en effet, les ballons étaient lourds et le devenaient plus encore lorsqu'ils se gorgeaient d'eau de pluie. Les modèles modernes, quant à eux, présentent des surfaces en matériaux légers dont la conception a fait l'objet d'études approfondies. À force de frappe égale, ils parcourent plus de distance que leurs ancêtres. Toutefois, les ballons ne sont pas seuls à avoir été améliorés. On a aussi développé des surfaces de terrain artificielles. Elles sont surtout utiles en hiver, lorsque l'herbe est trop humide ou trop rare pour permettre le jeu. Mais les premières étaient très rebondissantes, rendant le ballon difficile à contrôler. Les plus récentes offrent des résultats plus naturels.

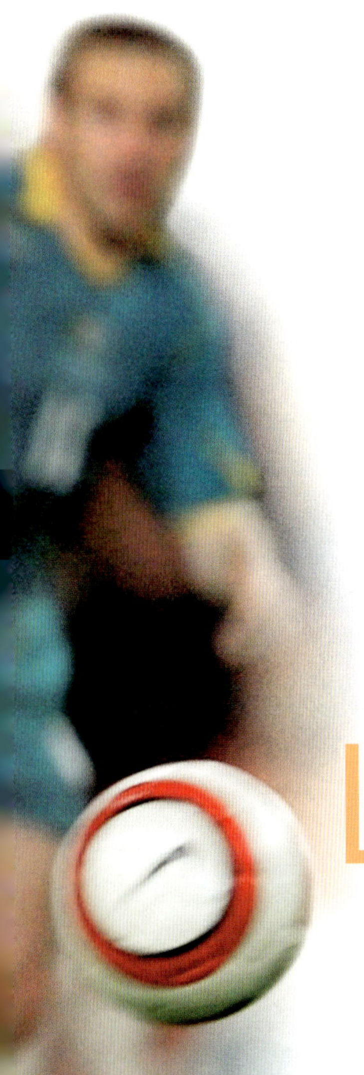

◀ **Le footballeur Marco Bresciano** frappant le Nike 90 Aerow Hi-Vis, un ballon créé pour être plus rapide et plus précis que les autres modèles existants. Son enveloppe est composée de six couches pour le rendre résistant et réactif au tir. Une structure de surface et un revêtement particuliers améliorent le contrôle de la trajectoire sur de longues distances.

Sous le choc

▶ Lorsqu'il est frappé, un ballon se déforme car il n'est pas rigide, mais cette déformation est imperceptible à l'œil tant le phénomène est bref. Sur cette image, on voit une déformation se former à la base de la balle, au point d'impact, due à la pression appliquée par le pied. L'air à l'intérieur du ballon agit alors comme un ressort : il absorbe une part de l'énergie de la frappe puis la restitue immédiatement, provoquant le départ du ballon.

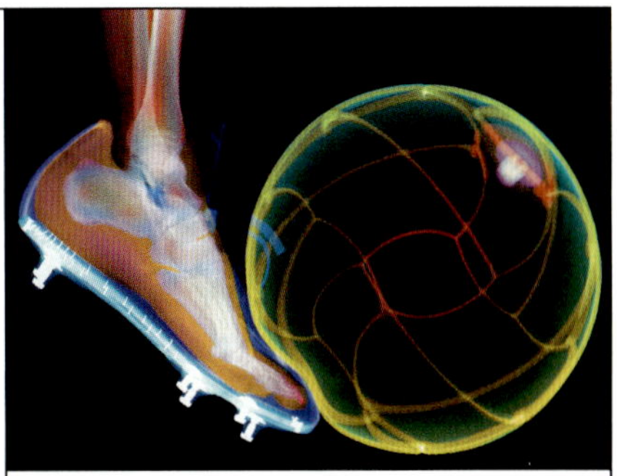

Frappe de balle aux rayons X en fausses couleurs

LA RAQUETTE DE TENNIS

Le tennis, qui se jouait à l'origine habillé de pantalons longs ou de lourdes jupes, est devenu aujourd'hui un sport de compétition âpre et rapide où les compétiteurs font usage des technologies les plus avancées.

Vue en écorché de la raquette de tennis HEAD® Intelligence™

◀◀ LE PASSÉ

Apparu en Grande-Bretagne en 1874, le tennis était initialement nommé Sphairistike. Il fut heureusement vite rebaptisé de son nom actuel, beaucoup plus prononçable.

Le service le plus rapide connu en match de championnat atteignit la vitesse de 246,2 km/h, en 2004. Les nouvelles raquettes pourraient permettre de battre ce record.

LE FUTUR ▶▶

▶ Pour bien jouer au tennis, il faut une frappe qui allie puissance et précision. Cette raquette est conçue de façon à transmettre à la balle le maximum d'énergie tout en optimisant le contrôle. Grâce à elle, le joueur peut accélérer sa balle et la placer avec plus de justesse, afin de rendre plus difficile le coup en retour du joueur adverse.

▶▶ Voir aussi : p. 66, p. 134, p. 248

>> COMMENT ÇA MARCHE

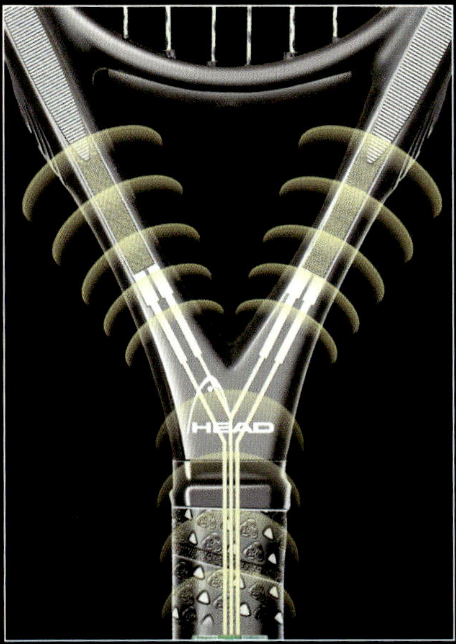

1. Lorsqu'une raquette frappe la balle, elle ploie, absorbant une partie de l'énergie cinétique transmise par le joueur. Dans l'idéal, toute cette énergie devrait revenir vers la balle au moment où la raquette se raidit à nouveau. Mais avec une raquette standard, l'énergie est perdue dans des vibrations entre la raquette et le bras du joueur. Cette raquette intelligente a la capacité de récupérer l'énergie de ces vibrations, représentées ici se déplaçant du manche vers le tamis de la raquette.

2. les vibrations étirent les fibres piézo-électriques situées dans les branches de la raquette. Ces fibres convertissent l'énergie mécanique en énergie électrique. Celle-ci voyage sous forme de courant électrique vers une carte électronique située dans le manche de la raquette, qui la stocke puis la renvoie vers les fibres piézo-électriques. Celles-ci se raidissent alors suffisamment pour supprimer les vibrations et restituer l'énergie mécanique originale à la balle.

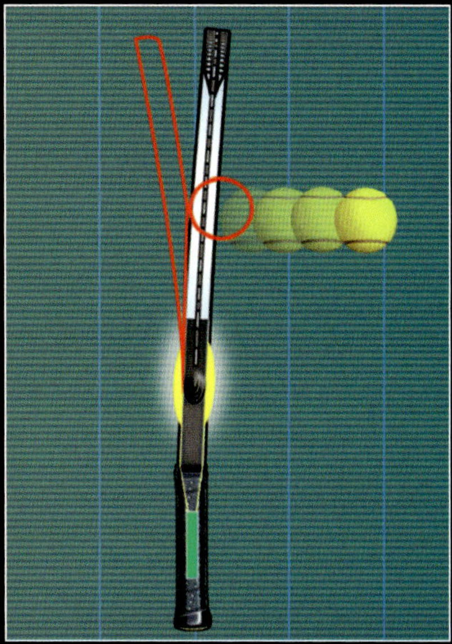

3. La raquette se raidissant sous l'action des fibres piézo-électriques, la balle est renvoyée plus tôt et plus vite qu'elle ne l'est habituellement. On a représenté ici en rouge l'action d'une raquette normale : celle-ci est encore courbée en arrière quand la raquette piézo-électrique est déjà raidie. Ce retour plus rapide offre au joueur un avantage sur son adversaire qui devra se déplacer très vite s'il veut renvoyer la balle.

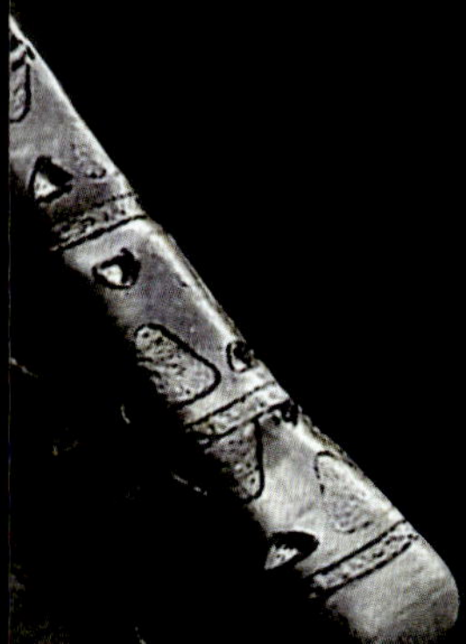

Qu'est-ce que l'effet piézo-électrique ?

Cristaux de quartz vus en gros plan

◀ Soumis à une contrainte, un matériau piézo-électrique comme le quartz génère une charge électrique. C'est pourquoi les fibres de la raquette produisent de l'électricité lorsqu'elles captent les vibrations dues à la frappe. L'effet piézo-électrique agit aussi en sens inverse, modifiant la forme du matériau lorsqu'on lui applique un courant électrique. C'est ainsi que les fibres de la raquette se raidissent lorsqu'elles reçoivent l'électricité restituée par la carte.

Snowboarder effectuant un saut

LE PASSÉ

Les premiers snowboards étaient appelés snurfers. Ils étaient équipés de cordes pour les diriger et évoquaient une sorte de croisement entre une luge et un ski.

Selon certaines études de tendances, il se pourrait qu'il y ait plus d'adeptes du snowboard que du ski vers 2015.

LE FUTUR

▲ **Un snowboarder effectuant un saut impressionnant** semble s'envoler. La forme des planches – le «shape» dans le jargon de la discipline – a évolué au cours du temps pou s'adapter aux différents terrains et aux styles de glisse. Les «boarders» s'affrontent dans différentes disciplines mettant à l'épreuve force, maîtrise, vigueur et vitesse.

LE SNOWBOARD

Ce qui n'était, à l'origine, qu'une alternative au surf des mers et au ski est aujourd'hui l'un des sports alpins en plein essor. Les snowboarders s'affrontent dans des compétitions qui peuvent se tenir sur les pentes ou dans des stades enneigés.

Voir aussi : p. 58, p. 72

Nose

» COMMENT C'EST FAIT

Le freestyle
Les planches courtes, larges et aux formes symétriques utilisées en freestyle permettent d'effectuer des figures et de glisser avec soit le pied droit, soit le pied gauche en avant.

Le freeride
Ces planches sont souvent utilisées par les débutants parce qu'elles s'adaptent à la plupart des conditions. Avec de la pratique, elles peuvent aussi être utilisées pour les sauts et les figures.

L'alpin
Les planches utilisées dans cette discipline sont longues et étroites afin d'effectuer des virages très rapides sur une piste de slalom en zigzag.

FORME ET STRUCTURE INTERNE D'UNE PLANCHE DE SNOWBOARD

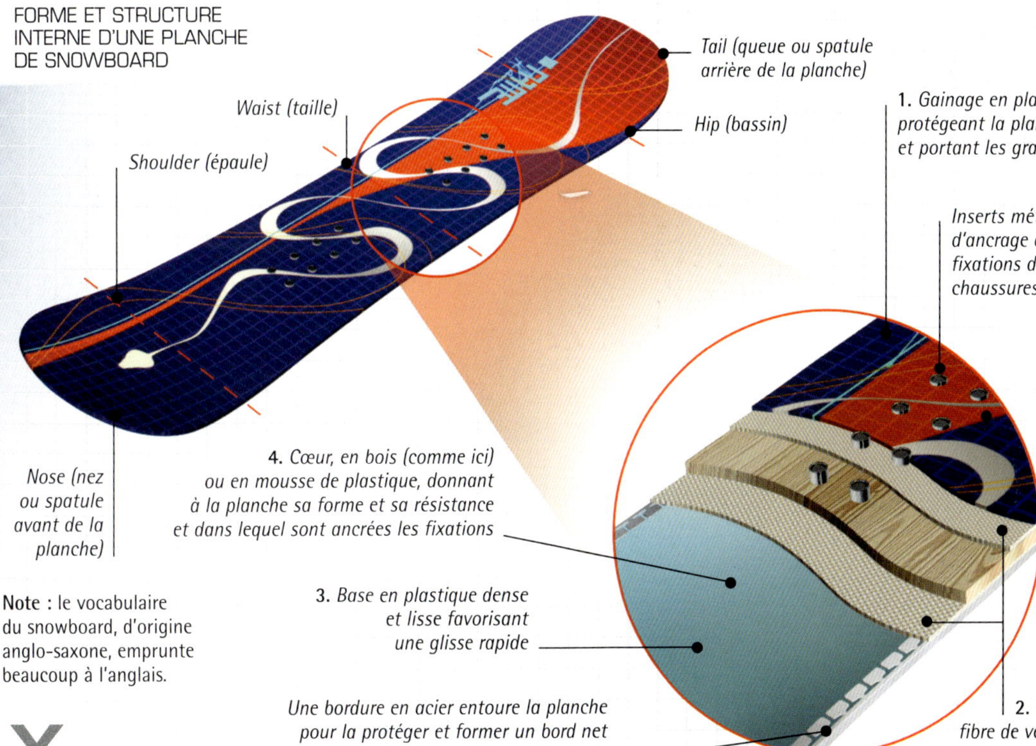

Note : le vocabulaire du snowboard, d'origine anglo-saxone, emprunte beaucoup à l'anglais.

À l'origine, seule existait la planche de surf qui permettait de glisser sur les vagues de l'océan. Puis vint le skateboard, qui rendit possible le surf urbain sur les trottoirs. Aujourd'hui, les surfers glissent également sur la neige avec le snowboard. Les compétitions les plus populaires sont celles de freeride, au cours desquelles les participants dévalent des pentes enneigées avec style et rapidité, et celles de freestyle, où ils se livrent à des figures acrobatiques à partir de rampes pour se projeter dans les airs. Les snowboarders portent aux pieds des «boots» souples maintenues en contact avec la planche par des bandes de plastique montées en diagonale, formant les fixations. Attirés vers le bas de la pente par la gravité, les surfers contrôlent leur planche en faisant porter le poids du corps sur le talon ou les doigts de pieds et d'un pied à l'autre. Ils enfoncent ainsi les côtés de la planche dans la neige pour la faire tourner. Pousser fort sur les deux talons ou sur les doigts des deux pieds simultanément permet d'effectuer un virage très serré pour s'arrêter.

LE VÉLO

En cyclisme olympique, où il faut atteindre la plus grande vitesse possible, les vélos sont plus légers et aérodynamiques que les vélos normaux, et n'ont souvent qu'une seule vitesse et pas de freins.

Essai d'un vélo olympique en soufflerie

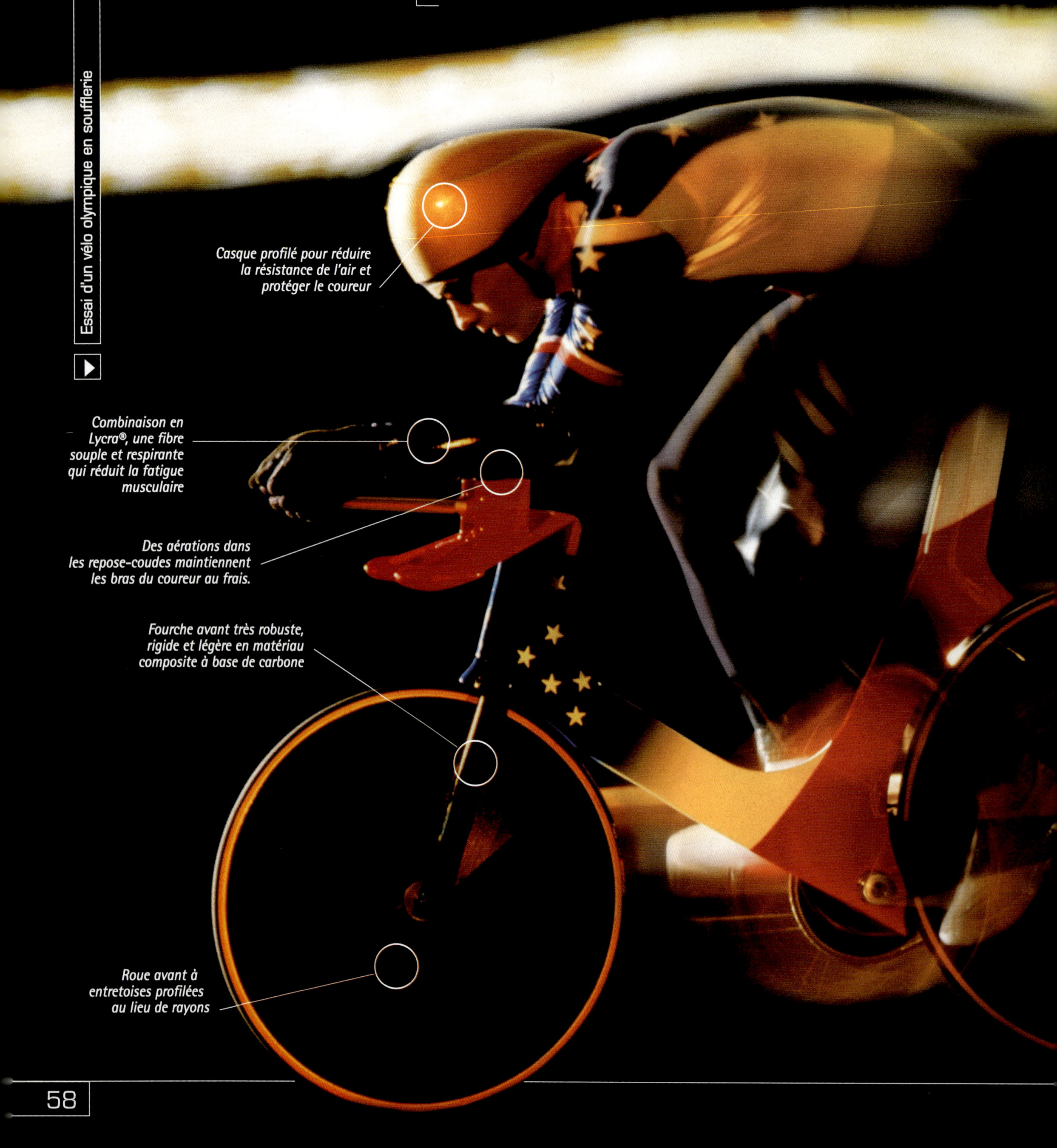

Voir aussi : p. 126, p. 132, p. 148, p. 240

Traînée d'air peu perturbée par le corps du coureur

Un vélo olympique est ici testé en soufflerie dans le but d'améliorer sa conception aérodynamique et réduire les turbulences, qui créent la résistance de l'air. Le corps du coureur étant plus large que le vélo lui-même provoque plus de deux fois plus de turbulences. C'est pourquoi l'homme porte une tenue aérodynamique et se courbe sur sa machine pour tenter de ne faire qu'un avec elle.

COMMENT C'EST FAIT

C'est l'avant d'un objet en mouvement qui crée généralement le plus de turbulences. Sur un vélo normal, le large cintre (guidon) force le coureur à se tenir bras écartés, ce qui entraîne beaucoup de turbulences. Pour remédier à cela, un vélo de vitesse olympique présente un double guidon. L'étroite paire de poignées centrales est utilisée pour améliorer la pénétration dans l'air dans les lignes droites. Les poignées élargies servent uniquement pour tourner et ralentir.

Le cadre du vélo doit supporter d'énormes contraintes liées au poids du coureur ainsi que des forces de torsion dans les trajectoires courbes. Un vélo olympique possède un cadre d'une seule pièce constitué d'un robuste matériau composite à base de carbone. Celui-ci répartit les contraintes sur l'ensemble de la structure, qui est renforcée par du titane en certains points clés. La surface du cadre est profilée comme les ailes d'un avion afin d'améliorer sa pénétration dans l'air et de réduire sa traînée.

Les roues, en mouvement rapide, créent beaucoup de turbulences. Pour y remédier, la roue avant présente des entretoises profilées, faciles à diriger dans un flux d'air rapide. Pour compenser cette structure moins résistante que des rayons normaux, la roue est renforcée par une épaisse jante. La roue arrière, qui n'a pas de rôle dans la direction, est lenticulaire (pleine) et plus aérodynamique encore. Ces vélos sont généralement dépourvus de freins. En fin de course, le coureur réduit sa vitesse de pédalage pour s'arrêter.

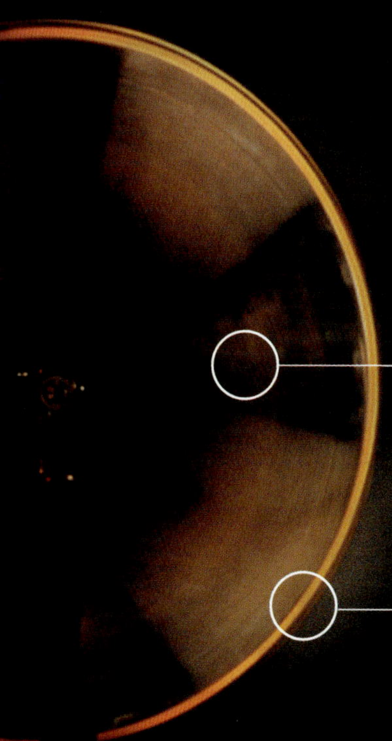

Le revêtement lisse en carbone de la roue arrière recouvre une robuste mais légère structure en nid d'abeille.

La roue arrière propulse le vélo jusqu'à 56 km/h.

Conception assistée par ordinateur

À la place des souffleries, les ingénieurs peuvent utiliser des scanners pour enregistrer une image numérique en 3D de la forme du vélo et du coureur. Sur ordinateur, ils peuvent ainsi tester différents modèles de cadres et de casques et trouver ceux qui créent le moins de turbulences. Ce casque pointu aérodynamique créé par ordinateur améliore l'écoulement de l'air autour de lui.

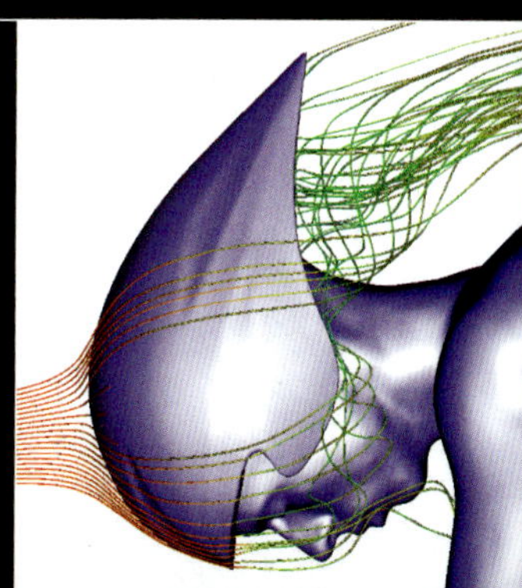

Modélisation 3D d'un casque

FIBRES

Grâce aux nouvelles technologies, on a pu créer des tissus permettant de conserver la chaleur en hiver et de rester frais l'été, d'évacuer la transpiration et se maintenir au sec quand il pleut.

Pénétration dans l'eau

Dès qu'il touche l'eau, un nageur crée, par ses mouvements, dans l'élément liquide, une turbulence qui entraîne une résistance. Il doit donc consommer de l'énergie pour la vaincre. Afin de réduire les frottements avec l'eau, les maillots de compétition sont faits dans des tissus très moulants qui rendent le corps plus hydrodynamique. Le maillot utilisé ci-dessus présente des bandes horizontales qui guident le flux de l'eau autour du corps, réduisant encore les frottements.

Tissus respirants

Ces fibres sont utilisées dans la fabrication de vêtements de pluie. Les tissus respirants sont composés de plusieurs couches de Nylon (ici en rose) avec une couche interne poreuse (en jaune). La couche interne comporte de minuscules trous, plus petits qu'une goutte de pluie mais plus gros que les molécules issues de la transpiration corporelle. Ils permettent à la sueur de s'évacuer tout en empêchant la pluie de pénétrer. Les couches externes ont un effet coupe-vent, maintenant le corps au chaud.

Voir aussi : p. 58, p. 132

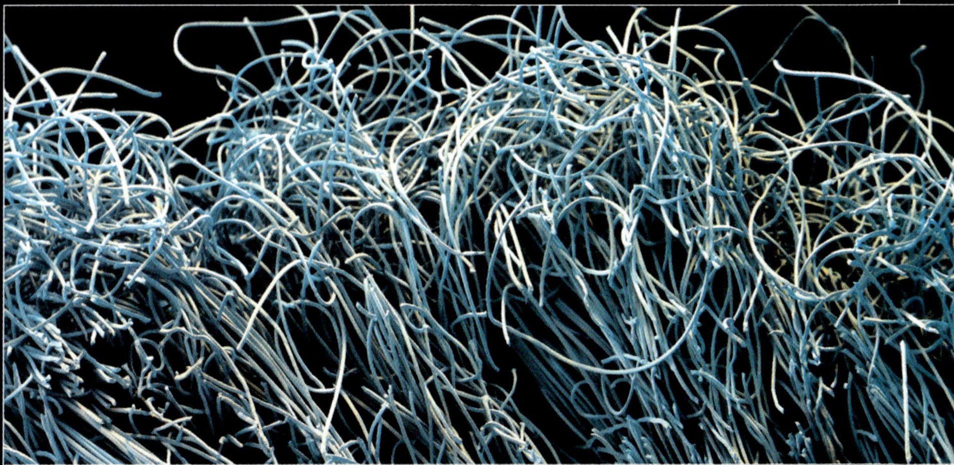

Doux molleton

Il s'agit d'un matériau doux apprécié pour sa légèreté et ses excellentes propriétés isolantes. Il est utilisé pour l'habillement d'extérieur. Le molleton est constitué de longues fibres semblables à du feutre, étroitement entremêlées. L'air, piégé entre les fibres, est chauffé par la chaleur corporelle.

Anti-transpirant

Les tissus qui absorbent la sueur contribuent à rendre les vêtements plus confortables. Ces fibres sont recouvertes de deux substances différentes qui empêchent le tissu de se tremper de sueur. L'une des substances absorbe l'humidité corporelle, l'autre l'évacue vers l'extérieur.

Fibre technique

Le Lycra® est une fibre résistante, très élastique, qui est souvent utilisée pour fabriquer des vêtements s'ajustant parfaitement au corps tout en conservant leur souplesse ; elle est idéale pour les vêtements de sport. Cette vue agrandie montre un tissage de fibres de Lycra® et de Nylon : les brins minces rouges et jaunes sont le Lycra®, les autres le Nylon.

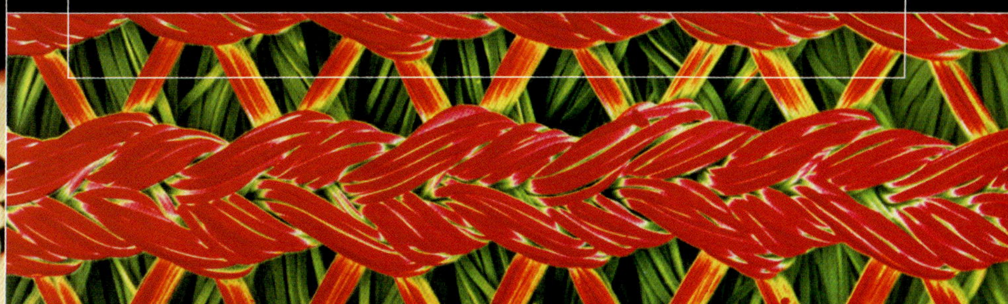

L'APPAREIL NUMÉRIQUE

Les appareils photo numériques permettent aujourd'hui de voir les photos dans les secondes qui suivent la prise de vue. La technologie numérique facilite le stockage, l'impression et le partage des images.

Vue éclatée de l'appareil Fuji S5000

L'écran LCD permet à l'utilisateur de voir instantanément les photos réalisées.

Les cartes mémoire amovibles stockent les photos sous la forme de fichiers numériques.

Les circuits électroniques convertissent les signaux provenant du capteur en données numériques.

Le capteur numérique est constitué de millions de photosites. Chacun mesure la luminosité et la couleur d'une portion de l'image.

Les appareils photos numériques (ou APN) enregistrent les informations composant l'image sous la forme d'impulsions électriques et non plus de réactions chimiques, comme c'était le cas en photo argentique. Il n'est plus nécessaire de « développer » les photos, que l'on peut désormais voir tout de suite après les avoir prises, et que l'on peut effacer simplement si elles ne sont pas bonnes. Contrairement aux photos sur film, aucune dégradation des images stockées ne se produit au cours du temps : on pourra en obtenir des copies parfaites après plusieurs années.

Voir aussi : p. 16, p. 24, p. 32, p. 243, p. 250

>> COMMENT ÇA MARCHE

Comme dans tout système photographique, l'image est focalisée à travers un objectif mais se forme sur un capteur photosensible, qui est un composant électronique, et non plus sur un film. Chaque photosite du capteur génère un signal électrique variant en fonction de la quantité de lumière reçue. Le circuit électronique traite ce signal et lui attribue une valeur numérique. Les données issues de chaque photosite constitueront l'ensemble des pixels qui vont servir à construire l'image numérique.

Les images sont enregistrées sur une carte mémoire qui peut être portée chez un développeur professionnel afin d'obtenir des tirages de qualité photographique. Il est également possible de les transférer sur un ordinateur personnel. Les photos peuvent ensuite être retouchées à l'aide de logiciels de retouche photo puis imprimées, envoyées par messagerie électronique ou placées sur un site Internet. Les possibilités offertes par le numérique ont totalement révolutionné la photographie.

ENREGISTREMENT D'UNE IMAGE PAR UN CAPTEUR NUMÉRIQUE

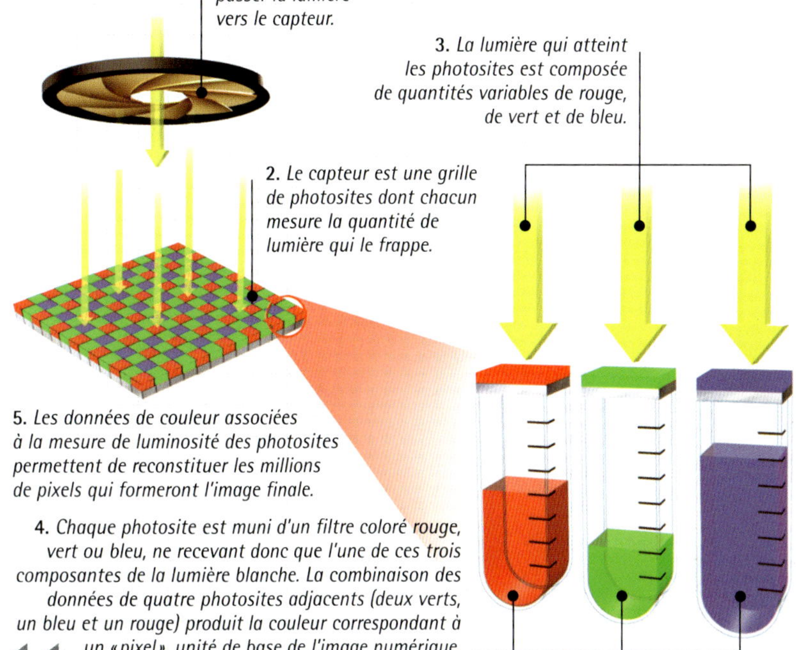

<<

◀◀ LE PASSÉ

Le premier prototype d'appareil photographique numérique fut réalisé par Kodak en 1976. Mais le premier modèle mis sur le marché – l'Apple QuickTake 100 – n'apparut qu'en 1994.

Les optiques des appareils du futur pourraient être composées de lentilles liquides extrêmement souples, assurant la mise au point par déformation sous l'effet d'un champ électrique.

LE FUTUR ▶▶

LES JEUX VIDÉO

De puissants processeurs

▶ Depuis leurs débuts, les jeux vidéo n'ont cessé de progresser en complexité. Les consoles d'aujourd'hui sont de puissants ordinateurs dotés d'un processeur central et d'une carte graphique 3D contrôlant l'affichage. Le processeur détermine l'évolution du décor, des personnages et de leurs actions, et transmet ces données à la carte graphique. Cette dernière effectue les calculs qui vont permette de reproduire à l'écran ce qui a été déterminé par le processeur. Produire un jeu d'aspect réaliste nécessite des milliards de calculs par seconde.

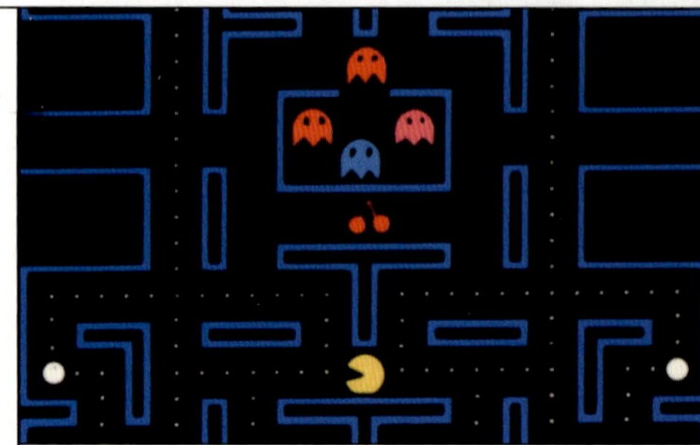

Pacman, un des premiers jeux vidéo

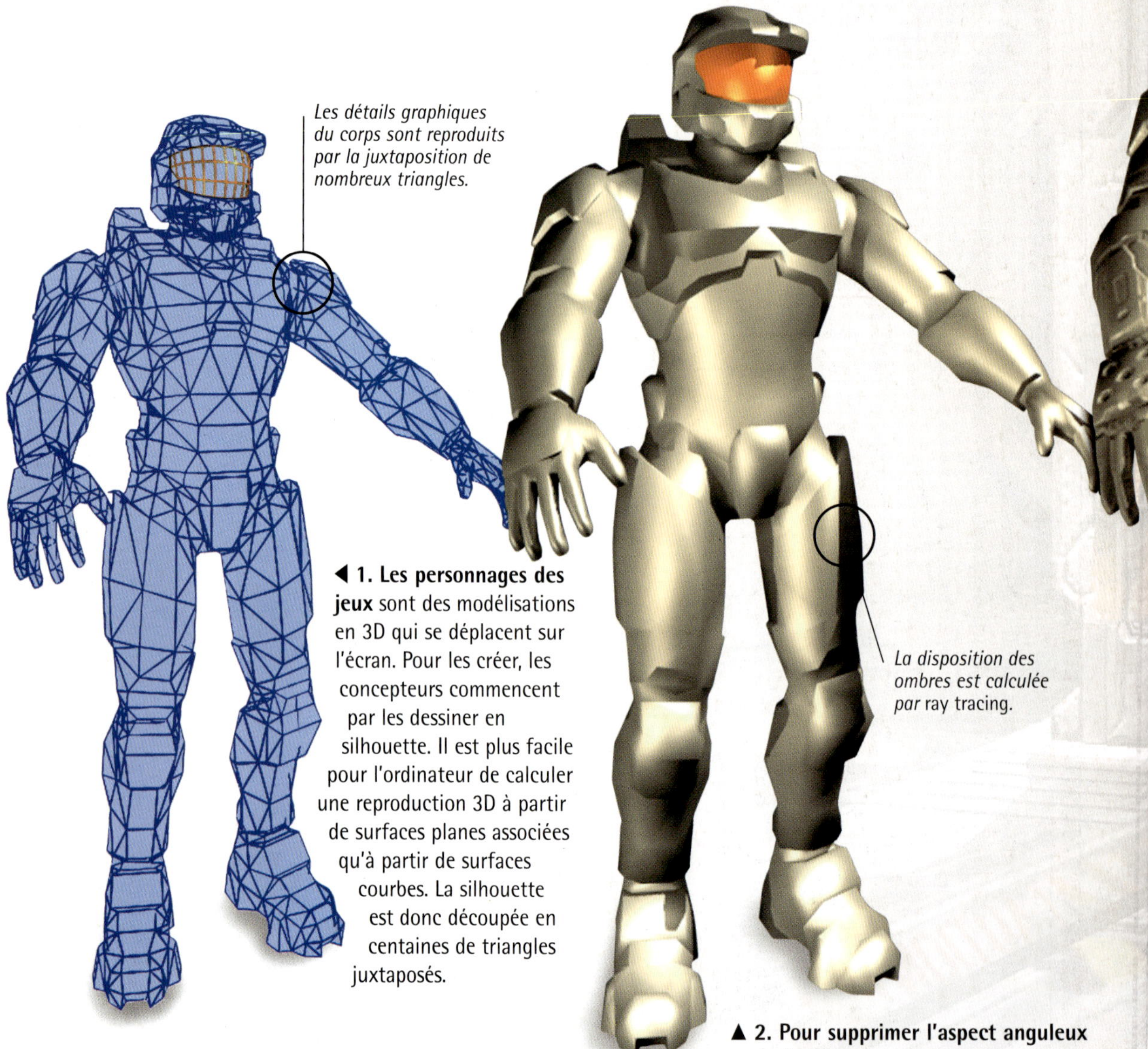

◀ **1. Les personnages des jeux** sont des modélisations en 3D qui se déplacent sur l'écran. Pour les créer, les concepteurs commencent par les dessiner en silhouette. Il est plus facile pour l'ordinateur de calculer une reproduction 3D à partir de surfaces planes associées qu'à partir de surfaces courbes. La silhouette est donc découpée en centaines de triangles juxtaposés.

▲ **2. Pour supprimer l'aspect anguleux de la silhouette** et donner au modèle un aspect plus réaliste, les surfaces sont lissées. Puis on ajoute les zones d'ombre par un procédé numérique appelé *ray tracing*, qui définit quelles parties du corps doivent être éclairées en fonction de l'angle d'incidence de la lumière.

Grâce aux consoles de jeux, on peut se retrouver aux commandes d'une voiture de rallye, d'un avion de ligne, ou se transformer en créature fantastique évoluant dans un monde imaginaire.

▶ **4. On applique enfin la couleur.** La dernière étape consiste à insérer le modèle dans son environnement. À mesure des déplacements, souvent rapides, du personnage au cours du jeu, chaque changement de position et de vue du décor doit être recalculé séparément.

La couleur du hublot du casque est appliquée par transparence pour lui donner de la profondeur.

Les détails de structure sont ajoutés.

◀◀ LE PASSÉ

La première console de jeux vidéo, la Magnavox Odyssey, date de 1971. Il fallait disposer des feuilles de plastique sur l'écran pour obtenir le dessin des décors.

Sony, Toshiba et IBM ont mis au point un nouveau microprocesseur dénommé Cell. Selon ses créateurs, il devrait permettre aux consoles de jeux vidéo de fonctionner dix fois plus vite qu'actuellement.

LE FUTUR ▶▶

▲ **3. Les détails de la surface** sont ensuite ajoutés. Dans ce cas, l'ordinateur reproduit la manière dont les structures de l'armure métallique renvoient la lumière et les applique au personnage.

▶▶ Voir aussi : p. 16, p. 26, p. 72, p. 246

LA GUITARE ÉLECTRIQUE

À l'origine, la guitare électrique fut inventée dans le but de faire sonner plus fort une guitare ordinaire. Aujourd'hui, elle est devenue un instrument à part entière qui possède sa place dans l'histoire de la musique.

» COMMENT ÇA MARCHE

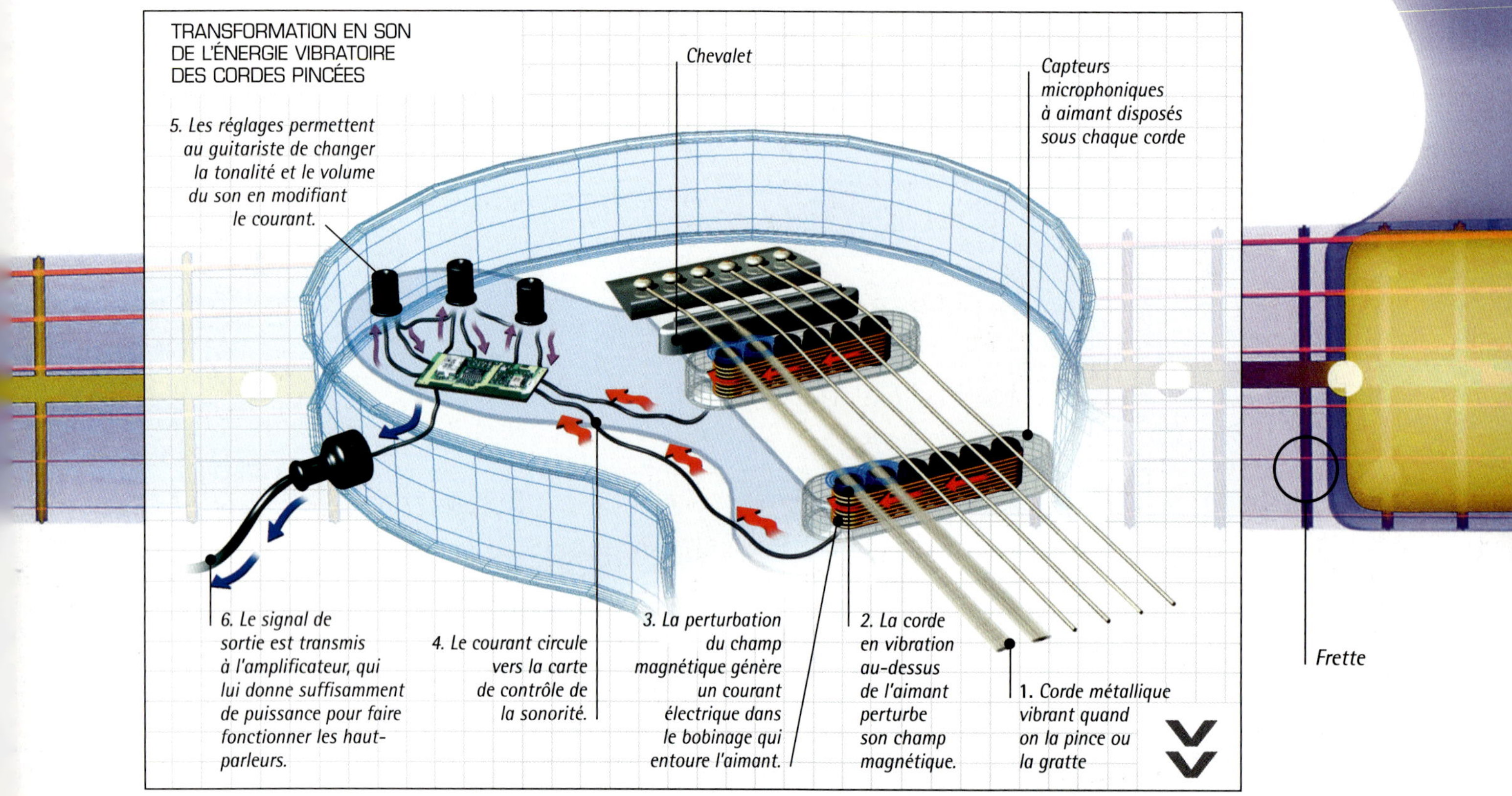

Une guitare est équipée le plus souvent d'un jeu de six cordes de différentes grosseurs, réglées à différents degrés de tension. Lorsqu'elles sont jouées ensemble, elles produisent un mélange de notes appelé accord. Mais le son produit par les cordes elles-mêmes n'est pas très puissant et doit être amplifié. Sur une guitare acoustique, les vibrations des cordes entraînent des vibrations de l'air dans la caisse de résonance, rendant le son produit plus fort. Dans une guitare électrique, le son est amplifié d'une manière différente. Les vibrations des cordes sont converties en signaux électriques par des capteurs. Ceux-ci sont ensuite amplifiés électroniquement et les haut-parleurs les restituent sous la forme d'ondes sonores. La toute première guitare électrique, dénommée Vivi-tone, fut inventée en 1933 mais ne connut guère de succès. Il fallut attendre l'avènement de la pop'music dans les années 1950 pour que son usage se répande. Depuis, des guitares illustres comme la « Gibson® Les Paul » et la « Fender Stratocaster® » sont devenues des modèles de légende qui se sont vendus par milliers, chacune étant renommée pour sa sonorité bien particulière. Certaines guitares modernes sont utilisées aujourd'hui en association avec des synthétiseurs de son, donnant aux guitaristes l'accès à de nouvelles palettes sonores.

▶▶ Voir aussi : p. 54, p. 74, p. 250, p. 251

Grosseur des cordes et vibrations

Lorsque l'on pince une corde, elle se met à vibrer très vite. La vitesse de la vibration est appelée sa fréquence. Les différentes fréquences produisent des notes différentes et sont déterminées par la longueur, l'épaisseur et la tension de la corde. Plus la corde est grosse, plus la vibration est lente et plus la note produite est basse (grave).

Cordes de guitare en vibration

La guitare est d'abord accordée en réglant la tension de chaque corde afin qu'elle produise une note de base déterminée. Pour en jouer, il faut modifier la façon dont chacune des cordes vibre de façon à en faire varier la sonorité. On obtient cela en pressant les cordes contre les frettes sur le manche de l'instrument, ce qui a pour effet de réduire la longueur de corde en vibration et donc d'obtenir une note plus aigüe.

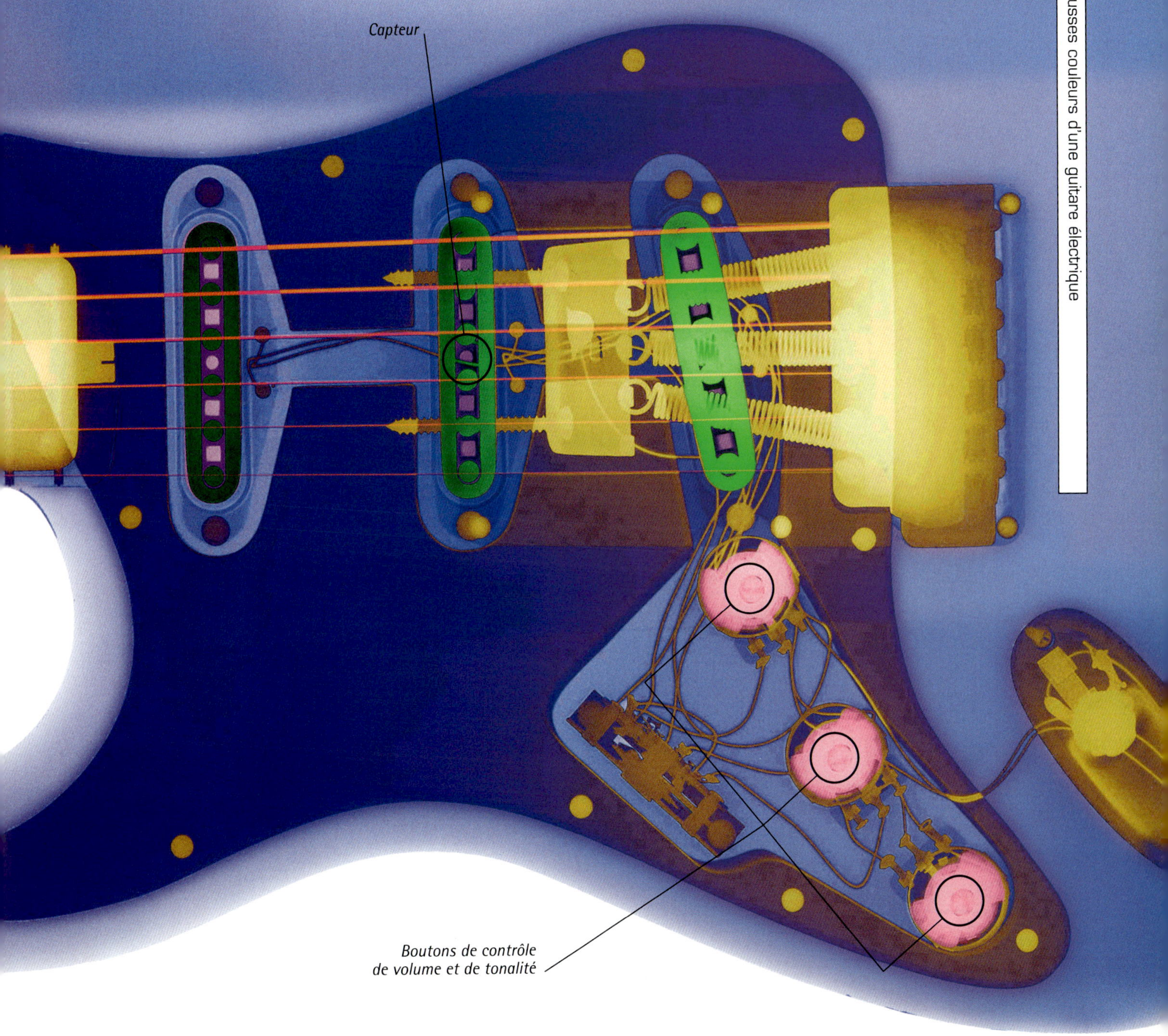

LE COMPACT DISC

Placé dans un lecteur, un Compact Disc, ou CD, tourne sur lui-même des centaines de fois par minute tandis qu'un rayon de lumière laser balaie sa surface pour en lire les données. La piste spiralée qui porte les informations mesure près de 5 km de long.

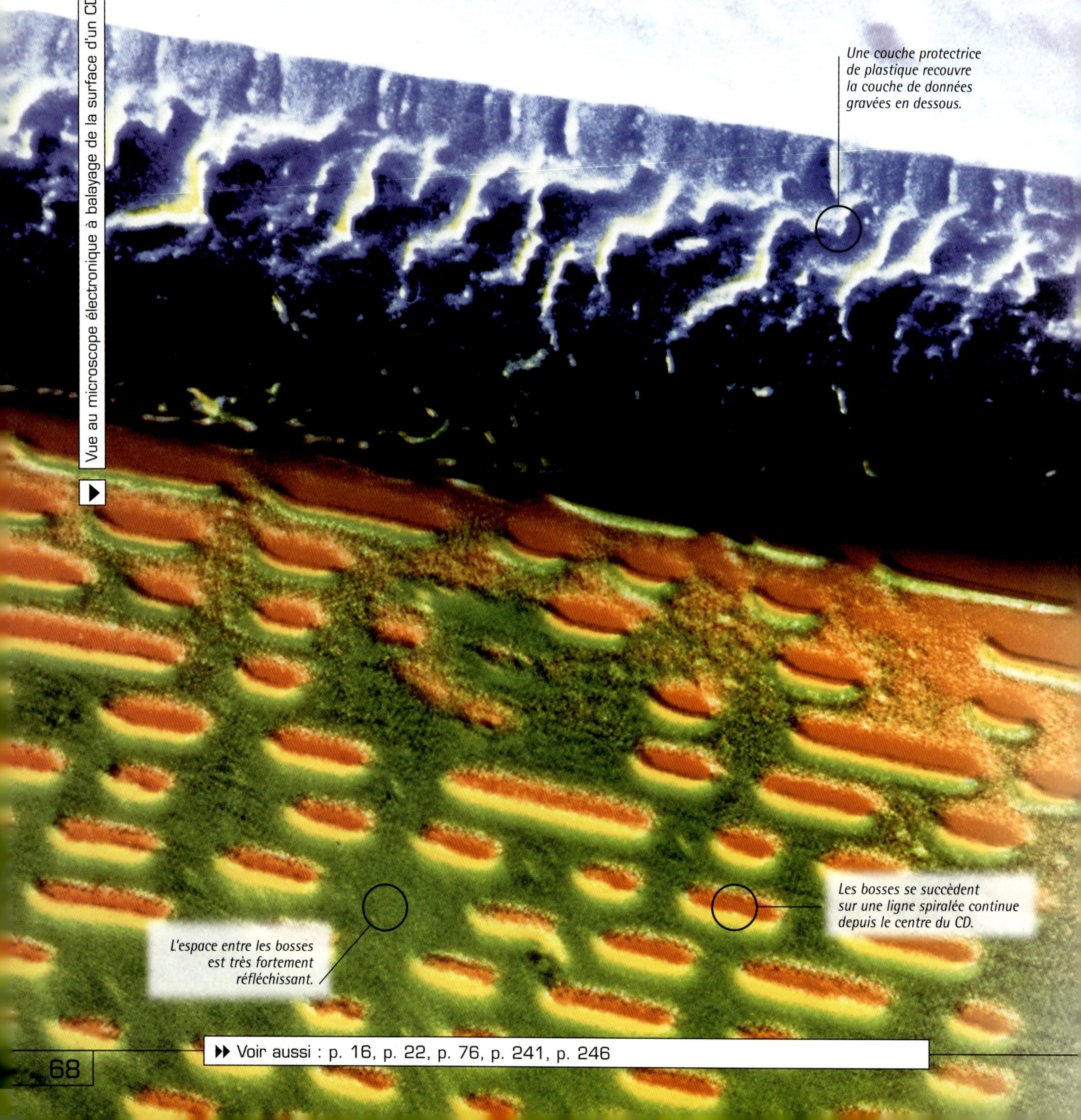

Vue au microscope électronique à balayage de la surface d'un CD

Voir aussi : p. 16, p. 22, p. 76, p. 241, p. 246

» COMMENT ÇA MARCHE

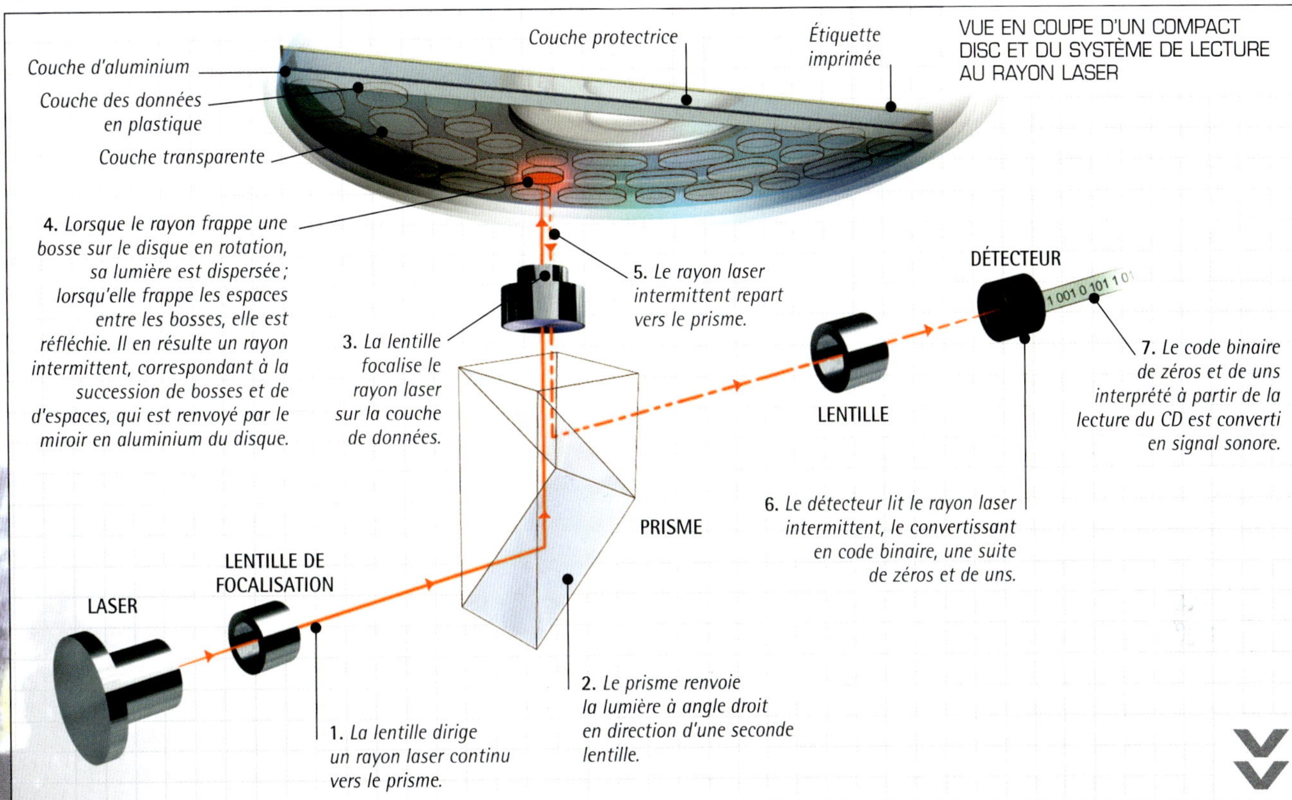

En enregistrement numérique, le son est converti en longues suites de zéros et de uns : le code binaire. Ces zéros et uns sont ensuite matérialisés sous la forme de bosses et d'espaces sur une piste spiralée microscopique gravée dans la face inférieure d'un CD. Le CD est, quant à lui, constitué de plusieurs couches. La couche inférieure est transparente et supporte la couche des données sur laquelle les informations sont gravées. Cette couche est à son tour recouverte d'aluminium brillant, lui-même surmonté d'une couche protectrice de plastique qui assure au CD sa rigidité et porte l'étiquette imprimée. Les données musicales sont lues sur le CD par un rayon laser à travers la couche transparente sur la piste spiralée en rotation rapide. Les bosses dispersent la lumière du laser tandis que, dans les espaces vides, l'aluminium la renvoie de manière intense. Un détecteur enregistre les réflexions intermittentes issues du disque en rotation et les retranscrit en une suite de zéros et de uns, qui sont ensuite convertis en son.

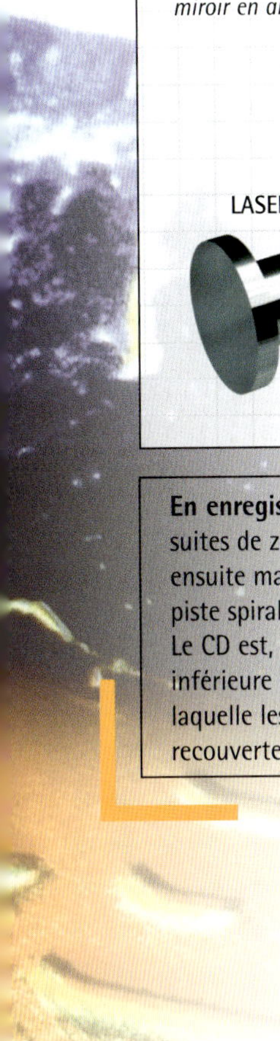

◀ **Les minuscules bosses** que l'on peut voir sur cette image au microscope électronique à balayage de la surface d'un CD, ne mesurent pas plus de 500 nanomètres (ou nm) de large – un nanomètre est un milliardième de mètre. Cette taille minuscule permet de loger des millions de ces bosses sur un seul CD. Les bosses sont la manière dont un CD stocke les données numériques – les zéros et les uns – que le lecteur convertira en sons.

Le disque master et le pressage

▶ Les CD sont reproductibles à peu de frais par pressage à partir d'un moule. Le CD formant le moule, appelé master, est fabriqué en métal car il doit être extrêmement précis et durable.
Il porte à sa surface l'empreinte inverse du CD final : les bosses sur le master formeront des creux sur le CD. Un seul master très coûteux permet de presser des milliers de copies en plastique qui seront vendues à bas prix.

Fabrication d'un Compact Disc master

LE LECTEUR MP3

Les lecteurs MP3 sont des lecteurs musicaux portables ayant la capacité de stocker et de restituer des milliers de chansons. La plupart tiennent dans une poche, mais certains sont assez petits pour être intégrés dans un téléphone portable et même dans des lunettes de soleil.

Ce lecteur MP3 est de la taille d'un paquet de cartes à jouer. Seulement trois éléments principaux le constituent : un disque dur, un circuit électronique et une batterie. Le disque dur stocke les morceaux de musique sous forme de données numériques, le circuit électronique les transcrit en sons tandis que la batterie fournit l'énergie électrique pour faire fonctionner l'ensemble.

COMMENT ÇA MARCHE

LES QUATRE MODES DE COMPRESSION UTILISÉS POUR ENREGISTRER DU SON EN FORMAT MP3

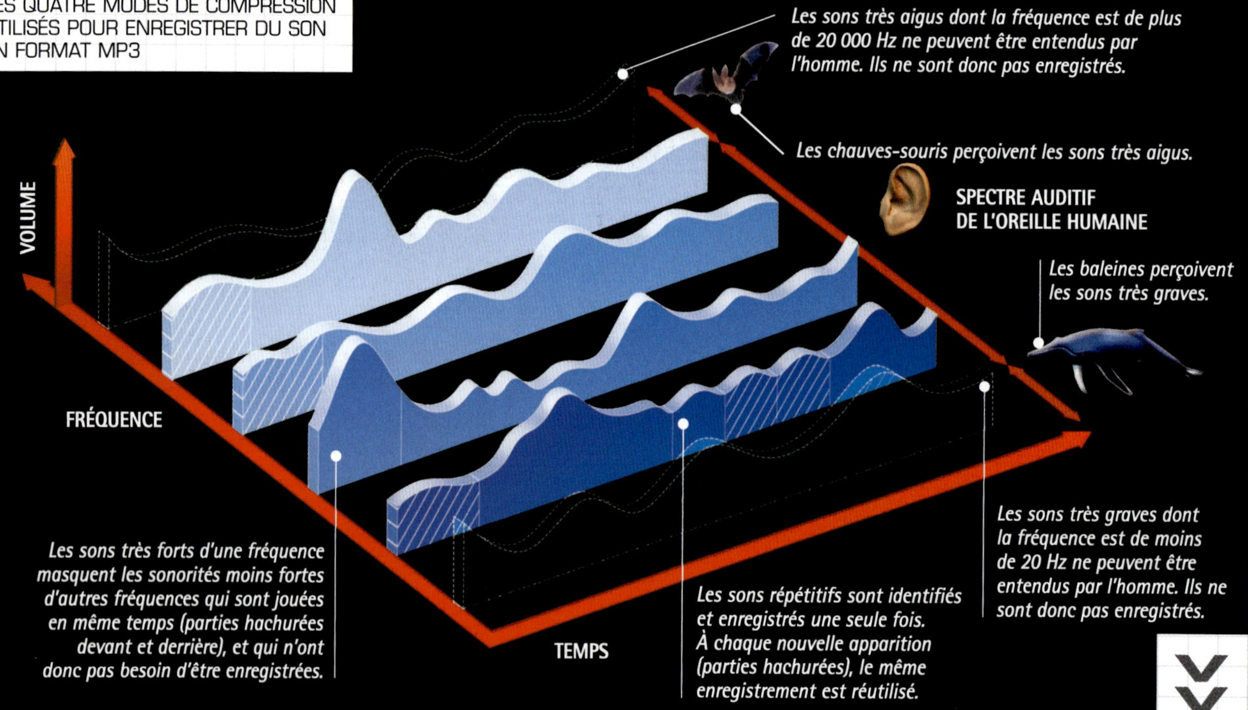

Tout comme la taille d'un livre dépend du nombre de mots qu'il contient, plus un fichier numérique renferme d'informations, plus il prend de place. Les fichiers sonores MP3 sont compressés afin de réduire leur taille : seules les sonorités audibles par l'oreille humaine sont conservées, ce qui permet d'économiser beaucoup d'espace de stockage. Le logiciel de compression identifie les sons dont on peut se passer selon quatre procédures (présentées ci-dessus). En outre, il ne conserve les canaux stéréo droite et gauche que lorsqu'ils sont réellement différents. L'ensemble de ces techniques permet de réduire de dix à douze fois la quantité d'informations nécessaires à l'enregistrement de la musique. Des techniques similaires de compression de données sont utilisées dans tous les systèmes numériques. On s'en sert pour compresser les multiples appels téléphoniques qui circulent dans les lignes internationales, pour réduire la taille des fichiers images afin de pouvoir les envoyer facilement par messagerie électronique. Ils rendent possibles la radio et la télévision numériques en réduisant la place prise par les données sur les ondes.

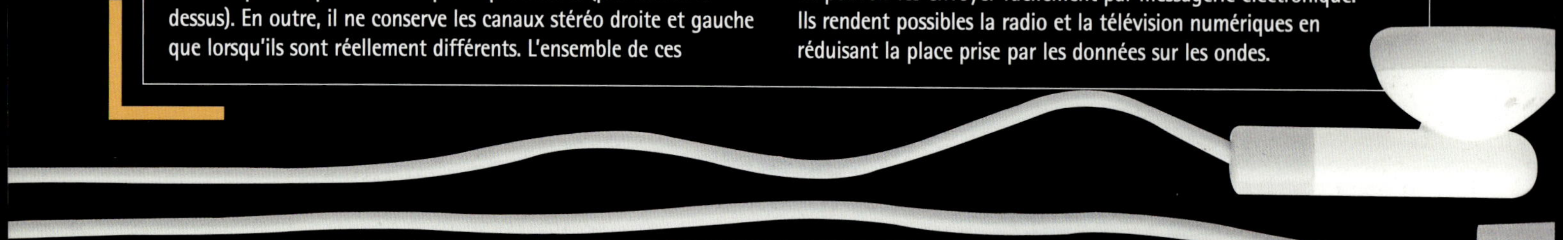

Voir aussi : p. 26, p. 68, p. 74, p. 76

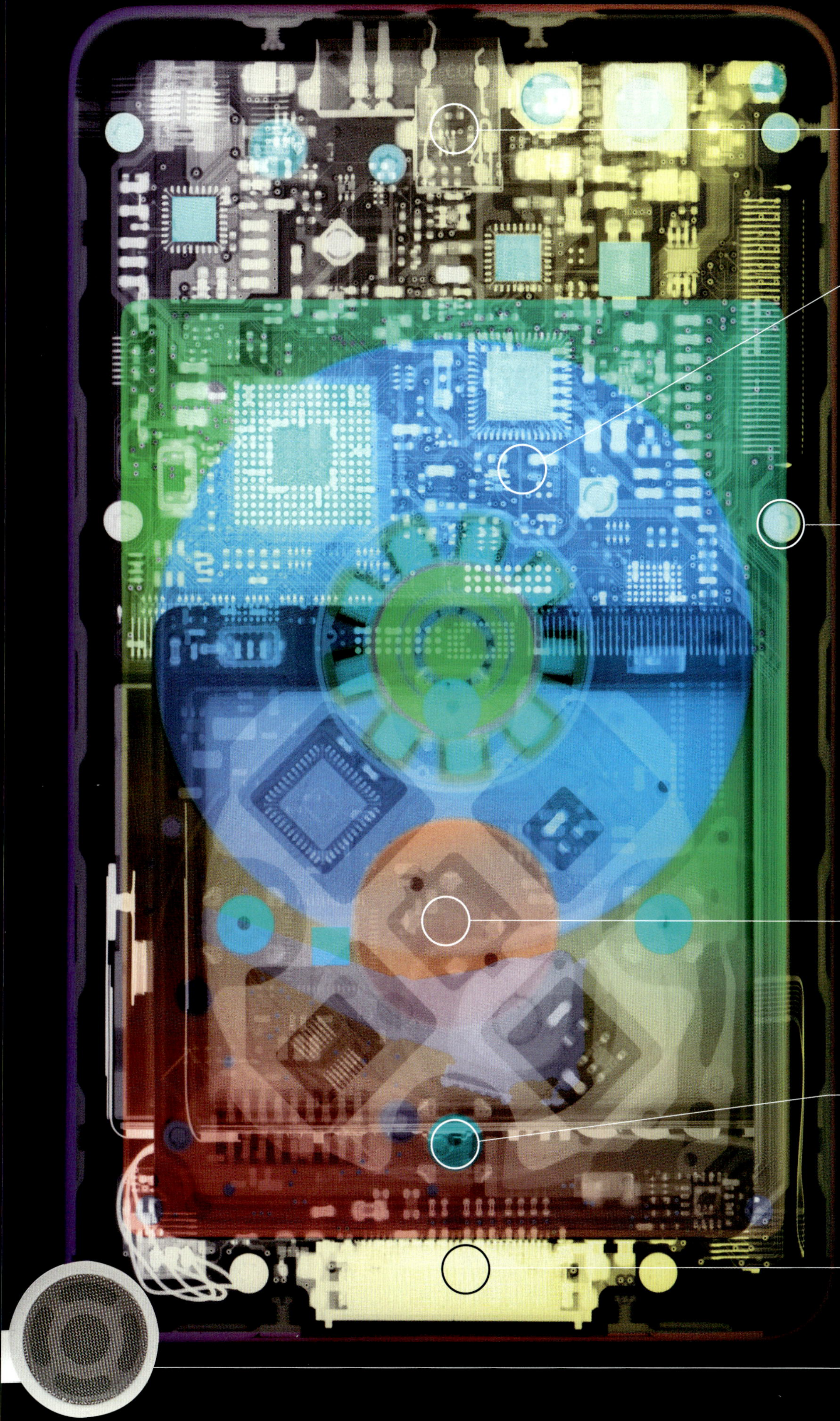

Le circuit électronique convertit les données numériques en sons et les dirige vers les écouteurs.

Le disque dur renferme les fichiers sonores compressés en format MP3.

Fixations en plastique de l'écran à cristaux liquides (LCD) sur la carte électronique

Une commande rotative sensible au toucher permet à l'utilisateur de naviguer dans les menus et de modifier le volume.

Boutons sélecteurs de choix de menus, de mise en lecture, de pause et de défilement des pistes

Port FireWire permettant de connecter le lecteur MP3 à un ordinateur ou à un système d'amplification

Radiographie en fausses couleurs du lecteur MP3 iPod

STADES

« Simulateur de vagues
Les surfers doivent parfois passer des heures dans l'eau à attendre la vague idéale pour glisser vers le rivage. Grâce aux bassins à vagues artificielles, on sait aujourd'hui produire des séquences de vagues de sorte qu'ils puissent s'entraîner sans temps morts. En outre, ces bassins peuvent être programmés pour simuler les types de vagues rencontrées sur diverses plages du monde.

» Gazon artificiel
Les parcours de golf occupent de vastes terrains et sont donc coûteux à construire et entretenir. Mais les *putting greens* sur lesquels les golfeurs s'entraînent à placer leur balles dans le trou ne nécessitent pas d'immenses surfaces. Ici, un gazon artificiel a été installé sur le toit d'un gratte-ciel, permettant de pratiquer en plein cœur d'une grande ville.

Grâce aux stades et aux pistes, les varappeurs, surfers, cyclistes et autres athlètes s'entraînent toute l'année. La technologie sait recréer des conditions qui imitent celles de la nature, telles la neige ou des vagues artificielles.

Mur de varappe

Les murs de varappe en intérieur permettent aux grimpeurs de travailler technique, force et agilité dans le confort et la sécurité d'une salle de sports sans se soucier de la météo. Quand vient la saison estivale, ils sont ainsi fin prêts pour la pratique sur le terrain. Les murs d'escalade sont faits en béton dans lequel sont placés de véritables roches et un ensemble de prises et d'appuis artificiels pour les mains et les pieds. Les varappeurs se sécurisent avec un harnais afin de s'entraîner sans risques à la pratique de mouvements ou de passages difficiles.

Vélodrome

Pour permettre au public d'assister de bout en bout à une course cycliste, il suffit de créer une piste ovale couverte. Les stades vélodromes présentent des pistes relevées et des points de départ décalés afin que chaque coureur parcoure la même distance, qu'il parte à la corde ou à l'extérieur de l'ovale. Les cyclistes se servent de l'inclinaison de la piste pour tenter de prendre de la vitesse, de se positionner et pour attaquer les concurrents.

Neige en été

Le ski et le snowboard ne sont plus nécessairement des sports d'hiver. Les «snowdomes» recréent aujourd'hui des pentes de différentes inclinaisons pour permettre aux débutants de se familiariser avec les bases, et aux plus chevronnés d'entretenir leur pratique en attendant l'hiver. Les snowdomes sont maintenus très froids et recouverts de neige artificielle afin de recréer les conditions des pentes alpines même en plein cœur de l'été. Cela se fait toutefois au prix d'une très forte consommation d'énergie.

▶▶ Voir aussi : p. 56, p. 58

LES ÉCOUTEURS STÉRÉO

Les écouteurs stéréo nous permettent aujourd'hui d'écouter de la musique sans déranger les autres. Certains sont des casques qui enferment entièrement l'oreille, d'autres sont de simples petits appareils qui s'insèrent dans l'entrée du conduit auditif.

LE PASSÉ

Le premier casque stéréo haute-fidélité fut lancé en 1958 par la société américaine Koss. Il était conçu pour être utilisé avec un magnétophone.

LE FUTUR

Plusieurs sociétés travaillent à la mise au point d'écouteurs sans fils qui seront connectés aux lecteurs de musique portables et permettront l'écoute sans aucune gène.

L'oreille et le son

Le pavillon de l'oreille dirige les ondes sonores vers le conduit auditif, au fond duquel elles rencontrent le tympan. Celui-ci se met à vibrer et ses vibrations sont transmises à la cochlée, un tube enroulé rempli de fluide. Les mouvements du fluide résultant des vibrations sont détectés par de minuscules poils sensoriels. Ceux-ci génèrent alors des signaux électriques envoyés au cerveau.

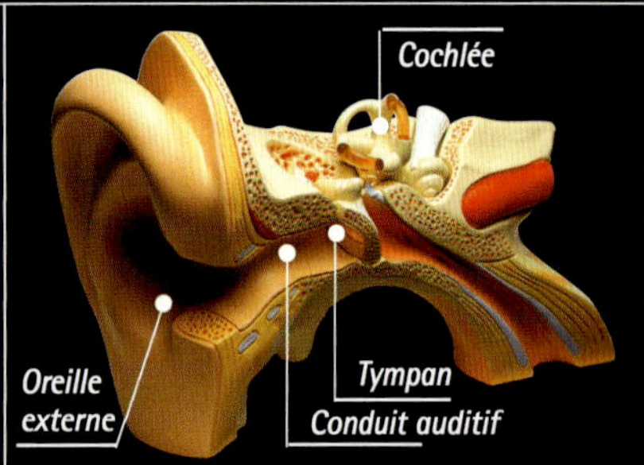

Anatomie de l'oreille humaine

COMMENT ÇA MARCHE

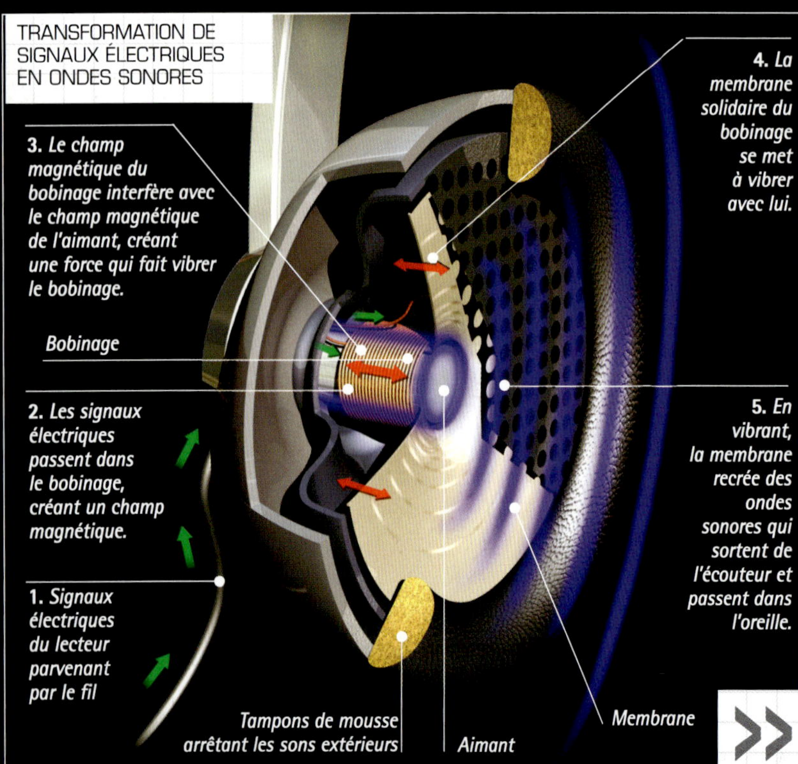

Les écouteurs sont des haut-parleurs miniatures, connectés à leur source par un fil électrique. Les signaux électriques parviennent par ce fil à un bobinage enroulé sur un support tubulaire mobile autour d'un aimant cylindrique.
Les signaux circulant dans le bobinage créent un champ magnétique variable. Celui-ci interfère avec le champ magnétique de l'aimant, provoquant une force qui fait bouger le support du bobinage. Ce dernier étant solidaire de la membrane du haut-parleur, il la met en vibration. La membrane applique alors des pressions sur l'air qui recréent des ondes sonores, reproduisant ainsi le son initial.

Les pilotes d'avion ou d'hélicoptère ont besoin d'entendre clairement dans leur casque les informations et les instructions malgré le bruit du moteur de l'appareil. On a donc créé des casques qui arrêtent une grande partie du bruit externe, de sorte que seul le son parvenant aux écouteurs soit entendu.

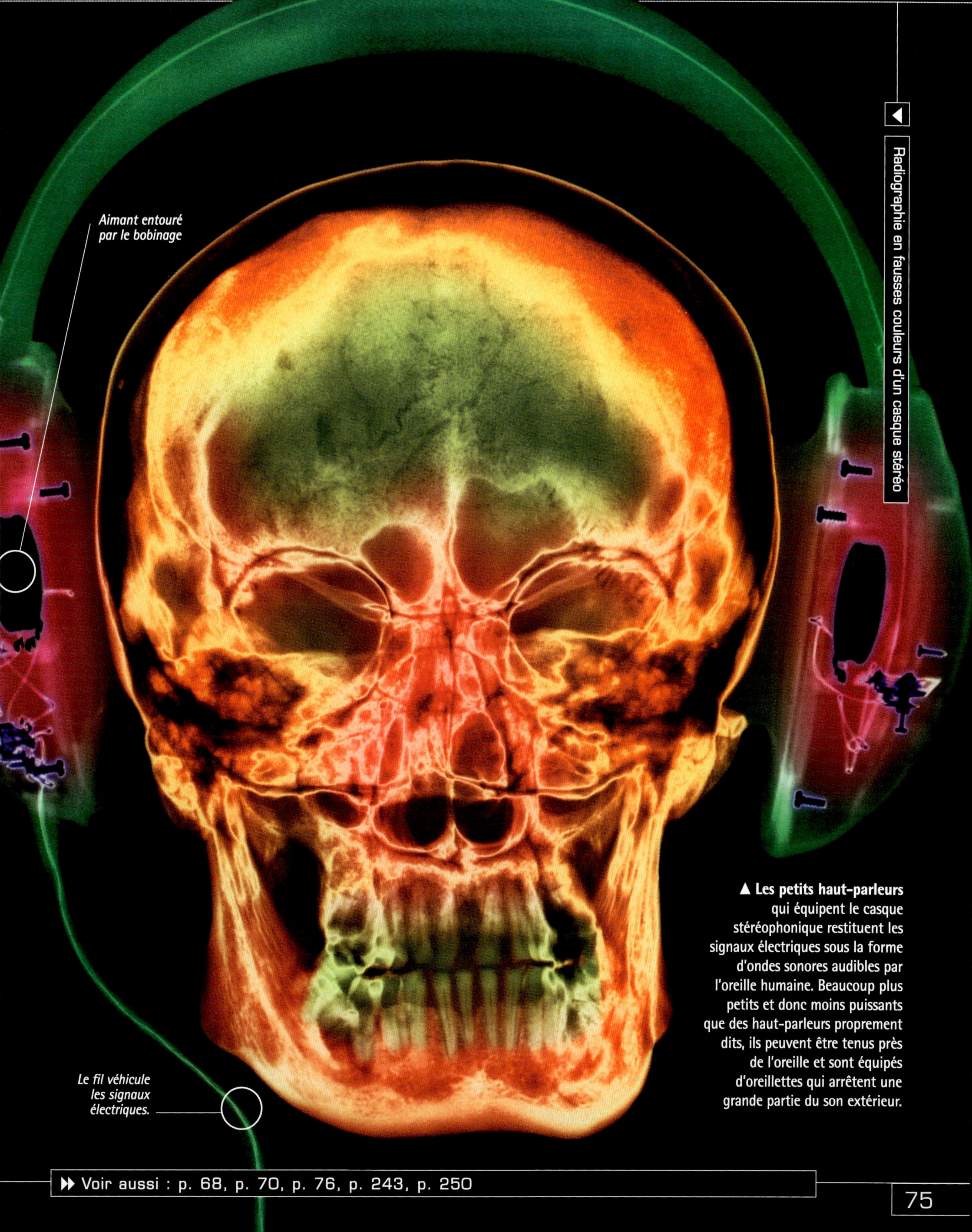

Radiographie en fausses couleurs d'un casque stéréo

▲ **Les petits haut-parleurs** qui équipent le casque stéréophonique restituent les signaux électriques sous la forme d'ondes sonores audibles par l'oreille humaine. Beaucoup plus petits et donc moins puissants que des haut-parleurs proprement dits, ils peuvent être tenus près de l'oreille et sont équipés d'oreillettes qui arrêtent une grande partie du son extérieur.

▶▶ Voir aussi : p. 68, p. 70, p. 76, p. 243, p. 250

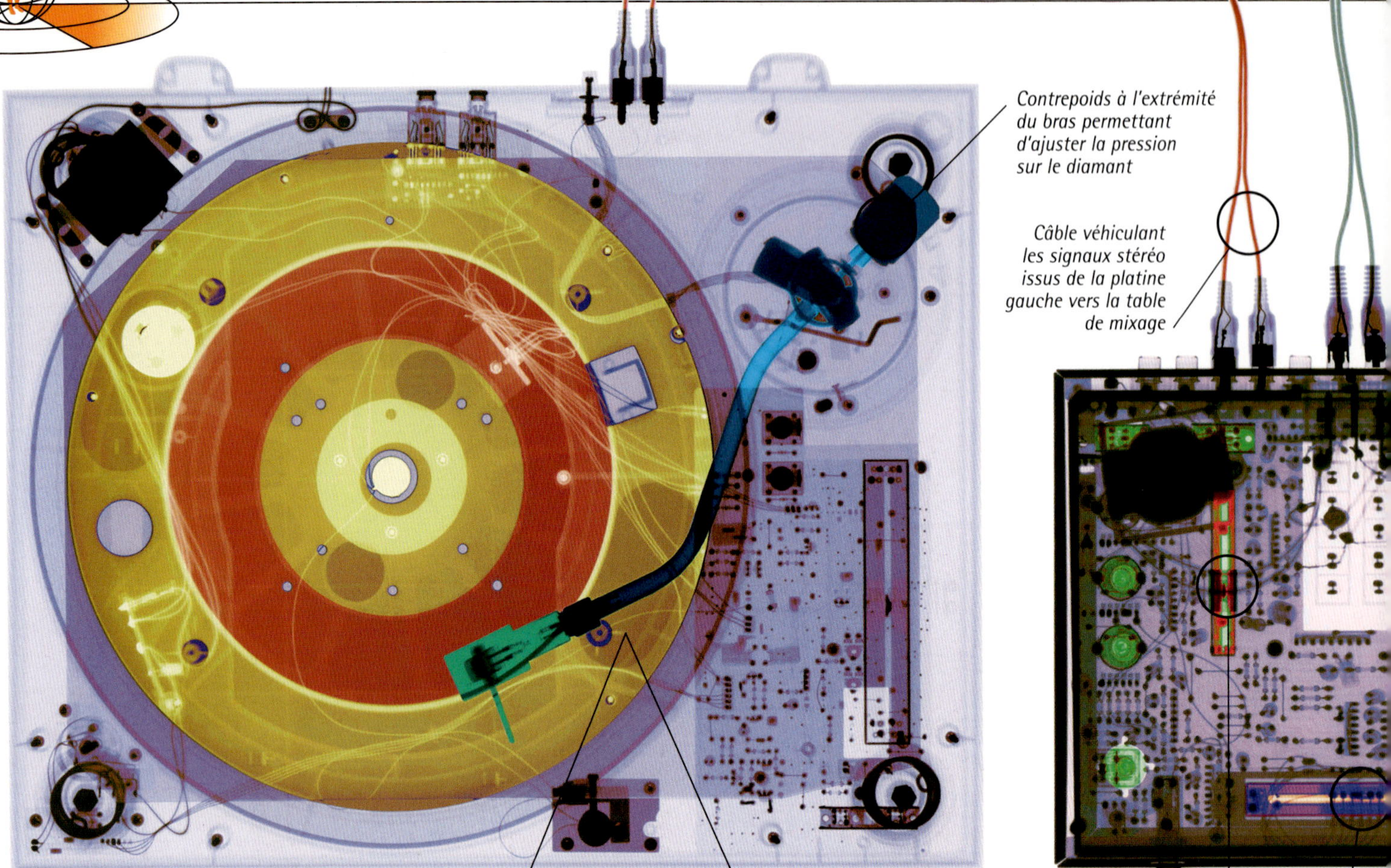

PLATINE GAUCHE

▼ **Les DJ utilisent** une paire de platines tourne-disque et une table de mixage. Grâce aux deux platines tournant simultanément, ils peuvent basculer, sans interruption, d'un enregistrement à l'autre, arrêter la musique, la faire jouer à l'envers ou rejouer une partie d'un morceau en poussant simplement le plateau rotatif du bout du doigt. La table de mixage permet de combiner les sons issus des deux disques. De cette manière, les DJ créent leur propre musique à partir des morceaux d'autres artistes.

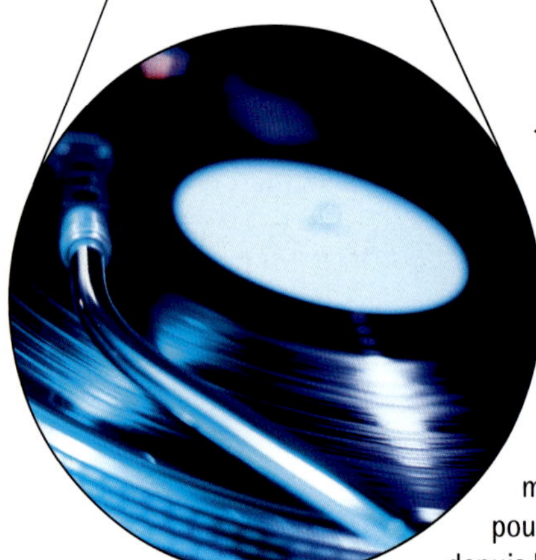

◀ **Les disques en vinyle** sont gravés d'un long microsillon spiralé qui renferme les informations musicales. Le disque est déposé sur un plateau rotatif en métal. Fixée au bout d'un bras articulé, une aiguille à pointe de diamant est posée sur le disque en rotation. Elle lit la musique inscrite dans le microsillon, qu'elle doit parcourir, pour une lecture normale, d'un bout à l'autre depuis l'extérieur vers l'intérieur du disque.

LES PLATINES DJ

À l'origine techniciens du son, les disc-jockeys de radio, que l'on appelle communément DJ, utilisent deux platines pour disques vinyles reliées à une table de mixage afin de mêler et d'alterner les sons de différentes sources. Aujourd'hui, certains se servent de cette technique pour créer leurs propres morceaux musicaux, très prisés du jeune public.

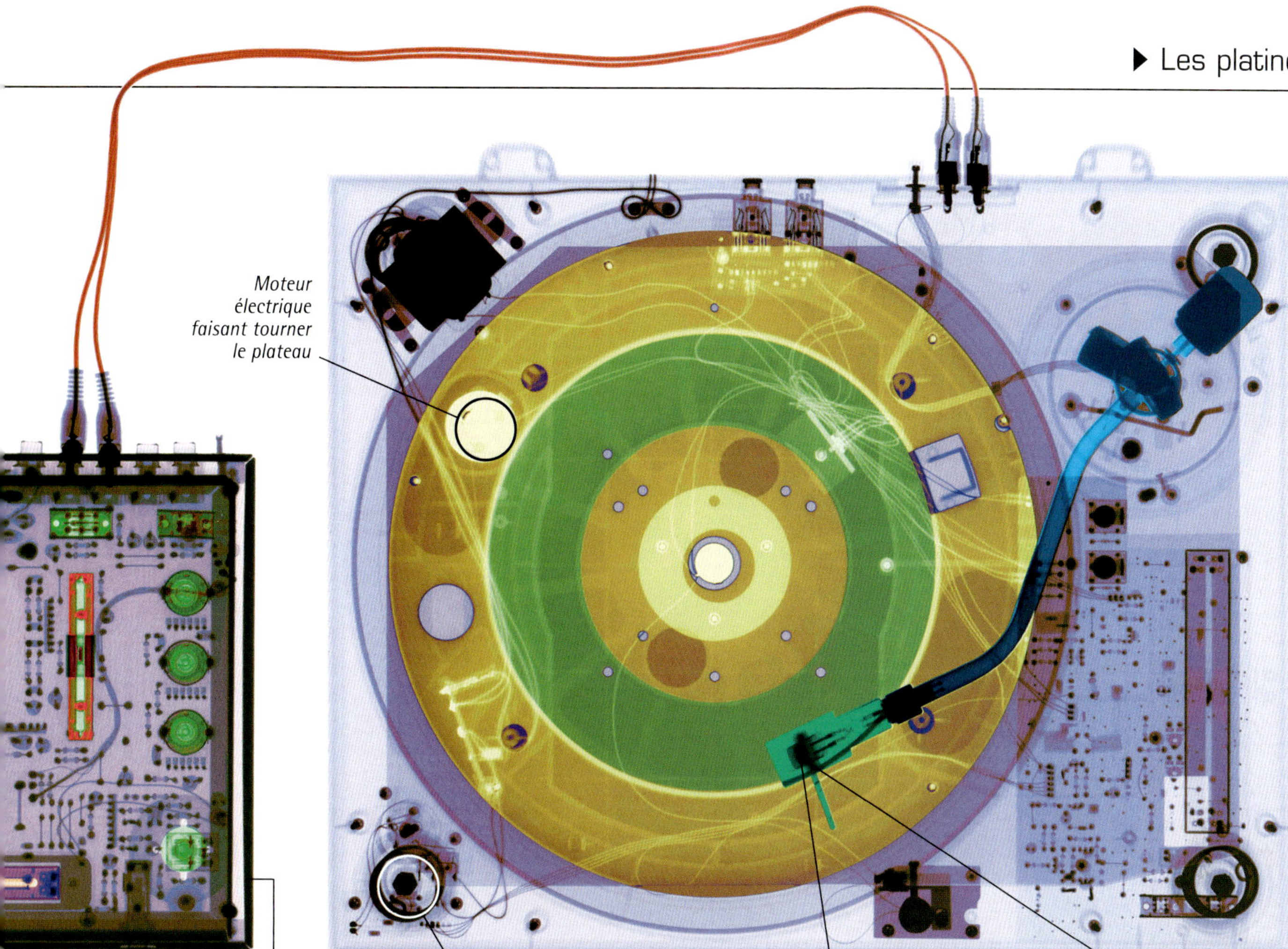

Radiographie en fausses couleurs de platines et d'une table de mixage de DJ

▲ **La table de mixage** est le principal outil du DJ et le fondu croisé en est la commande la plus importante. Le DJ l'utilise pour mélanger les sons de deux morceaux différents, par exemple un solo de violon d'un enregistrement classique avec une batterie et une ligne de basses. D'autres commandes permettent d'ajuster la tonalité (équilibre graves/aigües) du son en sortie et le volume sonore de chaque platine, offrant au DJ le type de contrôles que l'on trouve sur les grosses consoles de mixage de studio (ci-dessus).

◀◀ LE PASSÉ

Le DJ Kool Herc, un Jamaïcain qui s'installa à New York au début des années 1970, fut le premier à avoir relié deux platines tourne-disque.

L'ordinateur peut être utilisé pour mixer plusieurs enregistrements et en manipuler les sons, mais il est difficile de reproduire le coup de main obtenu par les DJ avec les platines vinyle rotatives.

LE FUTUR ▶▶

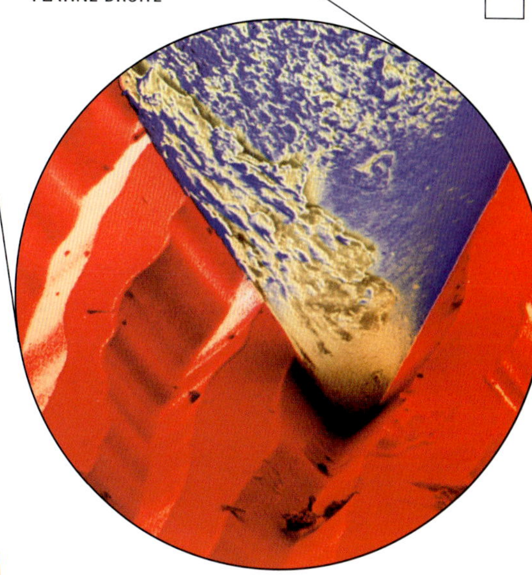

▲ **Cette vue au microscope électronique** à balayage, ici en fausses couleurs, montre une pointe diamant dans le microsillon d'un disque vinyle. Les microscopiques bosses et dépressions, qui constituent les signaux musicaux, provoquent des vibrations de la pointe de diamant. Celle-ci est reliée à un dispositif situé dans le bras qui convertit les vibrations en signaux électriques. Ces derniers sont ensuite amplifiés et restitués sous forme sonore.

▶▶ Voir aussi : p. 68, p. 74

LES FEUX D'ARTIFICE

Un feu d'artifice est un dispositif dans lequel de la poudre noire et d'autres produits chimiques explosent en produisant des couleurs, des étincelles, des fumées et du son. Les spectacles pyrotechniques enflamment le ciel nocturne de gerbes multicolores synchronisées avec de la musique.

» COMMENT ÇA MARCHE

FONCTIONNEMENT D'UNE BOMBE D'ARTIFICE À EXPLOSION MULTIPLE

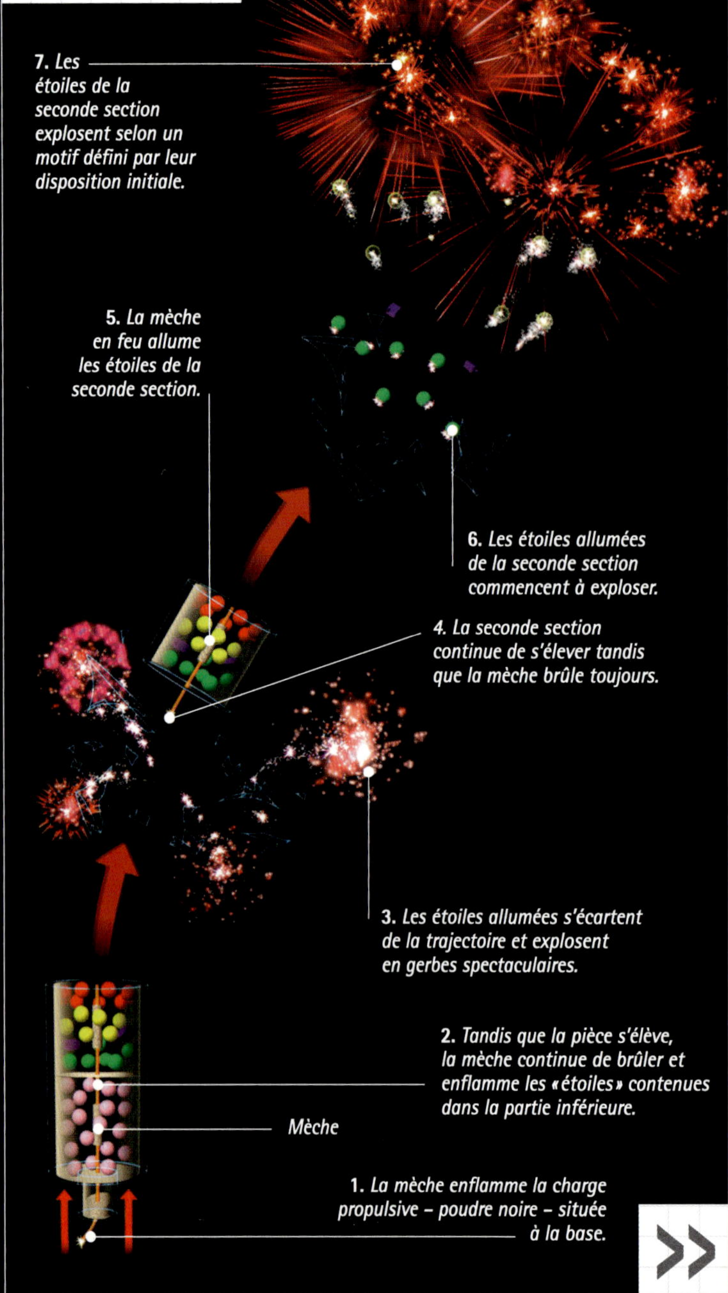

Les feux d'artifice furent inventés en Chine au IIe siècle av. J.-C. pour servir dans des cérémonies religieuses. Depuis ces débuts pacifiques, ils ont donné naissance aux armes à feu. Au Moyen Âge, on utilisait des fusées pour incendier les camps ennemis. Plus tard, elles servirent à propulser des masses de poudre qui explosaient au point d'impact ; c'est le principe de l'obus. De nos jours, les spectacles pyrotechniques utilisent plusieurs types d'artifices pour produire leurs effets : fusées, bombes, chandelles, pots à feu, etc., dont l'altitude d'éclatement varie de quelques dizaines à plusieurs centaines de mètres. Ils sont souvent mis à feu en chaîne par des mécanismes automatisés. Les artificiers utilisent des mélanges très élaborés d'explosifs et de sels chimiques pour produire des cascades de couleurs et de sons pyrotechniques.

Les couleurs vives des feux d'artifice sont produites par divers mélanges chimiques. Le magnésium et l'aluminium donnent, en brûlant, une lumière blanche, les sels de sodium du jaune, le nitrate ou le carbonate de strontium du rouge et le nitrate de baryum du vert. Les sels de cuivre produisent du bleu et diverses formes de carbone, y compris le charbon, de l'orange.

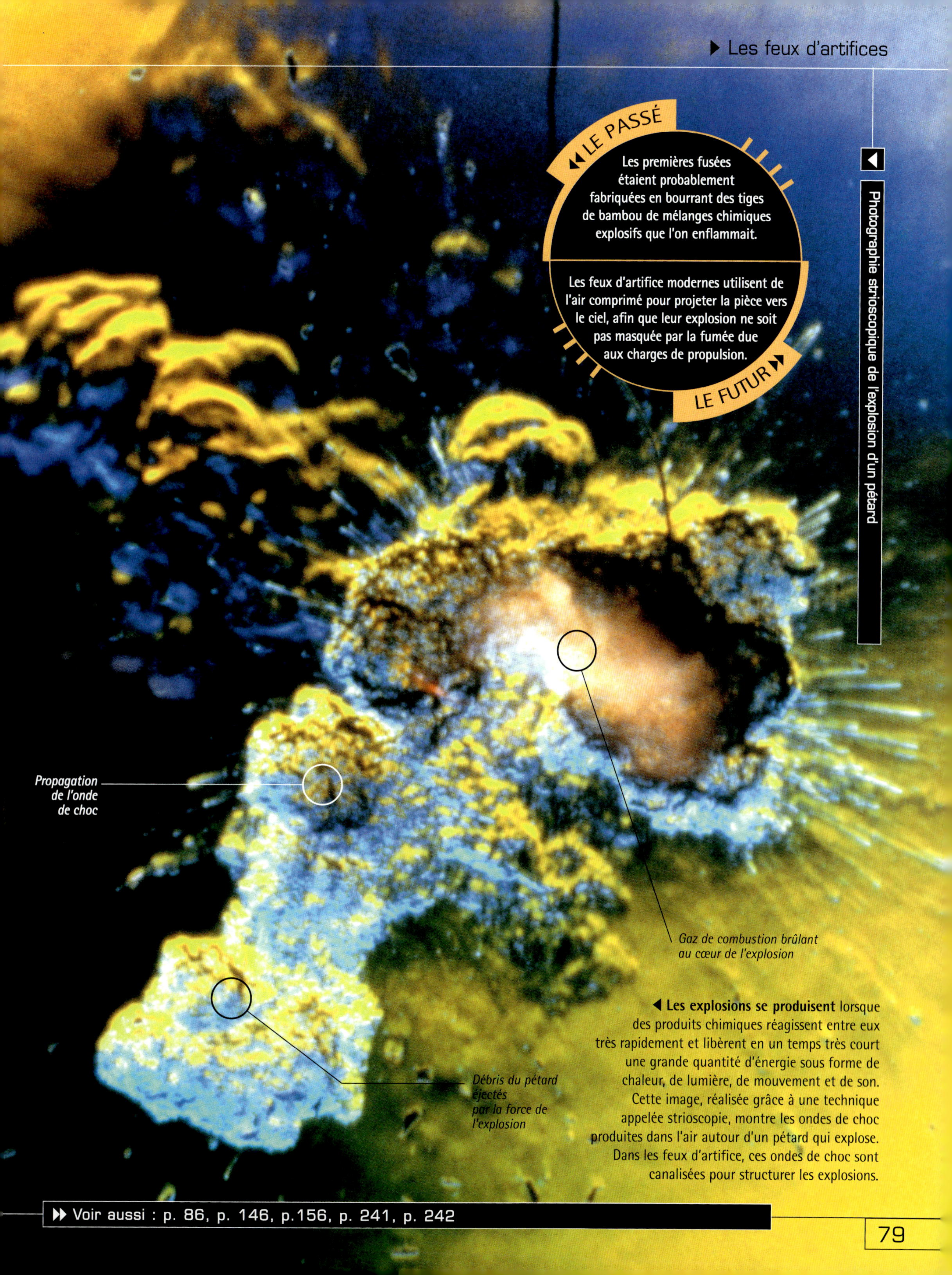

Photographie strioscopique de l'explosion d'un pétard

LE PASSÉ

Les premières fusées étaient probablement fabriquées en bourrant des tiges de bambou de mélanges chimiques explosifs que l'on enflammait.

Les feux d'artifice modernes utilisent de l'air comprimé pour projeter la pièce vers le ciel, afin que leur explosion ne soit pas masquée par la fumée due aux charges de propulsion.

LE FUTUR

Les explosions se produisent lorsque des produits chimiques réagissent entre eux très rapidement et libèrent en un temps très court une grande quantité d'énergie sous forme de chaleur, de lumière, de mouvement et de son. Cette image, réalisée grâce à une technique appelée strioscopie, montre les ondes de choc produites dans l'air autour d'un pétard qui explose. Dans les feux d'artifice, ces ondes de choc sont canalisées pour structurer les explosions.

Voir aussi : p. 86, p. 146, p.156, p. 241, p. 242

Dans l'avenir, les jeux sur ordinateur pourront être pratiqués et partagés par un nombre de personnes sans cesse croissant. Grâce aux communications sans fil et aux connections à haute vitesse, ils se joueront de plus en plus souvent en réseau, permettant d'affronter en temps réel un adversaire situé de l'autre côté de la planète et non plus l'ordinateur lui-même. D'autres développements fascinants se préparent également dans les interfaces et les modes de commande des jeux électroniques. À terme, les boutons de contrôle et les joysticks disparaîtront au profit de détecteurs et de caméras sensibles à nos mouvements et à nos expressions faciales. Les systèmes de reconnaissance vocale avancée réagiront immédiatement aux ordres prononcés par l'utilisateur.

> « Des casques nous permettront de superposer à notre perception du monde réel des images et des sons générés par ordinateur. »

Avec l'explosion de la puissance des ordinateurs, il se pourrait que, vers 2010, distinguer les photos réelles des images entièrement créées par ordinateur devienne très difficile. Les nouvelles technologies d'affichage contribueront également à brouiller les frontières. Dans les années 1990, la « réalité virtuelle » nous a offert la possibilité de nous plonger dans des mondes imaginaires simplement en chaussant des lunettes à l'intérieur desquelles défilaient des images de synthèse. Les prochaines étapes seront probablement des casques qui projetteront l'image directement sur la rétine à l'intérieur de l'œil. Mais la « réalité augmentée » nous proposera bientôt d'aller plus loin encore en superposant à notre perception du monde réel des images et des sons qui seront manipulables, ainsi que des odeurs.

Bien sûr, certains de ces mondes resteront strictement du domaine de l'imaginaire. Mais d'autres nous plongeront dans des jeux de rôles beaucoup plus proches de la vie réelle. Ainsi les jeux dits épistémiques nous mettront dans les situations que sont amenés à connaître les chirurgiens, architectes, pilotes, soldats, etc. Du reste, ces logiciels interviennent d'ores et déjà dans la formation des personnes qui embrassent des carrières de ce type. Ils vont devenir de plus en plus détaillés et réalistes.

Dans le monde réel, les spectateurs assistant à des événements sportifs jouiront, depuis les gradins, d'une approche beaucoup plus interactive de la compétition. Des commandes manuelles sans fil leur permettront de revoir instantanément au ralenti une action filmée par des caméras disposées en différents points du stade. Ils auront également accès à toutes sortes d'informations, depuis les règles d'un jeu jusqu'aux statistiques concernant un joueur donné ou une équipe.

La perspective de voyager dans l'espace devenant moins inaccessible, de plus en plus de gens rêvent d'expérimenter des sports en état de microgravité au-dessus de l'atmosphère terrestre. Le précurseur en la matière fut sans doute l'astronaute Alan Shepard qui fut le premier, en 1971, à frapper une balle de golf sur la Lune. Dans l'avenir, nous saurons sans doute propulser des vaisseaux spatiaux à l'aide de voiles solaires, miroirs géants poussés par l'énergie lumineuse du Soleil. Les vaisseaux n'ayant plus à transporter de réserves de carburant, ils pourront atteindre des vitesses beaucoup plus élevées. Ainsi, les frontières du ciel lui-même seront repoussées.

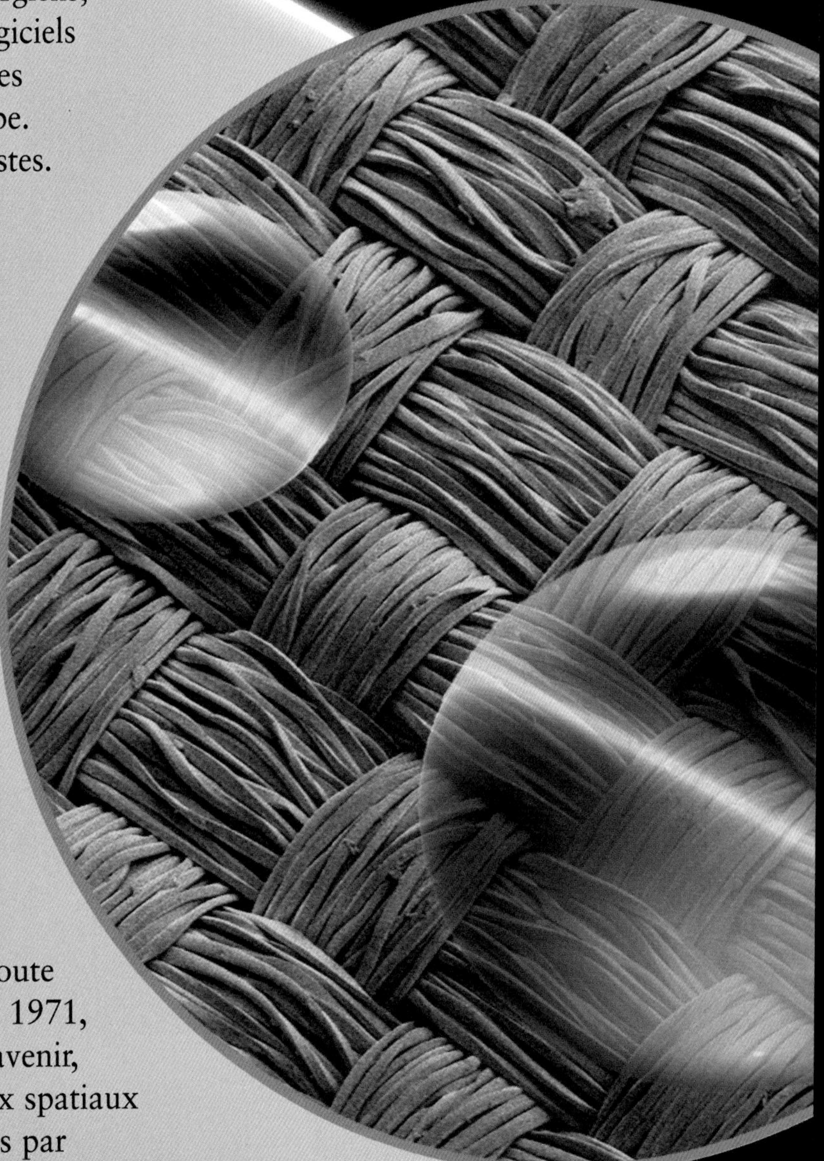

TISSUS IMPERMÉABLE DE VÊTEMENT DE SPORT

>> À LA MAISON

L'allumette >> L'ampoule électrique >> Le miroir
La montre-bracelet >> L'accumulateur >> les cellules solaires
Le four à micro-ondes >> Le réfrigérateur >> L'aérogel
Cadenas et verrous >> Le rasoir électrique >> La bombe aérosol
La machine à laver le linge >> L'aspirateur sans sac
Le robot domestique

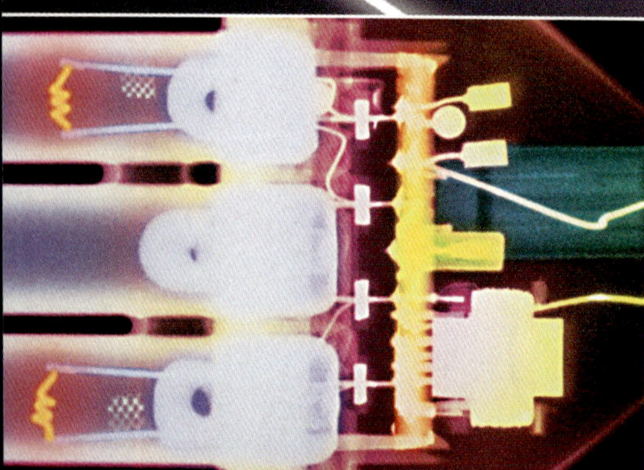

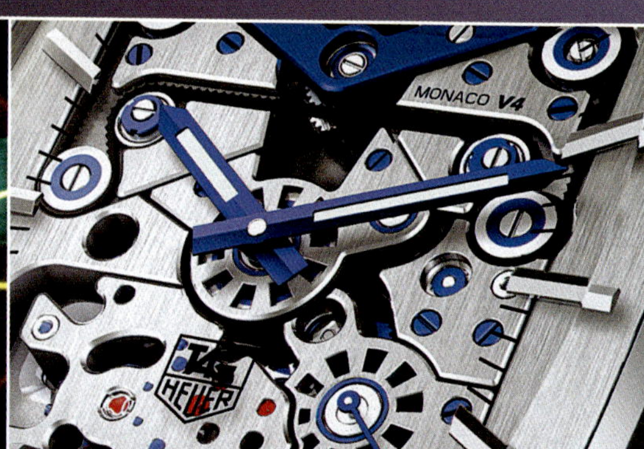

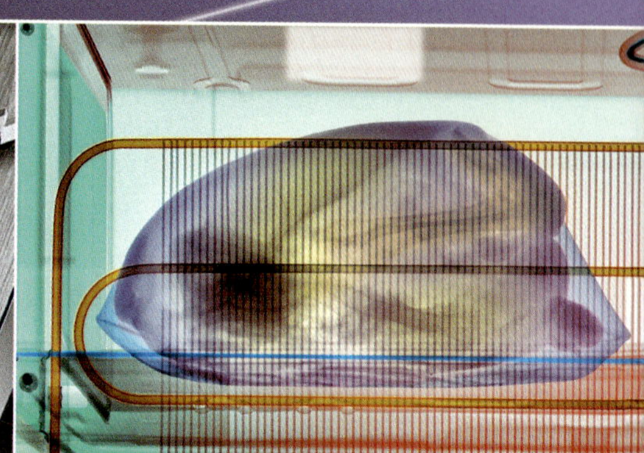

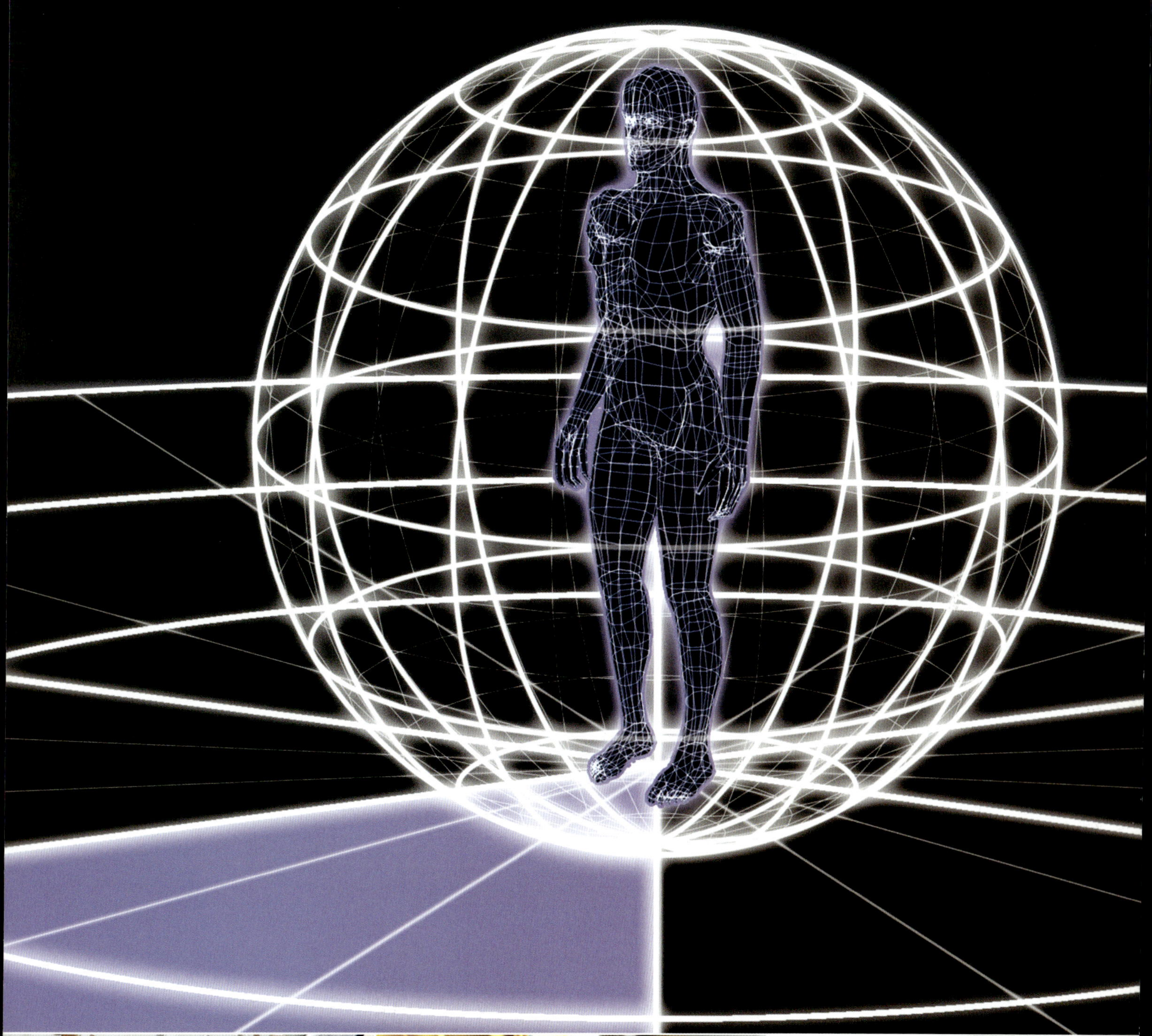

GRILLE D'AÉRATION

De nos jours, dans les pays industrialisés, la plupart des habitants ont la possibilité de cuire leur repas en quelques minutes à l'aide d'un four à micro-ondes, de programmer une machine à laver et un sèche-linge pour faire leur lessive, ou encore un lave-vaisselle pour nettoyer les ustensiles de cuisine, tout cela fonctionnant sans nécessiter leur intervention. Il y a seulement 150 ans, aucune de ces machines qui nous épargnent certaines tâches ménagères n'existait encore.

Sans gaz ni électricité, les travaux ménagers devaient être effectués à la main et prenaient beaucoup de temps. Pour faire la lessive, par exemple, il fallait d'abord couper du bois pour allumer un feu sur lequel on mettait de l'eau à chauffer, et le linge devait être lavé, frotté et rincé à la force des bras. Chaque jour de la semaine était généralement réservé à une corvée particulière : lessive, repassage, cuisson du pain, nettoyage de la maison, etc. La plupart de ces travaux étaient physiquement éprouvants et laissaient peu de place aux autres activités.

L'arrivée de l'électricité dans les foyers à la fin du XIXe siècle et au début du XXe, fut à l'origine de l'invention de toute une série d'appareils domestiques destinés à faciliter la vie. De petits moteurs électriques rapides permirent le développement de la machine à laver, du réfrigérateur et de l'aspirateur. Les travaux ménagers prenaient moins l'allure de corvées.

Dans la seconde moitié du XXe siècle, les progrès des nouvelles technologies eurent de fortes répercussions dans notre vie de tous les jours. Le magnétron, un tube à dépression utilisé dans les systèmes radar, conduisit à la mise au point du four à micro-ondes. Vers la fin du siècle, beaucoup d'appareils ménagers tels que fours ou lave-vaisselle, étaient équipés de minuteries et de dispositifs de programmation contrôlés par microprocesseurs. Un repas peut désormais être préparé rapidement et facilement. Beaucoup de tâches sont aujourd'hui effectuées automatiquement et simultanément, par de simples pressions sur quelques boutons.

> « Des tâches jadis très éprouvantes physiquement et qui demandaient beaucoup de temps se font aujourd'hui en appuyant sur un bouton. »

Notre mode de vie a donc été révolutionné par les appareils domestiques. Le temps que nous consacrons aux corvées a été considérablement réduit et celui des loisirs a augmenté. Mais tout cela a un prix. Les vieux réfrigérateurs contiennent des composés chimiques appelés chlorofluorocarbones (CFC) qui endommagent la couche d'ozone, défense naturelle de notre planète contre les radiations dangereuses du Soleil. Une grande part de l'électricité qui fait fonctionner nos appareils domestiques provient de la combustion de pétrole, de charbon ou de gaz dans les centrales électriques. Ces carburants libèrent dans l'atmosphère des gaz dont on sait aujourd'hui qu'ils sont responsables du réchauffement climatique, l'un des dangers majeurs pour notre planète au XXIe siècle.

L'enjeu pour l'avenir sera donc de réduire nos rejets polluants et l'une des manières d'y parvenir sera de rendre nos habitations et nos appareils ménagers plus économes. En fabriquant des machines à laver qui utilisent moins d'eau et des maisons mieux isolées, nous réduisons notre consommation d'énergie. Des sources d'énergie alternatives, comme les cellules solaires et les éoliennes, sont également en plein développement. C'est en associant l'emploi d'appareils économes et d'énergies propres et renouvelables que nous assureront l'avenir de notre planète.

L'ALLUMETTE

▶ Lorsque l'on frotte une allumette de sécurité sur la surface rugueuse du grattoir, la friction génère de la chaleur. Cette dernière déclenche la réaction chimique qui va mettre le feu à l'extrémité. Une allumette s'enflamme à environ 180 °C et brûle à environ 700 °C.

◀◀ LE PASSÉ

En 1827, le chimiste britannique John Walker inventa la première allumette, qui s'enflammait lorsqu'on la frottait fermement sur du papier de verre.

Le phosphore est surtout présent dans un minéral rare appelé apatite. Les scientifiques ont calculé que nous disposons de réserves de phosphore au-delà de l'année 2100.

LE FUTUR ▶▶

Environ 500 milliards d'allumettes sont utilisées chaque année. Elles sont conçues pour s'enflammer rapidement et de façon sûre, brûler lentement et fournir une flamme stable.

▶▶ Voir aussi : p. 98, p. 190, p. 242, p. 244

» COMMENT ÇA MARCHE

Au moment où l'on frotte l'allumette, la friction entre la poudre de verre que son extrémité renferme et le grattoir sur la boîte produit une petite quantité de chaleur. Cela a pour effet de convertir le phosphore rouge contenu dans le grattoir en un nuage de phosphore gazeux blanc. Le phosphore gazeux s'enflamme au contact de l'air et provoque une réaction chimique entre le chlorate de potassium et le soufre contenu dans le bout de l'allumette. Cette réaction produit une température suffisante pour enflammer le bois.

AVANT

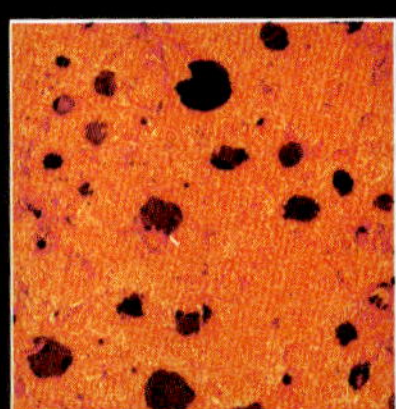

Le bout de l'allumette renferme du chlorate de potassium et du soufre.

APRÈS

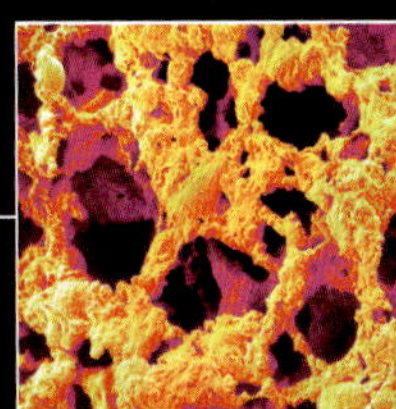

Ces deux réactifs, qui brûlent facilement, ont été consumés par le feu.

AVANT

Le bois est fait de composés qui renferment du carbone, de l'hydrogène et de l'oxygène.

APRÈS

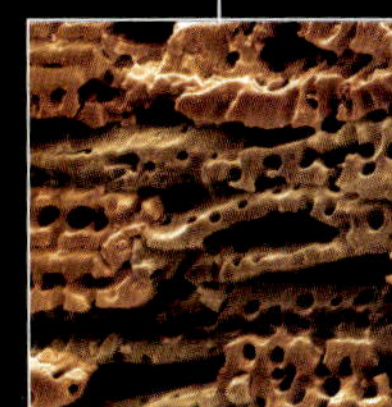

Le carbone ne brûle pas facilement. C'est lui qui subsiste dans le bois brûlé, noir et friable.

Le phosphore gazeux blanc s'enflamme au contact de l'air.

¥ Comment naît le feu

Incendie de forêt naturel

▲ Pour naître, le feu a besoin de trois ingrédients : un combustible, de la chaleur et de l'oxygène. Lorsqu'un combustible comme du bois est élevé à une température suffisante, une réaction chimique se produit : il prend feu. Les molécules à base de carbone contenues dans le bois réagissent avec l'oxygène de l'air. La réaction est visible sous forme de flamme, et il en résulte du bois carbonisé et de la fumée. Le feu dure jusqu'à ce qu'il soit éteint ou que le combustible s'épuise.

L'AMPOULE ÉLECTRIQUE

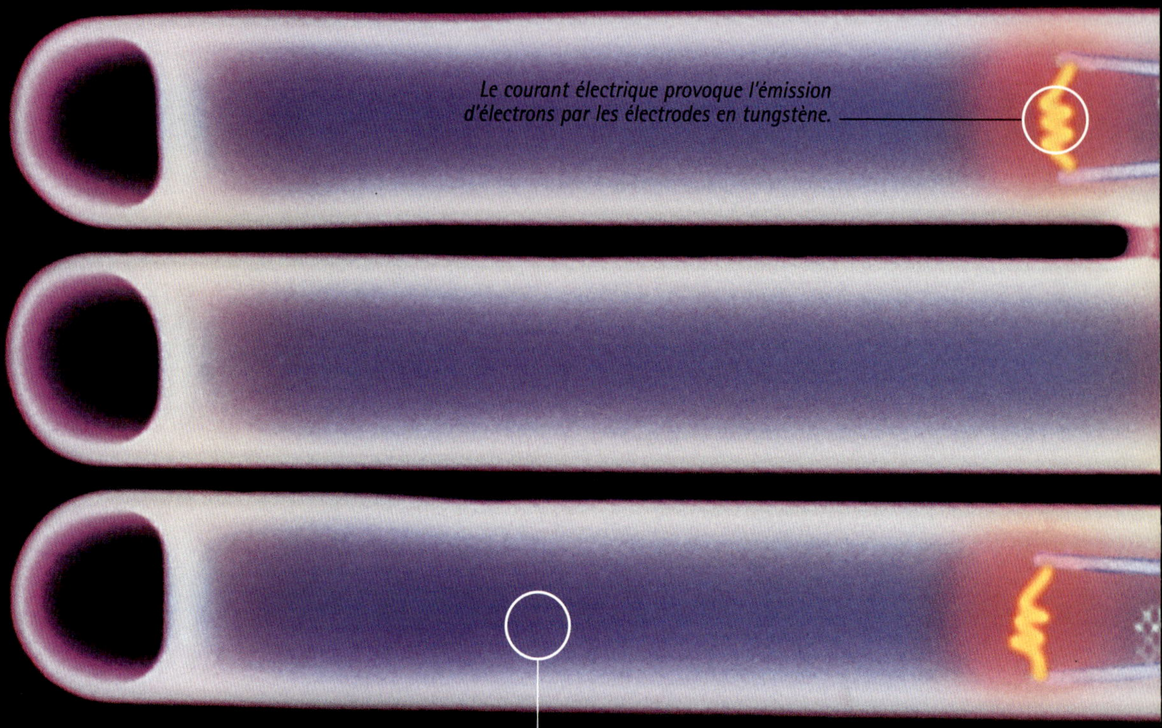

▲ **Dans une ampoule économique,** la lumière est produite en faisant passer de l'électricité à travers un tube rempli de gaz. Contrairement à ce qui se produit dans une ampoule traditionnelle, très peu d'énergie est dissipée sous forme de chaleur. C'est ce qui fait qu'un tube fluorescent est beaucoup plus économique qu'une ampoule classique.

Une pression sur un interrupteur… et les molécules du gaz contenu dans un tube fluorescent se mettent à vibrer, convertissant l'électricité en rayons lumineux.

Incandescence et fluorescence

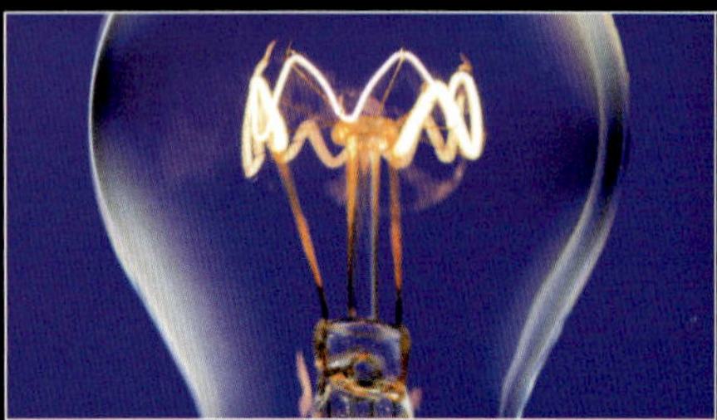
Gros plan d'un filament incandescent

◀ Les ampoules ordinaires fonctionnent par incandescence : elles émettent de la lumière en produisant de la chaleur. L'électricité circule dans un mince filament métallique, qui s'échauffe alors autour de 2 500 °C. Il devient alors brillant et produit de la chaleur. Environ 90 % de l'énergie émise sont perdus sous forme de chaleur.

▶ Les ampoules économiques utilisent la fluorescence, produisant de la lumière sans dissiper de chaleur, à température plus basse que l'incandescence. Les montres-bracelets et les bâtons lumineux utilisés par les alpinistes fonctionnent ainsi : les réactifs chimiques qu'ils contiennent absorbent ou produisent de l'énergie qu'ils restituent sous forme de lumière.

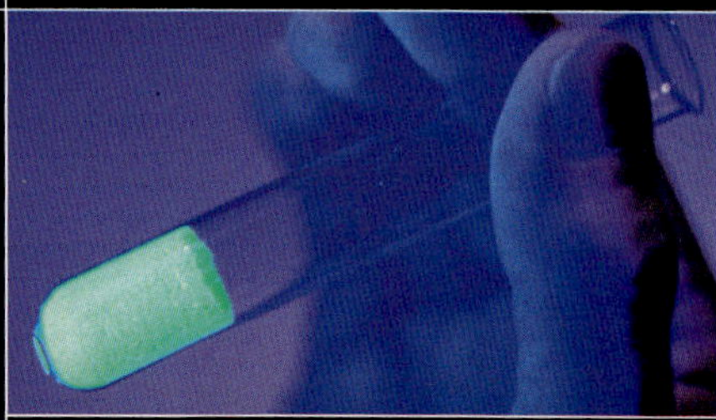
Éprouvette contenant un réactif fluorescent

◀◀ LE PASSÉ

L'ampoule fluorescente moderne fut brevetée en 1936 par George E. Inman. Le modèle qui connut les plus fortes ventes fut réalisé pour l'industrie et mesurait 122 cm de long.

Une nouvelle génération d'ampoules fait appel à des diodes électroluminescentes (LED) de forte puissance. Elles durent cinq fois plus longtemps que les ampoules fluorescentes.

LE FUTUR ▶▶

▶▶ Voir aussi : p. 34, p. 98, p. 244, p. 245

Radiographie d'une ampoule basse consommation

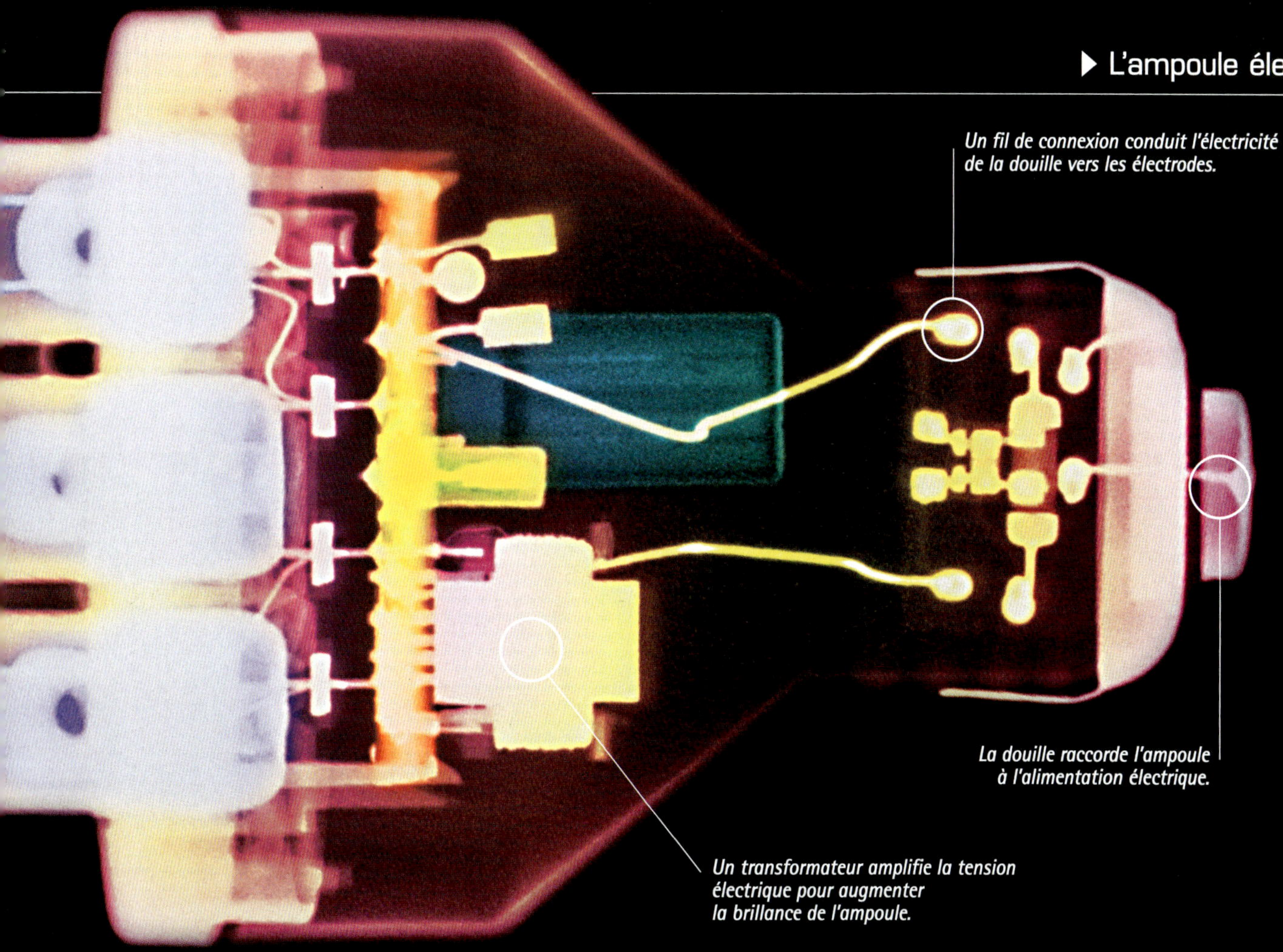

>> COMMENT ÇA MARCHE

VUE EN COUPE D'UN TUBE D'AMPOULE BASSE CONSOMMATION

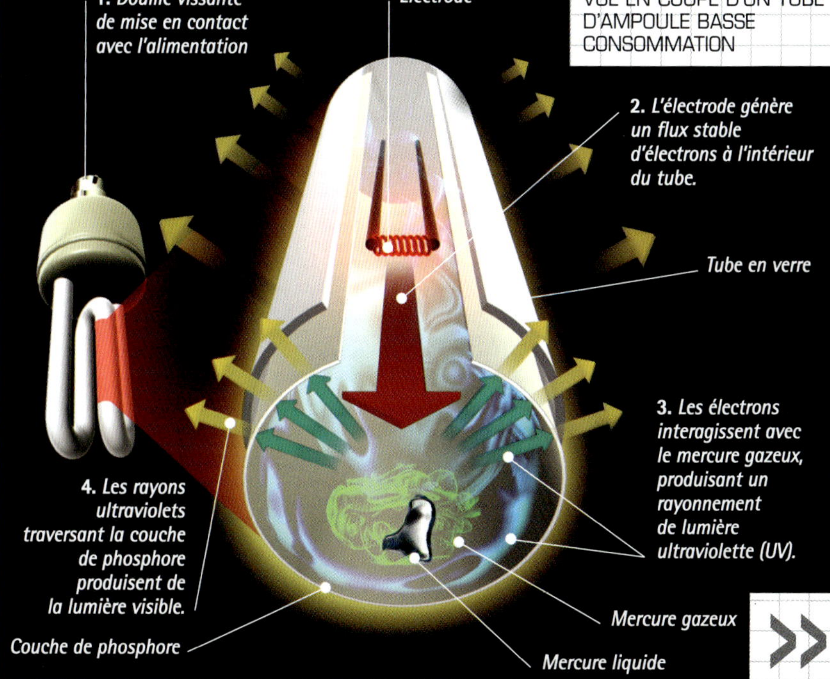

Les ampoules basse consommation modernes constituent un progrès face aux ampoules incandescentes traditionnelles. Ces dernières, en effet, ont un filament chauffé à blanc qui produit de la lumière, mais qui perd une grande partie de son énergie en rayonnements caloriques (chaleur). Dans une ampoule économique, l'électricité traverse un tube chargé d'un gaz dont elle provoque la fluorescence avec très peu d'émission de chaleur, consommant donc moins d'énergie, à puissance d'éclairement égale, qu'une ampoule ordinaire. Les ampoules basse consommation constituent également un progrès par rapport aux tubes fluorescents classiques en termes de compacité. Elles renferment un transformateur qui amplifie la tension électrique afin d'augmenter la production lumineuse. Leur scintillement est également moindre que celui des anciens tubes, la fréquence du courant qui les traverse étant plus élevée que celle du courant alternatif d'alimentation.

LE MIROIR

Les atomes constituant un miroir absorbent la lumière puis la réémettent. Alors qu'un morceau de verre ordinaire ne renvoie que 8 % de la lumière qu'il reçoit, un miroir poli en retourne jusqu'à 95 %.

▶ **Les miroirs incurvés** réfléchissent le monde de manière surprenante. Ainsi, ce reflet inhabituel est produit par une sculpture géante en acier inoxydable située à Chicago (États-Unis) et baptisée *The Cloud Gate*. Les gens peuvent passer en dessous et observer leur reflet distordu renvoyé par la surface très finement polie.

COMMENT ÇA MARCHE

RÉFLECTION DE LA LUMIÈRE À TRAVERS LES COUCHES D'UN MIROIR PLAN

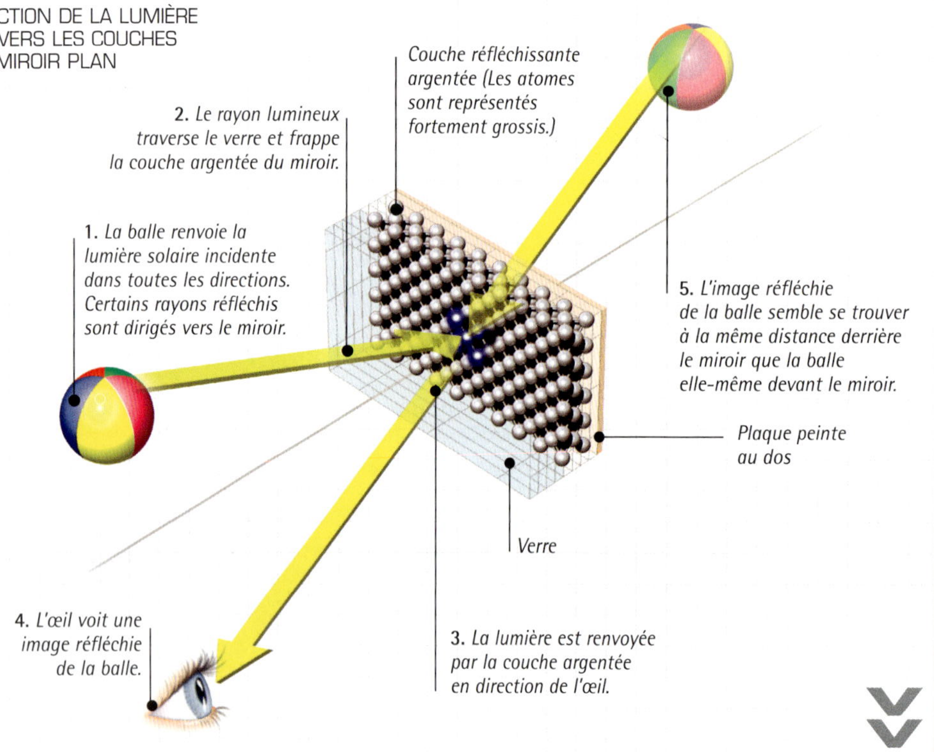

La Lune, une balle ou les mots inscrits sur cette page sont tous des objets visibles parce qu'ils renvoient la lumière qui les frappe. Lorsque l'on place un objet devant un miroir, une partie de la lumière qu'il renvoie voyage en direction du miroir. La lumière est composée de particules d'énergie appelées photons. Lorsque les photons atteignent le miroir, ils sont absorbés par les atomes de la couche réfléchissante argentée. Ces atomes deviennent alors instables et, pour revenir à leur état stable originel, libèrent de nouveaux photons qui ressortent du miroir, créant ainsi l'image réfléchie. Les miroirs peuvent être adaptés à de nombreux usages. Ainsi, les miroirs convexes (courbés vers l'extérieur) renvoient une image plus petite des objets mais offrent aussi un angle de vue plus large. Ils sont couramment utilisés dans les rétroviseurs et les miroirs de surveillance dans les magasins. Les miroirs concaves (courbés vers l'intérieur) produisent une image grossie et rapprochée des objets. Certains miroirs de maquillage utilisent cette propriété, offrant à l'utilisateur un effet de loupe.

Voir aussi : p. 68, p. 176, p. 249

Image renvoyée par la sculpture *The Cloud Gate*, à Chicago, aux États-Unis

LE PASSÉ

Les premiers miroirs furent utilisés dans la Chine ancienne. Les Chinois se regardaient alors dans des pots d'argile remplis d'eau, appelés jians.

Les miroirs sont des éléments essentiels des grands télescopes spatiaux. Lors de son achèvement en 2018, le télescope spatial OWL possédera un miroir de 100 m de diamètre.

LE FUTUR

Pourquoi l'argent ?

▶ L'argent est l'un des meilleurs matériaux pour fabriquer des miroirs. Il peut être très finement poli afin de réfléchir parfaitement les rayons lumineux de toute couleur et produire une image très nette. Les cristaux d'argent (ci-contre) ont des faces planes qui, lorsque la lumière les frappe, se comportent comme autant de minuscules miroirs au sein du miroir. L'argent se ternit à l'air ; c'est pourquoi les miroirs sont généralement recouverts de verre pour les protéger.

Cristaux d'argent grossis 800 fois

LA MONTRE-BRACELET

Pour faire tourner ses aiguilles, cette montre-bracelet est équipée d'un mécanisme spécial sans piles ni remontoir, composé de minuscules courroies et de roues dentées. Ces parties mobiles oscillent exactement 5 fois par seconde, ce qui permet d'indiquer l'heure avec une grande précision.

Vue en écorché de la montre TAG Heuer Monaco V4 ▶

▼ Contrairement aux autres montres-bracelets, la Monaco V4, de la société TAG Heuer n'est pas mue par une pile ou par un ressort à remontoir mécanique. Elle est équipée d'un lourd balancier en platine qui oscille, c'est-à-dire qui bascule d'un côté à l'autre, sous l'effet des mouvements de la main du porteur. Le balancier génère ainsi l'énergie cinétique (énergie du mouvement) qui est utilisée pour faire fonctionner le mécanisme de la montre.

Stockage d'énergie

▶ Dans un balancier de Newton, lorsque la bille de l'une des extrémités heurte sa voisine, l'énergie se transmet le long de la série de billes, jusqu'à la dernière qui est projetée vers le haut. Les oscillations se poursuivent quelques minutes, ce qui démontre que le système peut stocker l'énergie un certain temps. Dans la montre TAG Heuer, le transfert de l'énergie cinétique s'effectue par l'intermédiaire de roues à barillet. Mais contrairement à ce qui se passe dans le balancier de Newton, elles peuvent la stocker pendant plusieurs heures.

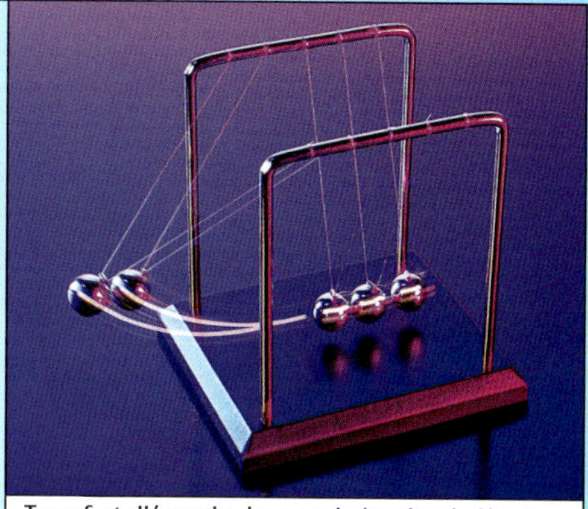
Transfert d'énergie dans un balancier de Newton

COMMENT ÇA MARCHE

DOS DE LA MONTRE

L'énergie cinétique générée par les mouvements du balancier est stockée dans quatre roues à barillet. Chacune est équipée, en son centre, d'un ressort spiralé. Lorsque la roue tourne dans un sens sous l'effet du déplacement du balancier, le ressort se serre et stocke de l'énergie. Lorsqu'elle tourne dans l'autre sens, le ressort se détend et restitue l'énergie. Les quatre roues remplacent les piles que l'on trouve dans les autres montres.

Ce balancier en platine oscillant est le « moteur » qui fait tourner la montre. Pesant environ 4,5 g, c'est la pièce la plus lourde du mécanisme. Ses bords inférieurs sont garnis de dents. En basculant d'un côté à l'autre, ces dents entraînent un système d'engrenages qui transfèrent l'énergie cinétique du balancier aux roues à barillet.

VUE DORSALE INTERNE

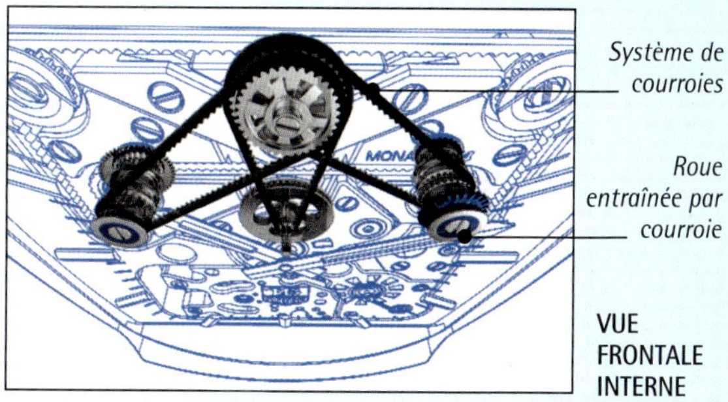

VUE FRONTALE INTERNE

Les quatre roues à barillet transmettent l'énergie stockée à des courroies qui entraînent la rotation des aiguilles de la montre à différentes vitesses. Dans les autres types de montre, cet entraînement est assuré par des engrenages. Les courroies sont plus efficaces car elles provoquent moins de perte d'énergie par frottement. La Monaco V4 comporte pas moins de 13 courroies crantées.

▶▶ Voir aussi : p. 154, p. 244, p. 248

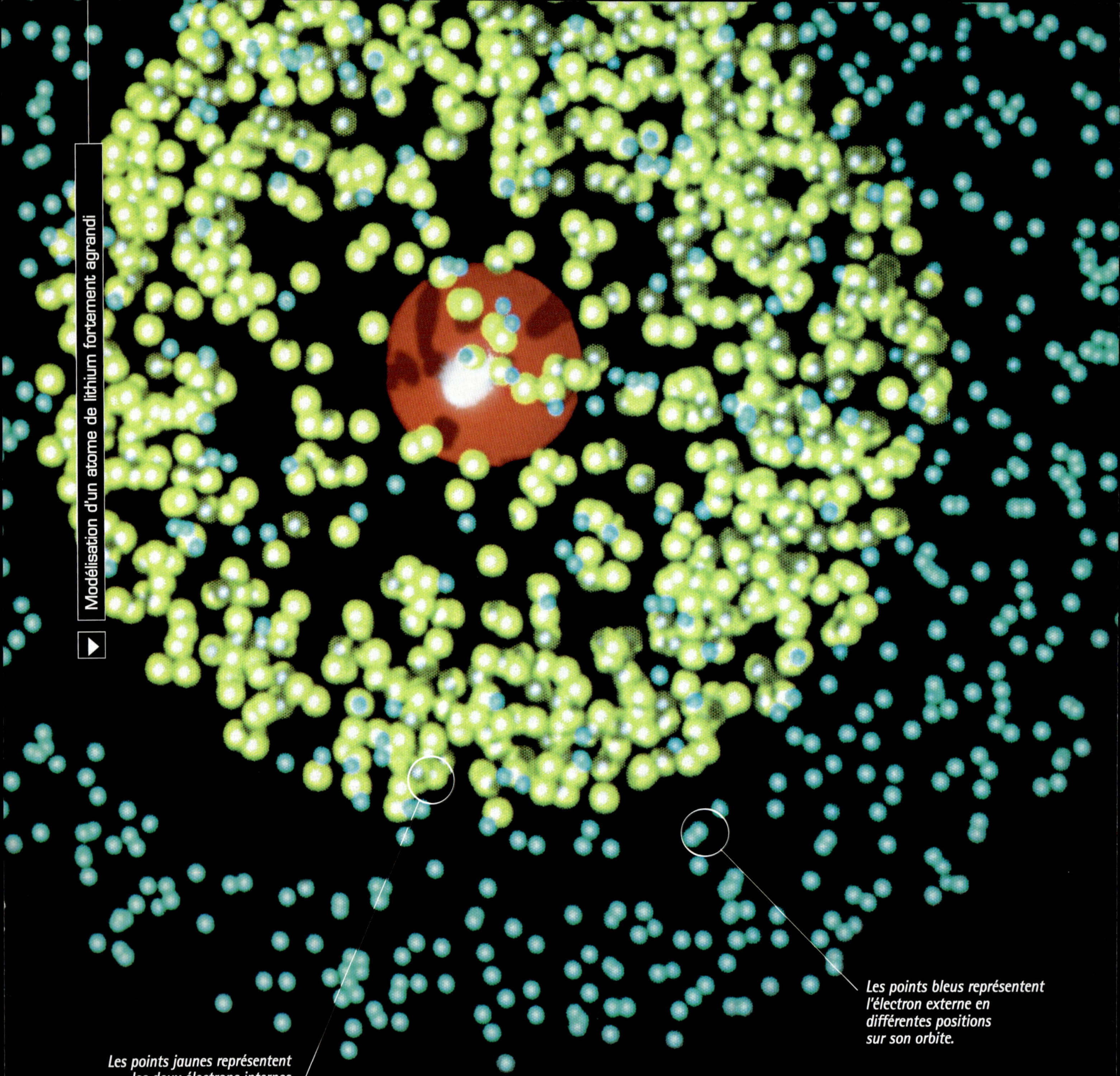

Modélisation d'un atome de lithium fortement agrandi

▲ **Dans les types d'accumulateurs les plus récents,** l'élément chimique utilisé est le lithium. L'image ci-dessus présente la structure d'un atome de lithium. En son cœur figure un noyau (en rouge), autour duquel deux électrons internes (en jaune) et un électron externe (en bleu) sont en orbite. Lors de la mise en charge de l'accumulateur, les atomes de lithium se voient privés de leur électron externe (bleu), et deviennent des ions lithium. Les ions lithium sont chargés électriquement et accumulent ainsi de l'énergie.

L'ACCUMULATEUR

Un accumulateur, ou batterie rechargeable, est une petite réserve d'énergie chimique portable que l'on peut réutiliser de nombreuses fois. La durée de vie moyenne d'un accumulateur est d'environ 10 ans et il peut être rechargé 1 000 fois.

COMMENT ÇA MARCHE

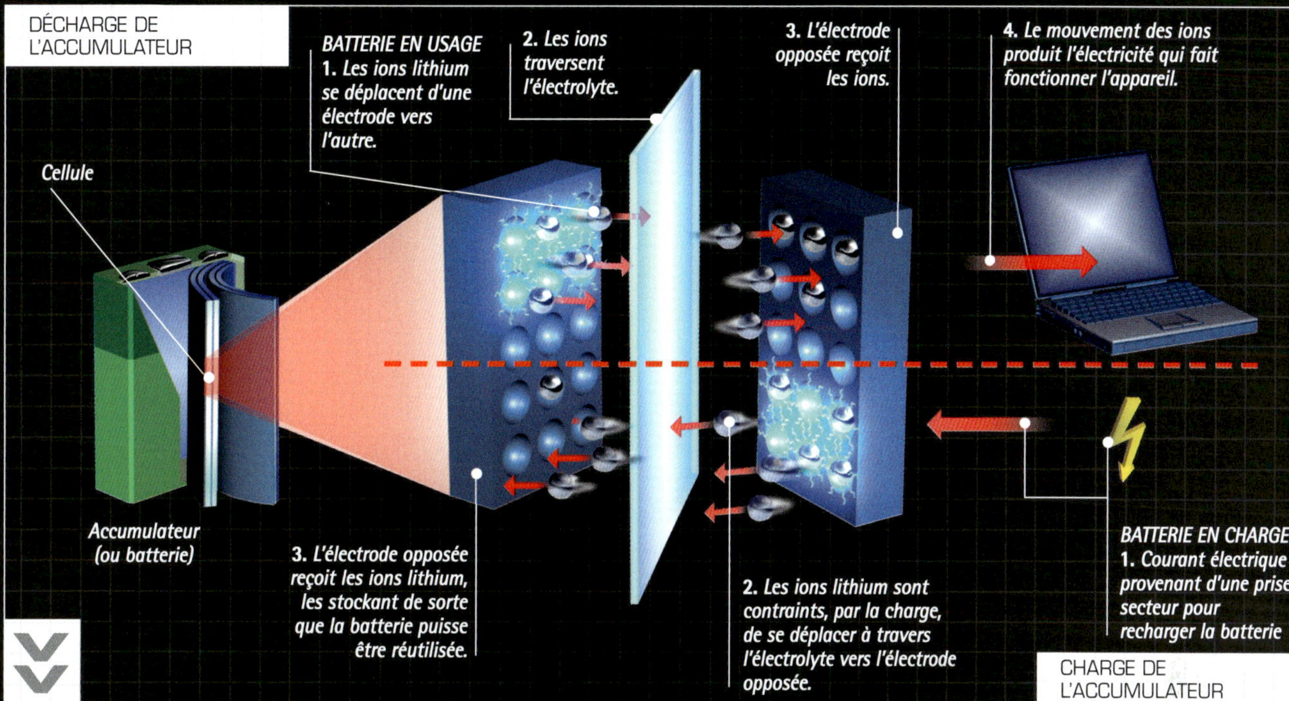

La batterie, ou accumulateur, d'un appareil électrique renferme un ou plusieurs compartiments générateurs d'électricité, appelés cellules. Chaque cellule contient deux électrodes séparées par un électrolyte. Durant la charge, les ions lithium sont contraints de se déplacer d'une électrode vers l'autre, dans laquelle ils sont stockés. Lorsque la batterie est connectée à un circuit, c'est-à-dire quand l'appareil est mis en marche, les ions se mettent immédiatement en mouvement pour revenir vers l'électrode d'origine. C'est ce mouvement qui crée l'électricité. À mesure que les ions passent d'une cellule à l'autre, la batterie perd peu à peu de sa charge. Dans les piles, qui sont un type non rechargeable de batteries, ce processus ne se produit qu'une seule fois : lorsque tous les ions ont migré d'une électrode à l'autre, la pile est usée. Dans le cas de batteries rechargeables, le processus de charge et de décharge peut être répété de nombreuses fois. La recharge force les ions à se redéplacer vers l'électrode opposée où ils s'accumulent à nouveau, prêts à revenir en sens inverse au premier contact, constituant ainsi une réserve d'électricité potentielle.

LE PASSÉ

La première pile, fabriquée par Alessandro Volta en 1800, fut appelée pile voltaïque. Elle était composée d'une superposition de rondelles de carton imbibées d'eau salée, alternant avec des rondelles de métal.

LE FUTUR

Les batteries pourraient être remplacées par des piles à combustible, sans danger pour l'environnement, qui produisent de l'électricité en convertissant de l'hydrogène et de l'oxygène en eau.

La pollution des piles usagées

Série de piles usagées au rebut en attente de recyclage

◀ Plus de 5 milliards de piles sont jetées chaque année. Beaucoup contiennent des produits chimiques extrêmement toxiques, comme le mercure et le cadmium, qui peuvent fuir des containers et s'échapper dans le sol et les cours d'eau. C'est pourquoi on les récupère aujourd'hui pour les recycler. Les batteries rechargeables, parce qu'elles durent plus longtemps, sont moins polluantes.

Voir aussi : p. 96, p. 128, p. 168, p. 243, p. 245

Voir aussi : p. 106, p. 128

LES CELLULES SOLAIRES

Si elle pouvait être captée en totalité, l'énergie que dispense le Soleil en une seule seconde suffirait à fournir le monde entier pendant 1 000 ans. Les cellules solaires captent cette énorme source d'énergie propre et renouvelable.

COMMENT ÇA MARCHE

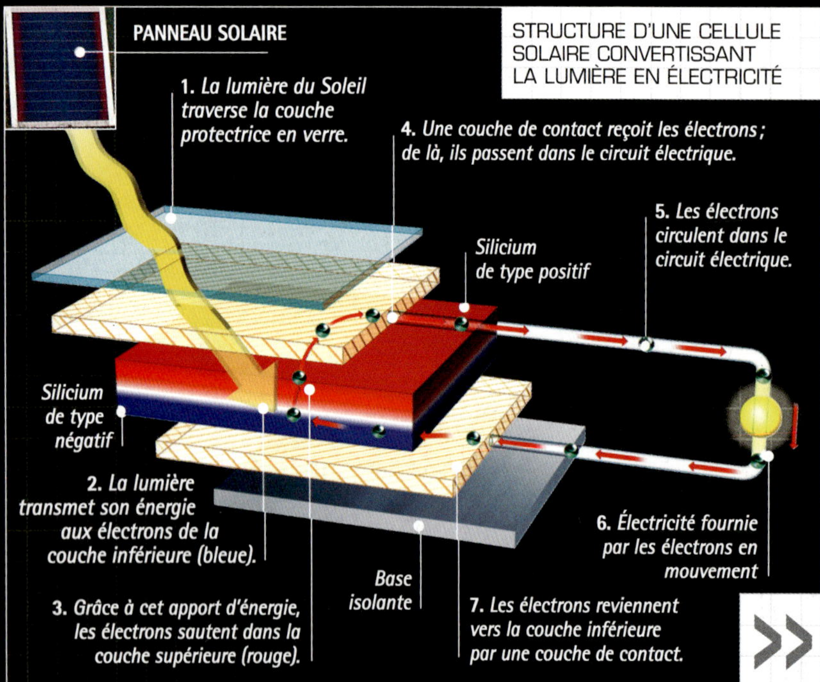

L'énergie solaire peut être captée de deux manières. La première consiste à faire circuler de l'eau dans des panneaux capteurs situés sur un toit, où elle est chauffée directement. La deuxième consiste à transformer l'énergie solaire en électricité au moyen de cellules solaires (ou photovoltaïques). Il s'agit d'un type particulier de diodes, dont la spécificité est de ne laisser passer le courant électrique que dans un seul sens. Les cellules sont composées de deux couches de silicium.
La couche inférieure, de type négatif (en bleu sur l'illustration), est traitée chimiquement pour être enrichie en électrons, la couche supérieure, de type positif (en rouge) pour être appauvrie en électrons. La lumière solaire frappe les électrons en surnombre dans la couche inférieure et les arrache. Ils parviennent alors dans la couche supérieure où, ne pouvant revenir en arrière, ils doivent passer par un circuit externe pour revenir dans la couche inférieure, créant ainsi du courant électrique.

L'usage des cellules photovoltaïques

Une seule cellule solaire peut suffire à faire fonctionner une calculatrice. Lorsqu'on en assemble plusieurs pour former des panneaux, elles contribuent à chauffer une maison. Les panneaux sont teintés en bleu afin d'absorber le plus de lumière possible. Ils transfèrent leur énergie dans des batteries rechargeables qui peuvent restituer, la nuit, l'électricité accumulée le jour.

Panneaux solaires sur un toit

Une cellule solaire est composée de silicium traité chimiquement pour convertir l'énergie solaire en électricité. Un panneau solaire est constitué de nombreuses cellules circulaires comme celles-ci, chacune de la taille d'un CD. Un seul panneau de toit peut renfermer 36 à 100 cellules.

Cellule solaire vue en coupe à fort grossissement

CHALEUR

La chaleur est essentielle à notre confort et notre bien-être. les images ci-contre montrent comment les objets et nos habitations acquièrent de la chaleur, la conduisent ou la perdent.

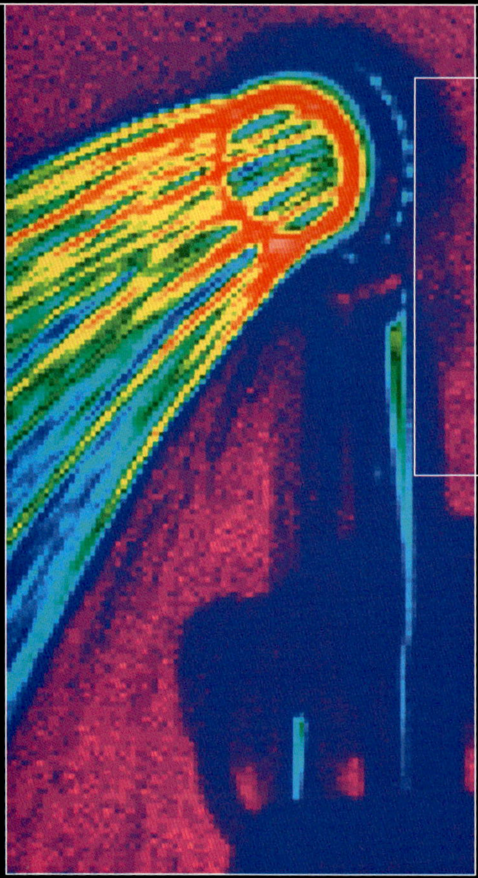

Thermograme
Ce type d'image, réalisé à partir des rayons infrarouges, qui véhiculent la chaleur, permet de voir comment tout objet libère son énergie calorique. Ci-contre, on voit que l'eau qui jaillit d'une pomme de douche est d'abord chaude (rouge) puis se refroidit, virant au jaune, puis au vert et au bleu, à mesure qu'elle entre en contact avec l'air.

Transfert calorique
On voit ci-dessous un transfert de chaleur à travers différents matériaux. Du gaz en combustion, très chaud (en blanc), échauffe une casserole en métal et la soupe qu'elle contient à la même température (au départ, elles sont froides, comme ici, en bleu, sur la photo). La cuillère en bois, quant à elle, reste froide.

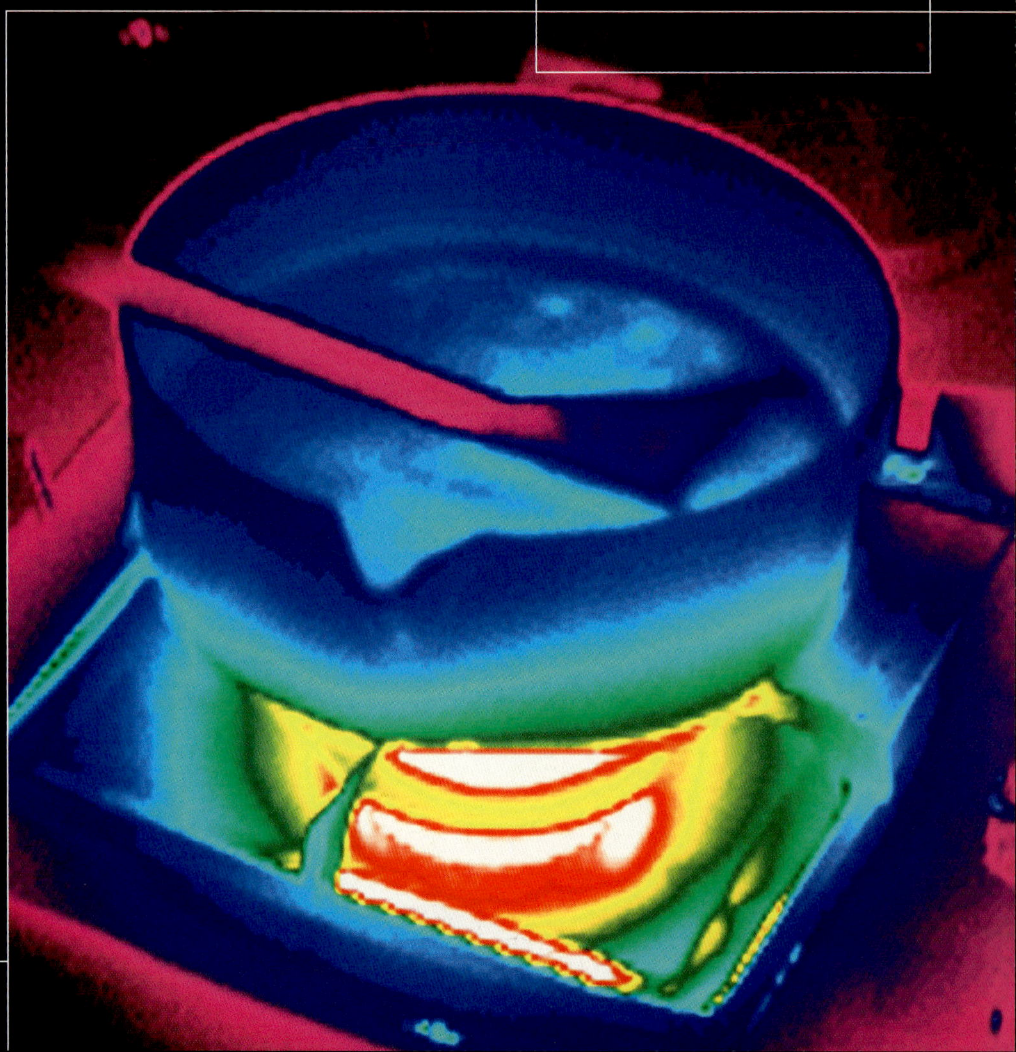

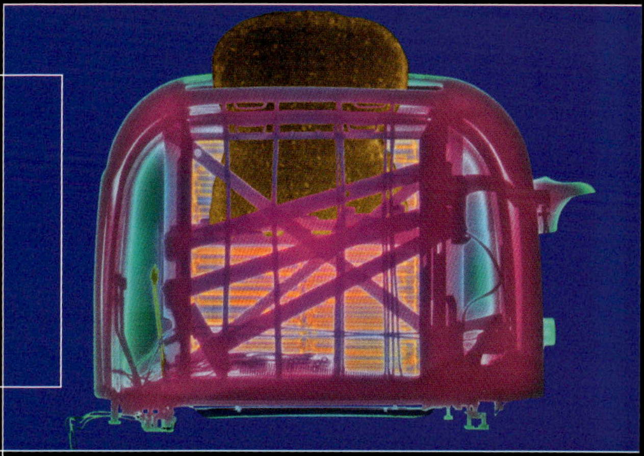

Électricité convertie en chaleur

Ce grille-pain vu aux rayons X transforme l'énergie électrique en énergie calorique. Une résistance faite d'un fil métallique fin est chauffée par un courant électrique et vire à l'orange. Une fois écoulé le temps nécessaire pour dorer le pain, un rupteur interrompt l'alimentation de la résistance chauffante et déclenche le ressort qui éjecte la tranche.

Déperdition calorique

Ce thermograme montre comment l'énergie calorique s'échappe d'une habitation. Le toit et les fenêtres (en jaune) sont peu isolants et perdent le plus de chaleur. Les murs épais (en rouge, violet et vert), bons isolants, en perdent peu. Jusqu'à 25 % de la chaleur produite dans une maison peuvent être perdus en raison d'une mauvaise isolation.

Sèche-cheveux

Cette photographie aux rayons X montre la structure interne d'un sèche-cheveux en action. Un ventilateur électrique situé dans la partie arrière de l'appareil souffle de l'air sur la résistance chauffante. L'air ainsi réchauffé est éjecté par la bouche de l'appareil. La résistance est faite de nichrome, un alliage de nickel et de chrome, qui ne rouille pas quand il est porté à haute température.

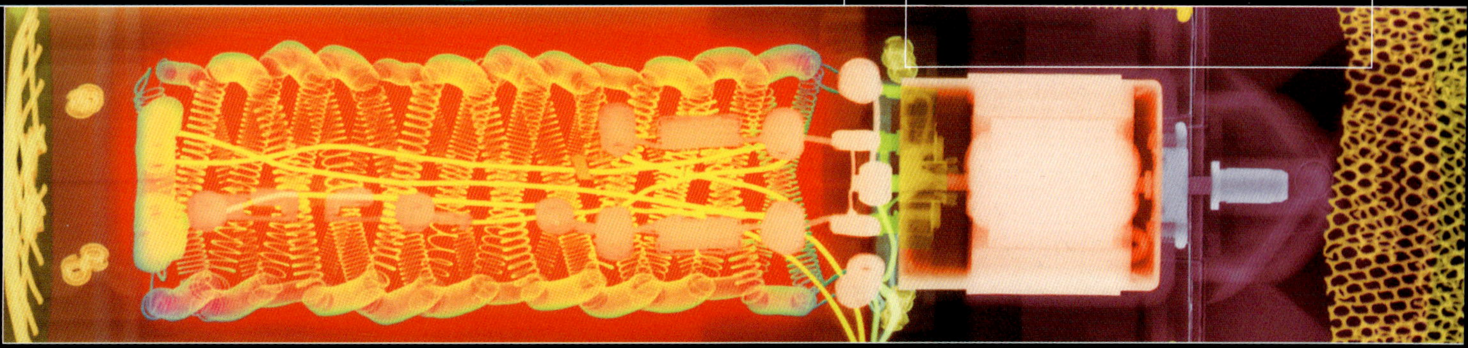

▶▶ Voir aussi : p. 88, p. 100, p. 102, p. 242

LE FOUR À MICRO-ONDES

Les rayonnements de micro-ondes, qui voyagent à travers l'air et l'espace, véhiculent une énergie invisible capable de porter la nourriture à haute température en quelques minutes. Un four à micro-ondes peut ainsi faire cuire un morceau de viande en six fois moins de temps qu'un four conventionnel.

▼ **Un four à micro-ondes** cuit beaucoup plus vite qu'un four conventionnel, mais est aussi plus bruyant. Il renferme en effet un transformateur qui vibre en amplifiant la tension électrique, ainsi qu'un ventilateur qui refroidit les composants électroniques. Tous deux émettent des ondes sonores en fonctionnant.

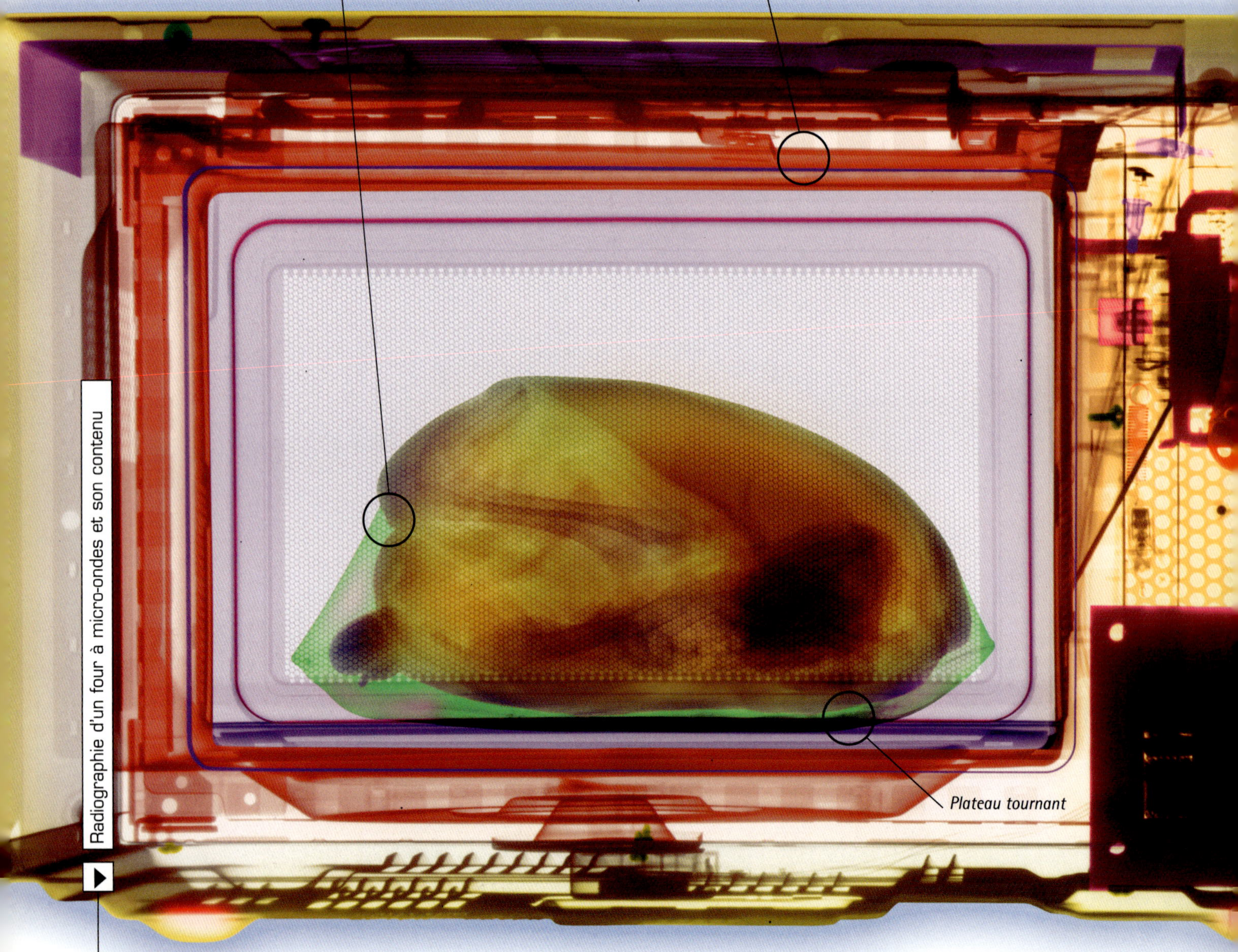

Radiographie d'un four à micro-ondes et son contenu

▶▶ Voir aussi : p. 18, p. 98, p. 247, p. 250

>> COMMENT ÇA MARCHE

CUISSON DES ALIMENTS DANS UN FOUR À MICRO-ONDES

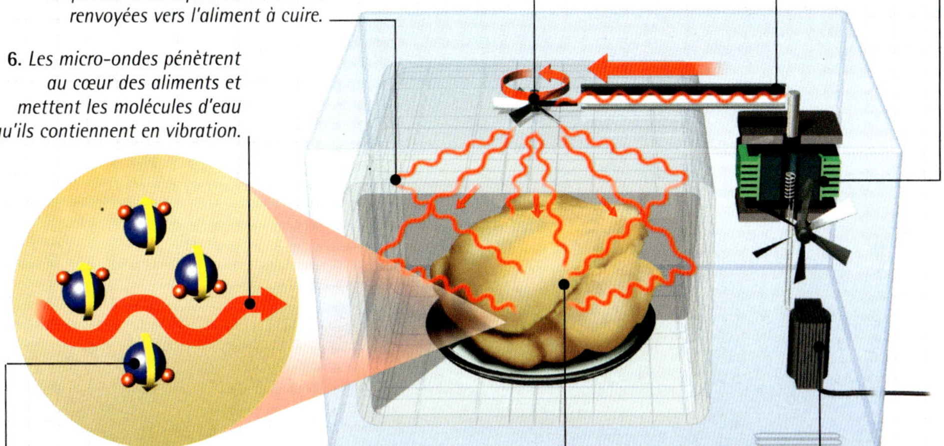

Les micro-ondes sont des ondes radioélectriques très courtes qui transportent beaucoup d'énergie. Elles font cuire la nourriture placée dans le four en communiquant leur énergie aux molécules d'eau contenues par l'aliment. La cuisson est rapide parce que les micro-ondes font entrer la totalité des molécules d'eau en vibration en même temps, échauffant de l'intérieur les aliments. Dans un four conventionnel, la chaleur pénètre lentement la nourriture depuis l'extérieur. Les micro-ondes sont un type de rayonnement électromagnétique, comme la lumière et les rayons X. Elles sont formées par l'association d'un champ électrique et d'un champ magnétique qui transportent leur énergie à travers l'espace. Comme toutes les ondes électromagnétiques, elles se déplacent à la vitesse la plus élevée qu'il soit possible d'atteindre : celle de la lumière, soit 300 000 km/s.

Les micro-ondes sont partout

▶ Il existe dans l'espace un faible rayonnement de micro-ondes venant de toutes les régions du cosmos. Les scientifiques l'appellent le rayonnement fossile car il est l'écho du big bang, et s'en servent pour étudier les premiers temps de l'Univers. Sa cartographie (ci-contre) montre à quoi ressemblait l'Univers il y a 13,7 milliards d'années. Les zones rouges et jaunes, plus chaudes, montrent la matière s'agglutinant pour former les étoiles et les galaxies.

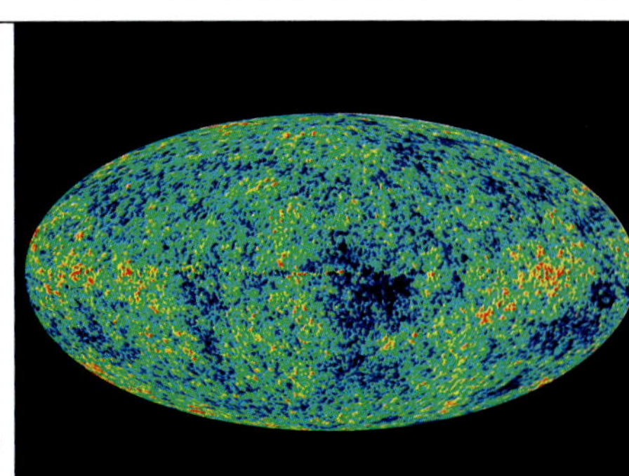

Carte du rayonnement cosmologique fossile

LE RÉFRIGÉRATEUR

Un réfrigérateur est une pompe à chaleur qui permet de maintenir une enceinte froide pour y conserver la nourriture. Certains modèles récents peuvent être connectés à Internet afin de passer commande en ligne de nouveaux produits lorsque les réserves s'amenuisent.

>> COMMENT ÇA MARCHE

L'une des pièces maîtresses du réfrigérateur est la valve d'expansion, une petite pièce tubulaire située à l'extérieur de l'enceinte réfrigérée. Le fluide frigorigène, qui circule dans une tubulure, pénètre sous forme de liquide sous haute pression dans la valve d'expansion. Le diamètre de la valve étant plus large que celui de la tubulure, la pression du fluide frigorigène s'abaisse brusquement. Cette détente transforme le fluide frigorigène en un gaz froid de basse pression. Le fluide traverse la valve et poursuit son circuit vers le serpentin de l'évaporateur. L'évaporateur constitue la partie du circuit en contact avec l'intérieur du réfrigérateur. En le traversant, le gaz froid abaisse la température dans l'enceinte du réfrigérateur, captant les calories qu'elle renferme. Ce faisant, il se réchauffe par simple effet d'échange thermique. Le gaz réchauffé poursuit son circuit vers le compresseur qui élève sa pression et sa température. Il est ensuite dirigé vers le condenseur où il libère sa chaleur dans l'air de la pièce et se liquéfie.

CIRCUIT DU FLUIDE FRIGORIGÈNE DANS UN RÉFRIGÉRATEUR

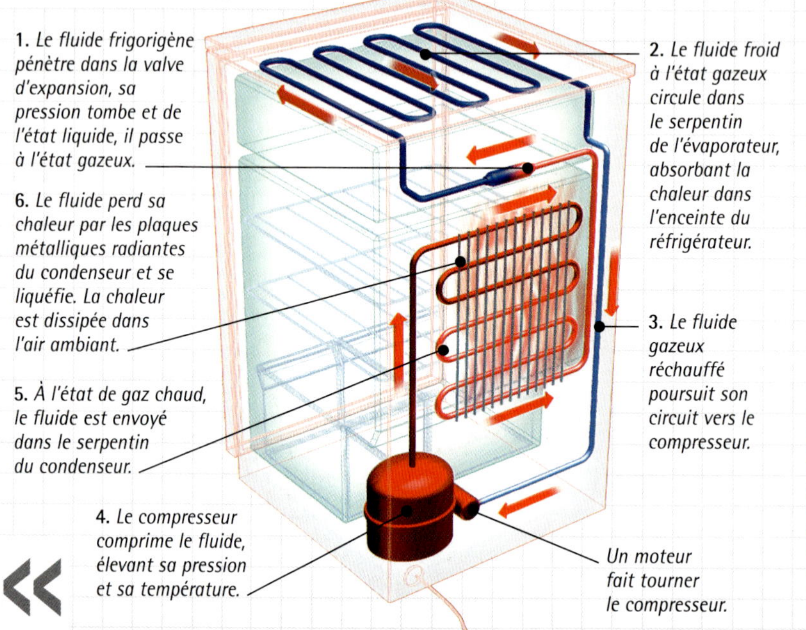

▶▶ Voir aussi : p. 38, p. 106, p. 245

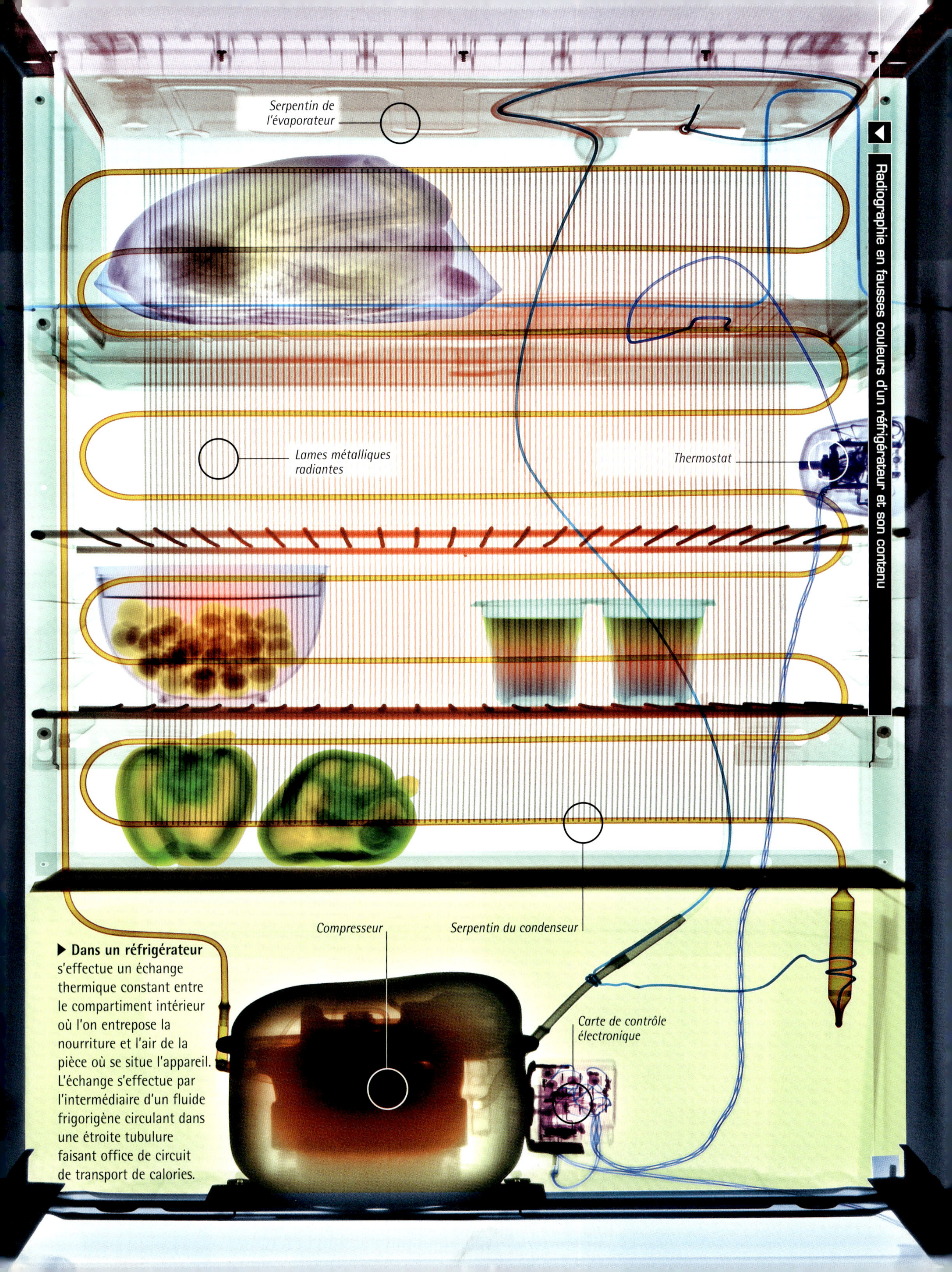

Dans un réfrigérateur s'effectue un échange thermique constant entre le compartiment intérieur où l'on entrepose la nourriture et l'air de la pièce où se situe l'appareil. L'échange s'effectue par l'intermédiaire d'un fluide frigorigène circulant dans une étroite tubulure faisant office de circuit de transport de calories.

Radiographie en fausses couleurs d'un réfrigérateur et son contenu

L'AÉROGEL

Avec son aspect de matière fantomatique, l'aérogel constitue le plus léger des solides connus. Il est aussi incroyablement résistant. Un morceau d'aérogel de la taille d'un homme pèse moins de 1 kg mais peut supporter le poids d'une automobile.

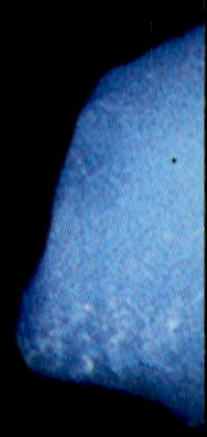

>> USAGES ET APPLICATIONS

<< **La sonde spatiale Stardust** a collecté des poussières de la comète Wild 2 à l'aide d'un bras en forme de raquette garnie d'aérogel. Percutant la raquette à grande vitesse, les particules étaient ralenties par l'aérogel et sont venues s'y loger. De leur étude, les chercheurs espèrent apprendre beaucoup sur la naissance du système solaire.

>> **Le pétrole brut** est transporté par de longs oléoducs depuis les plateformes marines jusqu'aux raffineries à terre. Lorsqu'il sort du fond marin, il est chaud et fluide. Mais les basses températures marines le refroidissent, le rendant visqueux et difficile à faire circuler. C'est pourquoi on enveloppe aujourd'hui les oléoducs d'aérogel afin de les isoler thermiquement.

^ **Remplis de kérosène** pour de longs voyages, les avions sont vulnérables au feu. L'aérogel résistant aux hautes températures, on en garnit les parois des compartiments passagers afin de ralentir la propagation d'un incendie éventuel. L'aérogel sert aussi à isoler les moteurs pour qu'ils libèrent moins de chaleur et soient moins bruyants.

<< **Les habits** dont l'étoffe est doublée d'aérogel, comme cette veste fabriquée en Spaceloft™, sont très isolants. Une veste de seulement 3 mm d'épaisseur permet de se maintenir au chaud par des températures chutant jusqu'à – 50 °C.

L'aérogel est translucide >> et laisse très peu de chaleur le traverser; il est donc parfait pour fabriquer des vitrages. Mais comme il est très fragile, il doit être protégé entre deux épaisseurs de verre ordinaire.

▶▶ Voir aussi : p. 60, p. 98, p. 158, p. 190, p. 245

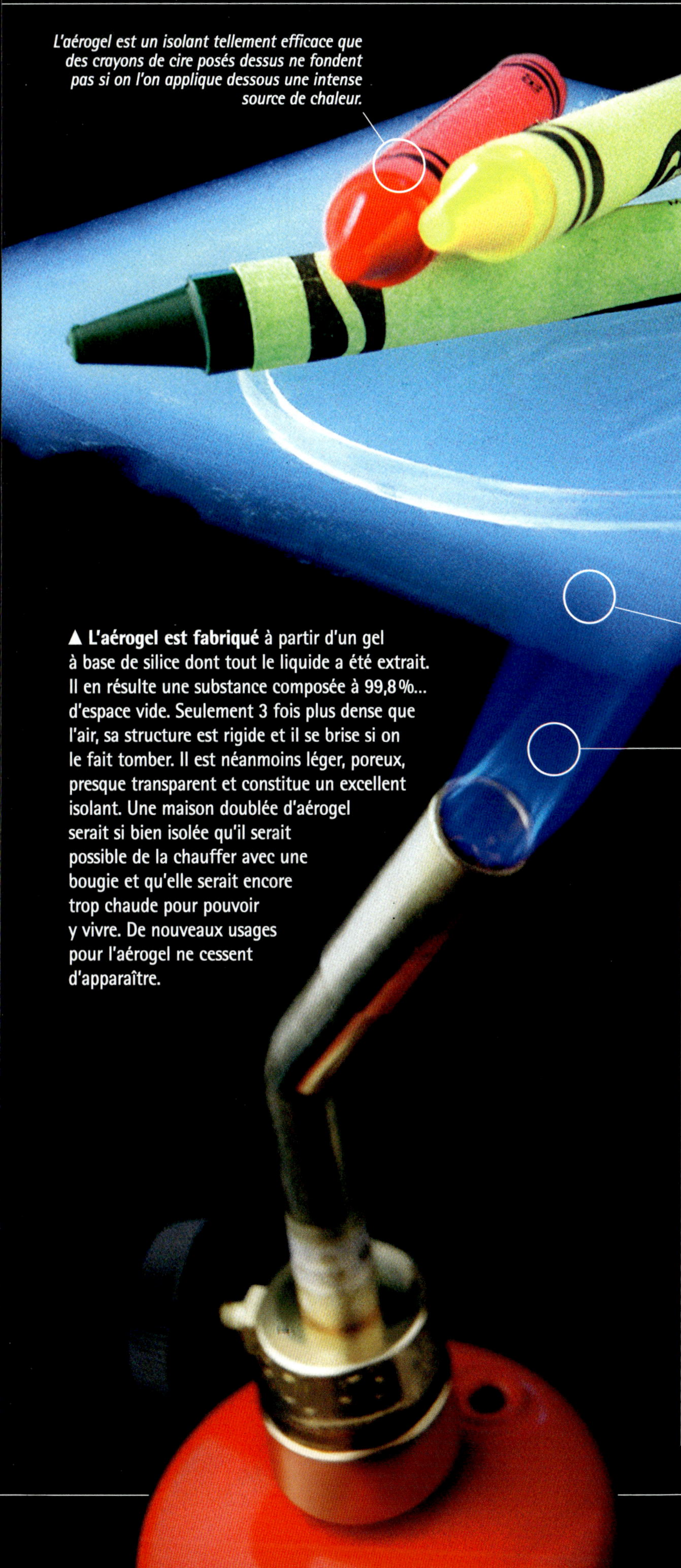

Plaque d'aérogel chauffée par un bec Bunsen

▲ **L'aérogel est fabriqué** à partir d'un gel à base de silice dont tout le liquide a été extrait. Il en résulte une substance composée à 99,8 %... d'espace vide. Seulement 3 fois plus dense que l'air, sa structure est rigide et il se brise si on le fait tomber. Il est néanmoins léger, poreux, presque transparent et constitue un excellent isolant. Une maison doublée d'aérogel serait si bien isolée qu'il serait possible de la chauffer avec une bougie et qu'elle serait encore trop chaude pour pouvoir y vivre. De nouveaux usages pour l'aérogel ne cessent d'apparaître.

La fabrication de l'aérogel

Technicienne analysant de l'aérogel

▲ C'est le chimiste américain Steven Kistler qui produisit le premier de l'aérogel en 1931. Le procédé de fabrication très complexe de ce solide de nature particulière fait intervenir des pressions et des températures très élevées. La première usine de production d'aérogel se trouvait en Suède. De nos jours, il est fabriqué dans le monde entier.

Voir aussi : p. 96, p. 98, p. 245

MAISONS

Fabriquées en matériaux locaux ou recyclés, produisant elles-mêmes leur énergie et exploitant les ressources de façon raisonnée, les constructions écologiques contribuent à protéger l'environnement.

Maisons de glace
La glace est un matériau de construction traditionnel dans l'Arctique. Elle est gratuite, facile à travailler et fond quand revient l'été. C'est pour la construction des igloos, habitations traditionnelles des peuples du Grand Nord, qu'elle est le plus connue, mais elle peut servir à des projets de plus grande envergure. Cet hôtel, en Laponie, est fait de milliers de tonnes de glace et de neige. Même les lits sont constitués de blocs de glace, recouverts de matelas plus souples et de peaux de rennes.

Isolation de paille
Les murs de cette maison écologique sont faits d'un matériau naturel et peu coûteux : de la paille. De lourdes balles de paille sont empilées comme de grosses briques, renforcées par une armature de bois et de métal, et recouvertes de plâtre. Les balles sont faites de paille densément comprimée pour les rendre résistantes au feu. Les murs épais et isolants réduisent le coût de chauffage par quatre par rapport à une construction ordinaire.

Recyclage de matériaux
Chaque jour, des millions de tonnes de matériaux de construction sont extraits des carrières et des millions de tonnes de déchets domestiques sont enterrés dans les décharges. Construire des maisons écologiques à partir de matériaux recyclés contribue à résoudre ces deux problèmes. Ce mur, fait de cannettes vides et de pneus usagés noyés dans du plâtre, durera très longtemps car ces matériaux sont résistants et isolants.

Collecteurs solaires

Voici le plus grand four solaire du monde, situé au centre de recherche d'Odeillo, dans les Pyrénées, en France. Le miroir à deux étages concentre la lumière du Soleil sur la petite tour (au premier plan) située en son foyer, produisant de l'énergie qui est stockée et transportée sous forme d'eau chaude dans des canalisations. L'énergie solaire est gratuite, renouvelable et non polluante. D'ores et déjà, certaines maisons écologiques produisent leur électrité et se chauffent grâce à des panneaux solaires. Il est possible qu'un jour, tous les bâtiments en soient équipés.

De l'herbe sur le toit

Les toitures d'herbe sont très isolantes. En hiver, l'épais matelas constitué par les tiges, les racines et la terre retient la chaleur à l'intérieur de l'habitation. En été, l'herbe qui pousse absorbe les rayons du Soleil et maintient la fraîcheur en dessous. Un film en plastique disposé sous la couverture végétale assure l'étanchéité de la toiture, qui peut durer plus de 50 ans.

CADENAS ET VERROUS

L'or, l'argent liquide et les bijoux sont souvent enfermés dans des coffres-forts protégés par des mécanismes de verrouillage complexes en métaux résistants. Un coffre de banque possède environ dix milliards de combinaisons.

>> COMMENT ÇA MARCHE

VERROUILLAGE-DÉVERROUILLAGE D'UN CADENAS À COMBINAISON

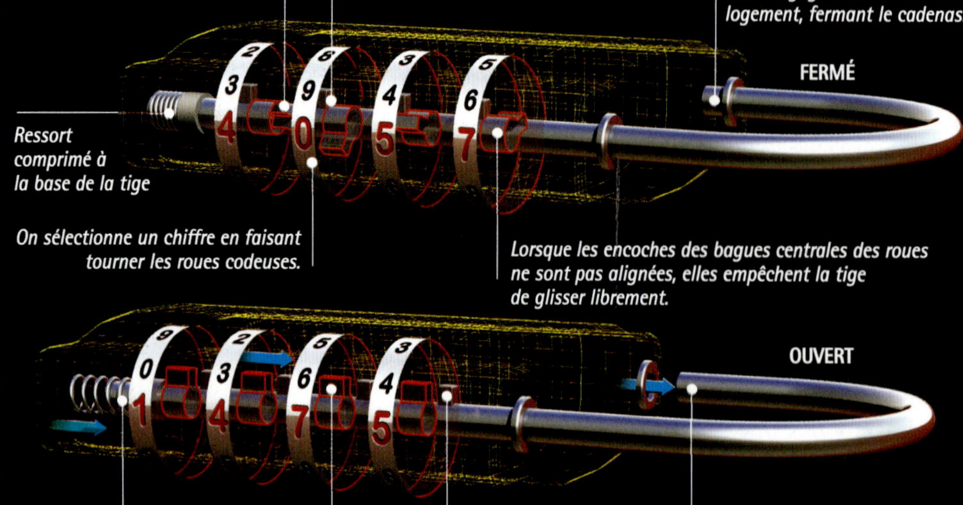

Un verrou ou un cadenas à combinaison est traversé par une robuste tige métallique qui peut glisser librement sur son axe lorsque le mécanisme est ouvert, et qui est maintenue immobile quand il est fermé. Le mécanisme de verrouillage varie d'un système à l'autre. Dans la plupart des cadenas à combinaison, la tige est libérée par des roues codeuses à encoche qui laissent passer les butées de verrouillage solidaires de la tige. Un cadenas à combinaison est beaucoup plus sûr qu'un modèle à clé car il ne peut être forcé à l'aide d'un fil de fer. Un cadenas de sécurité est encore plus complexe. Il possède, en façade, un unique cadran chiffré qu'il faut tourner plusieurs fois pour composer la combinaison. Derrière le cadran, se superposent une série de roues, une pour chaque chiffre de la combinaison. Lorsque l'on tourne le cadran, une tige métallique fixée sur sa face dorsale vient s'engager dans les encoches des roues. Lorsque toutes les encoches s'alignent, le système peut s'ouvrir. Si l'on ne connaît pas la bonne combinaison, cela reste impossible.

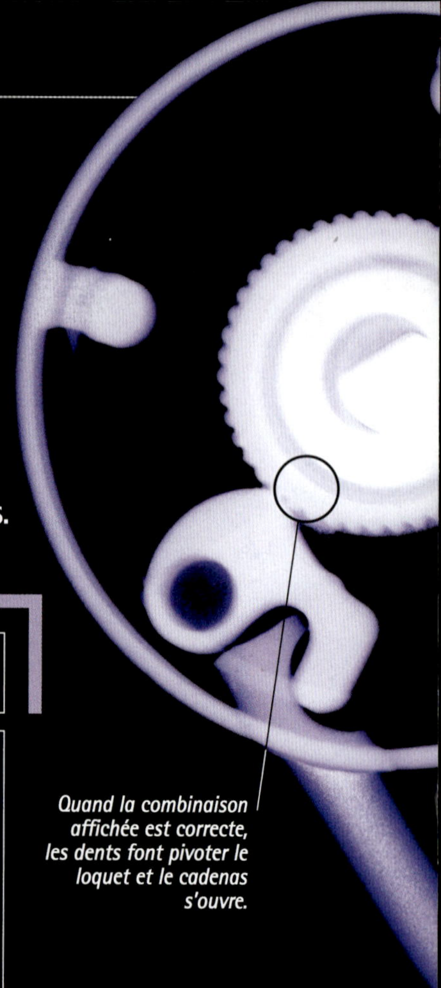

Quand la combinaison affichée est correcte, les dents font pivoter le loquet et le cadenas s'ouvre.

▶ **Il existe des cadenas à combinaison** de toutes tailles et de toutes formes. Certains nécessitent une clé pour être ouverts. D'autres, comme ceux-ci, présentent seulement des roues codeuses. Des systèmes similaires miniaturisés équipent souvent les valises et attachés-cases. À l'inverse, il existe des cadenas à combinaison de forte taille qui font office d'antivol pour les véhicules à deux roues.

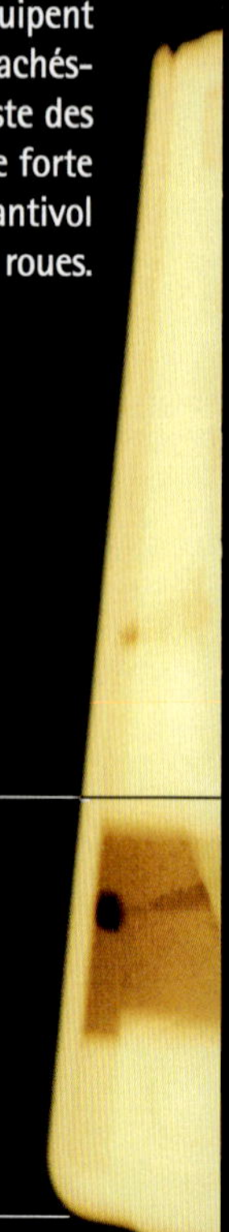

Des disques rotatifs retiennent ou libèrent la tige de verrouillage.

▶▶ Voir aussi : p. 182, p. 184

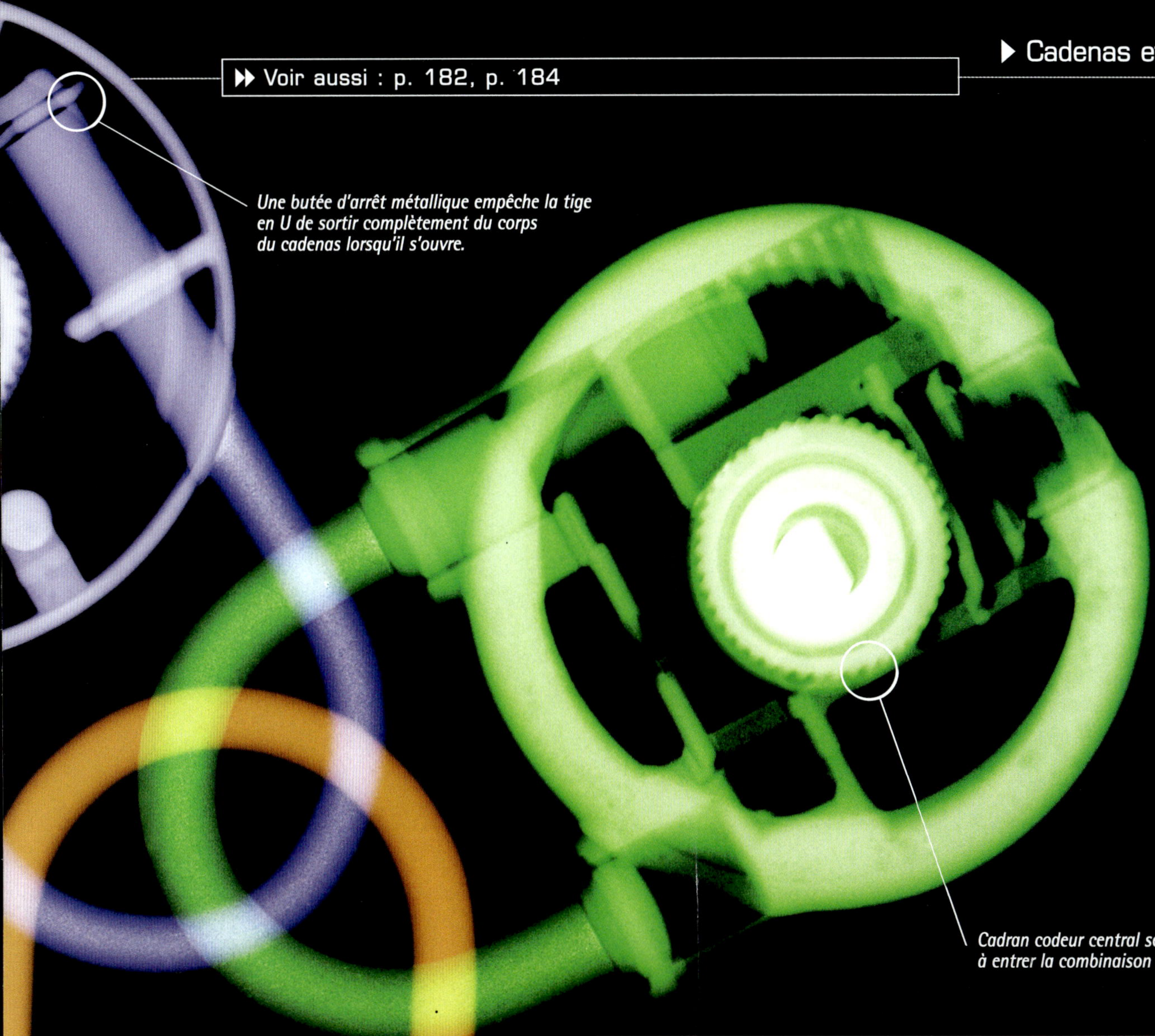
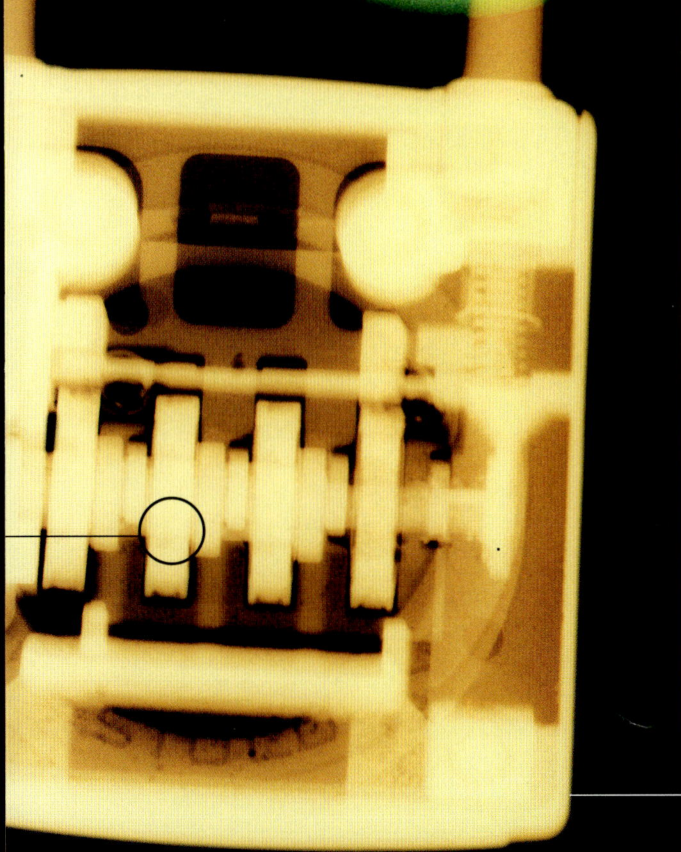

⌄ Verrouillages microscopiques

Engrenages micromécaniques vus à fort grossissement

▲ Les systèmes de verrouillage les plus efficaces sont souvent de gros mécanismes complexes. Mais dans le futur, ce sont les micromécanismes qui pourraient offrir les meilleures solutions. Ils constitueront des systèmes plus compacts et plus faciles à fabriquer. Les engrenages micromécaniques de la photo ci-dessus, grossis 2 200 fois au microscope électronique à balayage, pourraient servir à fabriquer des verrous hi-tech moins gros qu'un ongle. Ils seraient si petits qu'ils seraient quasi impossibles à forcer, et donc beaucoup plus sûrs que les modèles de taille ordinaire.

LE RASOIR ÉLECTRIQUE

Un homme produit, en moyenne, 9 m de barbe au cours de sa vie. Certains se rasent avec un rasoir électrique, sorte de micro-tondeuse à moteur qui coupe les poils vite et sans douleur.

» COMMENT ÇA MARCHE

SYSTÈME DE LEVAGE ET DE COUPE DU POIL PAR UN RASOIR ÉLECTRIQUE

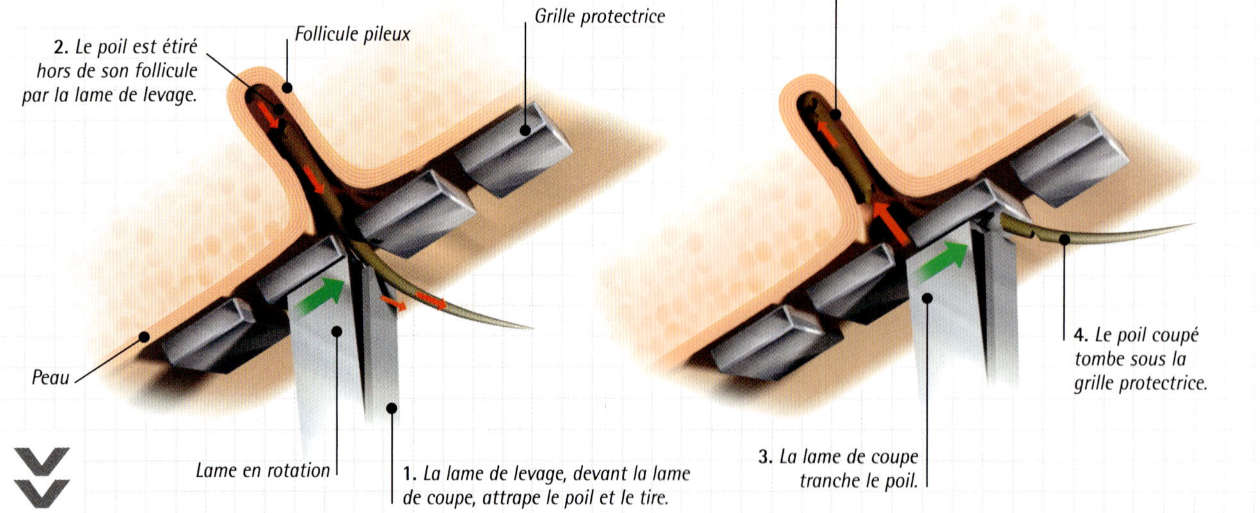

Les poils sont faits de kératine, une protéine résistante qui constitue aussi les ongles et la couche externe de la peau. Les rasoirs électriques sont conçus pour fonctionner sans mousse à raser. Leurs lames doivent donc être assez puissantes pour trancher les poils à sec. Ces lames sont souvent de forme circulaire, en rotation derrière des grilles de protection. Grâce à ces dernières, elles font leur office sans toucher la peau, ce qui fait des rasoirs électriques des appareils d'un usage rapide et sûr. Un rasoir mécanique, ou manuel, quant à lui, agit plutôt comme une lame de couteau. Il faut d'abord humecter la peau du visage et y appliquer de la mousse à raser pour ramollir les poils afin que les lames les coupent sans peine. Cette pratique assure un excellent rasage, mais est plus longue à mettre en œuvre et ne préserve pas la peau des coupures.

La grille de protection forme une barrière entre les lames et la peau.

Pourquoi les lames s'usent

▶ Les lames des instruments de coupe sont fabriquées dans des matériaux très résistants, comme le diamant et certains métaux, par exemple. Ceux-ci peuvent trancher des matériaux moins durs qu'eux, tels les poils. Mais même des matériaux résistants comme l'acier de cette lame de rasoir finissent par s'émousser. À chaque rasage, les poils laissent de petites striures à leur surface. Une lame usagée et émoussée coupe moins bien le poil qu'une neuve.

Bord émoussé d'une lame en acier

▼ **On comprend, sur cette photo d'un rasoir électrique en action,** pourquoi ce système est plus sûr qu'un rasoir manuel. Comme une passoire, la grille protectrice en métal laisse passer les poils à travers ses trous lorsqu'on l'applique sur le visage. Les portions de poils qui dépassent sont coupées par les lames tournant à grande vitesse sous la grille. Ainsi, les lames restent à distance de la peau et ne risquent pas de la couper.

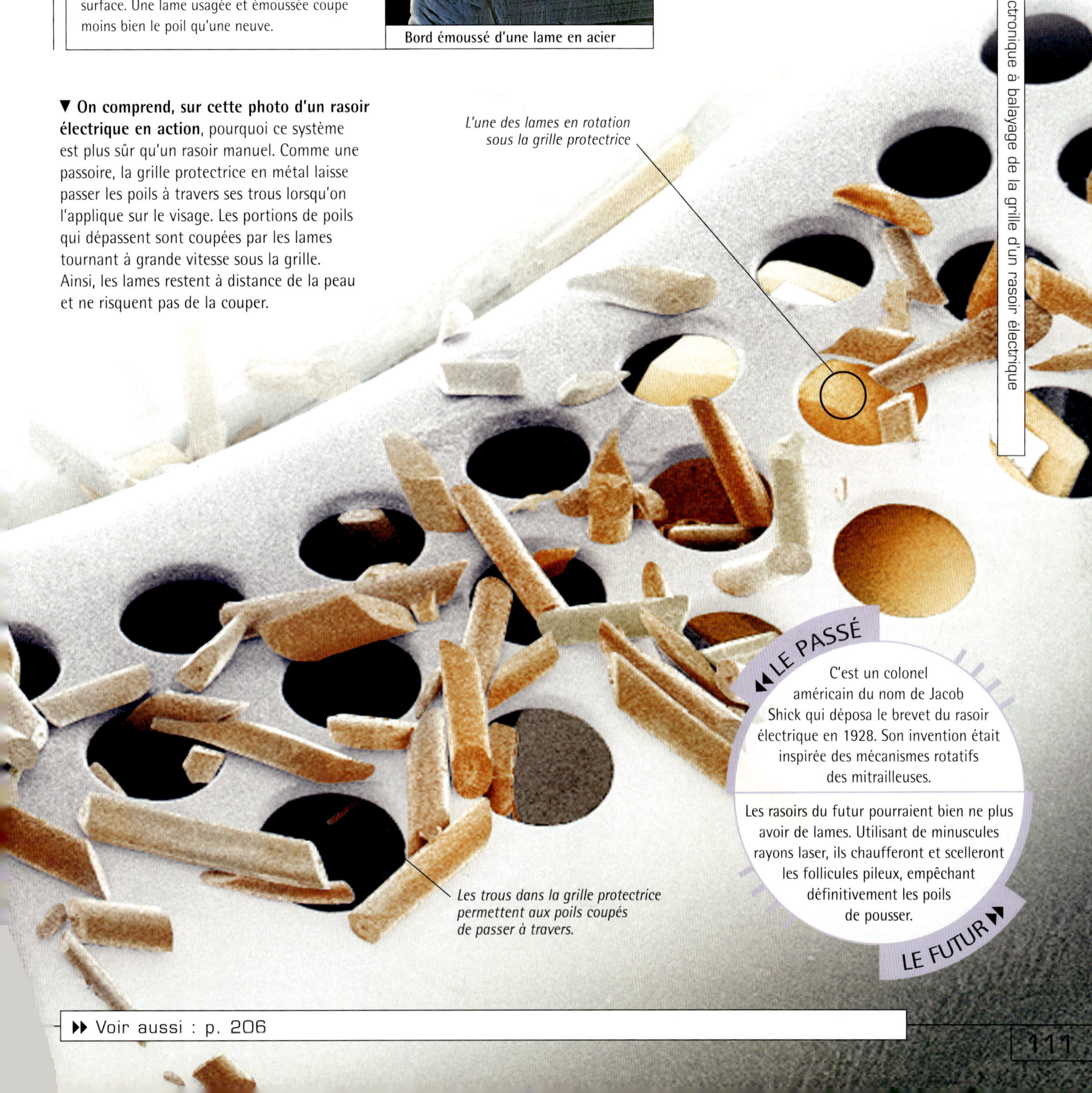

Vue au microscope électronique à balayage de la grille d'un rasoir électrique

◀◀ **LE PASSÉ**

C'est un colonel américain du nom de Jacob Shick qui déposa le brevet du rasoir électrique en 1928. Son invention était inspirée des mécanismes rotatifs des mitrailleuses.

Les rasoirs du futur pourraient bien ne plus avoir de lames. Utilisant de minuscules rayons laser, ils chaufferont et scelleront les follicules pileux, empêchant définitivement les poils de pousser.

LE FUTUR ▶▶

▶▶ Voir aussi : p. 206

LA BOMBE AÉROSOL

Lorsqu'on appuie sur son diffuseur, une bombe aérosol libère dans l'air un jet de liquide uniformément mélangé à un gaz sous pression. Elle peut contenir toutes sortes de produits : désodorisants, sprays pour les cheveux, peintures, produits nettoyants, etc.

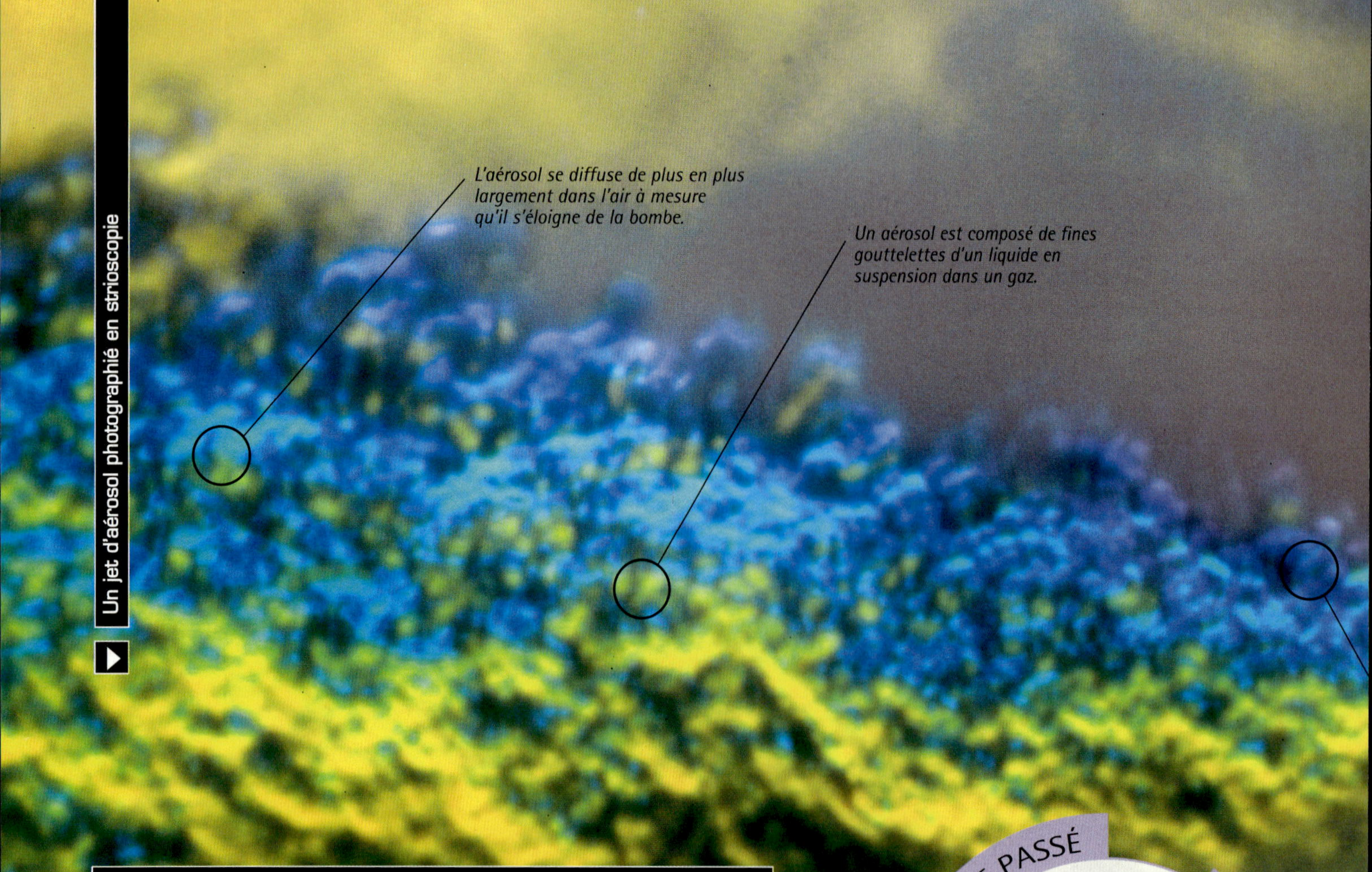

Un jet d'aérosol photographié en strioscopie ▶

Les aérosols et la couche d'ozone

▶ L'ozone forme une couche gazeuse dans la haute atmosphère qui filtre les rayonnements ultraviolets de la lumière solaire. Les gaz propulseurs utilisés dans les bombes aérosols depuis les années 1930 jusqu'aux années 1980 réagissaient avec l'ozone, provoquant sa disparition. Cela a eu pour effet de laisser un vaste trou dans la couche d'ozone au-dessus de l'Antarctique. Ces propulseurs chimiques sont aujourd'hui interdits mais il faudra longtemps avant que le trou ne se referme.

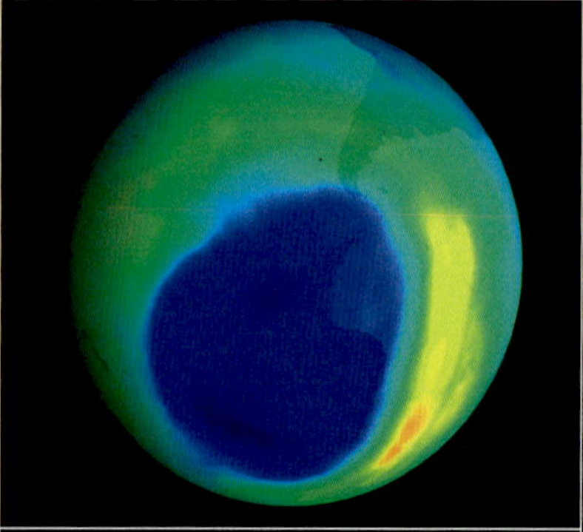

Trou dans l'ozone (bleu) sur l'Antarctique

◀◀ LE PASSÉ

Les possibilités des bombes aérosol n'ont été vraiment comprises qu'à partir de la Seconde Guerre mondiale, lorsque les militaires américains firent connaître un appareil pour diffuser de l'insecticide.

Dans le futur, les bombes aérosol contenant des médicaments seront équipées d'un compteur électronique indiquant la bonne dose et signalant quand faire renouveler son ordonnance.

LE FUTUR ▶▶

▶▶ Voir aussi : p. 34, p. 102, p. 244, p. 249

» COMMENT ÇA MARCHE

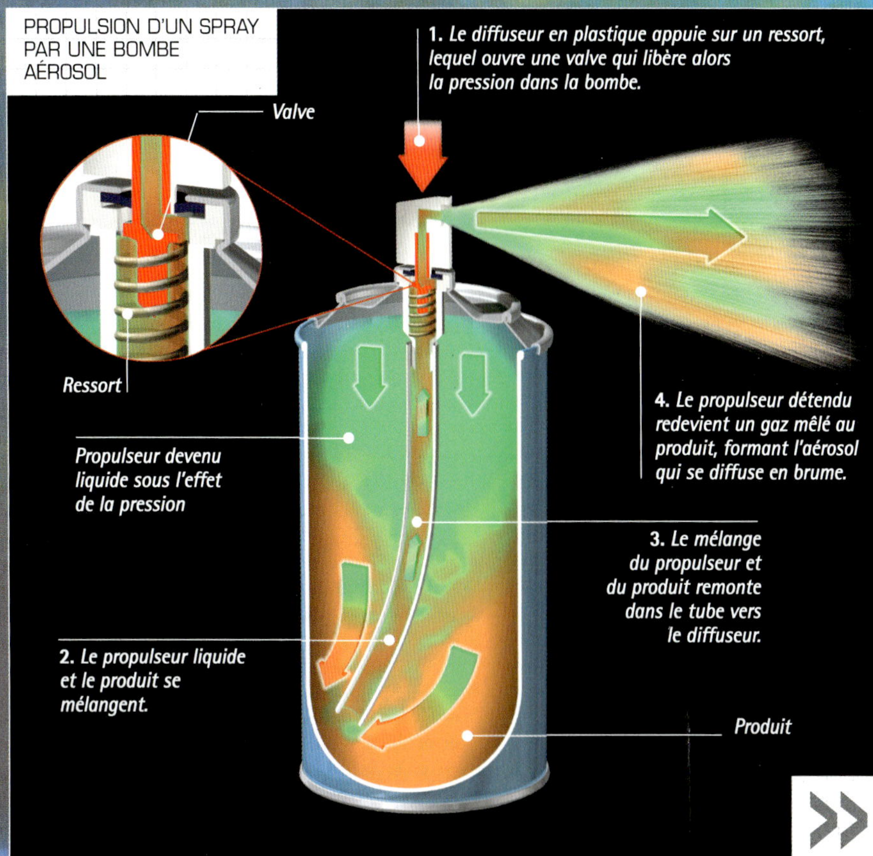

Une bombe aérosol contient deux éléments : un propulseur, généralement un gaz tel que le butane ou le propane, et un produit liquide, comme la laque, par exemple. Le gaz propulseur est injecté dans la bombe sous pression, ce qui provoque sa liquéfaction. Il se mélange avec le produit contenu. Une pression sur le bouton de la bombe entraîne l'ouverture d'une valve. Le propulseur sous pression, chargé de micro-gouttelettes du produit, s'échappe alors et, se détendant à la sortie du diffuseur, redevient un gaz qui se répand dans l'air. C'est le nuage de gaz chargé des gouttelettes du produit qui constitue l'aérosol.

Certains aérosols sont produits d'une autre manière, par une poignée ou un bouton vaporisateur sur lequel il faut appliquer des pressions répétées. Cet effet de pompage pressurise l'air au-dessus du liquide dans la bombe, ce qui force le liquide à remonter dans le tube vers le diffuseur. Ce type de produit est plus sûr et plus écologique qu'une bombe aérosol classique car il ne contient aucun propulseur chimique.

À la sortie du container pressurisé, l'aérosol se diffuse dans l'air.

L'aérosol est libéré par une minuscule ouverture dans le diffuseur.

▲ **Ce nuage en expansion** est un aérosol, c'est-à-dire un mélange intime de gouttelettes liquides uniformément réparties dans un gaz. Pour créer l'aérosol, le liquide et le gaz sont injectés sous pression dans un container – ici une bombe – puis libérés par la pression à travers une minuscule ouverture dans le diffuseur. Des particules liquides sont alors dispersées dans l'air avec le gaz. Même si les gaz propulseurs utilisés de nos jours n'attaquent plus la couche d'ozone, ils restent polluants pour l'environnement. Il n'y a pas que l'homme qui produise des aérosols ; il en existe à l'état naturel, comme les nuages et le brouillard.

LA MACHINE À LAVER LE LINGE

Pour faire la lessive aujourd'hui, il suffit de charger le linge, ajouter du détergent et choisir le programme ; la machine à laver s'occupe du reste ! Lors de l'essorage final, le tambour peut atteindre des vitesses de rotation de l'ordre de 1 400 tours par minute.

COMMENT ÇA MARCHE

CIRCULATION DE L'EAU ET DU DÉTERGENT DANS UNE MACHINE À LAVER LE LINGE

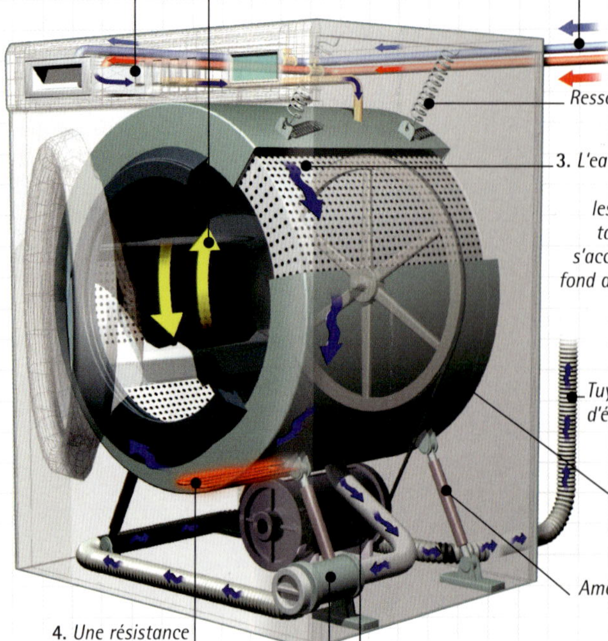

Les modèles de machines à laver les plus récents sont conçus pour être écologiques, c'est-à-dire aussi économes que possible en eau et en énergie. Avant de lancer le lavage, la machine pèse le linge et calcule la quantité d'eau nécessaire. Si la charge n'est pas pleine, l'emploi d'une quantité d'eau réduite demandera moins d'électricité pour la chauffer. Le tambour étant moins lourd, il faudra également moins d'énergie pour le faire tourner. Certaines machines sont, en outre, conçues pour consommer moins de détergent. Dans le tambour en rotation, des ailettes brassent l'eau et le linge pour améliorer le lavage.

Une fois les cycles de rinçage achevés, le tambour effectue un essorage en augmentant sa vitesse de rotation jusqu'a 1 400 tours par minute. L'eau contenue dans le linge est ainsi éjectée vers l'extérieur sous l'effet de la force centrifuge et passe par les centaines de petits trous du tambour pour s'évacuer dans la cuve. Certaines machines peuvent ainsi essorer jusqu'aux deux tiers de l'eau contenue dans le linge, qui réclame ensuite moins de temps ou d'énergie pour sécher.

Chargement par le dessus

Certaines machines ont une cuve verticale et non horizontale. Le linge et le détergent sont introduits par le dessus. Le brassage dans la cuve est effectué par un système de pales tournant sur un axe central, appelé agitateur. Ces machines ont un moins bon rendement énergétique que celles à chargement frontal parce qu'elles tournent moins vite et essorent moins bien, nécessitant une consommation d'énergie accrue pour le séchage. Elles consomment également 5 % d'eau en plus.

Machines à cuve verticale

Voir aussi : p. 116, p. 118, p. 242

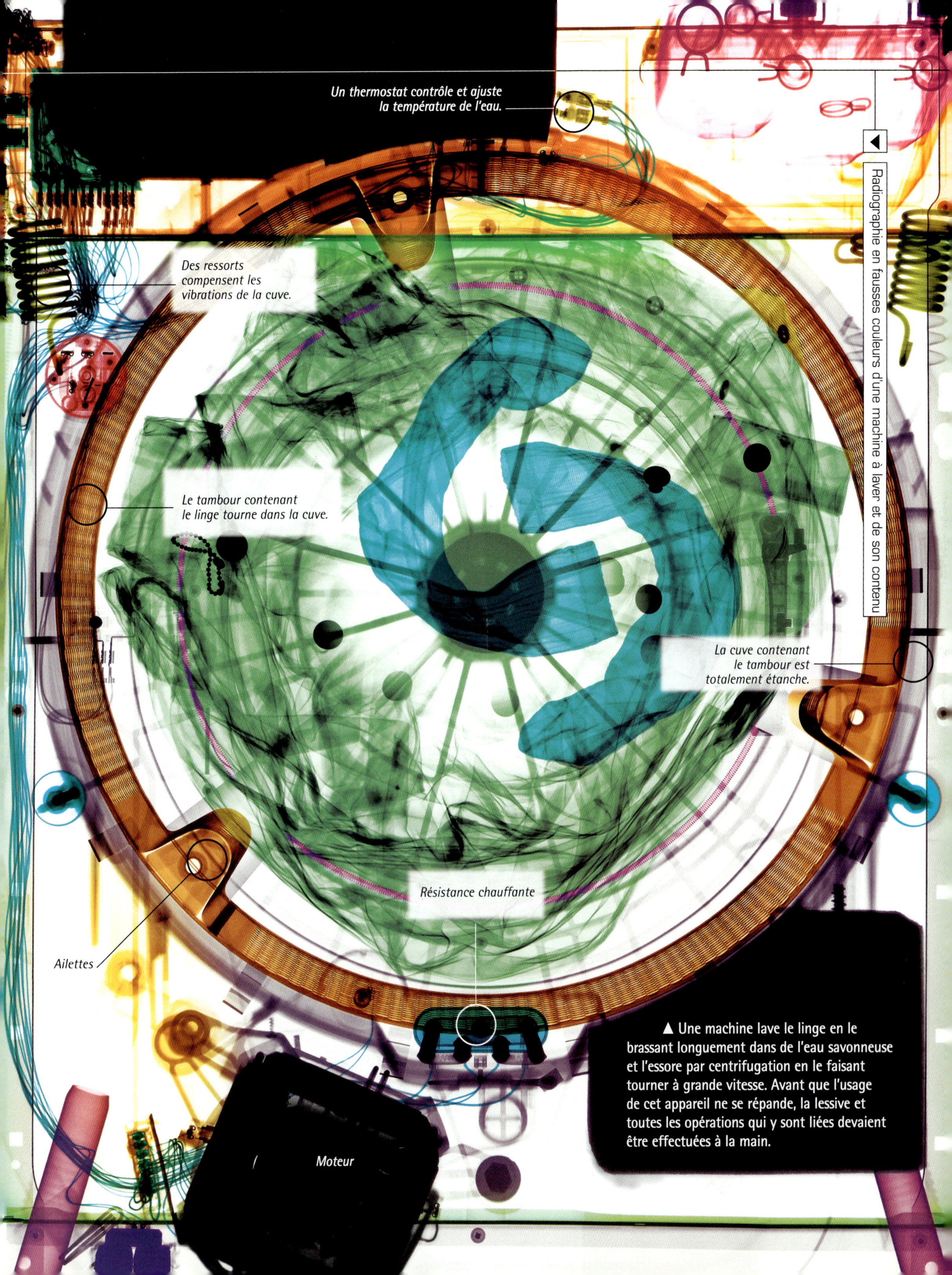

◀ Radiographie en fausses couleurs d'une machine à laver et de son contenu

▲ Une machine lave le linge en le brassant longuement dans de l'eau savonneuse et l'essore par centrifugation en le faisant tourner à grande vitesse. Avant que l'usage de cet appareil ne se répande, la lessive et toutes les opérations qui y sont liées devaient être effectuées à la main.

L'ASPIRATEUR SANS SAC

Les concepteurs de cet aspirateur ont testé plus de 5 000 prototypes avant de le mettre au point. Sa particularité : un système à dépression cyclonique qui n'utilise pas de sac et ne produit jamais de perte d'aspiration.

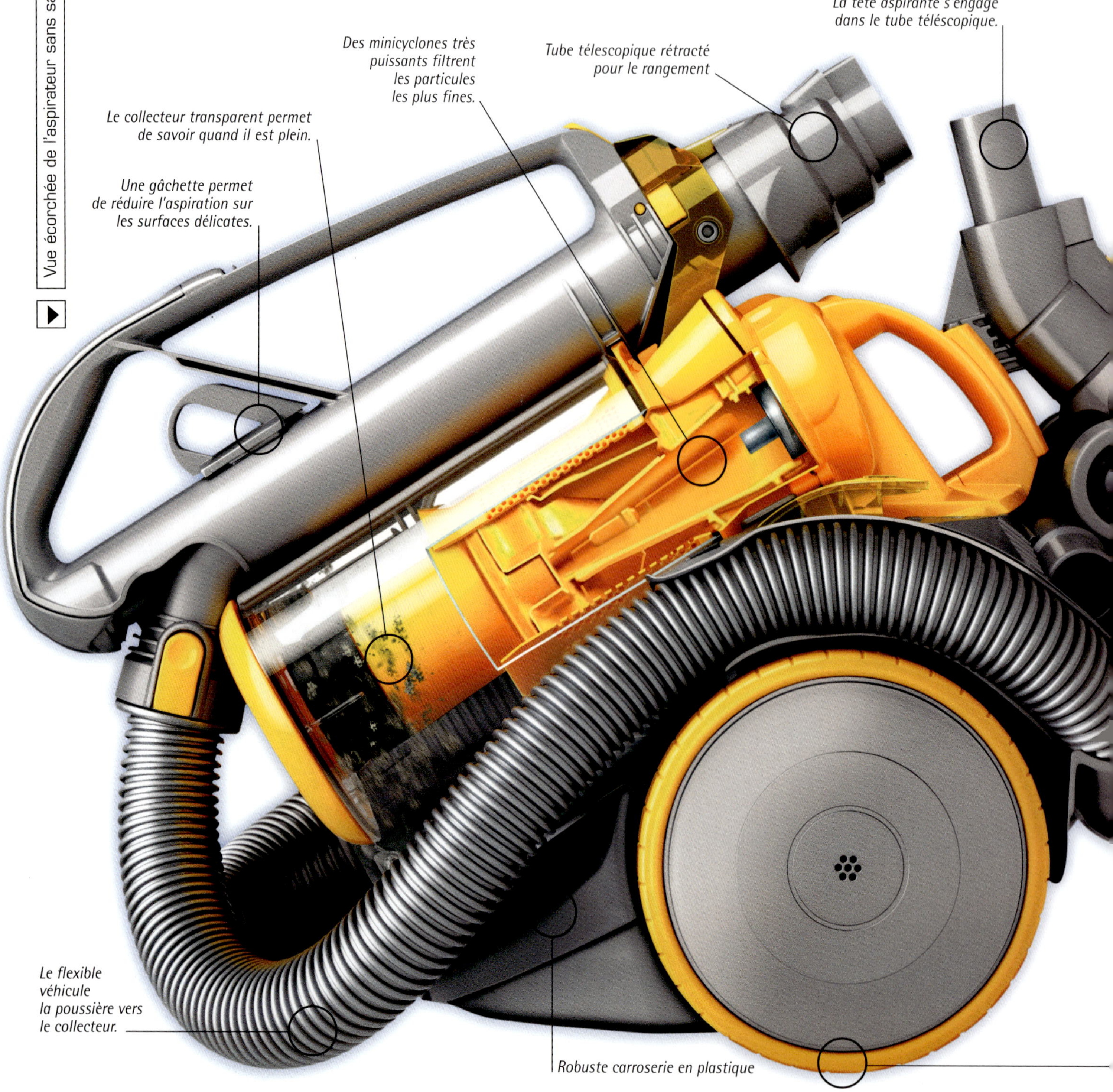

▲ **Cet aspirateur sans sac** utilise un système de dépression cyclonique à double étage pour séparer la poussière de l'air. La collecte des particules s'effectue en deux étapes. Ce modèle présente un tube télescopique et un flexible qui s'enroule autour de l'appareil pour le rangement.

Une brosse rotative déloge la poussière du sol.

Les roues cerclées de caoutchouc adhèrent bien au sol.

›› COMMENT ÇA MARCHE

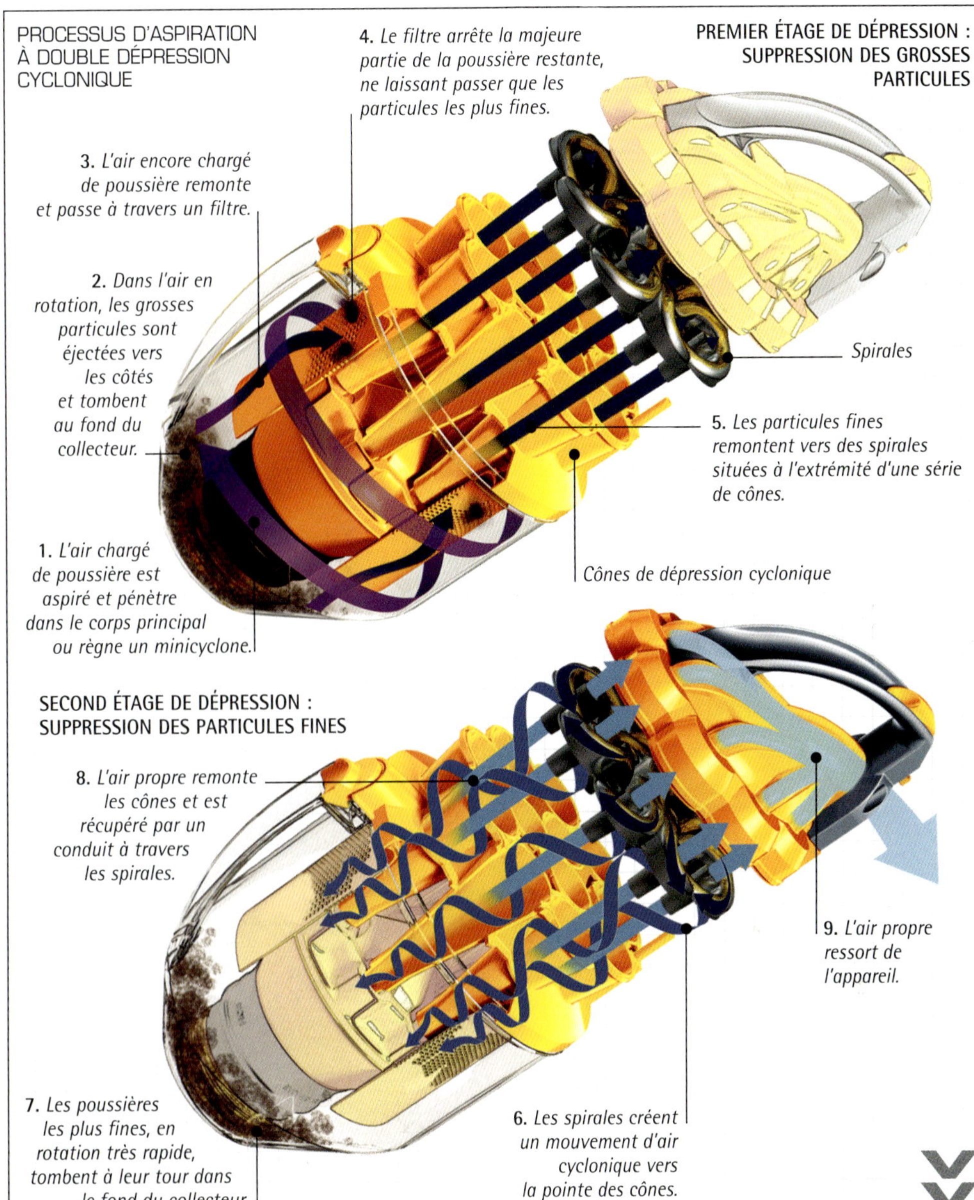

Dans un aspirateur conventionnel, une pompe aspire l'air chargé de poussière à travers un sac percé de minuscules pores, qui agit comme un filtre. La poussière est prise dans le sac mais l'air le traverse et ressort. Toutefois, à mesure que le sac se remplit, les pores finissent par se boucher. L'air passant moins bien, le pouvoir d'aspiration diminue jusqu'à ce que l'on change le sac. L'aspirateur à dépression cyclonique résoud ce problème en utilisant la force centrifuge. L'air chargé de saletés parvient d'abord dans le corps principal, où la turbine de l'aspirateur entretient un minicyclone en rotation rapide. La force centrifuge qui en résulte tend à éjecter vers l'extérieur les particules les plus grosses, qui retombent au fond du collecteur. L'air, encore chargé de poussière, passe dans un second étage de dépression. Là, il traverse une série de cônes dans lesquels règnent des minicyclones en rotation tellement rapide que les particules les plus fines sont éjectées à leur tour. La poussière ne bloquant à aucun moment le passage de l'air, l'appareil ne perd jamais son pouvoir aspirant.

▸▸ Voir aussi : p. 114, p. 118, p. 241

LE ROBOT DOMESTIQUE

De mignons petits robots comme ceux-ci, bourrés d'intelligence électronique, pourraient devenir les domestiques du futur. Les microprocesseurs dont ils sont équipés leur permettent de reconnaître leur maître, de lui parler, et de prendre part aux tâches ménagères.

La tête pivote pour suivre des «yeux» la personne qui parle ou se déplace.

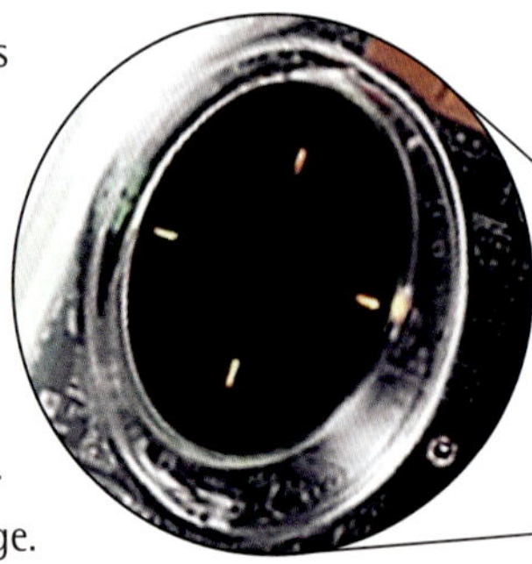

▶ À la place des yeux, le robot possède deux caméras numériques. Elles sont programmées pour rechercher les visages humains. Lorsque PaPeRo en rencontre un, il l'analyse pour y chercher des traits familiers. S'il reconnaît quelqu'un, les lumières autour de ses caméras virent à l'orange.

▶ PaPeRo parle avec une voix amicale et fait briller de petites lumières colorées pour indiquer qu'il est heureux. Le robot peut reconnaître 650 phrases et 3 000 mots. Il est programmé pour répondre aux questions posées en utilisant ces mots.

▶ Le robot identifie la direction d'où proviennent les sons car il dispose de puissants microphones qui les localisent clairement. Les microphones transforment ces mots (et tous les sons) en impulsions électriques. Un microprocesseur traite ces signaux en données numériques et un système de reconnaissance vocale identifie les mots et leur sens.

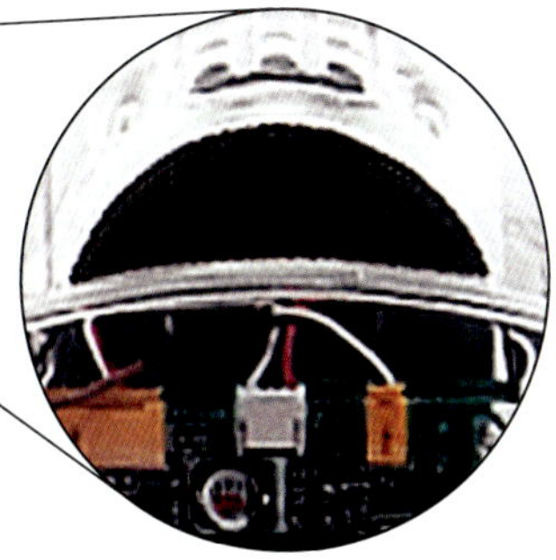

Deux robots PaPeRo, de la firme Nec, en action

◀◀ LE PASSÉ

Le mot robot vient du tchèque *robota*, « travail forcé ». Il apparut pour la première fois en 1921 dans une pièce de théâtre de l'auteur tchèque Karel Capek. 90 % des robots actuels sont des robots industriels.

Les robots domestiques pourraient bientôt s'occuper des malades, des handicapés ou des personnes âgées. Ils seraient capables d'effectuer des soins élémentaires et d'appeler les secours en cas d'urgence.

LE FUTUR ▶▶

▲ **Si l'on touche le robot,** des capteurs au sommet de sa tête détectent la pression. Ces capteurs sont capables de différencier une tape d'une caresse. D'autres détecteurs dans le corps de l'appareil sentent lorsque celui-ci est soulevé de terre.

◀ **PaPeRo peut détecter les obstacles.** Il émet des trains d'ultrasons, ondes sonores de fréquence inaudible pour l'oreille humaine. Des capteurs à ultrasons en analysent ensuite les échos pour savoir si des objets se trouvent sur son passage. Dans le corps du robot, une lourde roue en rotation, appelée gyroscope, l'aide à maintenir son équilibre.

Les deux roues peuvent tourner simultanément en sens opposés pour permettre au robot de pivoter sur place.

▲ **Ces robots PaPeRo alimentés par batteries** sont d'un emploi facile car ils imitent les sens humains. Conçus pour aider aux tâches domestiques, ils peuvent contrôler à distance des appareils ménagers, se connecter à Internet pour envoyer des messages électroniques et lire à haute voix les messages qu'ils reçoivent. Avec leur 38 cm de haut, ils sont à peu près de la taille d'un petit chien. Leur sac à dos leur donne un aspect sympathique et enfantin.

Robots jouets

▶ Certaines personnes trouvent les créatures artificielles étranges ou inquiétantes. Les chercheurs tentent d'atténuer ces réactions en créant des robots à l'aspect familier, qui compensent leur côté technologique complexe par des allures de petits animaux sympathiques. Équipés de puissants microprocesseurs, les chiens et les chats robots sont programmés pour reproduire les réactions animales comme celles de la joie ou la peur. Ils bougent, jouent et dorment comme de vrais compagnons vivants mais savent aussi chanter et danser.

Chien robot japonais

▶▶ Voir aussi : p. 28, p. 186, p. 208

Dans les années à venir, les vêtements pourraient être équipés d'ordinateurs, d'appareils de communication et de systèmes de chauffage intégrés. De nouveaux types de fibres synthétiques ainsi que la combinaison de tissus traditionnels et de matériaux de haute technologie comme l'aérogel, permettent de rendre les habits plus légers, mieux adaptés au corps et d'un entretien plus facile.

Le développement de nouveaux matériaux aura également un impact sur nos habitations. Les fenêtres et les murs doublés par de l'aérogel, un matériau léger mais incroyablement isolant, réduiraient la quantité d'énergie nécessaire pour nous chauffer, donc les besoins en combustibles fossiles. Des millions de maisons pourront tirer leur énergie de panneaux solaires constitués d'un film sensible aux rayons infrarouges, que l'on pourra appliquer sur n'importe quelle surface. Ils seront beaucoup plus efficaces que les cellules solaires actuelles. Même les jours de grisaille, ils convertiront l'énergie du Soleil en électricité.

> « Une nouvelle science, le biomimétisme, recherche dans la nature des solutions ingénieuses aux problèmes humains. »

Une nouvelle science est, par ailleurs, en train de se développer. Appelée biomimétisme, elle consiste à étudier comment la nature résout ses problèmes pour y rechercher des solutions adaptables aux problèmes humains. En 3,8 milliards d'années d'évolution, la nature a, en effet, eu le temps de mettre au point des systèmes ingénieux et efficaces pour répondre à des besoins spécifiques. Les architectes, les créateurs, les ingénieurs s'inspirent de plus en plus de la démarche du biomimétisme et le développement de nouvelles technologies pourrait en résulter. Par exemple, des murs extérieurs dont la structure de la surface reproduirait celle des feuilles de lotus seraient nettoyés par l'eau de pluie au lieu d'être salis par celle-ci. La couleur des automobiles, des vêtements ou encore des murs des maisons, pourrait se modifier selon la façon dont ils renvoient la lumière naturelle, tout comme les plumes d'un paon changent de couleur en fonction de l'éclairement. La bande adhésive pourrait reproduire la manière dont les poils des pattes d'un gecko produisent de l'électricité statique, lui permettant de grimper aux murs.

Nos habitations réagiront à nos besoins. Une grande partie des objets et appareils ménagers peuvent être rendus plus intelligents avec des détecteurs et des microprocesseurs. Ces minuscules appareils seront présents dans toutes les pièces de la maison, agissant de façon transparente. C'est ce que l'on appelle l'« informatique ubiquiste ». Ses applications possibles sont multiples : une machine à laver qui sait laquelle de ses pièces est en panne et contacte elle-même le réparateur en éditant son propre rapport de panne, une armoire à pharmacie qui vous alerte quand les médicaments approchent de leur date de péremption, un réfrigérateur qui commande un nouveau pack au supermarché quand la réserve de lait s'épuise. Les maisons intelligentes pourraient aussi être d'un grand recours pour les personnes malades et âgées. Par exemple, des capteurs dans le sol pourraient détecter quelqu'un qui est tombé et appeler de l'aide.

AÉROGEL

Vers la fin du siècle, bon nombre d'objets de tous les jours ne seront sans doute plus produits en usine, mais par nos propres soins. Des machines à réplication, actuellement déjà en développement, « copieront » des pièces dans de la résine à l'aide d'une série d'instructions stockées sur ordinateur. Ces pièces pourront ensuite être assemblées en objets variés tels que meubles, ustensiles de cuisine, couverts, ou même d'autres machines à réplication. Ces appareils deviendront suffisamment peu coûteux pour que chacun y ait accès, de la même manière que les ordinateurs sont aujourd'hui devenus des objets presque courants.

>> TRANSPORTS

La motocyclette >> L'automobile à pile à combustible hydrogène
Le moteur à explosion >> Le crash-test >> La tour de parking
Le fauteuil roulant >> L'ascenseur >> Les sous-marins miniatures
L'avion à décollage vertical >> Le moteur à réaction
La soufflerie aérodynamique >> La boîte noire
Le positionnement par satellite >> La Navette spatiale
Les sondes spatiales

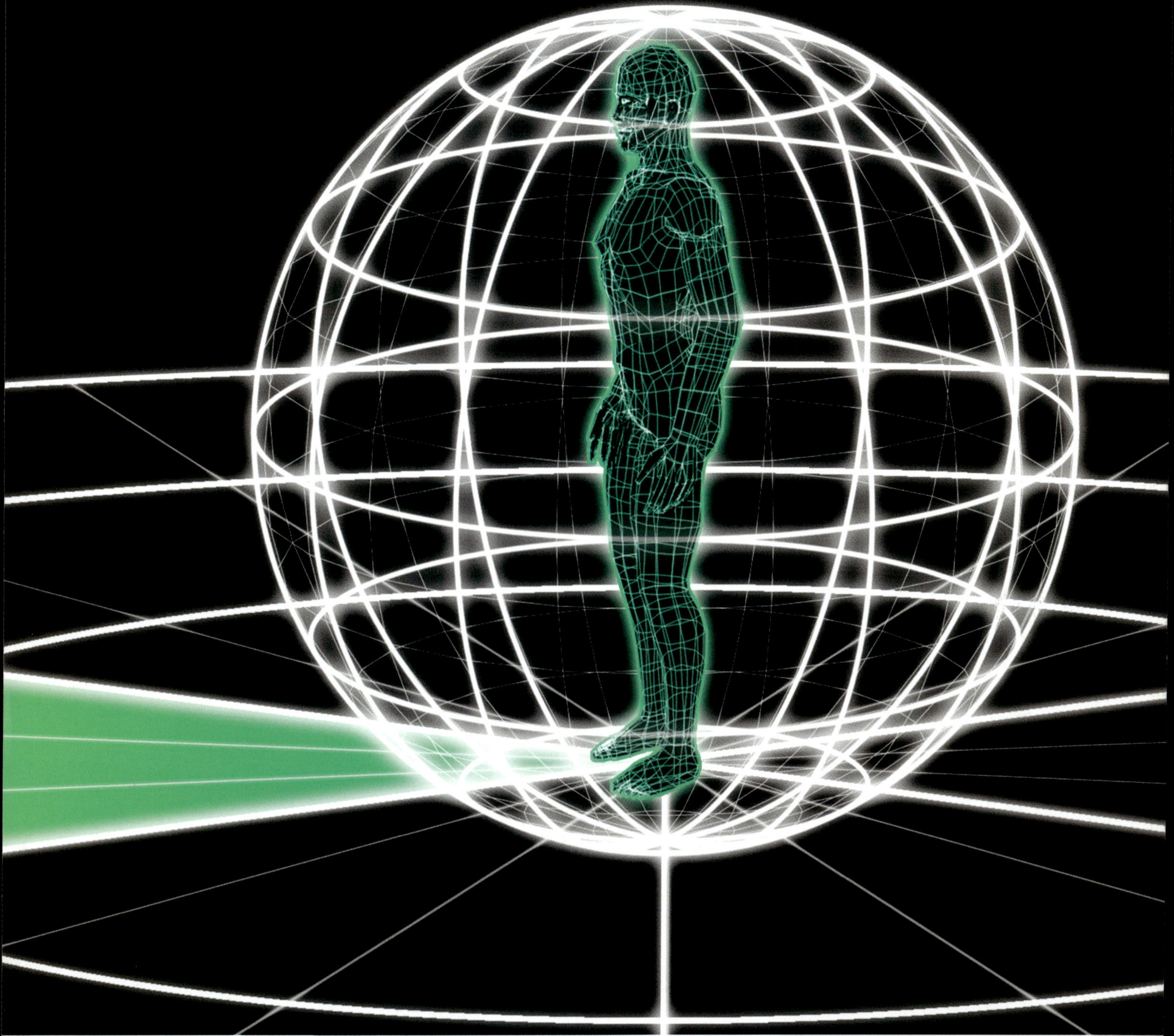

COMPTEUR DE VITESSE

En 1900, les deux modes de transports les plus utilisés aujourd'hui en étaient encore à leurs débuts. Les frères Wright, entre autres, faisaient leurs premiers essais de machines volantes. En 1903, ils effectuèrent le premier vol propulsé, qui dura… 12 secondes et parcourut 36,50 m. Moins d'une personne sur 10000 possédait alors une automobile. Un siècle plus tard, le visage du monde a été transformé par ces deux types de véhicules. En 2004, un milliard et demi de voyages ont été effectués en avion – l'équivalent d'un vol pour une personne sur quatre sur la planète. Et la Terre compte plus de 500 millions d'automobiles, c'est-à-dire une pour 13 habitants.

Bien avant l'avènement de l'automobile et de l'avion, la machine à vapeur avait provoqué une révolution dans les transports : le rail avait connu son essor au XIXe siècle. Avant lui, rares étaient les gens qui s'aventuraient en dehors du village ou de la ville où ils vivaient. Le moyen le plus rapide de se déplacer était alors le cheval. On avait même craint, lorsque les premiers trains à vapeur avaient été mis au point à la fin du XVIIIe siècle, que circuler à une vitesse supérieure à 40 km/h soit dangereux. Mais au début du XXe siècle, le rail était devenu le moyen le plus confortable et le plus rapide pour traverser les continents. Et de nos jours, certains trains atteignent régulièrement la vitesse de 430 km/h.

L'invention du moteur à explosion, qui fonctionnait à l'essence, entraîna le développement de l'automobile. Ce véhicule plus que tout autre, avec les promesses de vitesse, de liberté et d'excitation dont il était porteur, a enflammé l'imagination du public. Puis, dans les années 1950, apparut le moteur à réaction, qui permit de propulser de gros avions à un coût économique et rendit possible les voyages de masse autour du monde. De nos jours, le transport de passagers et de marchandises augmente tous les ans, créant une pression sans cesse croissante sur les réseaux de transport et l'environnement. Les problèmes de sécurité et de pollution constituent des défis majeurs.

Les technologies de pointe ont eu un énorme impact dans le développement des transports. Les progrès dans l'ingénierie, les modes de fabrication, l'électronique et l'informatique ont beaucoup modifié nos façons de voyager. Les moteurs propulsent les véhicules avec un meilleur rendement, les matériaux sont plus légers et plus robustes tandis que les composants essentiels se sont miniaturisés et simplifiés. Bon nombre de voitures neuves sortent aujourd'hui d'usines équipées d'un système de navigation assisté par satellite. Les ordinateurs contrôlent tout, depuis le trafic des ascenseurs et des escaliers mécaniques jusqu'à la signalisation des réseaux de voies ferrées.

“En 1900, moins d'une personne sur 10000 avait une voiture. De nos jours, on compte une automobile pour treize habitants de la planète.”

Reste que la majorité des véhicules sont encore propulsés par l'essence, le gas-oil ou le kérosène, dérivés du pétrole. Ils rejettent des gaz qui sont à l'origine du réchauffement planétaire. Par ailleurs, les réserves mondiales de pétrole et autres carburants fossiles sont en voie d'épuisement. La course s'engage aujourd'hui pour trouver de nouvelles sources d'énergie. L'une des plus prometteuses semble être la pile à combustible qui utilise de l'oxygène et de l'hydrogène pour fabriquer de l'électricité. Les automobiles équipées d'un tel moteur rejetteraient uniquement de l'eau. Notre réussite dans la recherche d'énergies alternatives est essentielle si nous voulons assurer l'avenir de notre planète et continuer à nous déplacer.

LA MOTOCYCLETTE

Les motos les plus rapides atteignent aujourd'hui la vitesse de 312 km/h et peuvent accélérer de 0 à 100 km/h en moins de trois secondes.

▼ Cette moto de compétition Ducati possède un moteur compact suspendu dans une armature robuste et légère. Ce moteur est plus puissant que ceux qui équipent la plupart des automobiles. En outre, la moto est beaucoup plus légère qu'un véhicule à quatre roues. Cette combinaison de puissance et de légèreté permet aux deux-roues comme la Ducati d'atteindre des vitesses extrêmement rapides.

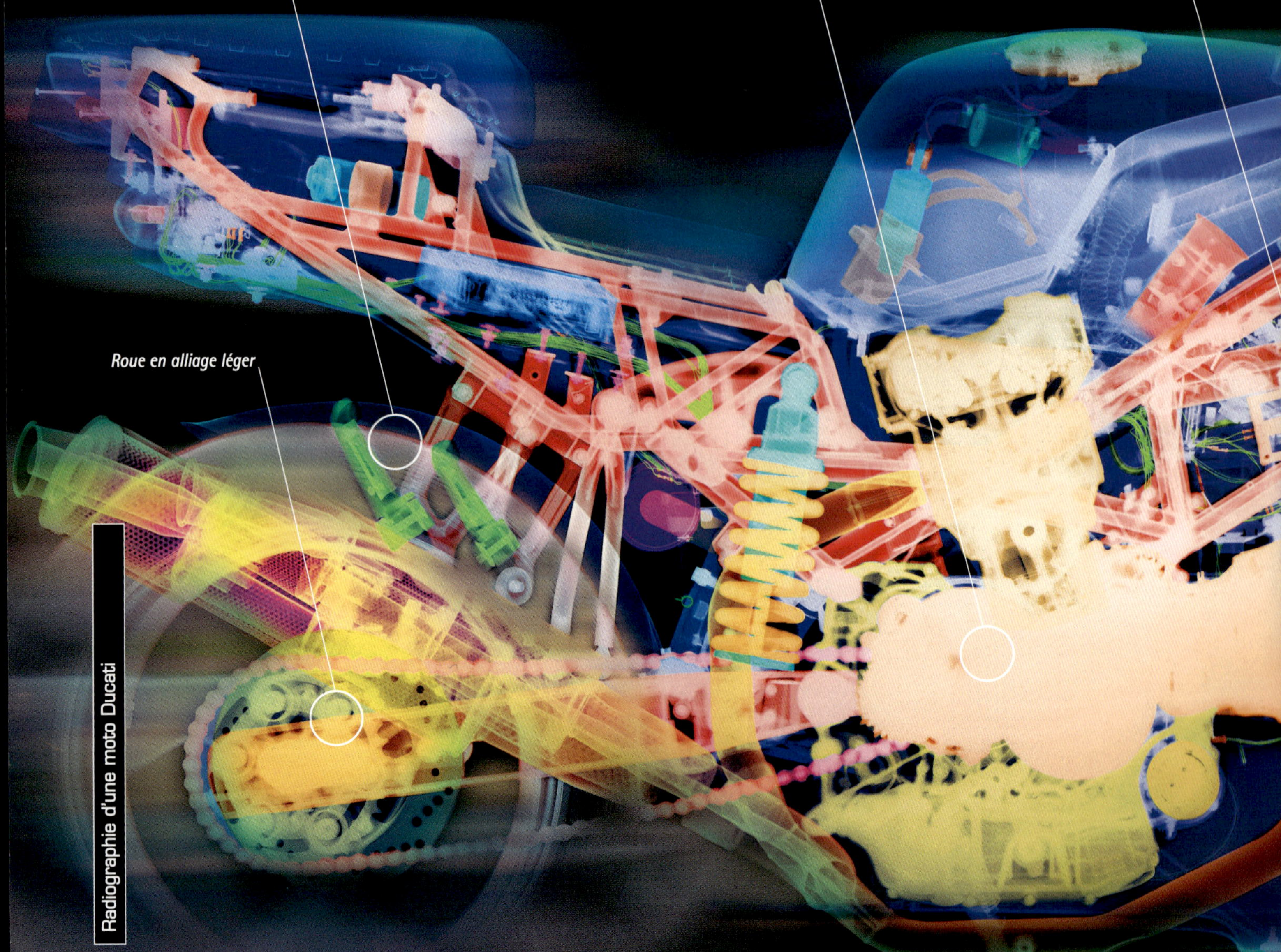

Radiographie d'une moto Ducati

▶▶ Voir aussi : p. 58, p. 130, p. 138, p. 245

L'équilibre d'une moto

▶ À l'arrêt, une moto a besoin d'une béquille pour ne pas tomber mais une fois en mouvement, elle trouve facilement son équilibre. Cela est dû au fait que ses roues se comportent comme des gyroscopes. Un gyroscope est un disque en rotation rapide : il devient très difficile à faire basculer. Dans un virage, les pilotes doivent se pencher vers l'intérieur pour compenser la force centrifuge qui tend à les éjecter vers l'extérieur. Cela leur permet de prendre des virages à grande vitesse.

Pilote de course penché dans un virage

◀ **La poignée de droite du guidon** contrôle l'accélérateur. Plus on la tourne, plus la quantité d'essence admise dans le carburateur est importante. La combustion d'une plus grande quantité d'essence fait tourner le moteur plus vite et produit plus de puissance pour entraîner la roue arrière. Un tour de poignée libère plus de 190 chevaux de puissance, ce qui équivaut à l'énergie nécessaire pour éclairer 1 500 ampoules de 100 watts.

◀ **Les amortisseurs** relient les roues à la fourche et leur permettent de rester en permanence en contact avec le sol. Lorsque la roue heurte une bosse, le ressort de l'amortisseur se comprime, atténuant la secousse pour le pilote. Il empêche ensuite la moto de rebondir en appliquant une pression dans le piston interne dans un cylindre rempli d'huile.

▲ **Les pneus** sont faits de couches de matériaux résistants inclus dans du caoutchouc. Des additifs en améliorent les performances. Par exemple, l'ajout de silice leur donne une meilleure prise sur route humide. Le dessin de la surface améliore aussi l'adhérence sur route mouillée en canalisant l'eau entre le pneu et la chaussée.

L'AUTOMOBILE À PILE À COMBUSTIBLE HYDROGÈNE

Les automobiles électriques à pile à combustible sont silencieuses et non polluantes. Créée à l'origine pour les vaisseaux spatiaux, la pile à combustible pourrait aussi constituer, sur Terre, une réponse à l'épuisement du pétrole. Elle n'a besoin, pour fonctionner, que de deux gaz : l'hydrogène et l'oxygène.

>> COMMENT ÇA MARCHE

Une pile à combustible est une sorte de batterie fabriquant de l'électricité grâce à des réactions chimiques. Mais contrairement à une batterie, elle ne se décharge pas car les éléments chimiques qu'elle contient ne s'épuisent jamais. En revanche, elle a besoin d'être alimentée en permanence en hydrogène pur, fourni sous forme de gaz par un cylindre transporté dans le véhicule. Quant à l'oxygène, elle le prélève directement dans l'air extérieur. Ces deux éléments, en réagissant entre eux, produisent de l'électricité, et de l'eau en tant que résidu. L'électricité est utilisée pour faire tourner un ou plusieurs moteurs électriques, dont les pièces constitutives sont beaucoup moins nombreuses et qui sont donc beaucoup plus silencieux que les moteurs à essence traditionnels. En outre, la pile à combustible n'émet aucun rejet toxique.

CONVERSION DE L'HYDROGÈNE ET L'OXYGÈNE EN ÉLECTRICITÉ ET EN EAU DANS UNE PILE À COMBUSTIBLE

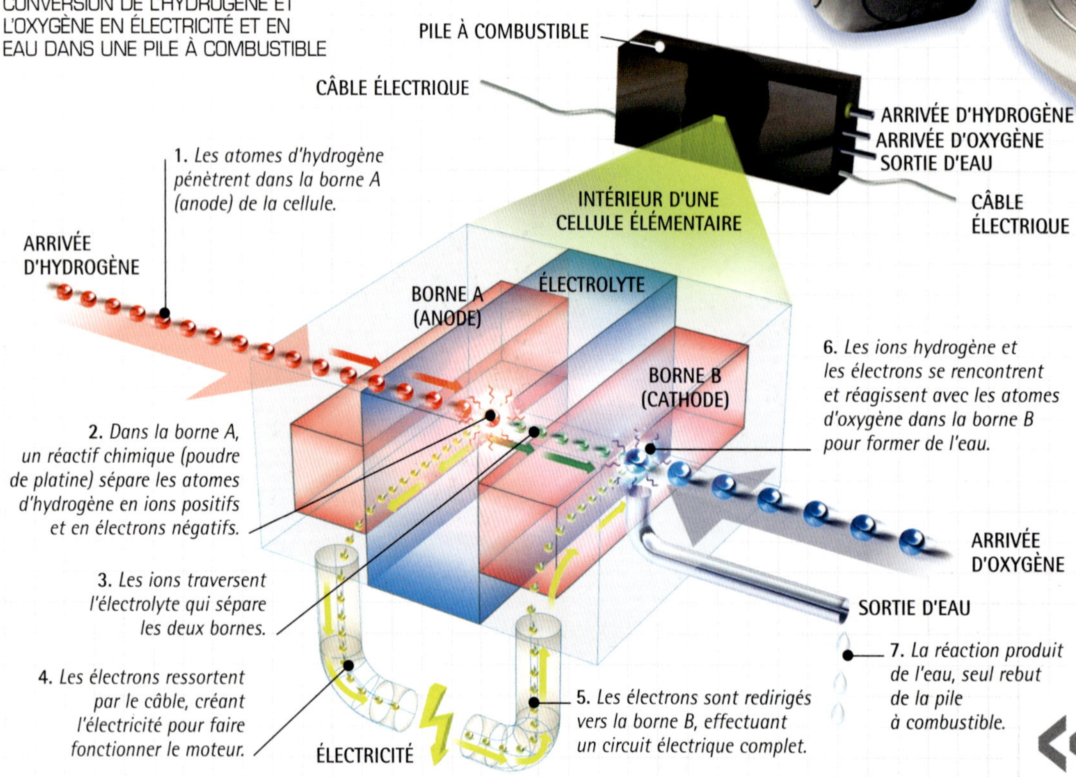

La pollution de l'air

▶ L'essence brûlée par les automobiles produit des gaz d'échappement parmi lesquels le dioxyde de carbone, qui participe au réchauffement de la planète, le monoxyde de carbone, toxique pour l'homme et le dioxyde de soufre, qui provoque des pluies acides endommageant les forêts et les bâtiments. Les moteurs Diesel rejettent de microscopiques particules de suie dangereuses pour les poumons.

Gaz d'échappement

Un spoiler aérodynamique réduit la résistance de l'air et protège le poste de pilotage.

Poste de pilotage

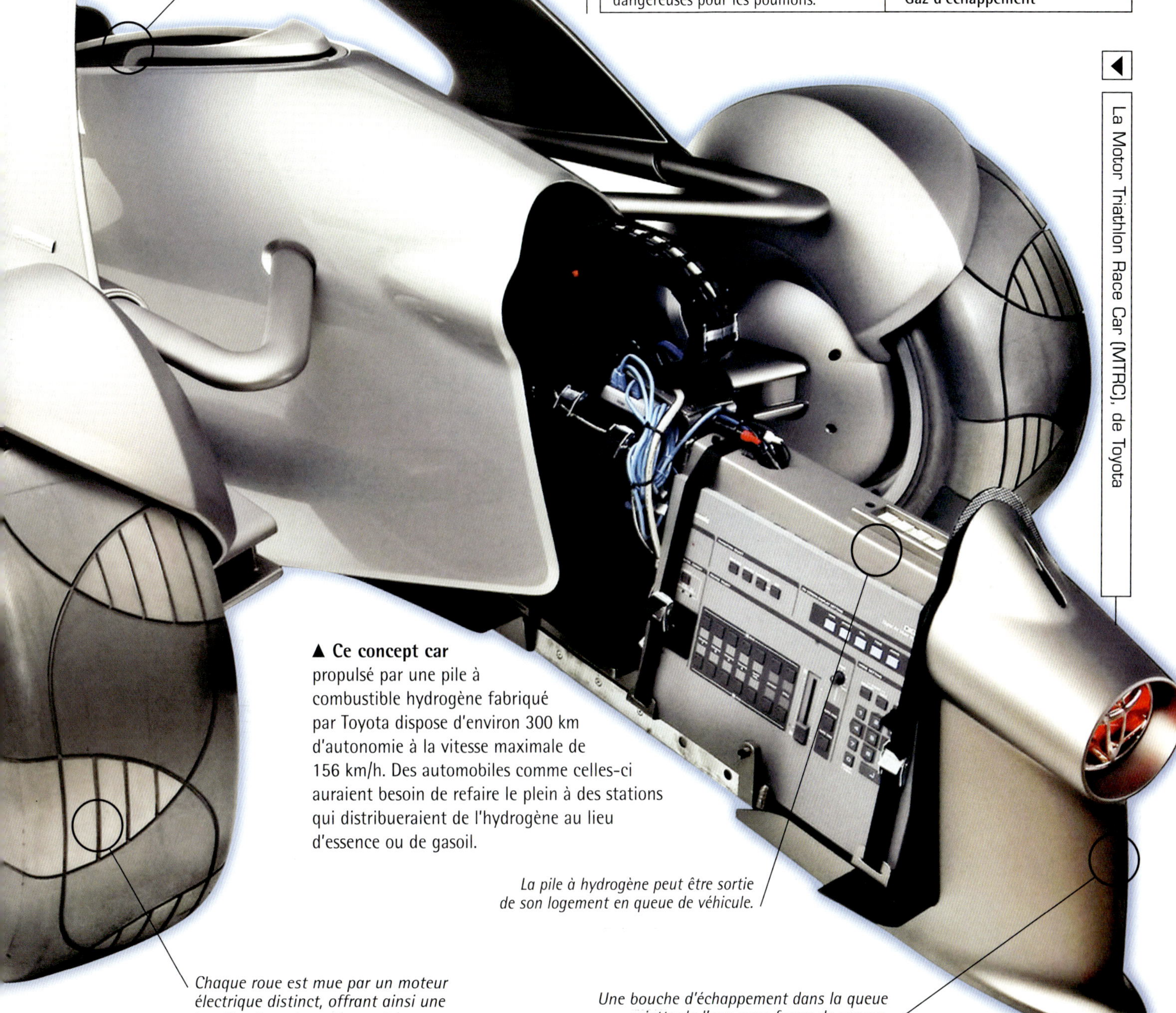

La Motor Triathlon Race Car (MTRC), de Toyota

▲ **Ce concept car** propulsé par une pile à combustible hydrogène fabriqué par Toyota dispose d'environ 300 km d'autonomie à la vitesse maximale de 156 km/h. Des automobiles comme celles-ci auraient besoin de refaire le plein à des stations qui distribueraient de l'hydrogène au lieu d'essence ou de gasoil.

La pile à hydrogène peut être sortie de son logement en queue de véhicule.

Chaque roue est mue par un moteur électrique distinct, offrant ainsi une traction à quatre roues motrices.

Une bouche d'échappement dans la queue rejette de l'eau sous forme de vapeur.

▶▶ Voir aussi : p. 94, p. 130, p. 134, p. 136, p. 243

LE MOTEUR À EXPLOSION

Environ 50 000 petites explosions se produisent chaque minute dans un moteur d'automobile, transformant l'énergie chimique renfermée par le carburant en un mouvement, capable de propulser le véhicule.

Écorché d'une berline Jaguar

▼ La mécanique de cette automobile à « propulsion » transmet l'énergie fournie par les cylindres du moteur aux roues arrières par l'intermédiaire d'une série d'arbres et d'engrenages. Les changements de vitesse permettent de mettre en action des roues dentées de différents diamètres afin d'augmenter ou réduire, selon les besoins, le régime du moteur.

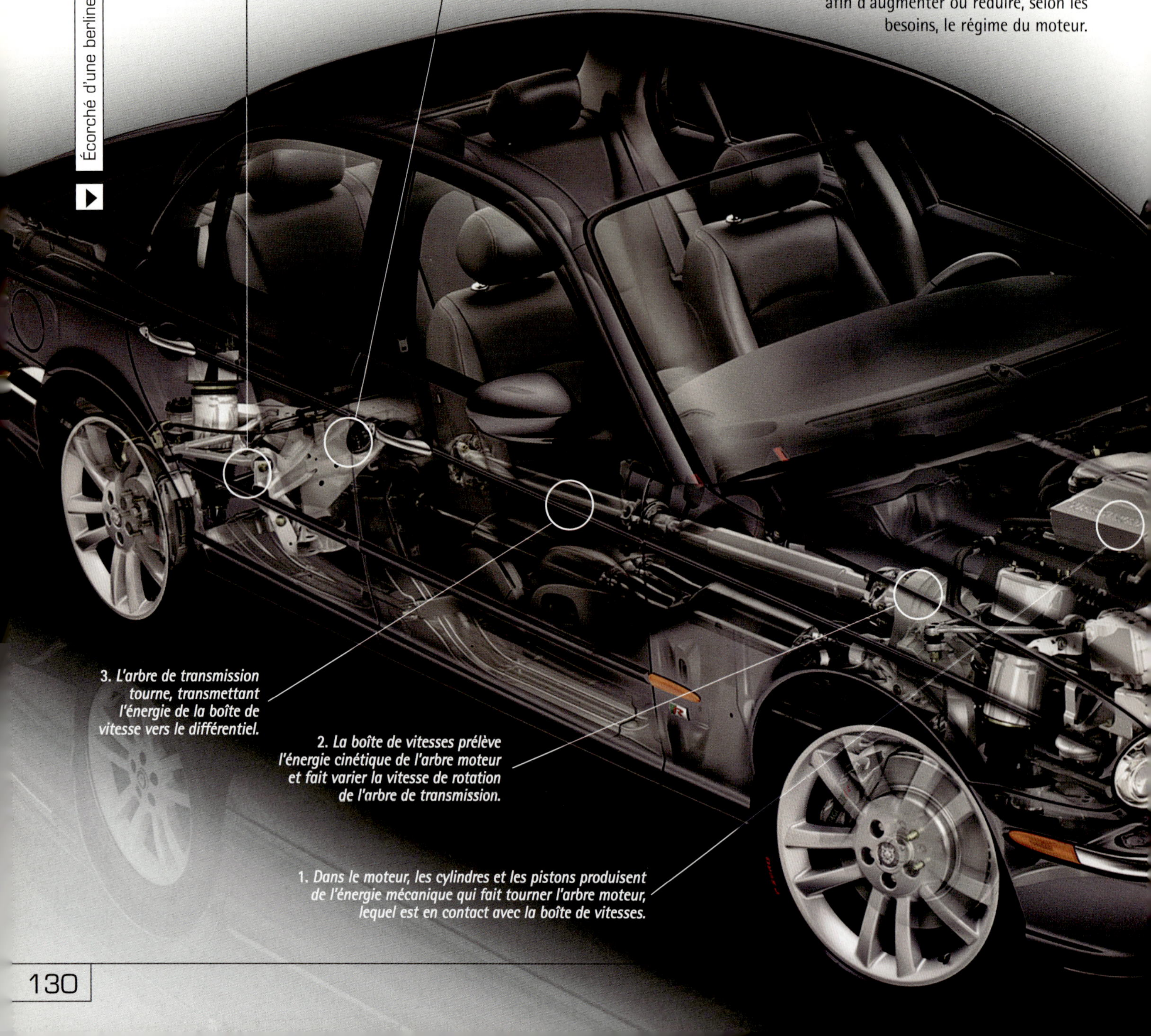

Voir aussi : p. 128, p. 146, p. 245

COMMENT ÇA MARCHE

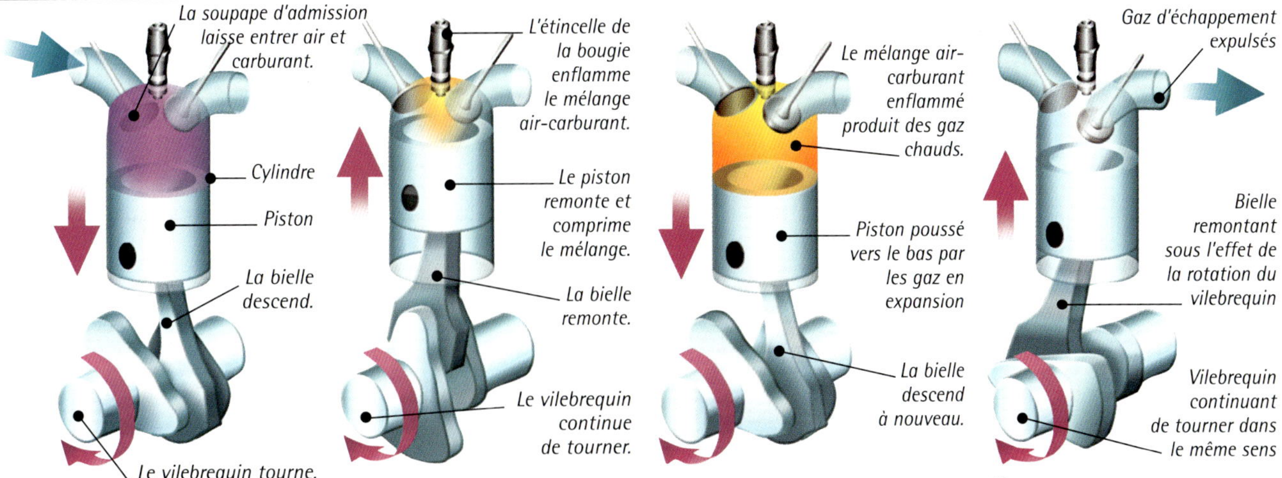

1er temps : admission
Le mouvement du moteur est produit lors d'un cycle de quatre temps sans cesse répété. D'abord, le piston descend et aspire le carburant et l'air dans le cylindre à travers la soupape d'admission. Cela entraîne la rotation du vilebrequin.

2e temps : compression
La soupape d'admission se referme. Le piston, finement ajusté dans le cylindre, remonte et comprime le mélange air-carburant, ce qui le rend très explosif. À ce moment, un courant de haute tension très bref est appliqué dans la bougie au sommet du cylindre, ce qui provoque une étincelle. Le mélange air-carburant explose alors et brûle, libérant des gaz chauds.

3e temps : explosion
Les gaz se détendent et leur expansion repousse le piston dans le cylindre. La bielle redescend alors, continuant d'entraîner la rotation du vilebrequin, lequel transmet son mouvement à la boîte de vitesses. De cette manière, la chaleur provoquée par la combustion du carburant est convertie en puissance mécanique.

4e temps : échappement
La soupape d'échappement s'ouvre. La rotation régulière du vilebrequin entraîne les mouvements du piston. Tandis que celui-ci remonte dans le cylindre, il éjecte les gaz brûlés à travers la soupape d'échappement, vidant ainsi le cylindre. Puis le cycle se répète. Plusieurs cylindres fonctionnent simultanément.

FONCTIONNEMENT D'UN MOTEUR À QUATRE TEMPS

LE PASSÉ
Le principe du moteur à quatre temps fut décrit en 1862 par l'ingénieur français Alphonse Beau de Rochas. En se basant sur ses travaux, Étienne Lenoir réalise le premier moteur à quatre temps en 1863.

Les voitures solaires, munies de capteurs sur le capot, le coffre et le toit, pourraient remplacer les modèles à essence. L'électricité produite serait stockée dans des batteries pour propulser le véhicule.
LE FUTUR

MATÉRIAUX

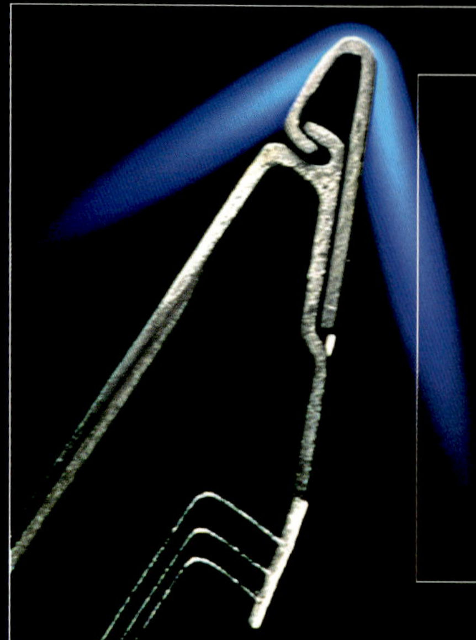

Le carbone-carbone
Cette pièce d'aile d'avion est fabriquée dans un composite (combinaison de matériaux) carbone-carbone. Pour créer ce composite, des composés carbonés sont combinés en couches et traités à la chaleur de manière à les rendre extrêmement robustes. Contrairement aux métaux, ces matériaux deviennent plus solides à haute température, ce qui les rend très utiles dans la fabrication de freins pour les véhicules de compétition et dans l'aéronautique.

Le Kevlar®
Comme le Lycra® et le Nylon, le Kevlar® est une fibre synthétique (créée par l'homme). Ses fibres tissées très serrées le rendent cinq fois plus résistant que l'acier, ce qui en fait un matériau idéal pour la fabrication des gilets pare-balles. On en fait également des pneus de vélo, des plaquettes de freins et des voiles de planches à voile, autant d'applications où la résistance, la durabilité et la légèreté sont essentielles.

Les véhicules vont de plus en plus vite et de plus en plus loin, de sorte que leurs composants doivent être plus robustes, plus légers et plus durables. C'est pourquoi les chercheurs développent sans cesse de nouveaux matériaux.

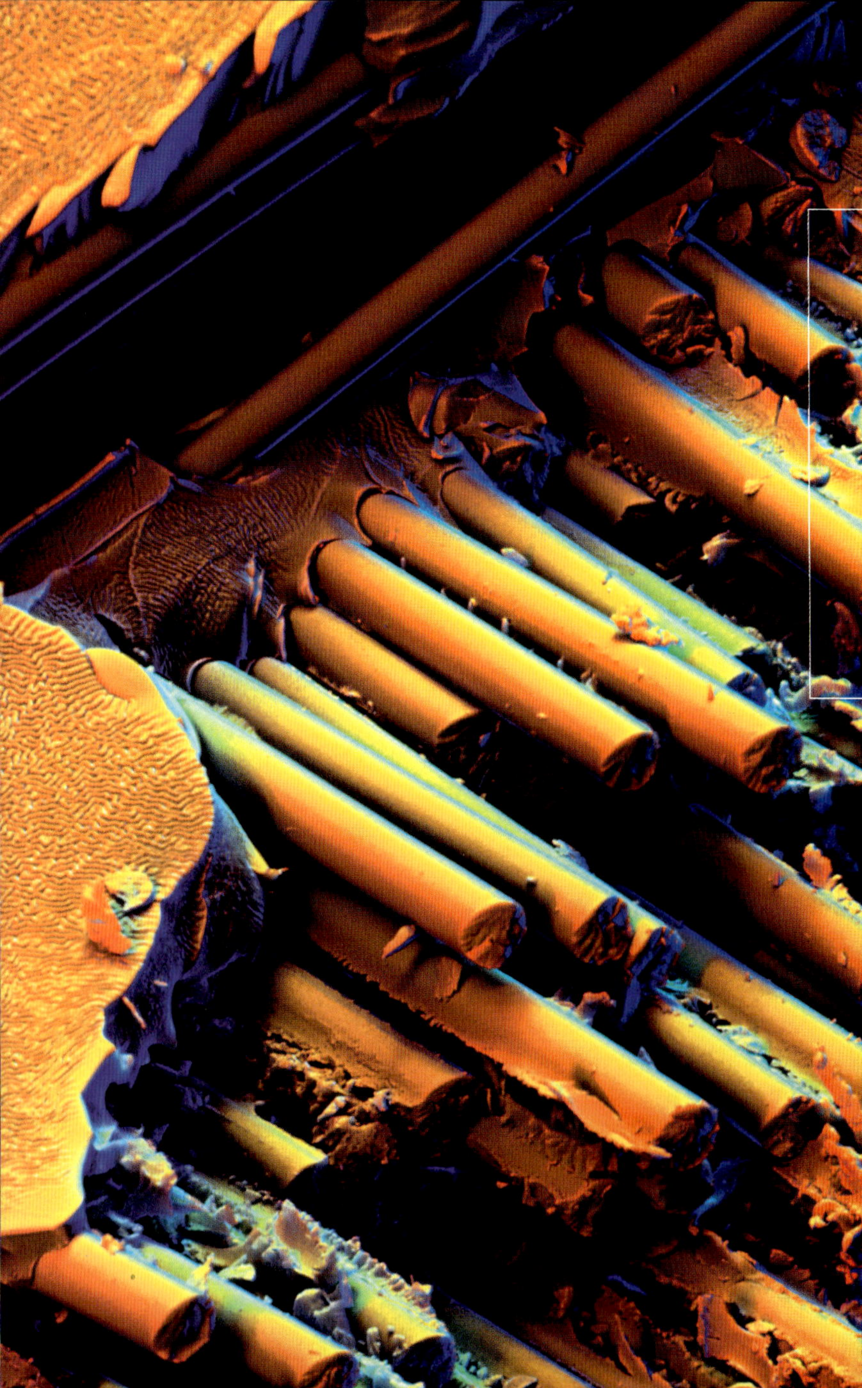

« La fibre de verre

Développée dans les années 1940, la fibre de verre est le matériau composite le plus connu dans le monde. Cette photo à fort grandissement, réalisée avec un microscope électronique à balayage, révèle les minuscules fibres de verre en forme de baguettes présentes en son cœur. Ce sont ces fibres, incluses dans une matrice en polyester (un plastique), qui confèrent au matériau sa robustesse. La fibre de verre est en outre souple et légère, résistante à la chaleur et très durable. Elle est idéale pour fabriquer des coques de bateaux, des carrosseries de voitures et des pièces d'avions.

⌄ Le titane

Ces énormes pales de réacteur d'avion sont fabriquées en titane, un métal présent dans la croûte terrestre et dans les météorites. Il est aussi robuste que l'acier mais presque deux fois plus léger, très résistant à la corrosion, et il supporte des températures extrêmes. Il peut être combiné à d'autres métaux comme l'étain ou l'aluminium pour produire de robustes alliages. Le titane et ses alliages sont utilisés dans la fabrication de missiles, de vaisseaux spatiaux, de bateaux et de cadres de vélo qui demandent tous robustesse et légèreté.

« Essais en vol

Cette photo montre une expérience réalisée par la NASA. En 1984, un énorme cylindre fut recouvert de différents matériaux et emporté dans l'espace par une navette spatiale. Les matériaux furent exposés durant près de six ans aux conditions extrêmement rudes qui y règnent. Lorsque le cylindre fut ramené sur Terre, les ingénieurs l'étudièrent pour déterminer quels matériaux supportaient le mieux des conditions aussi extrêmes en vue de la construction des vaisseaux du futur.

▶▶ Voir aussi : p. 58, p. 60, p. 146, p. 190, p. 241

LE CRASH-TEST

Un mannequin de crash-test est un véritable laboratoire scientifique embarqué dans un corps en plastique. Au cours d'un test, il enregistre les données issues de plus de 130 capteurs répartis dans sa structure.

▶ **Ce mannequin de crash-test,** amorti par un airbag au cours d'un impact, est en train de fournir des centaines de mesures aux ordinateurs auxquels il est relié. De tels mannequins sont utilisés depuis plus de 50 ans pour parfaire la conception des véhicules et leurs équipements en matière de sécurité.

>> COMMENT ÇA MARCHE

LES PRINCIPAUX DÉTECTEURS D'UN MANNEQUIN DE CRASH-TEST

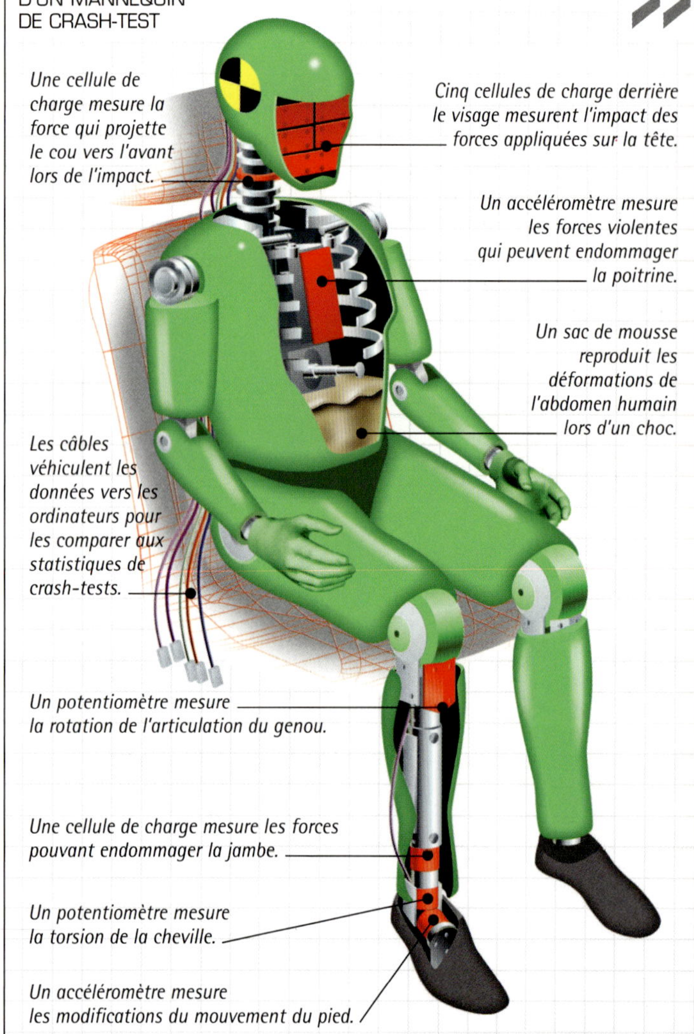

Lors d'un accident de voiture, c'est à la tête, à la poitrine et aux jambes que les blessures sont les plus fréquentes. Les mannequins doivent donc être équipés de nombreux capteurs dans ces zones, répartis selon le type d'impact étudié. Il existe trois sortes de capteurs. Les cellules de charge mesurent les forces à l'aide de minuscules cristaux piézoélectriques qui produisent de l'électricité lorsqu'ils sont étirés ou comprimés. Les accéléromètres contiennent de minuscules aimants qui glissent les uns contre les autres lorsque le capteur se déplace, générant des pics d'activité électrique indiquant des modifications de la vitesse. Les potentiomètres génèrent de petits courants proportionnels à leur torsion.

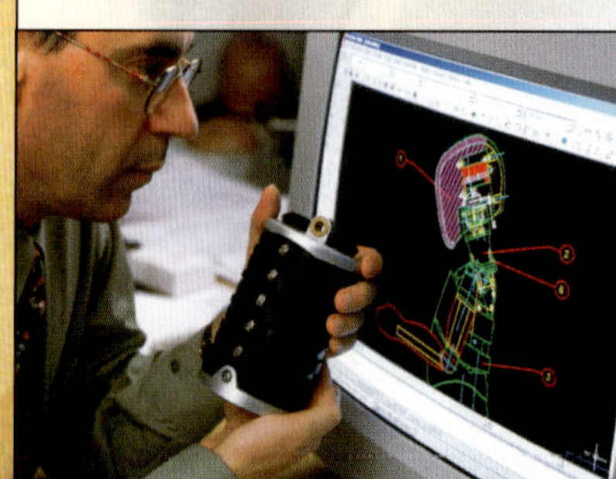

Cet ingénieur tient en main le cou d'un mannequin d'enfant. La conception assistée par ordinateur permet de mettre au point des mannequins correspondant à des tailles, âges et sexes différents.

Un mannequin de crash-test photographié au cours d'un impact

La science des impacts

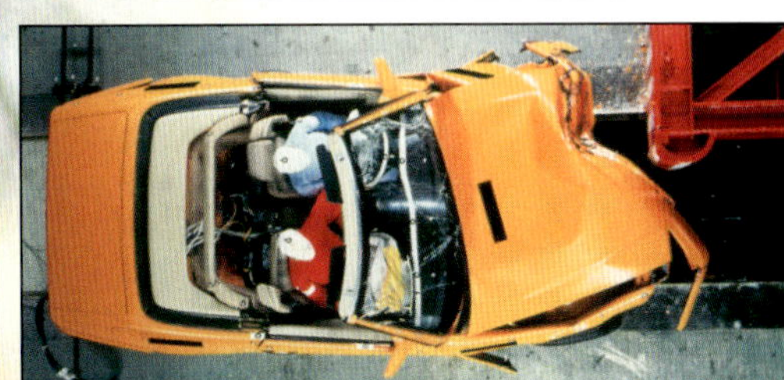

Vue de dessus d'une voiture au cours d'un crash-test

▲ Plus une voiture est grosse et plus elle roule vite, plus elle accumule d'énergie cinétique. Lorsqu'elle percute un obstacle, son arrêt brutal met en jeu d'énormes forces, dangereuses pour les passagers. Les voitures sont conçues pour se déformer sous l'impact afin d'absorber une partie de l'énergie des chocs. Combiné à l'action des airbags et des ceintures de sécurité, cela réduit les forces appliquées sur les occupants et augmente leurs chances de survie.

▶▶ Voir aussi : p. 130, p. 136, p. 150, p. 248

LA TOUR DE PARKING

Dans le cœur de l'Allemagne industrielle, se trouve la plus grande usine de construction automobile du monde, qui produit 3 000 voitures par jour. Bon nombre sont stockées verticalement dans deux tours, sortes de distributeurs automatiques géants d'où l'on sort le véhicule quand le client vient en prendre livraison.

» COMMENT ÇA MARCHE

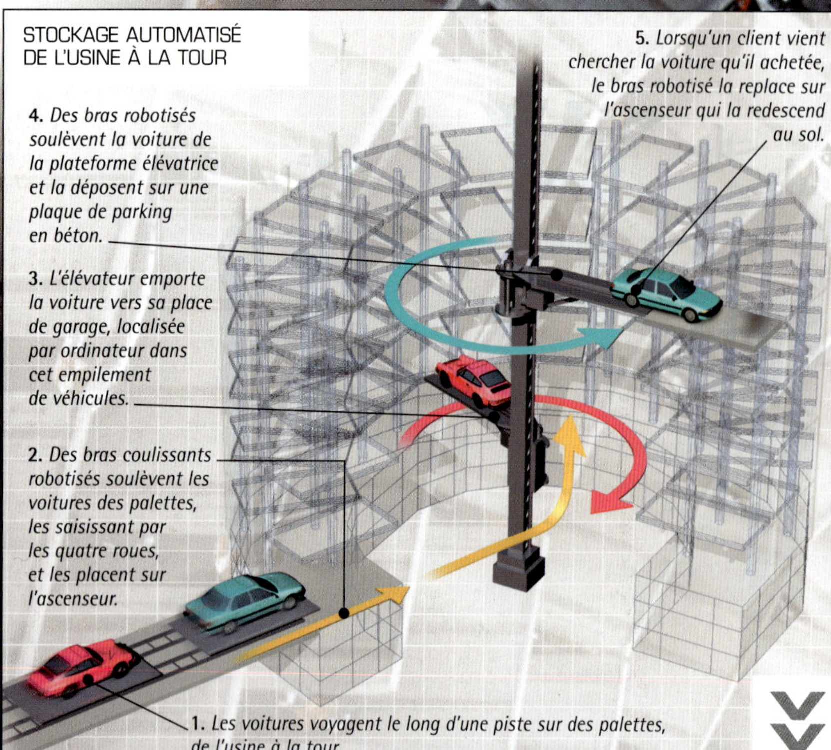

L'une des tours de l'Autostadt

Avec près de 550 millions de voitures dans le monde et 40 millions de nouveaux véhicules fabriqués chaque année, trouver des places de parking devient de plus en plus difficile. C'est particulièrement vrai pour les constructeurs automobiles et leurs parcs de stockage, où des centaines de véhicules neufs doivent être conservés en toute sécurité en attendant d'être livrés à leurs acheteurs. Volkswagen a résolu ce problème en construisant deux tours qui associent les concepts du parking à étages, de l'ascenseur et du chariot élévateur. Dans nos villes de plus en plus encombrées, de tels édifices pourraient remplacer un jour les parkings urbains classiques.

Voir aussi : p. 128, p. 130

▼ L'Autostadt du groupe Volkswagen, à Wolfsburg, en Allemagne, est une sorte de parc d'attraction et d'exposition, musée et supermarché de l'automobile tout à la fois. Les deux tours cylindriques comptent chacune 20 étages pour 47 m de haut et une capacité de stockage de 400 véhicules. Le système entièrement automatisé fournit directement le parc d'exposition où plus de 550 voitures neuves sont vendues par jour.

Intérieur de l'une des tours d'automobiles de l'Autostadt

Empilements naturels

Intérieur d'un nid de termites

▲ Les termitières, faites de boue et de fibres de bois mastiquées, peuvent atteindre environ 6 m de haut et abriter un million de termites ou plus : un usage incroyablement efficace de l'espace ! Une tour de bureaux accueillant la même population d'humains devrait avoisiner les 10 000 mètres d'altitude. Cette termitière africaine présente une rampe en spirale offrant aux insectes l'accès aux différents niveaux.

LE FAUTEUIL ROULANT

Le fauteuil roulant iBOT™ peut élever son occupant à la hauteur d'un homme debout et même monter des escaliers. Avec ses quatre puissantes roues motrices, il peut évoluer dans la boue et le sable et rouler sur le bitume à 10 km/h.

›› COMMENT ÇA MARCHE

SYSTÈME DE FRANCHISSEMENT DE MARCHES DE IBOT™

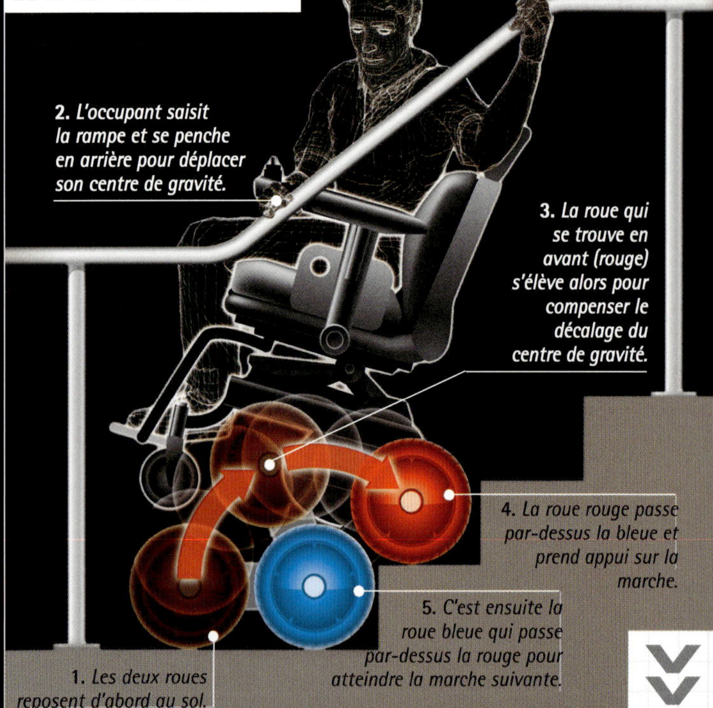

Il est difficile de faire gravir des escaliers à un fauteuil roulant classique car il doit être hissé vers le haut marche par marche. Un plan incliné au sol peut rendre la tâche plus facile, le fauteuil franchissant alors graduellement le dénivelé au lieu de devoir lutter verticalement contre la force de gravité. Le fauteuil iBOT™, quant à lui, grimpe d'une autre manière. Son secret réside dans ses deux paires de grandes roues solidaires. Ces roues peuvent tourner l'une autour de l'autre, ce qui leur confère une capacité d'enjambement permettant au fauteuil de franchir les marches. L'assise décrit alors une série de courbes en un mouvement adouci, réduisant l'inconfort pour son occupant et l'effort à produire pour monter l'escalier.

▶ **Ce fauteuil roulant iBOT™** est en position haute. Son occupant est alors à hauteur d'homme et assez haut pour atteindre des étagères. Le système spécial d'équilibrage du fauteuil détecte les déplacements du centre de gravité de l'occupant, et décale les ensembles de roues en conséquence pour compenser et maintenir l'équilibre du fauteuil. Quand toutes les roues sont au sol, un joystick contrôle la paire de petites roues avant pour diriger les déplacements.

›› Voir aussi : p. 118, p. 241

Le fauteuil roulant INDEPENDENCE® iBOT™ 3000 en position surélevée

Le centre de gravité

Effets de la position du centre de gravité

▲ Le centre de gravité d'un corps est le point sur lequel s'applique son poids. Lorsqu'il reste dans un plan vertical au-dessus de la surface de base du corps, celui-ci se maintient en position stable. Si le corps bascule trop d'un côté et que son centre de gravité dépasse sa surface de base, l'équilibre est rompu et le corps continue de basculer sur le côté. Plus le centre de gravité est élevé, plus il dépasse vite la surface de base et plus le corps bascule facilement.

L'ASCENSEUR

C'est l'ascenseur qui a permis la construction des gratte-ciel. Les ascenseurs les plus hauts du monde sont ceux de la tour Taipei 101, à Taiwan, qui mesure 509 m de haut.

» COMMENT ÇA MARCHE

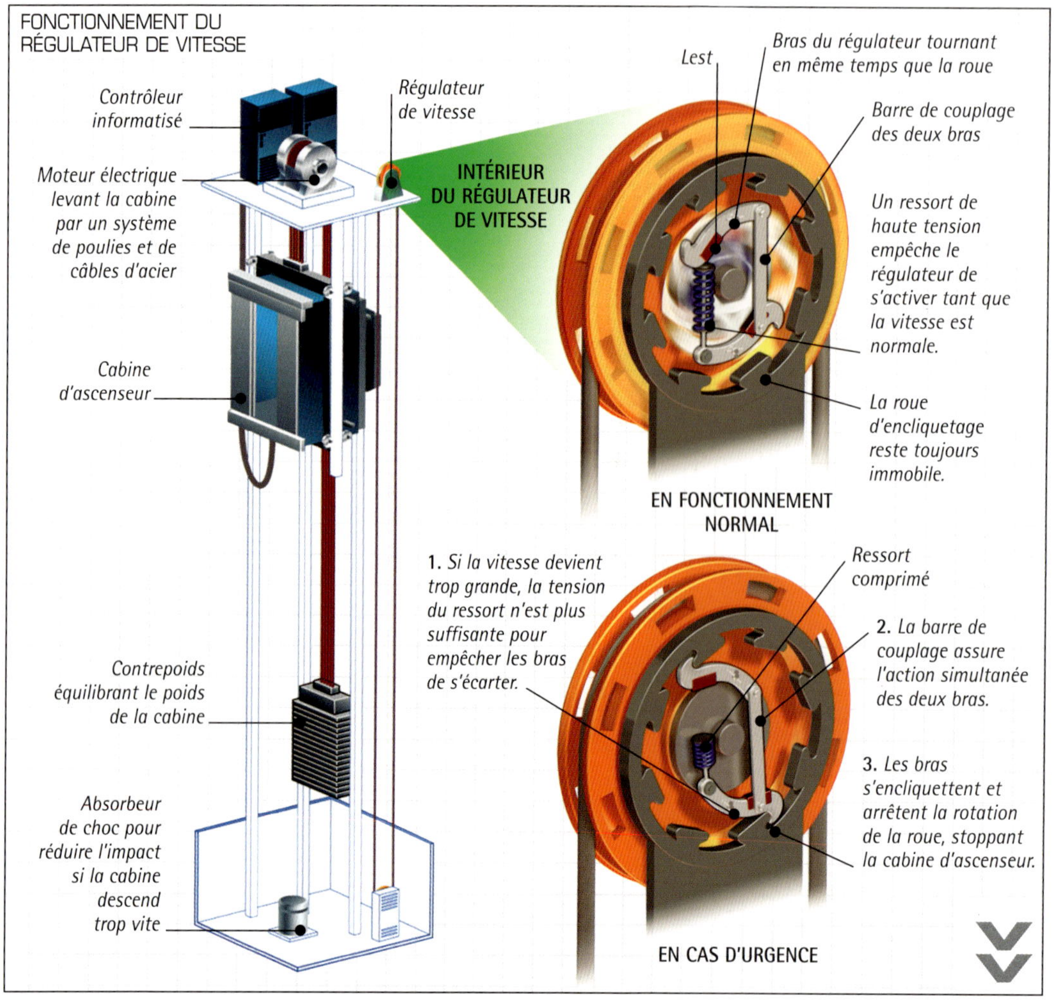

Les ascenseurs sont conçus pour circuler de façon fiable et en toute sécurité. La cabine se déplace entre des poutres guides métalliques, suspendue à un gros câble d'acier. Un câble secondaire relie la cabine à un régulateur de vitesse qui agit comme un frein de sécurité. Il est constitué d'une robuste roue de poulie équipée, en son cœur, de bras lestés qui tournent en même temps que la roue lorsque la cabine circule. Si la vitesse de cette dernière en descente s'accroît de manière anormale, en cas de chute par rupture du câble principal, par exemple, les lests, sous l'effet de la force centrifuge, écartent les bras qui, en s'engageant dans un système cranté, bloquent la roue. Le câble du régulateur, subitement mis en tension, active alors les freins de la cabine, lesquels la stoppent et la verrouillent entre ses guides. De nombreux ascenseurs sont aujourd'hui équipés de contrôleurs informatisés qui régulent le trafic selon l'heure de la journée. Ils augmentent le nombre d'arrêts en fonction des étages les plus chargés et des heures de pointe.

L'ouverture et la fermeture des portes sont assurées par un bras mécanique relié à un petit moteur.

De robustes écrous d'acier maintiennent en place les parois en verre de sécurité renforcé.

Les freins retiennent la cabine sur ses guides métalliques si sa vitesse augmente trop.

La base renferme une unité de chauffage et de ventilation.

Le rôle des contrepoids

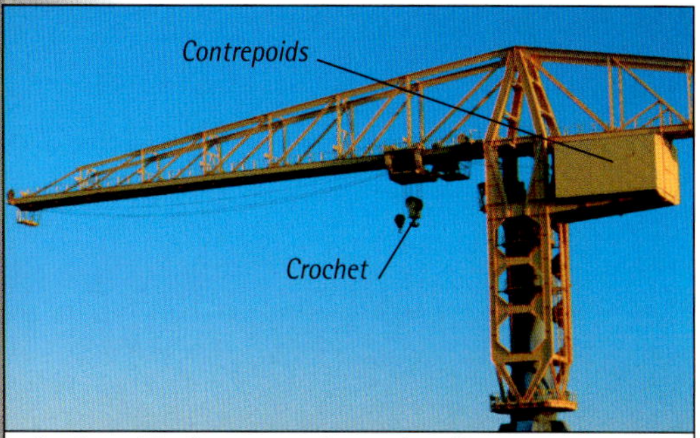

Contrepoids d'une grue de construction

▲ La cabine d'un ascenseur est reliée par des câbles à un contrepoids qui descend lorsque celle-ci monte et vice versa. La descente du contrepoids aide à tirer la cabine vers le haut en réduisant l'effort que doit produire le moteur électrique. Les contrepoids servent aussi sur les grues de construction. Un énorme bloc de béton équilibre les lourdes charges que l'on suspend au crochet, empêchant que la grue ne bascule.

◀ **Les ascenseurs électriques compacts**, comme celui-ci, qui équipe la tour Lloyds, à Londres, peuvent être installés le long des parois extérieures du bâtiment. Ils sont plus faciles d'accès pour l'entretien que les ascenseurs internes. En outre, ils libèrent de l'espace à l'intérieur de la construction et offrent aux passagers une vue saisissante sur le paysage. La vitesse d'un ascenseur atteint couramment 110 m à la minute, soit 6,6 km/h.

◀ Un ascenseur extérieur en verre, en mouvement le long d'une tour

◀◀ LE PASSÉ

L'Américain Elisha Graves Otis inventa le régulateur de vitesse en 1853. Le premier fut installé dans un grand magasin de New York quatre ans plus tard.

Les ingénieurs envisagent de recourir à la nanotechnologie pour fabriquer un ascenseur de l'espace qui hisserait des matériaux à 100 000 km d'altitude au-dessus de la Terre.

LE FUTUR ▶▶

▶▶ Voir aussi : p. 136

LES SOUS-MARINS MINIATURES

COMMENT ÇA MARCHE

Le Deep Flight Aviator est un submersible (mini sous-marin) qui « vole » littéralement sous les eaux. Il est constitué de matériaux très légers qui lui permettent de flotter naturellement. L'appareil est propulsé par des batteries alimentant deux hélices. Lorsque le submersible se met en mouvement, l'eau défile à des vitesses différentes sur les deux faces de ses larges ailes ; plus la vitesse est élevée, plus la poussée vers le bas augmente. Un moment survient où cette force parvient à vaincre la tendance naturelle de l'appareil à flotter, et celui-ci commence à s'enfoncer sous les eaux. Pour remonter à la surface, le pilote réduit la vitesse du submersible, réduisant ainsi la force d'attraction vers le bas. Pour manœuvrer l'engin, il suffit de faire varier l'angle des ailes, des volets et des gouvernails.

MANŒUVRABILITÉ SOUS-MARINE DU DEEP FLIGHT AVIATOR

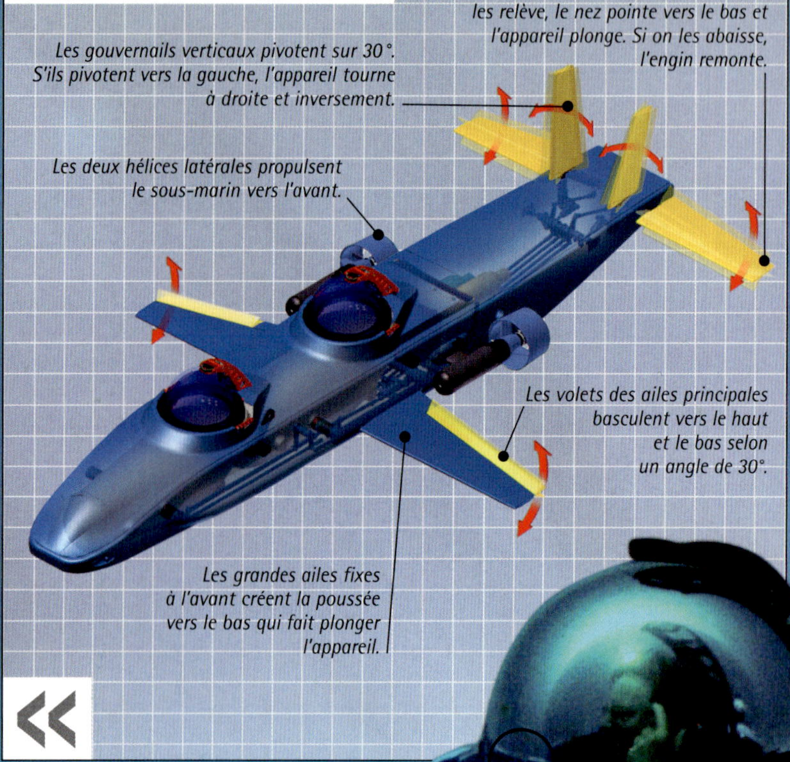

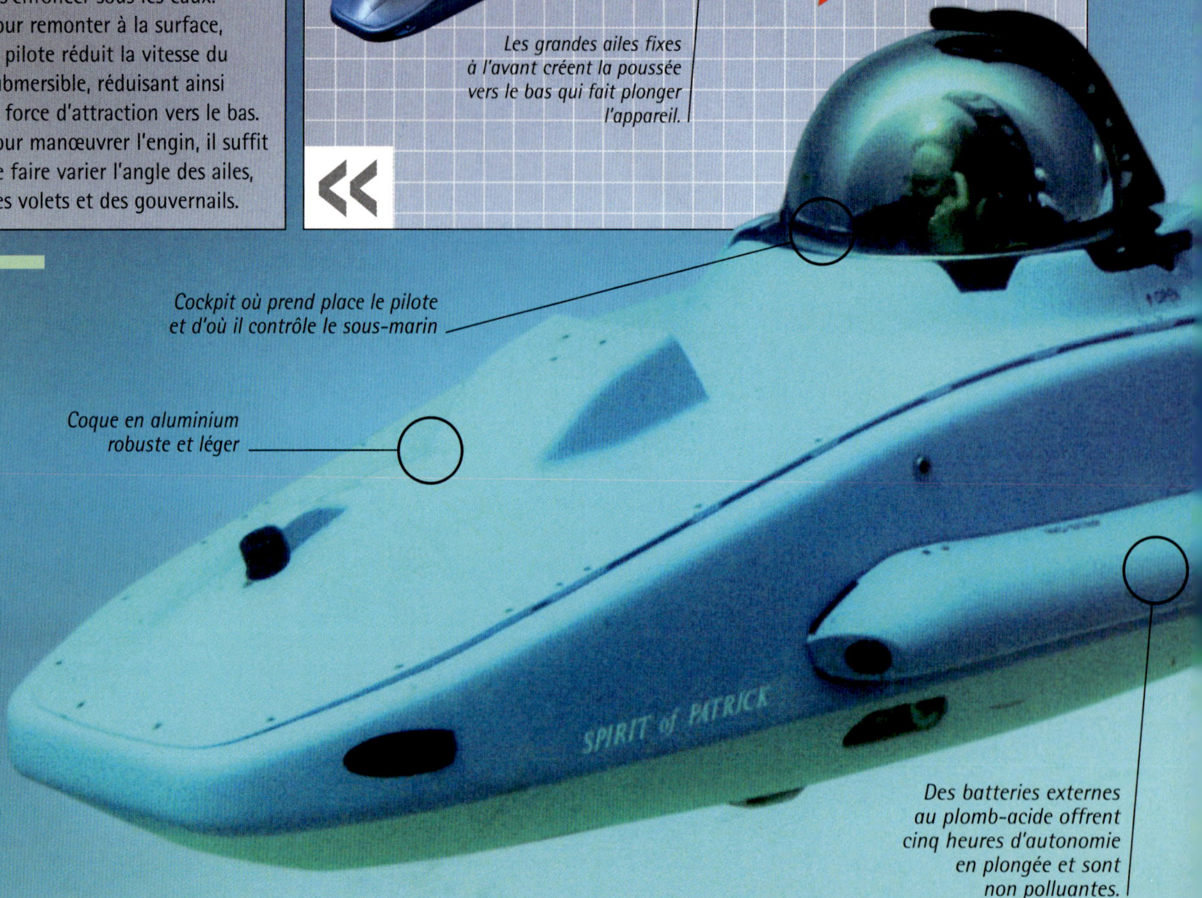

Le Deep Flight Aviator est un submersible aux lignes effilées qui glisse sous les eaux. Rapide et extrêmement maniable, il est employé pour explorer les profondeurs océaniques et étudier les animaux marins.

Mouvement et plongée

Le Deep Flight Aviator se déplace sous l'eau d'une façon similaire aux requins, qui utilisent leurs nageoires verticales et horizontales pour manœuvrer. Les autres poissons contrôlent leur profondeur grâce à un organe, la vessie natatoire, qu'ils gonflent de gaz ou dégonflent pour monter ou descendre. Les sous-marins conventionnels équipés de ballasts fonctionnent de la même manière.

Requin se déplaçant sous l'eau

Les ailes du Deep Flight Aviator fonctionnent exactement comme des ailes d'avion, mais à l'envers. Quand le submersible avance, l'eau circule plus vite sur la face inférieure incurvée des ailes que sur leur face supérieure plane. Cela a pour effet d'abaisser la pression d'eau sous les ailes, donc de créer une force vers le bas qui fait plonger l'appareil.

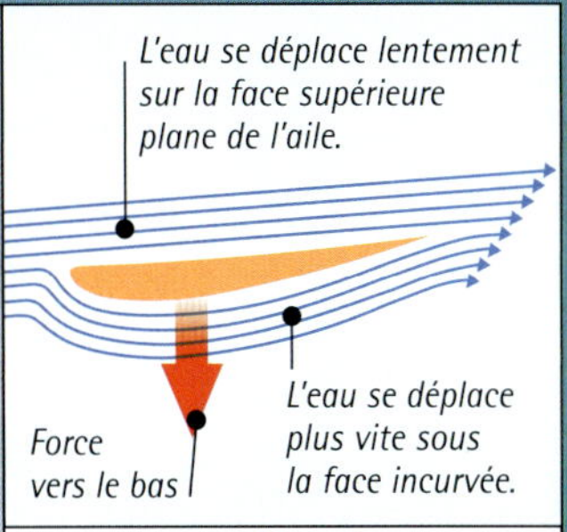

L'aile du Deep Flight Aviator

Vue sous-marine du submersible Deep Flight Aviator

LE PASSÉ

Le premier sous-marin fut construit en 1620 par l'inventeur hollandais Cornelius van Drebbel. Il était propulsé par des rameurs et possédait une coque en bois recouvert de cuir imperméabilisé.

L'inventeur du Deep Flight Aviator, l'Anglais Graham Hawkes, projette de réaliser une plongée au fond de la fosse des îles Mariannes, l'endroit le plus profond connu dans les océans.

LE FUTUR

▲ **Le Deep Flight Aviator** est un vaisseau sous-marin de haute performance qui ressemble plus à un avion qu'aux submersibles et sous-marins conventionnels. Il peut atteindre des vitesses de descente de l'ordre de 100 m à la minute – quatre fois plus rapide que les autres submersibles. Il peut même effectuer des rotations latérales et naviguer à l'envers, cockpit vers le bas ; la plupart des autres submersibles en sont incapables.

Voir aussi : p. 144, p. 146, p. 148, p. 240

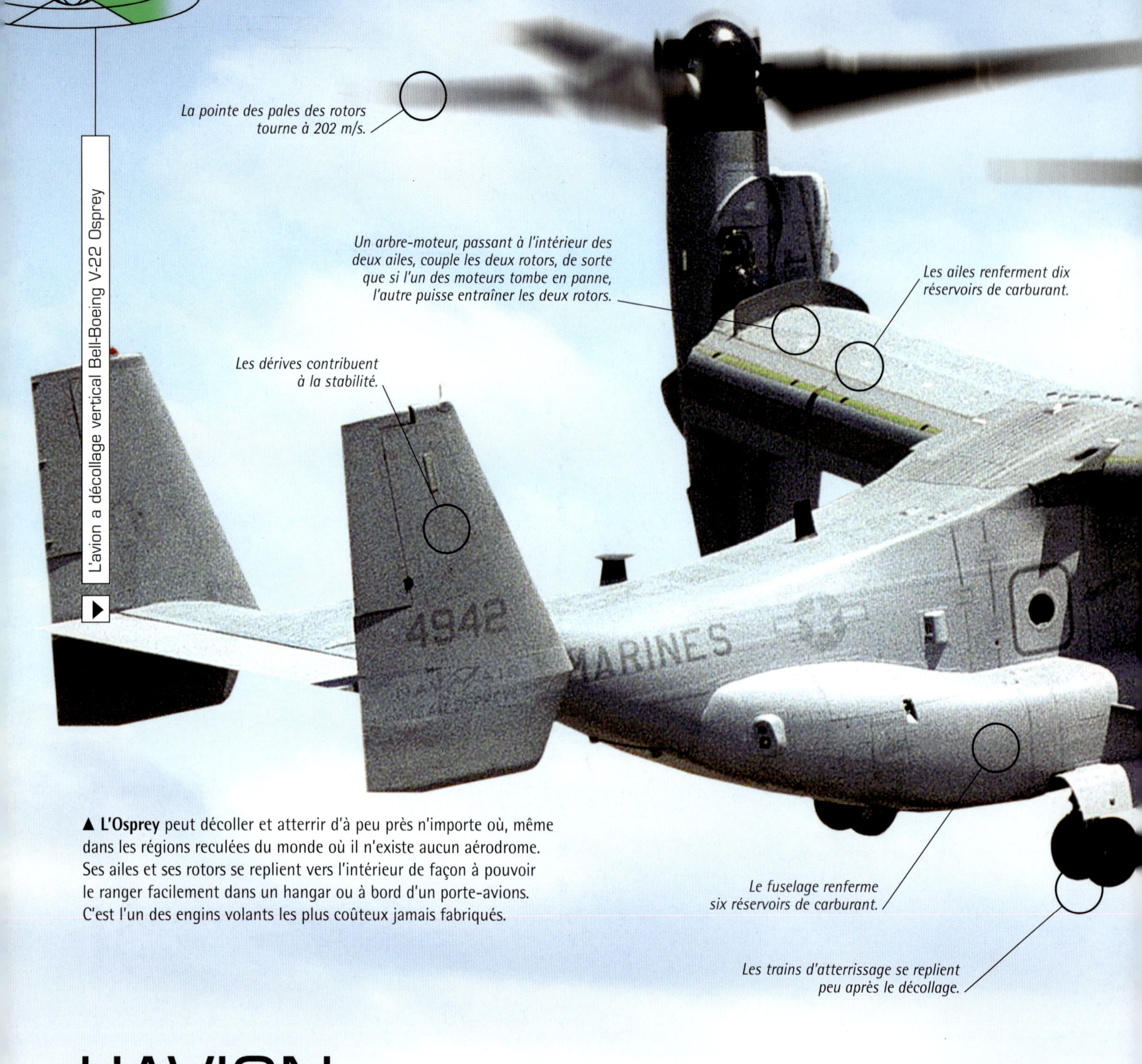

▲ **L'Osprey** peut décoller et atterrir d'à peu près n'importe où, même dans les régions reculées du monde où il n'existe aucun aérodrome. Ses ailes et ses rotors se replient vers l'intérieur de façon à pouvoir le ranger facilement dans un hangar ou à bord d'un porte-avions. C'est l'un des engins volants les plus coûteux jamais fabriqués.

L'AVION À DÉCOLLAGE VERTICAL

S'agit-il d'un avion ou d'un hélicoptère ? En fait, il tient des deux à la fois. L'Osprey est sans doute le plus polyvalent des engins volants. Il peut basculer en douze secondes seulement de la voilure fixe (avion) à la voilure tournante (hélicoptère). Construit pour un usage militaire, il sert aussi lors de missions de secours.

✔ Le balbuzard

Balbuzard en vol stationnaire

▲ Le balbuzard (ou *osprey*, en anglais) peut, comme l'avion Osprey, planer dans les airs ou effectuer un vol stationnaire. Toutefois, l'Osprey est une machine volante beaucoup plus efficace. L'envergure du rapace est de 1,50 m ; celle de l'avion n'est que 20 fois plus large. Mais grâce à ses puissants rotors, ce dernier peut soulever 10 000 fois plus de poids que l'oiseau.

>> COMMENT ÇA MARCHE

En mode hélicoptère, les deux rotors tournent horizontalement au-dessus de l'appareil, lui permettant décollages verticaux et vols stationnaires. Les rotors présentent trois pales, chacune aussi longue qu'une voiture familiale, fabriquées dans un mélange de graphite et de fibre de verre.

Le décollage effectué, les moteurs et les rotors basculent vers l'avant, convertissant l'Osprey en avion. Chaque aile porte un moteur de 6 000 chevaux (environ 30 fois plus puissant qu'un moteur de voiture) et un train d'engrenages qui entraîne le rotor et le mécanisme de bascule.

En mode avion, les deux rotors de l'Osprey deviennent des hélices propulsives. L'appareil peut voler deux fois plus vite qu'un hélicoptère à la vitesse de 507 km/h. Il a une autonomie de 933 km sans refaire le plein et peut transporter 4,5 t de charge ou 24 passagers.

▶▶ Voir aussi : p. 146, p. 150, p. 240

LE MOTEUR À RÉACTION

De puissants réacteurs propulsent aujourd'hui bon nombre d'avions et d'hélicoptères en projetant vers l'arrière un jet très puissant de gaz de combustion. Un gros réacteur peut générer une poussée équivalente à la puissance de 3000 voitures de course.

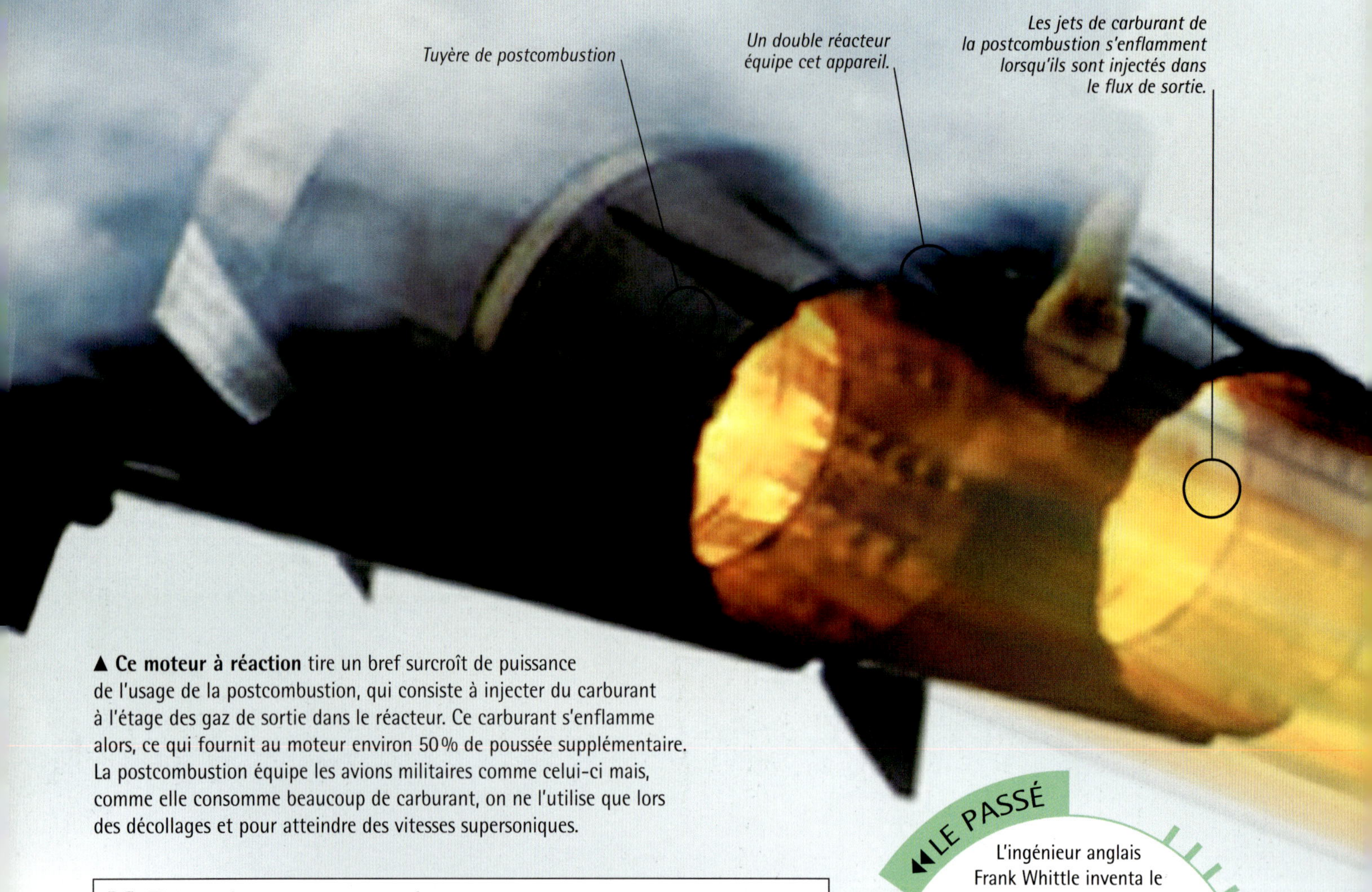

▲ **Ce moteur à réaction** tire un bref surcroît de puissance de l'usage de la postcombustion, qui consiste à injecter du carburant à l'étage des gaz de sortie dans le réacteur. Ce carburant s'enflamme alors, ce qui fournit au moteur environ 50 % de poussée supplémentaire. La postcombustion équipe les avions militaires comme celui-ci mais, comme elle consomme beaucoup de carburant, on ne l'utilise que lors des décollages et pour atteindre des vitesses supersoniques.

Réaction sous-marine

▶ Ce poulpe se déplace sous la mer en expulsant des jets d'eau par son siphon. Cette propulsion repose sur la même loi physique que le réacteur d'avion : celle de l'action-réaction. L'eau éjectée dans une direction (action) projette le corps du poulpe dans la direction opposée (réaction). Cela se produit aussi lorsque l'on gonfle un ballon de baudruche et qu'on le lâche subitement en laissant s'échapper l'air.

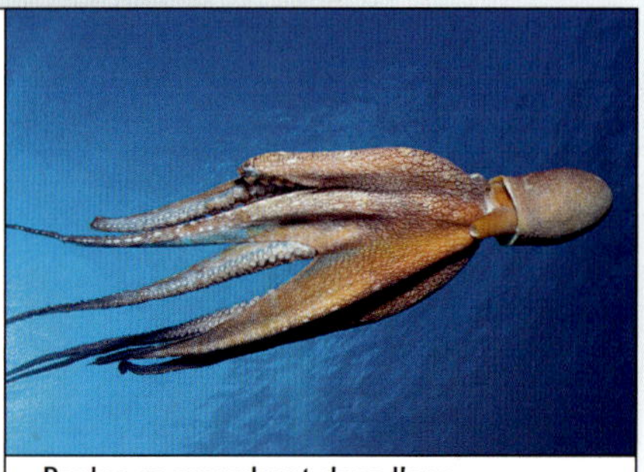

Poulpe se propulsant dans l'eau

◀◀ LE PASSÉ

L'ingénieur anglais Frank Whittle inventa le premier moteur à réaction en 1930, mais le premier avion à réaction, en 1939, utilisait un moteur fabriqué par son rival allemand Hans Pabst von Ohain.

Les Japonais sont en train de développer un avion de transport supersonique. Il emportera trois fois plus de passagers deux fois plus loin qu'un jet normal, et ne sera pas plus bruyant.

LE FUTUR ▶▶

▶▶ Voir aussi : p. 130, p. 148, p. 150, p. 248

» COMMENT ÇA MARCHE

TRAJET DE L'AIR DANS
UN TURBORÉACTEUR À DOUBLE FLUX

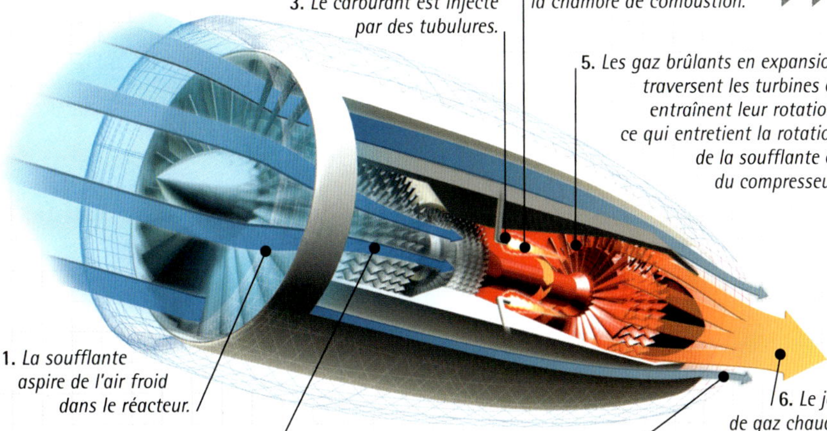

Un moteur à réaction fonctionne par compression, chauffage et accélération de l'air qui le traverse. Comme un moteur d'automobile, il repose sur une combustion interne : un mélange d'air et de carburant brûle dans la chambre de combustion, produisant un flux continuel d'énergie. Aucune étincelle n'est nécessaire : le mélange est tellement comprimé qu'il s'enflamme spontanément. L'énergie produite chauffe et accélère l'air, qui jaillit par la tuyère arrière et propulse l'avion tout en entretenant la rotation du moteur. Le type le plus commun de moteur à réaction est le turboréacteur à double flux. La soufflante (l'hélice frontale) envoie cinq fois plus d'air dans le canal de soufflante externe qu'à travers le turbocompresseur central, produisant un surplus de poussée.

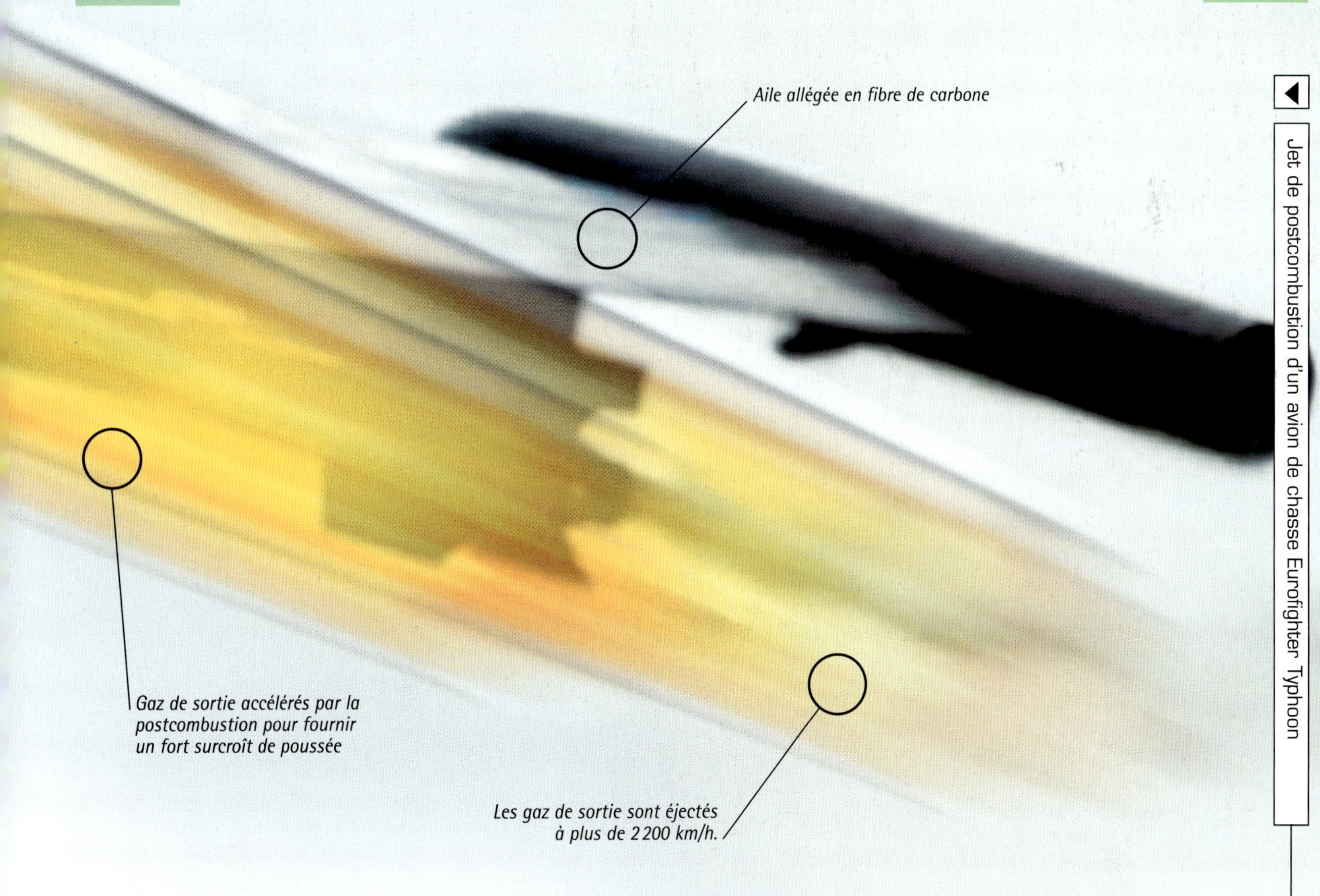

◀ Jet de postcombustion d'un avion de chasse Eurofighter Typhoon

LA SOUFFLERIE AÉRODYNAMIQUE

Une soufflerie est un tunnel hermétique dans lequel de l'air circule à grande vitesse, et où l'on teste les avions et d'autres appareils. La vitesse de l'air peut y être dix fois supérieure à celle du son.

▼ Cette image montre les détails de l'écoulement de l'air autour d'un modèle réduit d'avion testé en soufflerie. Les ingénieurs étudient comment les appareils réagissent à différentes vitesses afin de s'assurer de la robustesse de leur structure. Lorsque le modèle réduit « vole » à une vitesse supersonique (supérieure à celle du son), il dépasse les ondes sonores émises par ses propres moteurs et entraîne dans son sillage les ondes de choc qui en résultent.

Strioscopie de l'écoulement d'air autour d'un modèle d'avion

Voir aussi : p. 146, p. 156, p. 246

COMMENT ÇA MARCHE

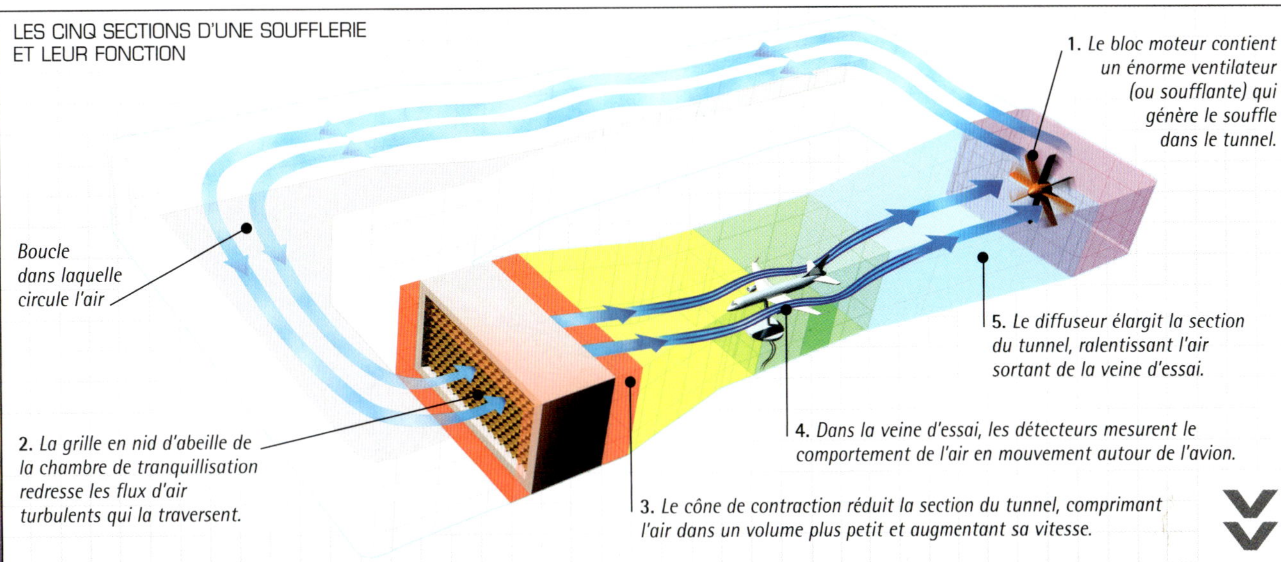

Les souffleries sont utilisées pour étudier la façon dont la silhouette d'un avion affecte ses capacités de vol. De tels tests peuvent entraîner la modification d'un modèle. Les engins volants, en effet, doivent être profilés pour augmenter leur portance (la force dirigée vers le haut qui doit vaincre le poids de l'appareil pour le maintenir en l'air) tout en réduisant leur traînée (la force de résistance qu'exerce l'air sur l'appareil). Plus la portance est grande et la traînée faible, meilleur est le rendement de l'avion en vol et plus sa consommation de carburant est réduite. Mais les tests en soufflerie sont coûteux, difficiles à réaliser, et peuvent être dangereux. Même une petite soufflerie nécessite un grand bâtiment pour générer le courant d'air. Lors des tests supersoniques, l'air peut circuler jusqu'à dix fois plus vite que le son. Il arrive alors que l'air se refroidisse tellement qu'il devient liquide.

La soufflerie virtuelle

- Les tests en soufflerie sont si difficiles à effectuer qu'ils sont peu à peu remplacés par des simulations sur ordinateur. Cette technique nécessite des programmes informatiques basés sur des milliers d'équations mathématiques complexes, capables de prévoir tous les aspects du comportement d'un avion dans différentes conditions de vol.

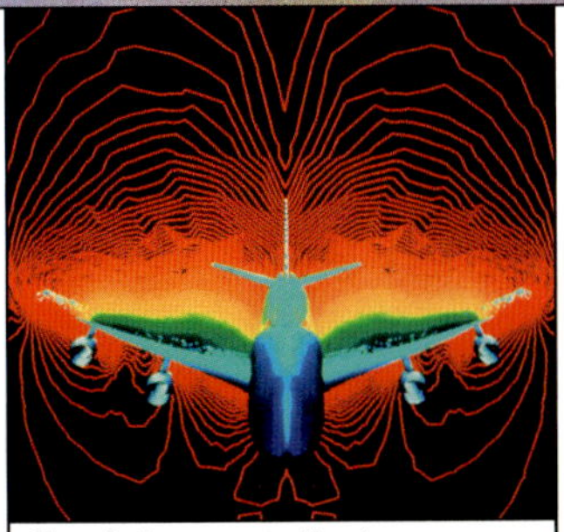

Simulation sur ordinateur

- Les simulations sur ordinateur permettent d'expliquer pourquoi un avion décroche (tombe) soudainement si l'aile est trop cabrée, c'est-à-dire trop basculée vers l'arrière. À cet angle de cabrage, une aile crée au-dessus d'elle deux poches de turbulences en forme d'œil. Celles-ci perturbent l'écoulement de l'air de sorte que l'aile ne crée plus la portance nécessaire.

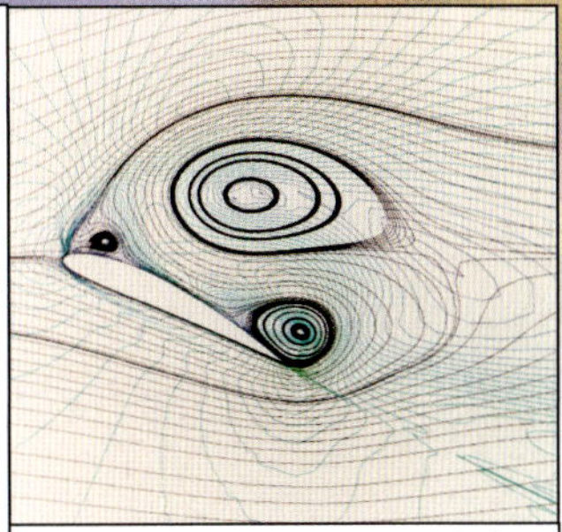

Turbulences sur une aile cabrée

LA BOÎTE NOIRE

Vue en écorché d'une boîte noire d'avion

Une boîte noire, ou enregistreur de vol, renferme un enregistrement quasi indestructible des paramètres et événements survenus au cours du voyage d'un avion. Si celui-ci s'écrase, les informations stockées peuvent permettre de déterminer les causes de l'accident.

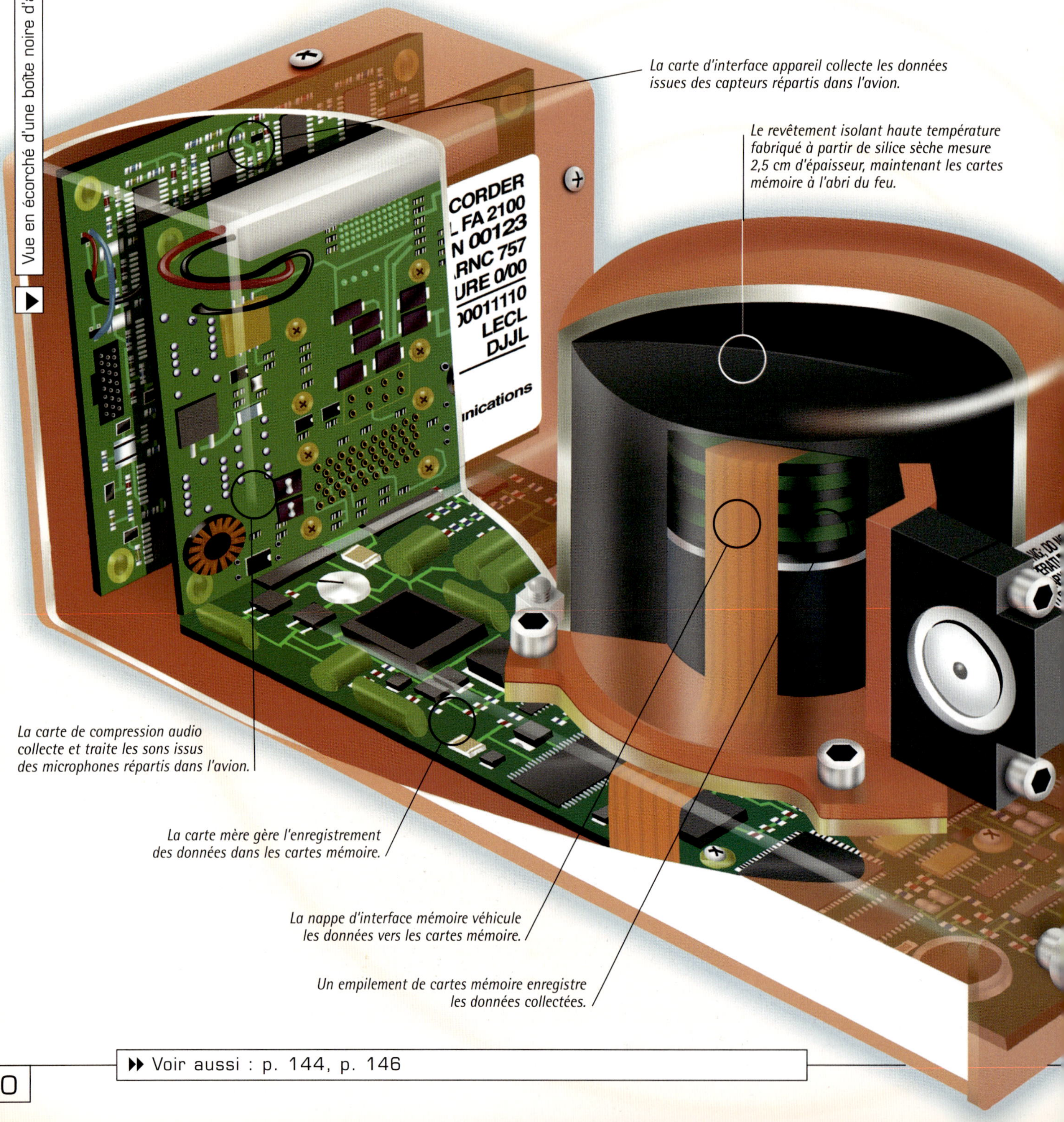

Voir aussi : p. 144, p. 146

» COMMENT ÇA MARCHE

Lorsqu'un avion s'écrase à grande vitesse et depuis une altitude élevée, il ne reste souvent que très peu d'indices pour identifier les causes de l'accident. C'est pourquoi la boîte noire est précieuse : elle renferme les données des instruments de bord, les mesures des capteurs répartis dans l'appareil et les conversations enregistrées par les microphones dans le cockpit. Généralement, seule la queue d'un avion échappe à la violence de l'impact d'un crash aérien. C'est pourquoi on y installe la boîte noire. Celle-ci peut supporter un poids de cinq tonnes sans s'écraser et sa balise sous-marine automatique se déclenche si l'engin s'abîme en mer, envoyant un signal pendant au moins six ans.

PROVENANCE DES DONNÉES ENREGISTRÉES DANS LA BOÎTE NOIRE PRINCIPALE D'UN AVION

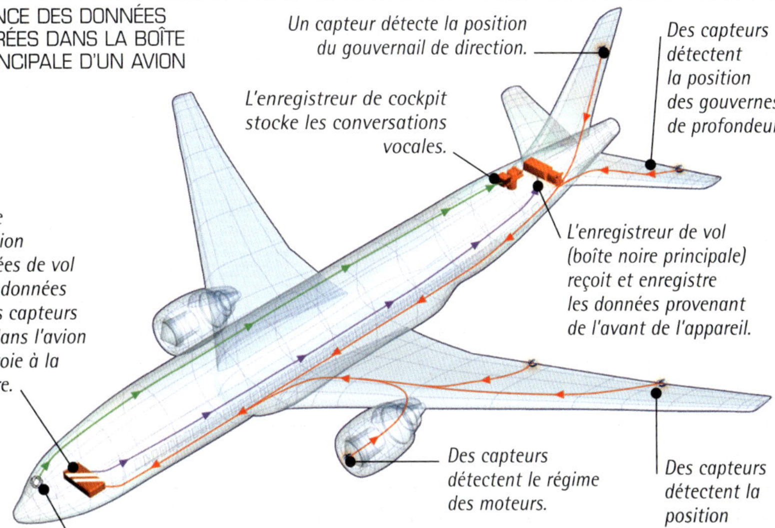

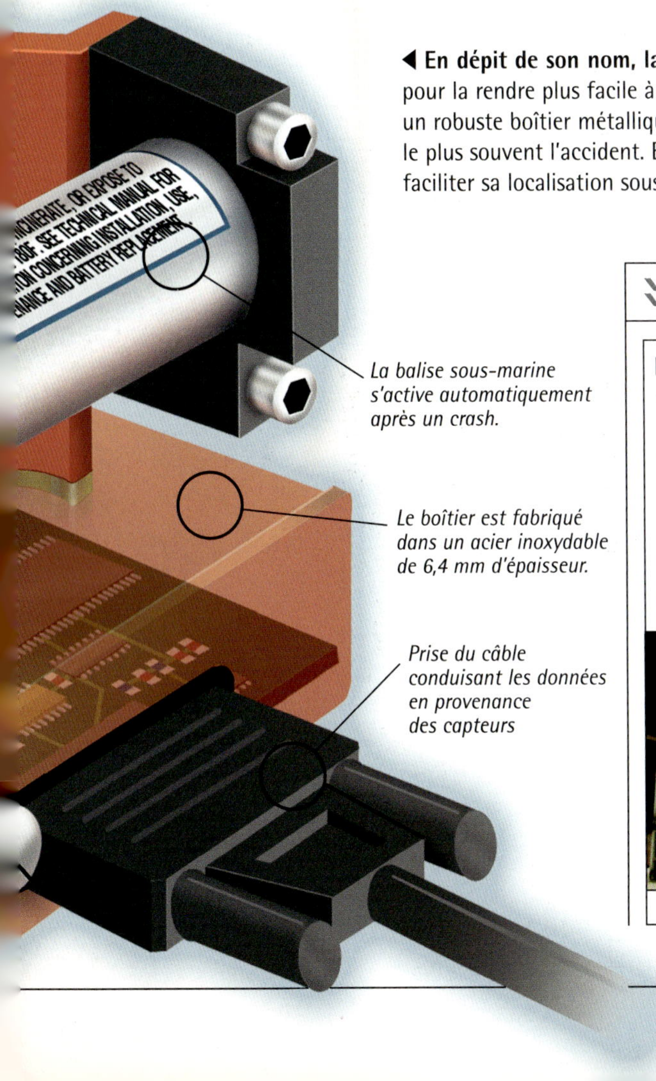

◀ **En dépit de son nom, la boîte noire** est généralement de couleur rouge ou orange pour la rendre plus facile à repérer parmi les débris d'un crash. Elle est enfermée dans un robuste boîtier métallique conçu pour résister au choc et au feu qui accompagnent le plus souvent l'accident. Elle est également équipée d'une balise de transmission pour faciliter sa localisation sous l'eau.

Récupération de données

▶ Les premières boîtes noires étaient de simples enregistreurs à bande magnétique qui stockaient les données des quatre dernières heures de vol. Dans les années 1970, des modèles améliorés permettaient d'enregistrer plus de données sur des bandes plus larges. Mais ils présentaient encore des parties mécaniques qui pouvaient tomber en panne et la bande était parfois détruite dans le crash.

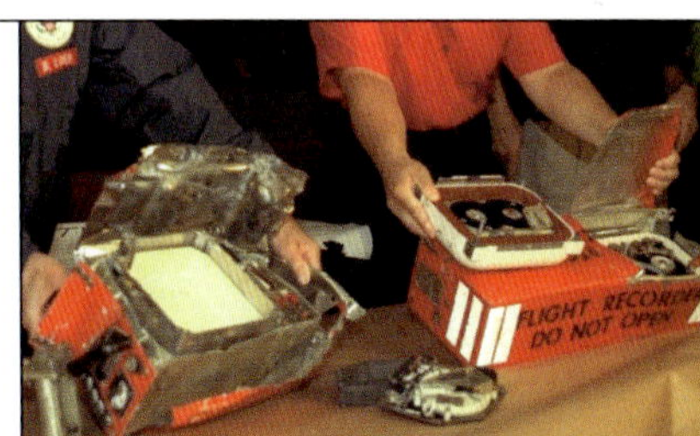

Ancien modèle de boîte noire après un crash

Boîte noire numérique moderne

◀ Les boîtes noires modernes sont équipées de cartes électroniques et n'ont plus ni bande magnétique ni pièce mobile. Près de 300 types de mesures différents sont stockés sous forme numérique sur des cartes mémoire semblables à celles d'un ordinateur. Elles peuvent conserver deux heures de données audio et 25 heures de données de vol : environ sept fois plus que les anciennes bandes magnétiques.

ROUTES

Routes piétonnières

Les escaliers mécaniques peuvent transporter un grand nombre de personnes. Celui de la photo ci-contre se trouve dans la tour Lloyds de 12 étages, à Londres. Le plus long du monde est le Central-Mid-Levels Escalator, à Hong Kong. Emprunté quotidiennement par 50 000 personnes, ce système de 20 escaliers mécaniques réversibles se déroule sur 800 m de long.

Réseaux routiers

Pour faire face à l'accroissement du trafic et à la limitation de l'espace, on a créé les enjambements et les échangeurs routiers. Ces routes bâties sur des piliers sont constituées de voies de bitume qui s'entrecroisent et s'enjambent sur plusieurs niveaux. Chaque section surélevée doit supporter chaque jour le poids de milliers de véhicules, et ce pendant des dizaines d'années.

Les moyens de transport sont de plus en plus sophistiqués et les voyages sont devenus plus faciles, moins coûteux et plus sûrs. Pour déplacer cargaisons et voyageurs, des réseaux complexes ont été mis en place à terre, sur mer et dans les airs.

Routes ferroviaires

Il existe plus de 1 100 000 km de voies ferrées dans le monde de nos jours. Un réseau complexe de signaux contrôle les déplacements des trains et les aiguille sur les différentes voies pour éviter les accidents et les retards. Il fournit également aux conducteurs des informations sur l'état du trafic. L'un des trains les plus rapides dans le monde se trouve en Chine et atteint, en pointe, la vitesse de 431 km/h.

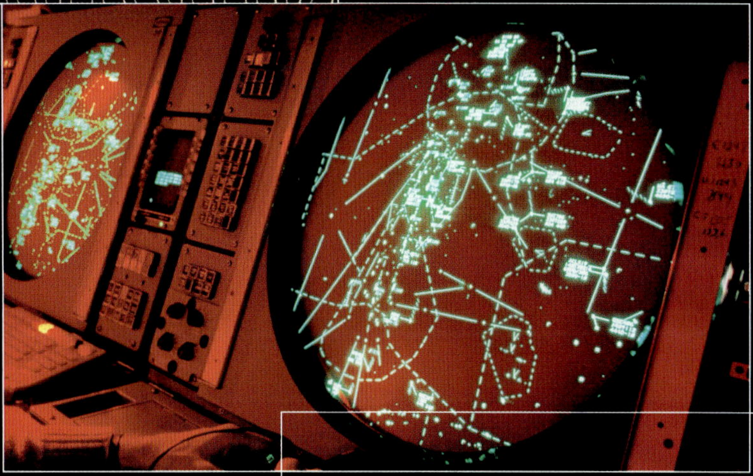

Routes aériennes

Pour éviter les retards et les collisions aériennes, les aiguilleurs du ciel, dans les aéroports, utilisent des équipements de haute technologie pour contrôler les décollages et les atterrissages des avions. Des systèmes de radars et d'ordinateurs surveillent le trafic aérien en suivant à la trace le parcours des avions.

Routes maritimes

Les gros navires de commerce ne peuvent pas se déplacer librement à travers les océans. Ils doivent suivre des parcours établis, qui apparaissent sous forme de lignes bleu clair sur la carte satellite ci-dessous. Ces routes maritimes guident les bateaux sur des itinéraires sûrs, en eaux profondes, loin des côtes, des récifs et autres dangers.

▸▸ Voir aussi : p. 150, p. 194

LE POSITIONNEMENT PAR SATELLITE

Des satellites en orbite à des milliers de kilomètres au-dessus de la planète permettent aujourd'hui de localiser notre position exacte en n'importe quel point de la surface de la Terre, que ce soit sur la pente d'une montagne, en plein milieu d'un océan ou au plus profond d'une forêt équatoriale.

▶ **Le positionnement global par satellite** utilise des signaux venant de l'espace pour localiser précisément des objets et des lieux à la surface de la Terre. Le système le plus connu, le GPS (Global Positioning System), repose sur un réseau de 24 satellites qui envoient des signaux à un centre de contrôle situé aux États-Unis.

>> COMMENT ÇA MARCHE

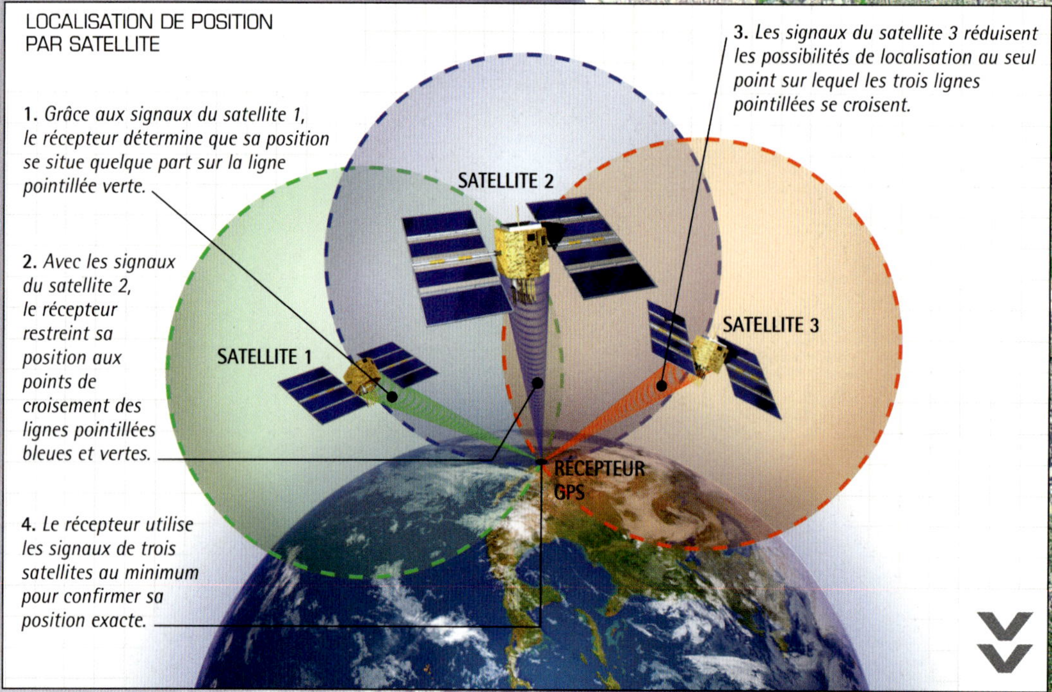

Naviguer, que ce soit sur terre, en l'air ou sur mer, implique de pouvoir localiser à tout instant le point où l'on se trouve sur une carte ; le positionnement global par satellite (Sat-Nav) utilise pour cela des satellites en orbite. Ces derniers sont des objets mouvants mais leur position exacte est connue à tout moment. Un récepteur Sat-Nav relève les signaux qu'ils émettent. En croisant les signaux issus de trois satellites différents, le récepteur peut localiser sa propre position. Avec le signal d'un quatrième satellite, il peut aussi déterminer son altitude au-dessus de la surface terrestre. Le positionnement par satellite peut rendre de grands services dans des situations très différentes. Par exemple, un tel système envoyant des indications vocales dans un casque audio a été développé pour aider les personnes malvoyantes à se déplacer dans des endroits qu'elles connaissent mal. Certains cultivateurs l'utilisent également pour calculer la surface exacte de terres sur laquelle ils veulent épandre des engrais ou des pesticides, et déterminer ainsi la quantité exacte de produit dont ils ont besoin. Mais d'autres usages plus inquiétants pourraient être faits du positionnement par satellite dans la mesure où il permet de surveiller le déplacement des personnes.

Voir aussi : p. 18, p. 26, p. 42, p. 245

Photographie par satellite de la ville de Los Angeles, aux États-Unis

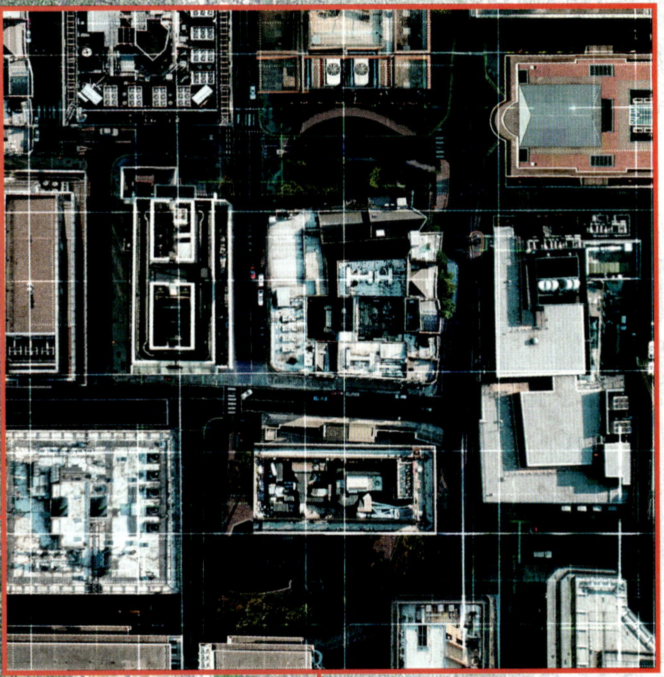

Cette photo est un agrandissement du secteur localisé sur la photo satellite de la ville (pointeur rouge). La plupart des systèmes de positionnement par satellite sont précis à quelques rues ou à environ 12 m près. Celui qu'utilise l'armée américaine est précis à 5 cm près. Il fut développé à l'origine pour guider les navires, les avions et les missiles avec une supposée totale précision.

Cet écran, installé à bord d'une automobile, est celui d'un récepteur GPS. Il affiche une carte qui aide le conducteur à trouver son chemin en ville. Il présente les routes, les caractères géographiques du secteur ainsi qu'une boussole numérique. L'information peut être présentée de différentes manières, en fonction des besoins du moment. En mer, le récepteur affichera les coordonnées de latitude et de longitude pour indiquer la position du bateau.

LA NAVETTE SPATIALE

La Navette spatiale, un vaisseau réutilisable, décolle dans un fracas de tonnerre, propulsée par des moteurs de fusée, mais revient sur Terre et se pose avec la même douceur qu'un planeur. Depuis le départ de la première navette *Columbia*, en 1981, cinq navettes spatiales ont effectué avec succès plus d'une centaine de missions, mais deux d'entre elles ont explosé en vol.

▶ La Navette spatiale est conçue pour transporter des charges et pour être réutilisée au moins 100 fois. Derrière le cockpit, se trouve une immense soute pour emporter dans l'espace des équipements tels que des satellites. Lors de cette mission, en 1995, STS-71, la navette *Atlantis*, utilisa un port spécialement conçu pour s'amarrer à la station spatiale russe *Mir*, aujourd'hui détruite. Elle apportait également des pièces de rechange dont *Mir* avait besoin pour effectuer des réparations essentielles.

◀◀ LE PASSÉ

Avant la construction de la Navette spatiale, les astronautes américains revenaient sur Terre dans une capsule qui tombait en mer et qu'il fallait aller récupérer.

Les navettes spatiales du futur auront des moteurs beaucoup plus gros. Elles n'auront plus besoin, pour décoller, des boosters à poudre externes et devraient être moins coûteuses.

LE FUTUR ▶▶

▲ La Navette spatiale *Atlantis* dans l'espace

Voir aussi : p. 42, p. 132

COMMENT SE DÉROULE UNE MISSION

LE VOL D'UNE NAVETTE SPATIALE, DEPUIS LE DÉCOLLAGE JUSQU'À L'ATTERRISSAGE

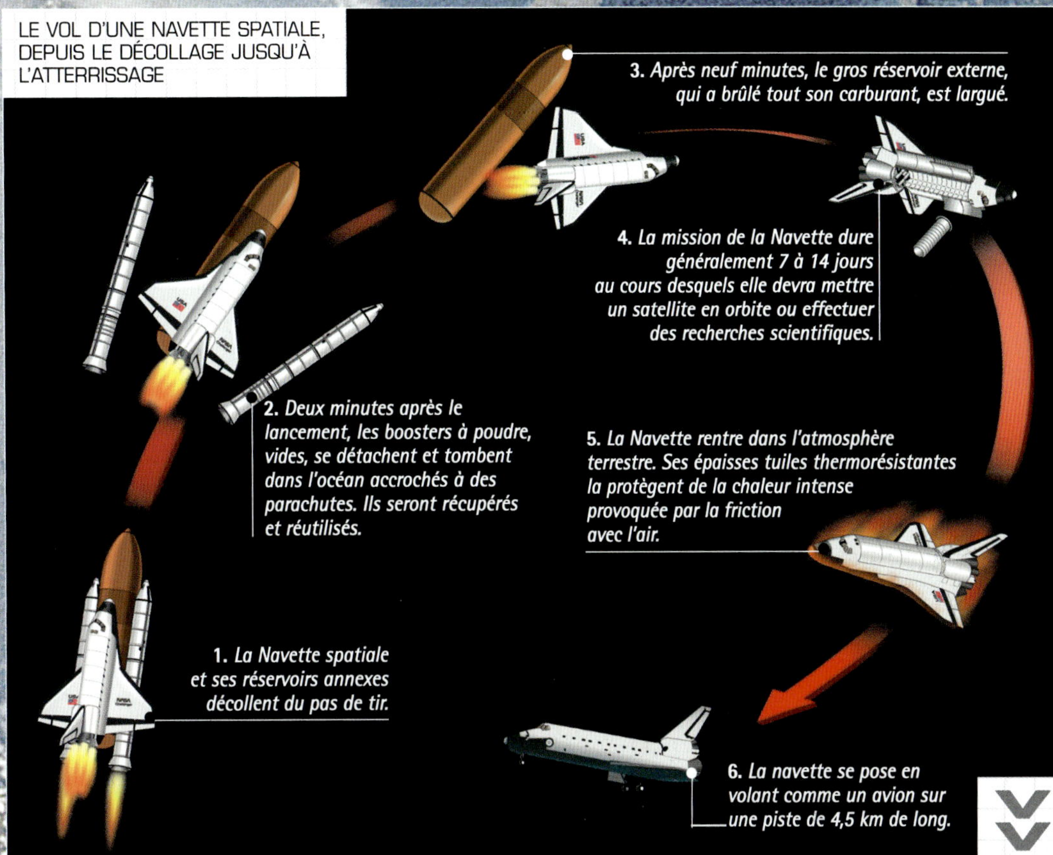

À son lancement, la Navette est attachée à des réservoirs annexes qui fournissent l'essentiel de la poussée pour la placer sur orbite. Ils seront largués une fois vides. La Navette peut emporter un équipage de sept personnes dirigé par un pilote commandant de mission, et comportant des spécialistes tels que des scientifiques qui effectuent des expériences. Au lancement, les trois moteurs principaux de la Navette brûlent le carburant liquide de l'énorme réservoir externe. Pour atteindre son orbite et s'y placer, la navette utilise deux moteurs secondaires : les moteurs de manœuvre orbitaux. Ces derniers interviennent pour modifier l'orbite et la vitesse du vaisseau. Lors du retour sur Terre, la Navette ralentit en pivotant sur elle-même et en relançant ses moteurs orbitaux dans la direction opposée à la direction de vol. Puis l'appareil se retourne de façon à attaquer l'atmosphère par le nez et la face inférieure, où sont localisées les tuiles de protection thermiques les plus résistantes. Une fois dans l'atmosphère, les moteurs sont coupés et la navette revient sur Terre en planant. Elle approche du sol à la vitesse de 320 km/h : deux fois plus vite qu'un avion de ligne. Un parachute géant de 12 m de diamètre est alors déployé pur l'aider à s'arrêter.

LES SONDES SPATIALES

Les sondes automatisées sont aujourd'hui nombreuses à explorer l'espace. Au terme d'un voyage de 10 ans au cours duquel elle atteindra la vitesse de 135000 km/h, la sonde européenne *Rosetta* s'approchera d'une comète. Son atterrisseur se posera finalement à sa surface en 2014.

▼ **1. La sonde Rosetta** a décollé de Guyane française à bord du lanceur Ariane 5 en mars 2004. Elle atteindra son objectif, la comète 67P/Churyumov-Gerasimenko, autour de laquelle elle se placera en orbite, après un périlleux voyage de dix ans à travers le système solaire. Le vaisseau principal, l'orbiteur, enverra alors un module plus petit, l'atterrisseur, se poser à la surface de la comète.

▼ **3. Rosetta** sera la première sonde à étudier le noyau d'une comète. L'orbiteur enverra son atterrisseur se poser à la surface en novembre 2014. L'atterrisseur y effectuera des expériences scientifiques pour déterminer la composition chimique de la comète, ainsi que ses propriétés physiques, magnétiques et électriques.

La comète est supposée être composée de carbone, d'hydrogène, d'oxygène et d'azote.

▲ **2. L'orbiteur**, montré ici en orbite autour de la comète dans une représentation d'artiste, est une grosse boîte d'aluminium équipée de panneaux solaires s'étendant comme des ailes sur deux côtés. Elle renferme l'atterrisseur et onze instruments scientifiques destinés à l'étude de la comète. Comme toutes les comètes, celle-ci possède un noyau rocheux dense, et laisse dans son sillage une longue traînée de gaz et de poussières.

Voir aussi : p. 42, p. 156, p. 245

COMMENT ÇA MARCHE

La comète 67P/Churyumov-Gerasimenko, en orbite elliptique autour du Soleil jusqu'à 857 millions de kilomètres de celui-ci, effectue une révolution complète tous les 6,6 ans. Aucune fusée n'a assez de puissance pour envoyer *Rosetta* en trajectoire directe vers un but aussi lointain. La sonde doit donc acquérir de l'énergie en utilisant l'effet de fronde gravitationnelle des planètes auprès desquelles elle passe. Elle ne doit pas s'en approcher trop afin de ne pas être attirée dans leur orbite. En passant à bonne distance, chaque planète offre à *Rosetta* un surcroît de puissance qui la projette sur une orbite plus large autour du Soleil jusqu'à ce qu'elle atteigne la trajectoire de la comète.

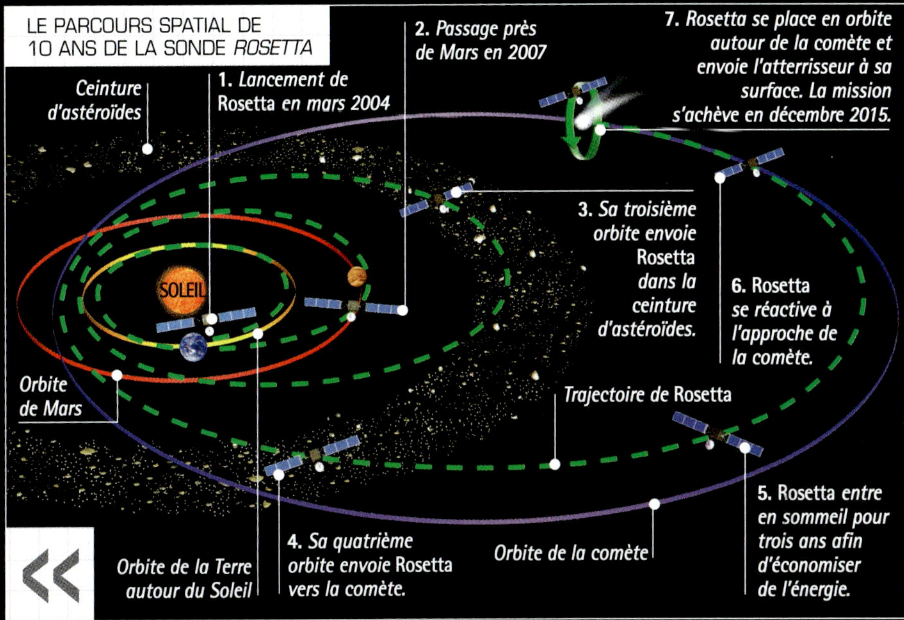

Vision d'artiste de l'atterrisseur de la sonde *Rosetta* à la surface de la comète

Aujourd'hui, nous voyageons plus, plus vite et plus loin que jamais. Un si grand nombre de personnes qui se déplacent, sur Terre comme dans les airs, constitue l'un des grands défis du XXIe siècle : nous allons devoir développer les technologies qui nous permettront de gérer des systèmes de transport très chargés.

Les systèmes de contrôle de trafic vont acquérir de plus en plus d'importance. Vers 2010, la plupart des conducteurs d'automobiles utiliseront des appareils de positionnement par satellite pour trouver leur chemin en ville et se diriger vers les itinéraires les moins encombrés. Ces systèmes de guidage pourraient même devenir tellement intelligents qu'ils conduiront les automobiles eux-mêmes tandis que leurs occupants regarderont un film, travailleront ou converseront au téléphone. Les trains dialogueront en permanence avec des ordinateurs centralisés de coordination du trafic ferroviaire, tandis que les développements des technologies du contrôle aérien permettront aux avions de communiquer directement avec des ordinateurs au sol.

> « Des merveilles sous-marines comme l'épave du Titanic, les fumeurs noirs, voire des cités perdues, deviendront des destinations touristiques. »

Si la tendance actuelle se poursuit, vers 2020, plus de deux milliards de voyages seront effectués annuellement. Pour répondre à cette demande, on travaille d'ores et déjà à de nouveaux types d'avions, qui sont simulés sur des ordinateurs et testés en soufflerie. Des super-jumbojets à deux étages, comme l'Airbus A380, vont devenir communs dans les années à venir. Ces énormes avions de ligne pourront embarquer plus de 500 personnes. Dans un futur plus lointain, des taxis des airs, capables de décoller et d'atterrir sur de petites pistes au cœur des villes, transporteront les gens comme le font les taxis ordinaires aujourd'hui. De nouvelles technologies de propulsion ont déjà permis le développement du scramjet, ou statoréacteur à combustion hypersonique, encore appelé superstatoréacteur. Le scramjet est aussi puissant qu'une fusée mais ne vole que dans l'atmosphère et non dans l'espace (il a besoin d'oxygène). Cette technologie pourrait conduire au développement d'avions de ligne capables d'aller de Paris à Sydney, soit une distance d'un peu plus de 16 000 km, en moins de deux heures. Les chercheurs prédisent qu'en poussant le développement, le scramjet pourrait atteindre 15 fois la vitesse du son !

Quant aux profondeurs océanes, qui restent, pour l'essentiel, inconnues, elles constitueront les dernières frontières sauvages de notre planète. Des merveilles sous-marines comme l'épave du Titanic, les fumeurs noirs, voire des cités perdues, deviendront des destinations touristiques. En payant leur billet, les passagers financeront la recherche et l'exploration océanographiques, qui se feront à bord d'une nouvelle génération de petits sous-marins rapides comme le Deep Flight Aviator.

L'espace deviendra aussi une destination. Des expériences qui étaient, jusque-là, réservées aux astronautes sont déjà à la portée de personnes très riches et deviendront de moins en moins coûteuses. Les vols s'effectueront sur des avions capables d'atteindre l'espace et d'y circuler. Mais les vols spatiaux sont très néfastes pour l'atmosphère et, à long terme, les scientifiques envisagent la possibilité de construire un ascenseur spatial pour emporter matériel et passagers en orbite. Un câble fabriqué en fibres de nanotubes de carbone – un matériau composite ultra-résistant – le long duquel circulerait l'ascenseur, relierait un satellite à un point sur Terre situé près de l'équateur ; probablement une île artificielle spécialement construite pour le projet.

SOUFFLERIE

>> TRAVAIL

Le stylo numérique >> L'ordinateur portable
La carte-mère >> La mémoire flash >> Le clavier virtuel
L'imprimante à laser >> Le scanner à plat >> La carte à puce
La microbalise radio d'identification >> Les robots industriels
La soudure sous l'eau >> La combinaison pare-feu
Le radar Doppler

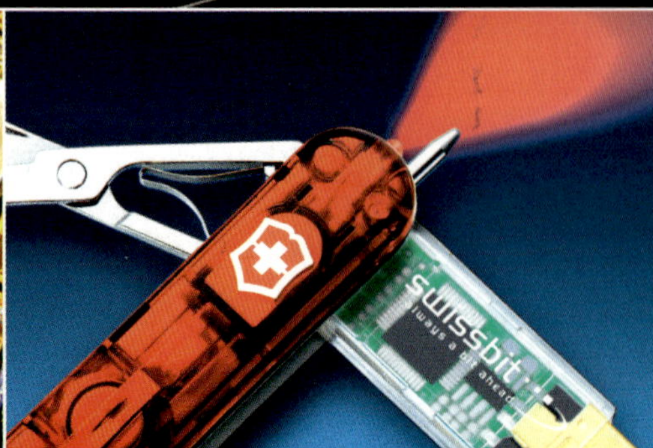

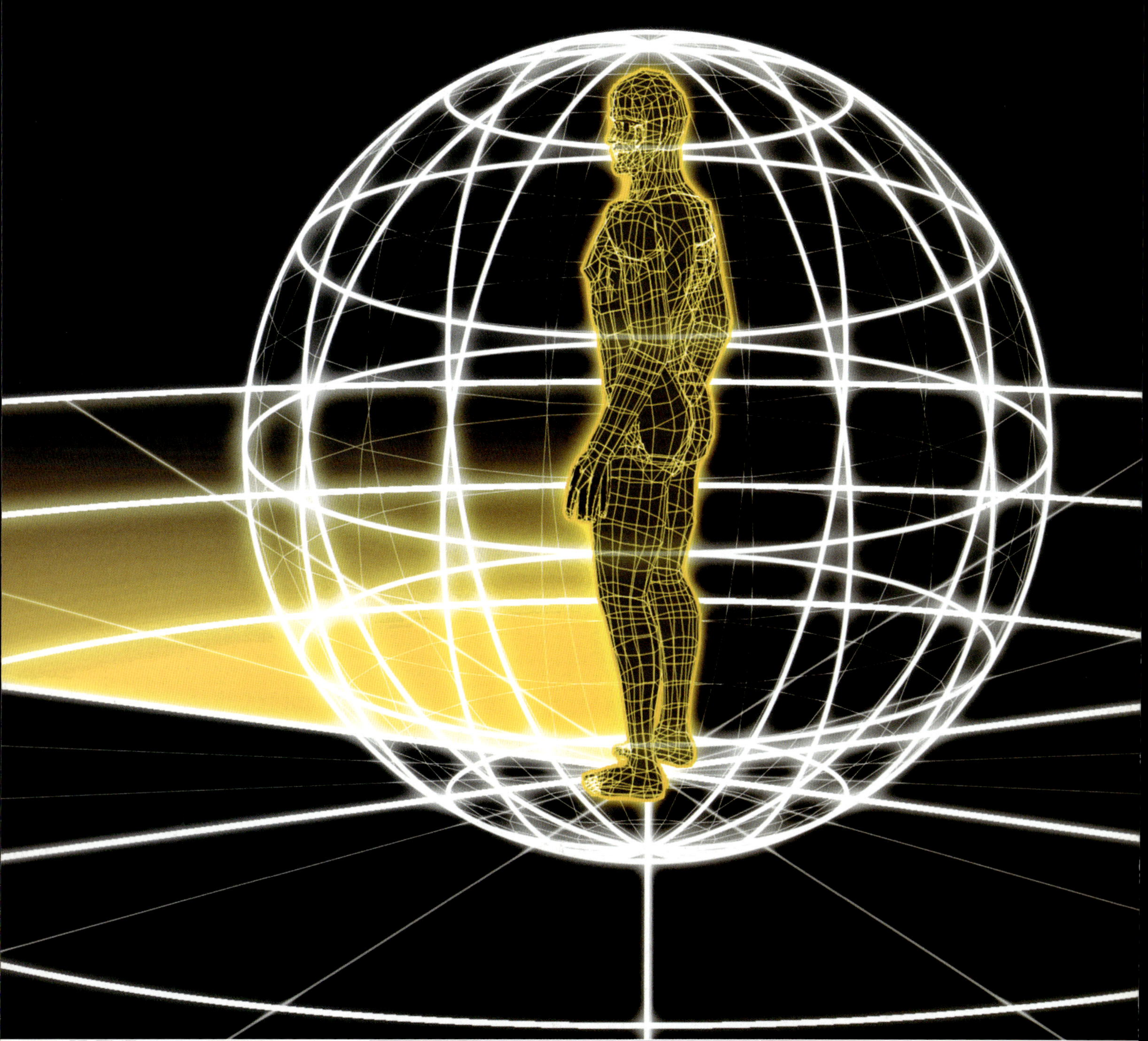

VKB

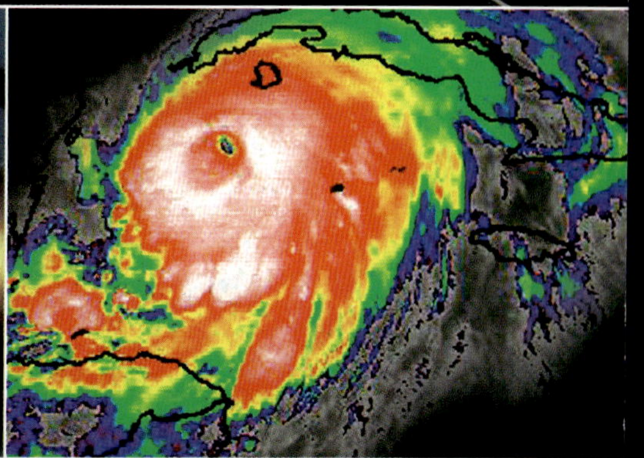

L'invention et le développement de la machine à vapeur au début du XVIIIe siècle marquèrent le début d'un énorme bouleversement dans les façons de travailler. Cette nouvelle technologie fut d'abord mise à profit pour pomper l'eau dans les mines. À la fin de ce même siècle, elle actionnait les métiers à tisser des industries textiles du coton – le premier exemple de production mécanique en masse. Beaucoup de gens quittèrent les campagnes pour venir chercher du travail en ville, dans les usines et, plus tard, dans les bureaux.

CARTE ÉLECTRONIQUE D'ORDINATEUR

Au cours des dernières décennies, l'ordinateur a, à nouveau, révolutionné l'organisation de nos sociétés. Toute tâche répétitive ou pouvant être découpée en une succession d'étapes simples, peut être prise en charge par un ordinateur ou un robot créé pour effectuer un travail spécifique, tel que peindre une voiture au pistolet. Les robots peuvent aussi effectuer les travaux dangereux à la place de l'homme, tels que la manipulation de plaques de métal brûlantes. Grâce à cette automatisation, les ouvriers en usine passent moins de temps sur les chaînes de production. De la même manière, dans les bureaux, les ordinateurs traitent aujourd'hui l'essentiel des tâches répétitives, par exemple les séries de calculs et l'impression de documents. Des appareils comme les imprimantes à laser et les scanners à plat ont également simplifié le travail et permis d'accroître la productivité. Grâce aux ordinateurs et aux téléphones portables, les employés de bureaux sont beaucoup plus mobiles qu'ils ne l'étaient avant. De nouvelles technologies comme le clavier virtuel, la mémoire flash et le stylo numérique, permettent à une population sans cesse accrue de travailler depuis son domicile, en voyage, ou de se déplacer d'un bureau à un autre.

Il reste toutefois certaines tâches qui ne peuvent être effectuées que par l'homme. Les décisions que doivent prendre les médecins, par exemple, sont trop complexes et subtiles pour être confiées à un ordinateur – diagnostics et interventions sur un patient restent généralement effectués par le praticien. Néanmoins, la technologie joue aujourd'hui un rôle majeur dans la plupart des professions. Les plongeurs sous-marins utilisent des techniques de soudure sous l'eau pour réparer les structures immergées des plateformes de forage et des oléoducs. Les navigateurs se servent du positionnement par satellite pour déterminer leur position en mer. Les satellites et les radars aident les météorologues à prévoir le temps, ce qui aide, en second lieu, les cultivateurs et tous ceux qui ont besoin de savoir quand le soleil va briller et quand il va pleuvoir. Des matériaux modernes comme le Kevlar® protègent les pompiers au cœur des bâtiments en feu. Les médecins légistes utilisent des scanners à empreintes digitales pour analyser les échantillons prélevés sur les lieux d'un crime, tandis que les caissières des grands magasins scannent les codes barres imprimés sur les produits pour entrer rapidement le prix des articles dans l'addition. Hommes et femmes d'affaires utilisent les fulgurantes capacités de calcul des microprocesseurs pour effectuer et garder les traces de leurs transactions et prévoir les évolutions des marchés.

> « De nos jours, 10% des ouvriers sur les chaînes d'assemblage d'automobiles sont des robots, qui accroissent considérablement la productivité. »

L'une des raisons pour lesquelles les gens travaillent est, bien sûr, de gagner de l'argent. Dans ce domaine encore, la technologie a modifié beaucoup de choses. L'argent est, aujourd'hui, pour l'essentiel invisible, existant sur les comptes bancaires sous forme de nombres transférés directement entre les comptes des employeurs et des employés, des acheteurs et vendeurs. Évidemment, il nous arrive encore souvent d'aller prélever des billets dans un distributeur, mais nous utilisons de plus en plus fréquemment les cartes bancaires pour effectuer des paiements rapides et sûrs.

LE STYLO NUMÉRIQUE

▶ Pointe d'un stylo numérique vue en très gros plan

▶ **Un stylo numérique** renferme une caméra numérique miniaturisée et des puces électroniques qui enregistrent, traitent et transmettent les informations. Il ne peut être utilisé que sur un papier spécial sur lequel est imprimée une trame de points microscopiques. Chaque fois que le stylo entre en contact avec le papier, sa caméra photographie la position du stylo sur la trame de micropoints et stocke ces informations sous la forme d'une série de coordonnées dans sa puce mémoire. Les données sont ensuite transmises par une liaison sans fil et une réplique de ce qui a été inscrit sur le papier est créée sur l'écran.

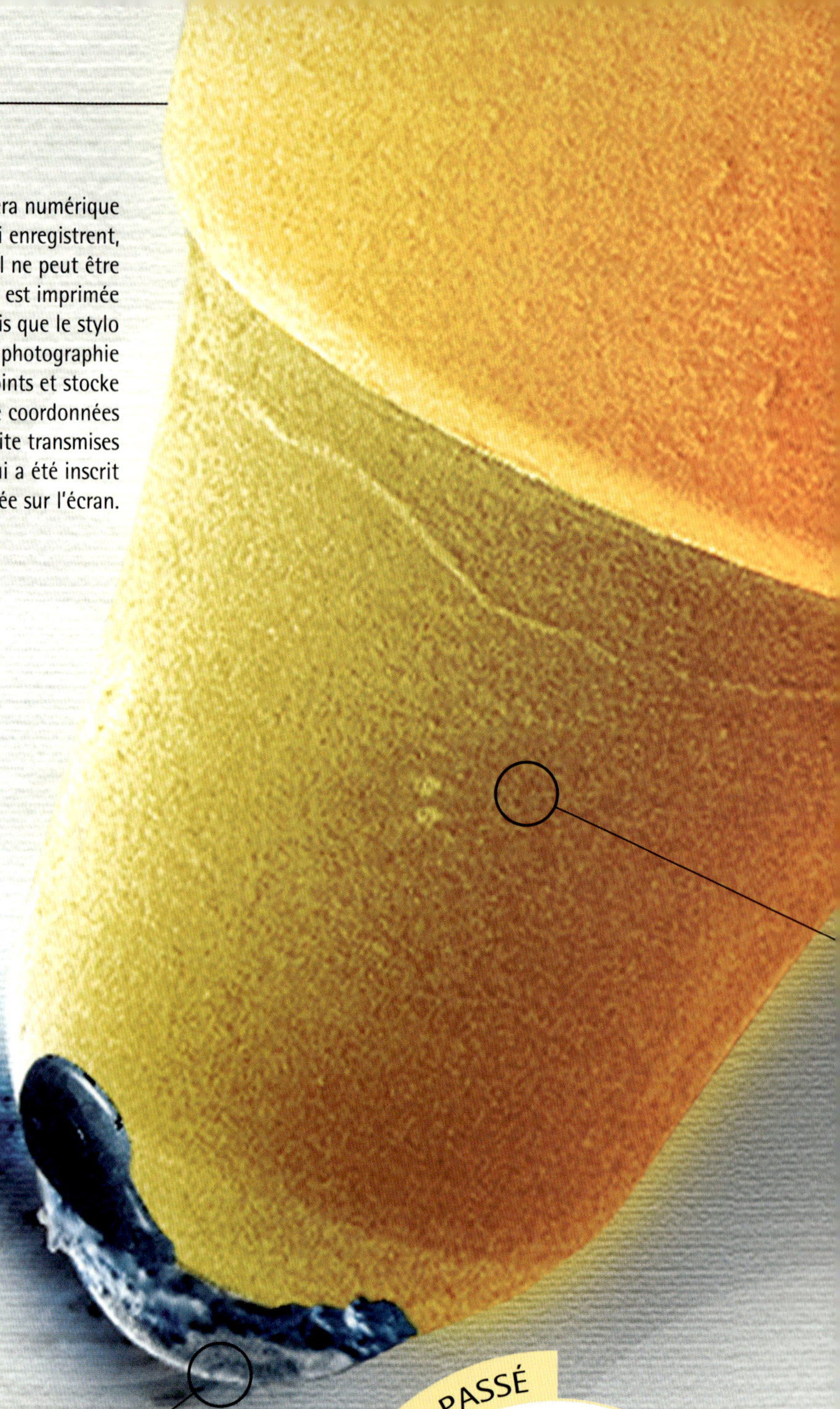

Un stylo numérique enregistre exactement ce qu'écrit ou dessine son utilisateur. On peut ainsi prendre en note des idées, des pense-bêtes ou des dessins et les transférer ensuite sur un ordinateur pour les sauvegarder, les retravailler ou les imprimer.

◀◀ LE PASSÉ

Les premiers outils d'écriture remontent à 3000 av. J.-C.. Il s'agissait de simples bâtons épointés qu'utilisaient les anciens Sumériens pour graver des signes sur des tablettes d'argile.

Dans l'avenir, les points de connexion sans fil dans les cafés ou les gares permettront, moyennant paiement, de télécharger la dernière édition d'un journal pour impression ou affichage sur écran.

LE FUTUR ▶▶

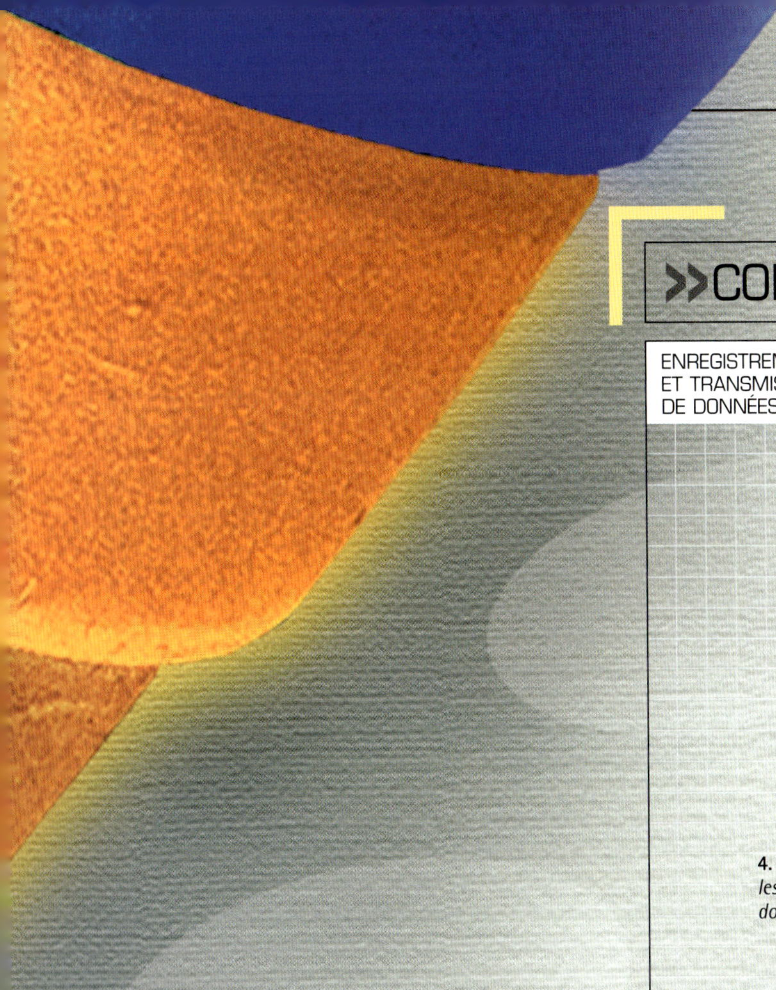

La pointe du stylo renferme une minuscule caméra numérique.

>> COMMENT ÇA MARCHE

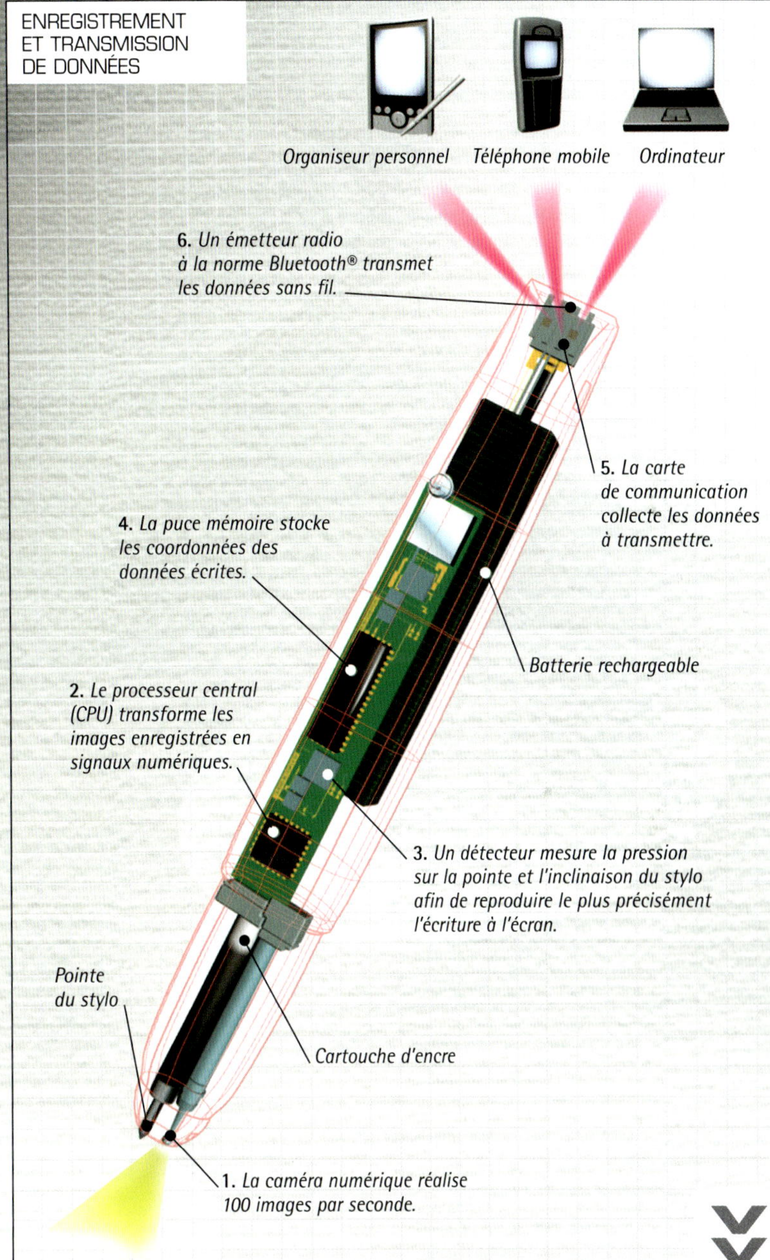

Les stylos numériques ressemblent à des stylos à encre ordinaires et sont aussi faciles à utiliser que ces derniers. Ils fonctionnent n'importe où sans nécessiter la présence d'un ordinateur. En revanche, la batterie doit être bien chargée et il est indispensable d'utiliser le papier à trame de micropoints. La plupart des stylos numériques peuvent enregistrer dans leur mémoire 40 pages de format A4. Quand la mémoire est pleine, les données doivent être transferées dans un organiseur personnel, un téléphone portable ou un ordinateur. Le détecteur dont est équipé le stylo garantit une reproduction à l'écran identique à la version papier.

L'encre invisible

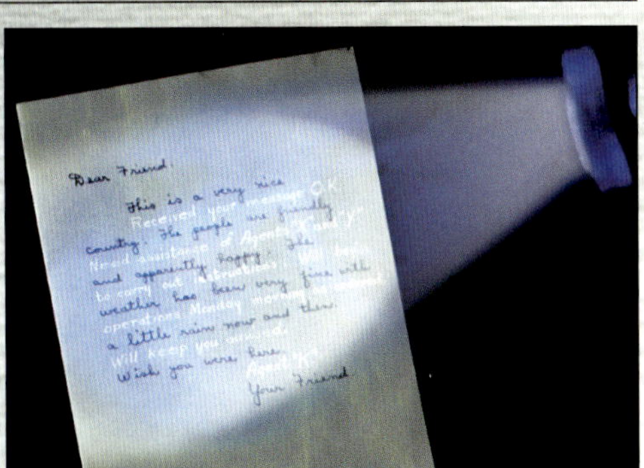

Encre invisible révélée par la lumière ultraviolette

▲ L'encre invisible est utilisée par les espions depuis des siècles pour transmettre des messages indécelables. Elle laisse, sur ce qui semble être une lettre normale, une trace cachée qu'il faut révéler en la chauffant, en l'éclairant à la lumière ultraviolette (UV), etc. Le stylo numérique utilise de l'encre visible, mais il enregistre lui aussi un tracé caché : celui qu'il décrit sur la trame de micropoints invisibles.

▶▶ Voir aussi : p.168, p. 172, p. 174, p. 241

L'ORDINATEUR PORTABLE

Les ordinateurs portables constituent de véritables bureaux mobiles. Les progrès de la miniaturisation et leur design compact en font des ordinateurs à la fois légers et puissants. Fermés quand on ne les utilise pas, ils peuvent être transportés n'importe où.

▶ **Bien qu'il ne pèse** que 3 kg et ne mesure que 2 cm d'épaisseur, cet ordinateur portable PowerBook G4 est plus puissant que bon nombre d'ordinateurs de bureau. Sa carrosserie en aluminium est résistante aux rayures et si l'appareil tombe accidentellement, les détecteurs de mouvement dont il est équipé protégeront le disque dur afin qu'il ne soit pas endommagé. Sa batterie rechargeable lui fournit jusqu'à cinq heures d'autonomie de fonctionnement.

▼ **Le processeur central,** ou CPU, est le cerveau de l'ordinateur et le plus important des microprocesseurs qu'il renferme. C'est lui qui effectue les calculs et gère les instructions. Ce processeur, dénommé G4, est réputé pour sa rapidité de traitement des données.

▶ **Le disque dur** constitue la « mémoire morte ». C'est le support magnétique sur lequel sont enregistrés en permanence tous les programmes de l'ordinateur et toutes les données qu'il contient. Il peut renfermer jusqu'à 100 gigaoctets (Go) de données ; un film de qualité DVD occupe 5 Go.

Des détecteurs de lumière intégrés ajustent automatiquement la luminosité de l'écran et du clavier en fonction de l'éclairage ambiant.

Un lecteur-graveur permet de lire et d'enregistrer CD et DVD.

▲ **Le trackpad** remplace la souris et contrôle le curseur sur l'écran. En déplaçant deux doigts sur sa surface, on obtient facilement le défilement vertical et horizontal dans toute fenêtre active.

La carte graphique gère l'affichage en millions de couleurs, ce qui offre des conditions idéales pour regarder des films.

Ordinateur portable Apple PowerBook G4

▲ **Une carte additionnelle** fournit une connexion Internet à haut débit sans fil grâce à la technologie Wi-Fi. De nombreux cafés, librairies, halls d'aéroport et hôtels offrent désormais des bornes Wi-Fi. Grâce à celles-ci, un ordinateur portable peut se connecter à Internet sans brancher aucun câble.

▲ **Cette baie de connexion** fournit divers ports permettant de relier à l'ordinateur des appareils externes : clés mémoire USB, lecteurs MP3, imprimantes, écran et souris additionnels, et bien d'autres.

Un outil multifonctions

◀ Téléphone
Le microphone et le haut-parleur intégrés font office de téléphone grâce à une connexion Internet.

◀ Photographie numérique
En connectant à l'ordinateur un appareil photo numérique par un port USB, on peut stocker des photos pour les sauvegarder, les retoucher et les imprimer.

◀ Vidéo numérique
Un caméscope relié à l'ordinateur permet d'y sauvegarder des vidéos pour les visionner et les monter.

◀ Répertoire
Les adresses d'un téléphone mobile peuvent être téléchargées pour sauvegarde dans l'ordinateur.

◀ Album photographique
Outre qu'il stocke les photos, l'ordinateur permet de les classer, de les organiser et de créer des diaporamas.

◀ Agenda
Les rendez-vous quotidiens et hebdomadaires peuvent être notés dans l'organiseur de l'ordinateur.

◀ Traitement de texte
Des centaines de polices de caractères permettent des mises en page très variées.

◀◀ LE PASSÉ

Le premier ordinateur portable fut commercialisé par la société Osborne Computer en 1981. Il coûtait alors l'équivalent de 1 500 euros environ et pesait… 11 kg.

Les ingénieurs américains travaillent à la mise au point d'un ordinateur portable qui ne coûtera que 85 euros, pour les enfants des écoles des pays en voie de développement.

LE FUTUR ▶▶

▶▶ Voir aussi : p. 16, p. 170, p. 172, p. 241

LA CARTE-MÈRE

Ordinateur à porter

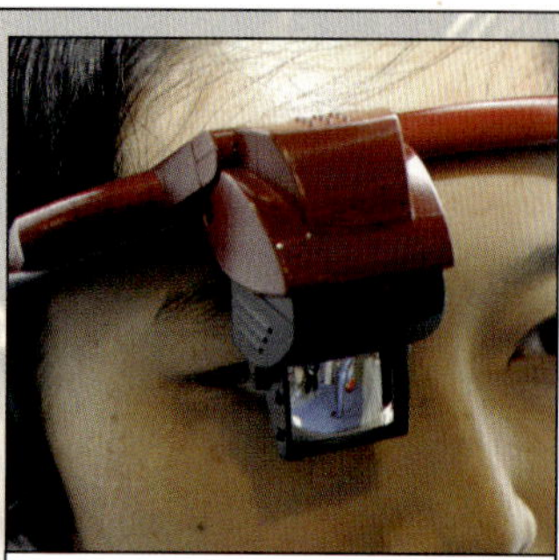

Lunette-écran

Il existe des ordinateurs miniatures spéciaux. L'écran se porte comme une paire de lunettes et projette des images générées par l'ordinateur directement dans l'œil. L'ordinateur est assez petit pour tenir dans une poche ou accroché à la ceinture. Ces ordinateurs « portables » permettent aux techniciens de consulter des manuels tandis qu'ils travaillent sur un site.

La carte-mère est le cœur d'un ordinateur. C'est le circuit principal qui relie entre eux les composants essentiels de l'ordinateur et transmet les instructions à une vitesse incroyable.

Carte-mère d'un ordinateur

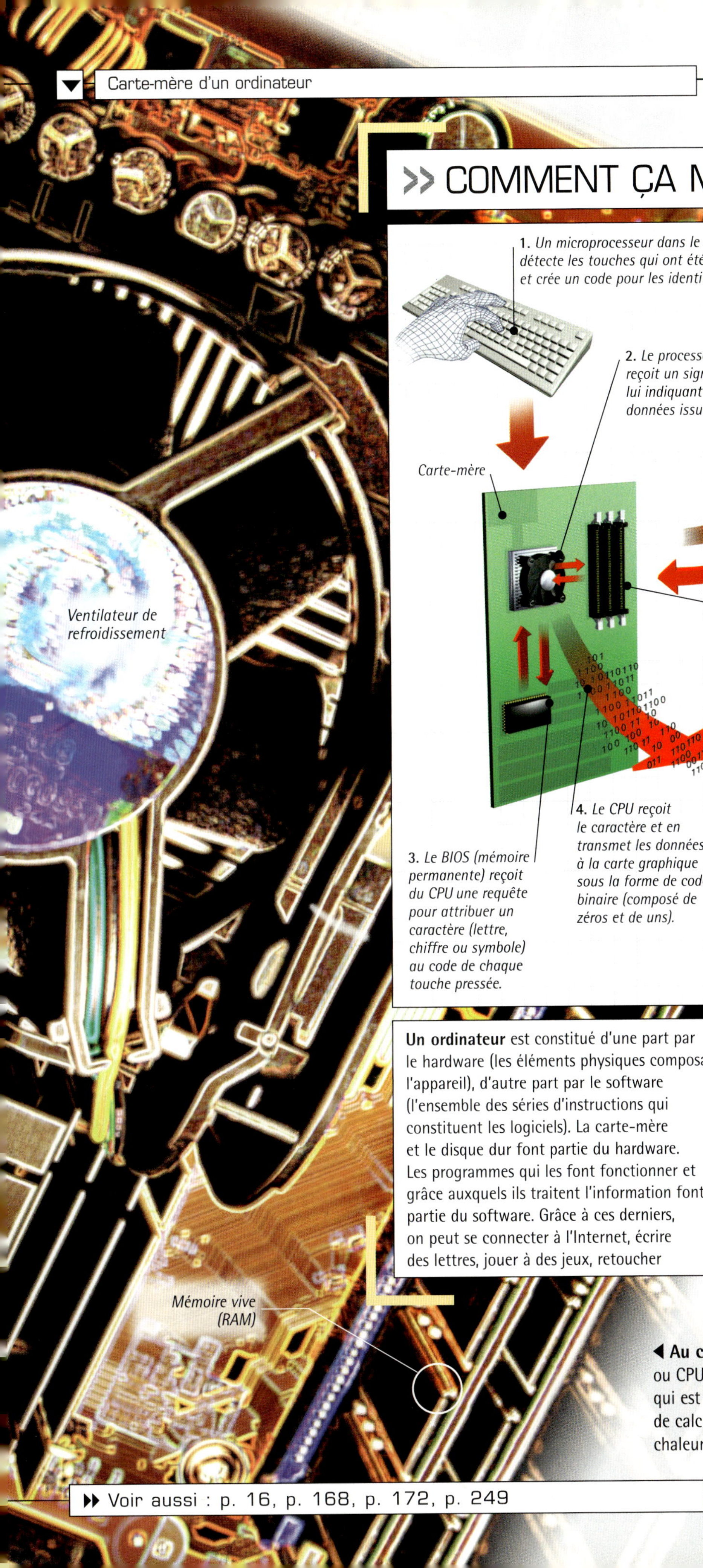

COMMENT ÇA MARCHE

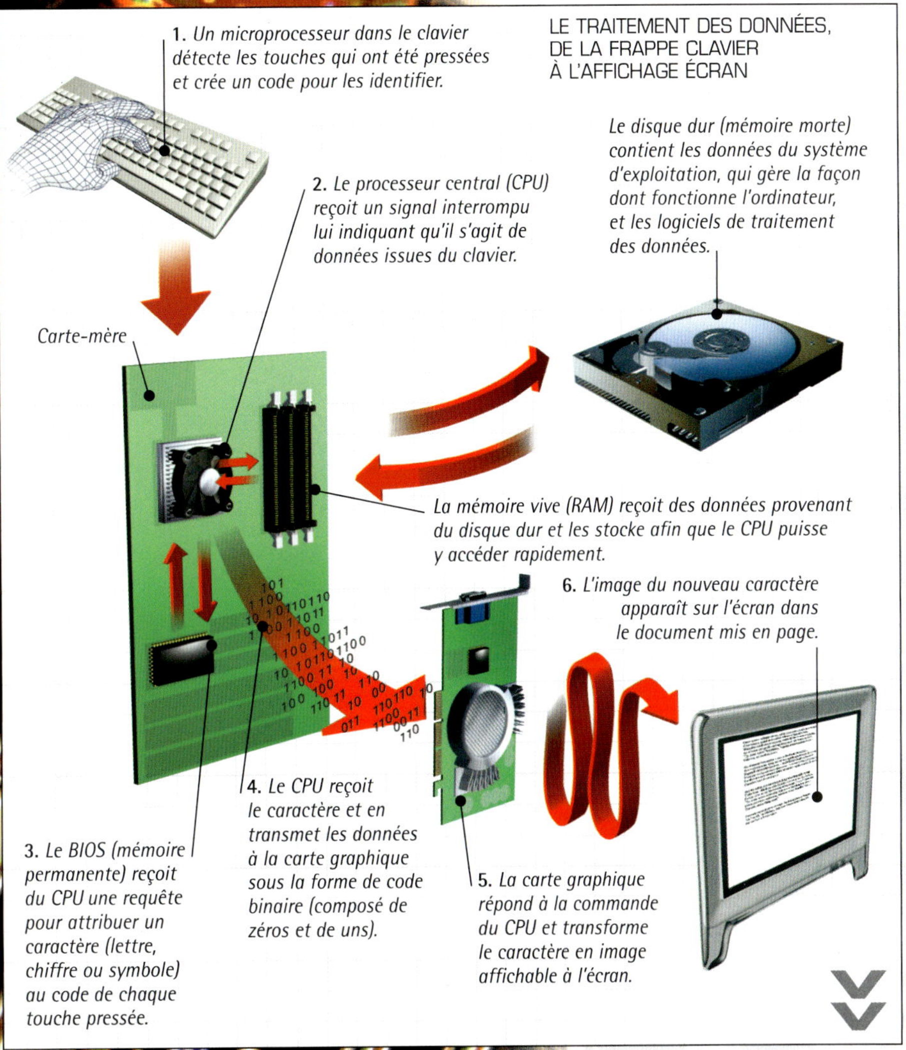

Un ordinateur est constitué d'une part par le hardware (les éléments physiques composant l'appareil), d'autre part par le software (l'ensemble des séries d'instructions qui constituent les logiciels). La carte-mère et le disque dur font partie du hardware. Les programmes qui les font fonctionner et grâce auxquels ils traitent l'information font partie du software. Grâce à ces derniers, on peut se connecter à l'Internet, écrire des lettres, jouer à des jeux, retoucher des photos, etc. Le premier ordinateur, qu'on appelait alors calculateur numérique, vit le jour en 1946. Sa construction prit trois ans ; il occupait une vaste pièce et pesait 30 t. Il était capable de traiter 100 000 instructions par seconde. Grâce à l'invention, dans les années 1970, du circuit intégré, qui regroupe sur une petite surface une grande quantité de composants miniaturisés, les ordinateurs modernes sont devenus beaucoup plus petits et considérablement plus rapides.

◀ **Au cœur de la carte-mère** figure le processeur central, ou CPU (Central Processing Unit, unité centrale de traitement), qui est un microprocesseur. Il effectue des centaines de millions de calculs par seconde. Cette activité génère beaucoup de chaleur et il faut le refroidir par un ventilateur.

▶▶ Voir aussi : p. 16, p. 168, p. 172, p. 249

LA MÉMOIRE FLASH

La clé USB est le dernier accessoire en date à être apparu sur les couteaux suisses, dont la caractéristique est d'être garnis de gadgets variés, plus ou moins utiles. Cet outil peut transporter aujourd'hui des photographies, de la musique, des documents ou toute autre donnée pouvant faire l'objet d'un enregistrement numérique.

Le couteau-mémoire suisse Victorinox

Faisceau lumineux de la torche intégrée

Ciseaux pliants

La mémoire flash stocke les données dans des puces mémoire, comme les barrettes de mémoire vive d'un ordinateur, mais contrairement à ces dernières, elle en conserve l'enregistrement une fois qu'elle est déconnectée ou que le courant est coupé. De ce point de vue, elle agit comme un disque dur, à cette différence qu'elle est plus petite et beaucoup plus durable. N'ayant pas besoin d'une alimentation permanente, une carte mémoire flash peut être transportée sans risques pour les données enregistrées.

La poignée en plastique renferme tous les composants et une pile pour alimenter la torche.

Anneau porte-clés

Décapsuleur

Lame de couteau

Lime

LE PASSÉ

En 1891, Carl Elsener, un Suisse fabricant de couteaux, inventa le « couteau suisse » pour les militaires de son pays. Il le dénomma « couteau d'officier et de chasse ».

Une puce de mémoire flash de 8 gigabits est en cours de développement. Elle pourra contenir l'équivalent d'une heure de données DVD ou 250 fichiers MP3.

LE FUTUR

Stockage de masse

Avant, on transportait les documents de travail dans des attachés-cases. Aujourd'hui, les cartes mémoire flash, qui ne pèsent rien, contiennent leurs équivalents numériques et bien plus. Elles sont assez petites pour tenir dans une poche et peuvent stocker jusqu'à 512 mégaoctets de données, soit plusieurs dizaines de milliers de feuilles de papier A4 imprimées.

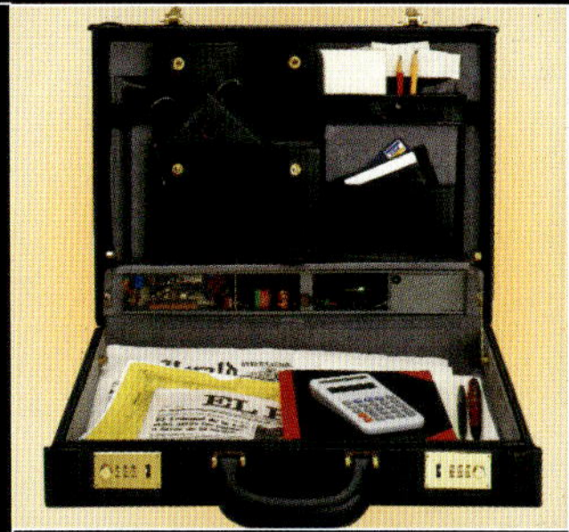

Attaché-case et son contenu

COMMENT ÇA MARCHE

STOCKAGE DE DONNÉES EN CODE BINAIRE DANS UNE MÉMOIRE FLASH

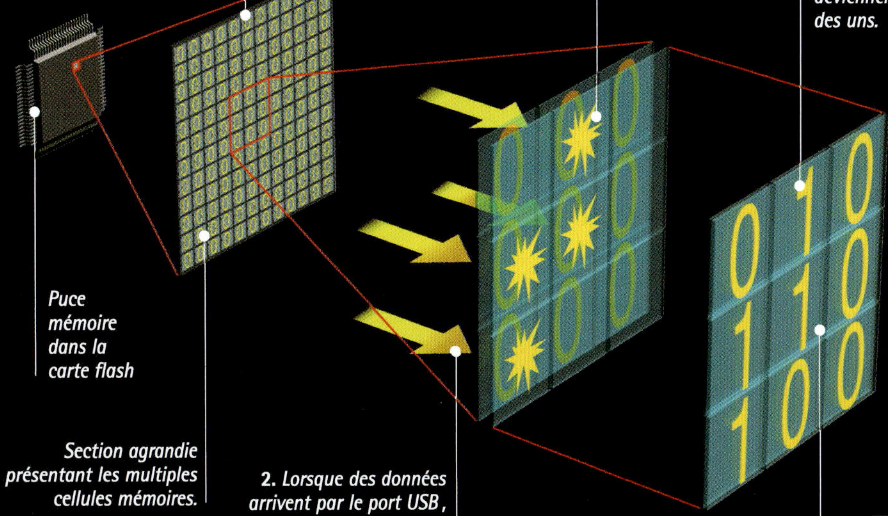

La mémoire flash stocke les données de façon permanente. Elles peuvent être enregistrées, copiées et modifiées selon les besoins. Après usage, la carte est retirée de son support de connexion ; les données stockées restent sur la carte jusqu'à leur effacement et peuvent ainsi être transportées d'un endroit à un autre. La mémoire flash doit son nom au fait que la totalité de son contenu peut être effacée en une seule opération, en l'espace d'une fraction de seconde. De nombreux produits numériques, parmi lesquels les téléphones portables, organiseurs personnels, appareils photos, caméscopes et baladeurs MP3, recourent à la mémoire flash comme moyen de stockage. Celle-ci facilite le transfert de données entre différents appareils et présente peu de risques de défaillance. Les clés USB, qui se branchent à chaud sur n'importe quel ordinateur équipé d'un port USB, sont bien connues mais il existe différentes autres normes de connexion pour la mémoire flash.

Voir aussi : p. 168, p. 170, p. 243

LE CLAVIER VIRTUEL

Un clavier virtuel laser est entièrement composé de lumière. De fait, il peut être projeté sur n'importe quelle surface plane, ce qui en fait un accessoire idéal lorsque l'on dispose de peu d'espace. Les touches frappées sont détectées par l'intermédiaire d'un capteur à infrarouges.

◀◀ LE PASSÉ

Les touches d'un clavier ne sont pas disposées alphabétiquement. L'ordre AZERTY ou QWERTY fut introduit à l'époque des machines à écrire et conservé depuis.

Les logiciels de reconnaissance vocale sont de plus en plus puissants et évolués. Bon nombre de claviers finiront par être remplacés par des microphones.

LE FUTUR ▶▶

Les caractères sont affichés ici sur un assistant personnel (PDA).

L'image d'un clavier est projetée par des rayons de lumière visible.

▶▶ Voir aussi : p. 28, p. 168, p. 170

» COMMENT ÇA MARCHE

Les appareils portables miniaturisés, comme les PDA et les téléphones mobiles, présentent de petits boutons qui sont souvent d'un emploi malaisé. S'il est relativement facile de taper un bref message écrit sur un téléphone portable, l'opération est beaucoup plus laborieuse et frustrante lorsqu'il s'agit d'un long email. Le clavier virtuel vise à résoudre ce problème. Un petit émetteur laser projette l'image lumineuse d'un clavier sur une surface plane, par exemple le couvercle d'un attaché-case. Un capteur dans le projecteur détecte les touches qui ont été frappées, les convertissant en caractères affichés à l'écran. Pour recréer l'illusion d'un véritable clavier, l'appareil émet un son imitant le clic des touches frappées.

PROCESSUS D'AFFICHAGE À L'ÉCRAN DES TOUCHES FRAPPÉES

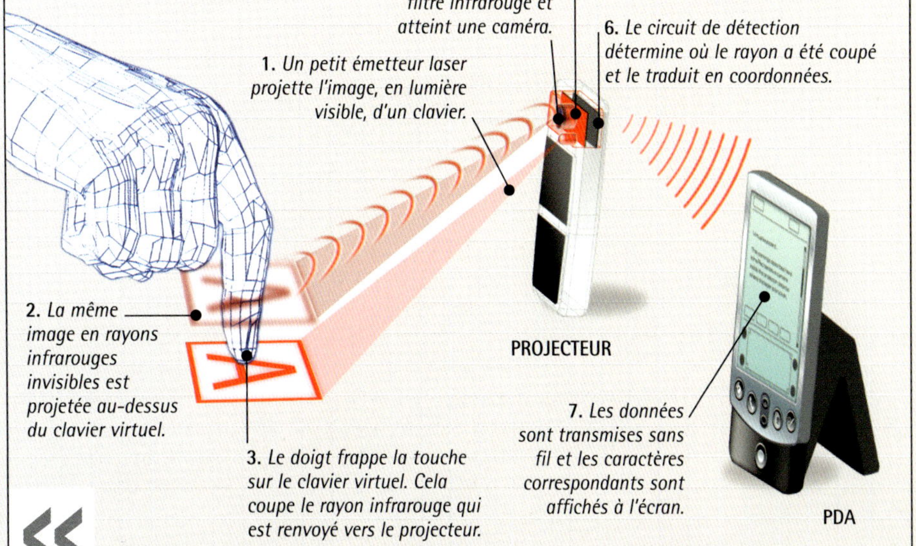

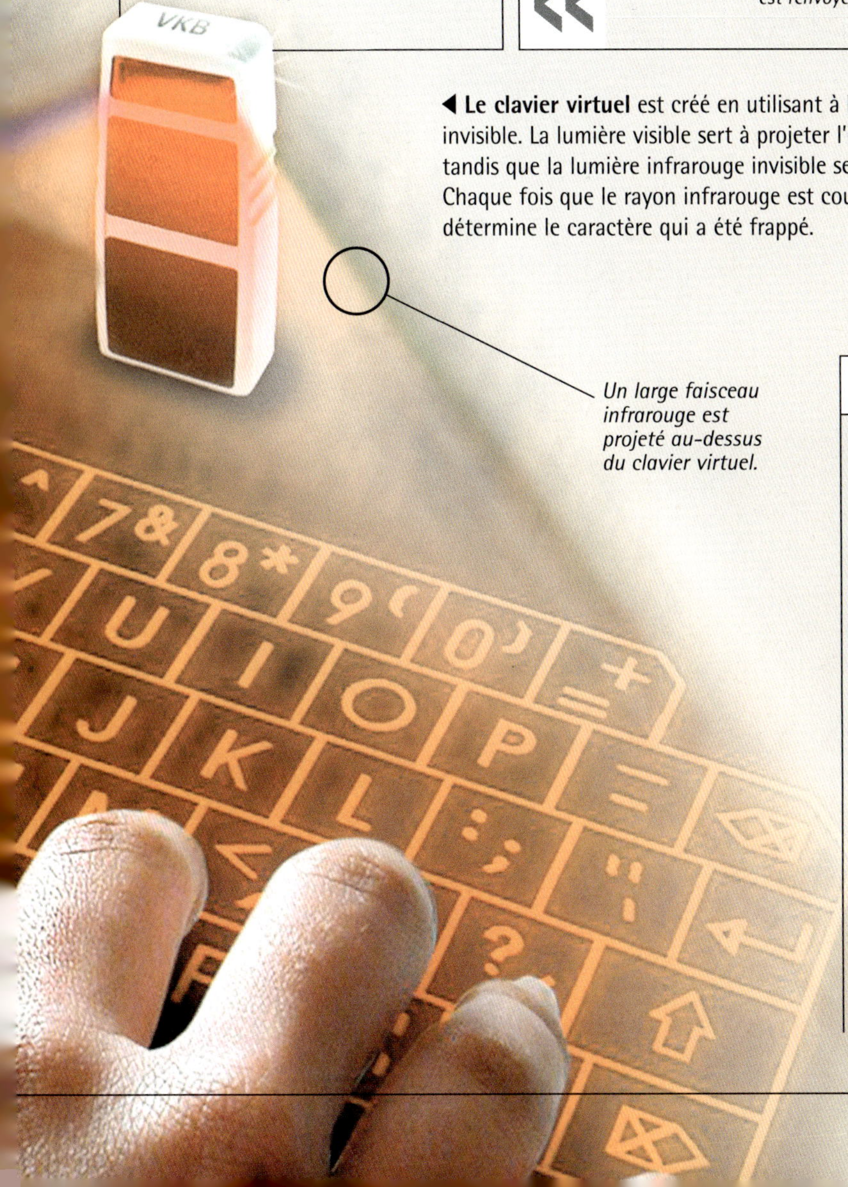

◀ **Le clavier virtuel** est créé en utilisant à la fois de la lumière visible et de la lumière invisible. La lumière visible sert à projeter l'image de l'écran sur la surface plane, tandis que la lumière infrarouge invisible sert à détecter les touches frappées. Chaque fois que le rayon infrarouge est coupé, un détecteur dans le projecteur détermine le caractère qui a été frappé.

Un large faisceau infrarouge est projeté au-dessus du clavier virtuel.

◀ Clavier virtuel en cours d'utilisation

❯ Jeux de tête

Contrôle d'un jeu vidéo par la pensée

▲ Les scientifiques de l'institut allemand de Fraunhofer ont créé une interface cerveau-ordinateur qui permet à un homme de contrôler un jeu vidéo, tel qu'une course ou une partie de tennis, par la pensée. Les intentions du joueur sont captées sous la forme d'ondes cérébrales par un casque électroencéphalographique et un logiciel très avancé les convertit en mouvements à l'écran.

L'IMPRIMANTE À LASER

▲ **Cette lettre S** est formée par du toner, un pigment sec à l'état de poudre. L'impression laser a pour effet de faire fusionner le toner dans le papier sous l'effet de la chaleur et de la pression. Les particules de toner qui constituent la lettre ont été fondues et pressées dans la surface poreuse du papier dont elles sont devenues solidaires.

◀◀ LE PASSÉ

L'orfèvre allemand Johannes Gutenberg mit au point la première presse à imprimer d'Europe en 1450. Elle utilisait des caractères métalliques et son principe resta en usage jusqu'au XXe siècle.

Les faussaires utilisent des imprimantes à laser pour fabriquer des faux billets. On a donc conçu des imprimantes qui impriment dans le papier des marques permettant d'identifier l'imprimante utilisée.

LE FUTUR ▶▶

Pour imprimer des copies quasi parfaites de textes ou d'images, les imprimantes à laser projettent un puissant rayon lumineux sur un tambour. Les plus rapides produisent jusqu'à 45 pages à la minute.

▲ Photo au microscope électronique à balayage d'une lettre produite par imprimante à laser

Les particules de toner

▶ Les imprimantes à laser utilisent un pigment sec, le toner. Cette fine poudre est constituée de minuscules billes de plastique recouvertes de particules de couleur. Durant le processus d'impression, le toner chargé négativement est attiré par les charges positives du tambour, puis par la charge positive encore plus forte du papier. Le papier passe ensuite entre des rouleaux chauffants, les billes de toner fondent et pénètrent dans le papier, retenant les pigments colorés dans les fibres. Les imprimantes couleur utilisent quatre couleurs – noir, cyan, magenta et jaune – pour recréer toutes les couleurs visibles.

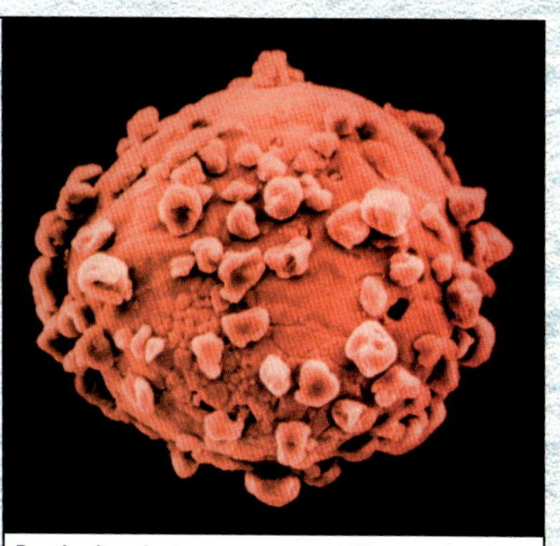

Particules de toner sur une bille en plastique

» COMMENT ÇA MARCHE

ÉTAPES DE L'IMPRESSION DANS UNE IMPRIMANTE À LASER VUE EN COUPE

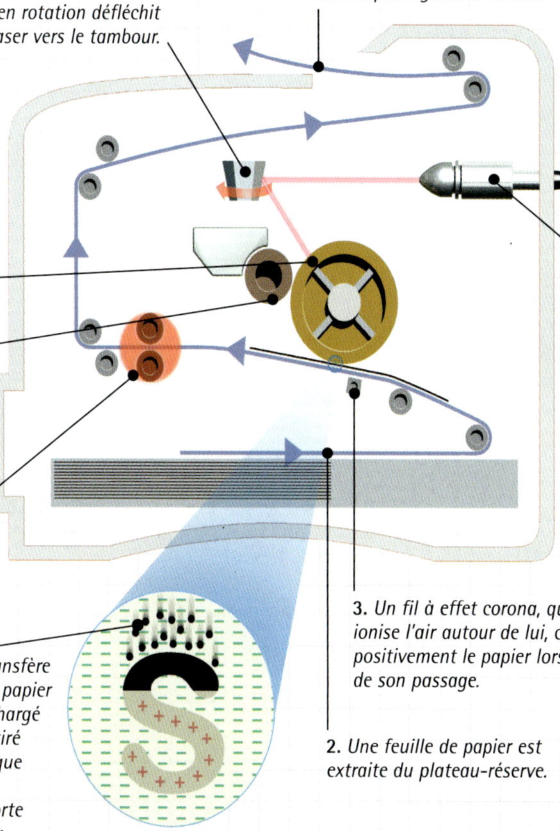

»

C'est la firme Xerox qui développa la première imprimante à laser. Elle était rapide, mais aussi encombrante et coûteuse. Avec la démocratisation des ordinateurs personnels durant les années 1980, la demande pour des imprimantes plus petites et moins chères augmenta. En 1984, la première LaserJet pour micro-ordinateur apparut sur le marché. C'était la première imprimante à laser à cartouche de toner remplaçable.

Les autres types d'imprimantes pour ordinateurs sont les imprimantes matricielles, utilisées essentiellement sur les lieux de travail, et les imprimantes à jet d'encre, très présentes dans les foyers. Les imprimantes matricielles, dites aussi «à impact», utilisent une série d'aiguilles venant frapper un ruban encreur qu'elles appliquent sur le papier. Elles sont beaucoup plus rapides que les imprimantes à laser et servent surtout pour imprimer des factures ou des formulaires en grand nombre. La technologie à jet d'encre fut développée à la fin des années 1980. Bien que plus lentes que les lasers, les imprimantes à jet d'encre sont plus répandues dans les foyers car elles ont atteint aujourd'hui la qualité d'impression photographique à un coût raisonnable.

▸▸ Voir aussi : p. 16, p. 178, p. 206

LE SCANNER À PLAT

N'importe quel document, qu'il s'agisse d'un dessin, d'une photo de famille ou d'un texte, peut être saisi sous la forme d'une image par un scanner. Cet appareil convertit l'image en fichier numérique qui peut être ensuite traité et imprimé par un ordinateur.

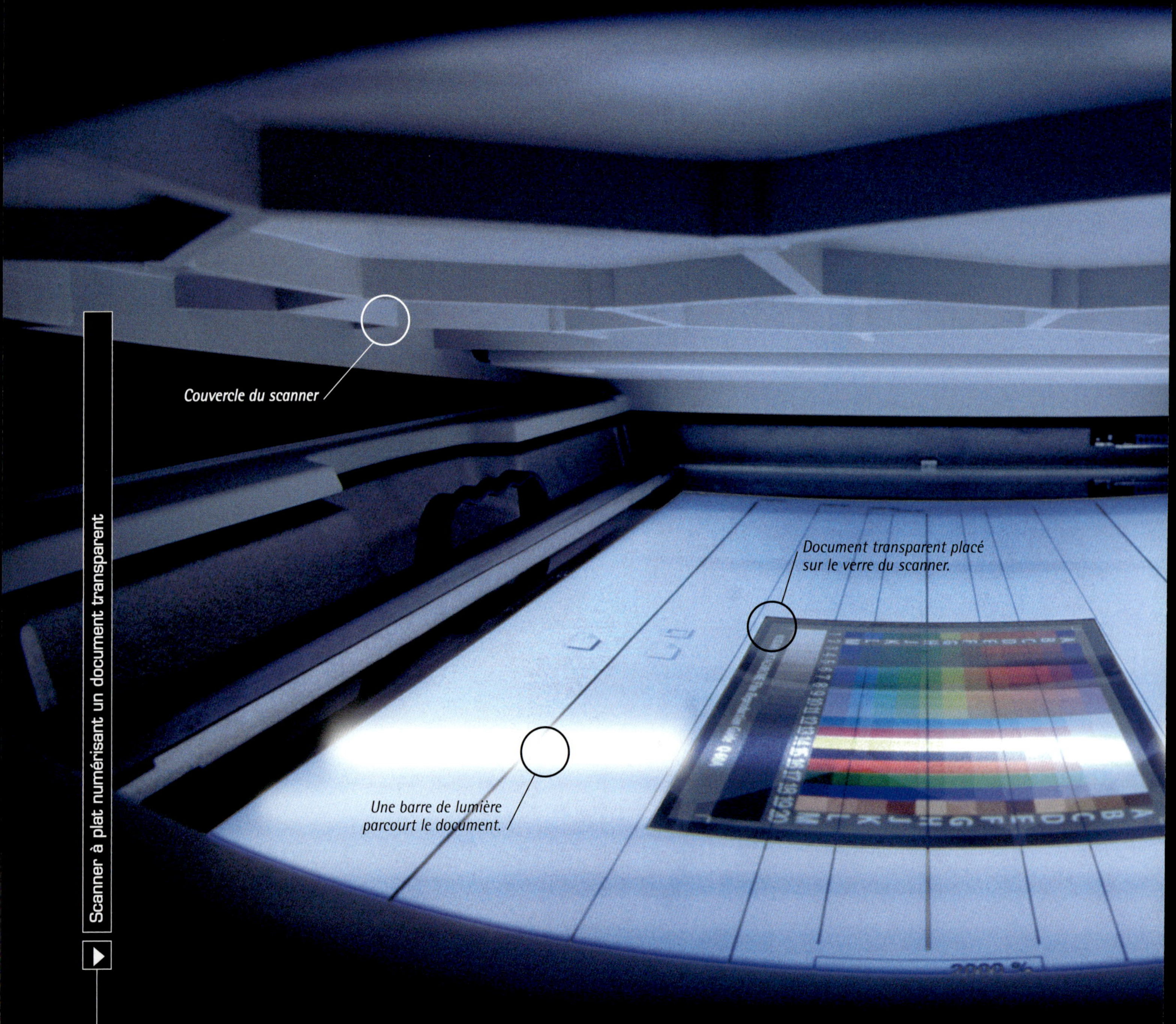

Scanner à plat numérisant un document transparent

▶▶ Voir aussi : p. 168, p. 176

▼ **Un scanner** utilise un faisceau de lumière associé à un capteur photosensible pour « lire » les couleurs d'une image ou d'un texte. Puis il convertit l'information reçue en image numérique qui peut être traitée par un ordinateur. Les photocopieurs fonctionnent de la même manière mais dans le but de produire des copies papier instantanées du document.

Plaque de verre sous laquelle se déplace la barre lumineuse

>> COMMENT ÇA MARCHE

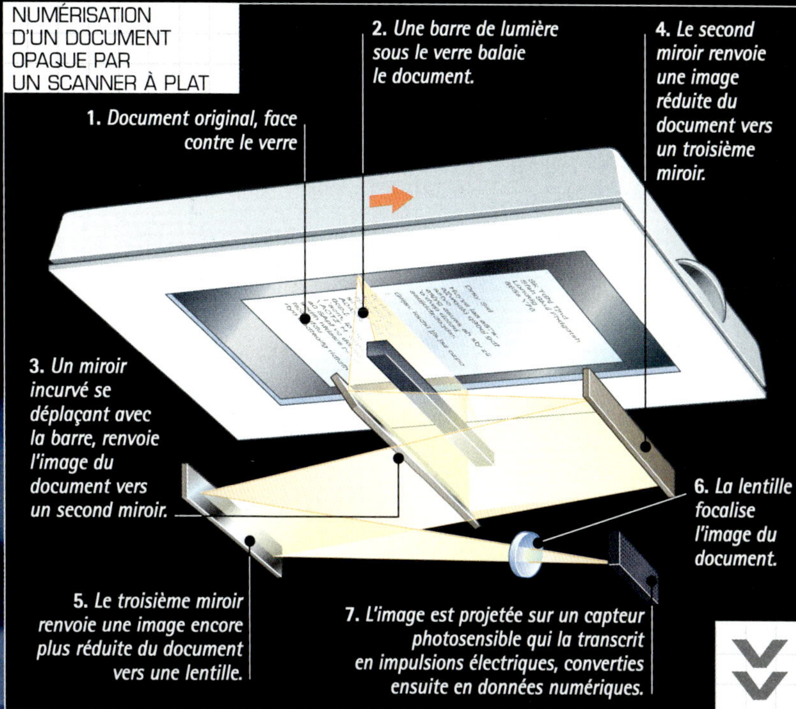

Les premiers scanners, dits à tambour, furent développés vers 1957 pour l'industrie de la presse et de l'édition dans le but de produire des reproductions très détaillées de documents graphiques. Ces scanners sont encore en usage aujourd'hui chaque fois qu'une très haute qualité de reproduction, notamment la précision des couleurs, est requise, comme pour les photos de tableaux dans les catalogues de musées, par exemple. Mais on utilise plus communément de nos jours les scanners à plat qui, bien que moins précis, sont beaucoup moins coûteux et plus rapides. Un scanner produit une image d'un document qui peut, par exemple, être envoyée par messagerie. Associé à un logiciel de reconnaissance optique de caractères (OCR), il permet d'extraire d'une page scannée, du texte directement éditable par traitement de texte.

Le tri postal assisté par scanner

▶ Les bureaux de tri postal utilisent des scanners à reconnaissance optique de caractères (OCR) pour le tri du courrier. Le scanner enregistre une image du code postal inscrit sur l'enveloppe et la compare à une série de codes postaux figurant dans sa base de données. Lorsque le code est identifié, un système de marques codées est imprimé sur l'enveloppe à l'encre phosphorescente. Ces marques brillent dans le noir sous la lumière ultraviolette (UV) et les machines de tri peuvent facilement les lire, même si le courrier est endommagé.

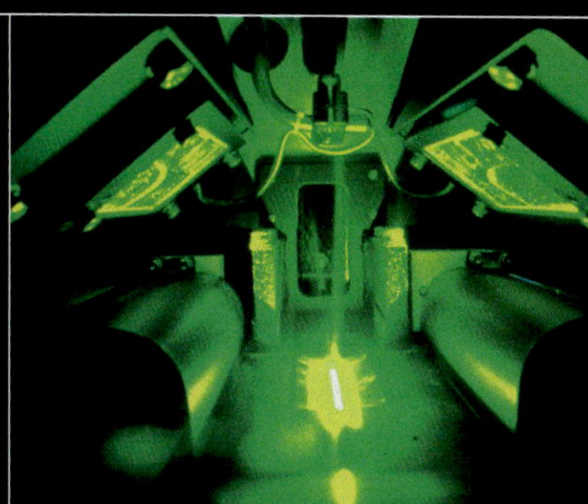

Scanner d'OCR lisant un code postal

IDENTIFICATION

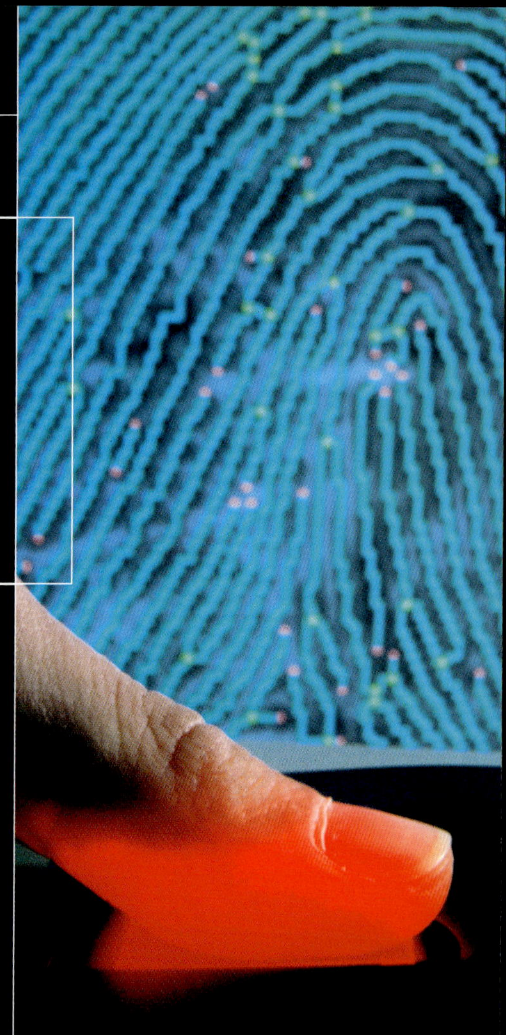

Scanner à empreintes

Ce type de scanner sert à vérifier l'identité d'une personne. La lumière réfléchie par le bout du doigt en produit une image. Cette image est comparée à celle d'autres empreintes stockées dans une base de données. La police et les médecins légistes utilisent également cette méthode pour identifier les empreintes sur les lieux d'un crime.

Hologramme de sécurité

Les hologrammes sont des images en deux dimensions qui apparaissent tridimensionnelles à l'œil. Ils sont créés avec des rayons lasers et sont très difficiles à copier. Ils permettent de détecter un faux d'un coup d'œil. Beaucoup de billets de banque et de passeports en sont aujourd'hui équipés pour en empêcher la contrefaçon.

Les technologies d'identification permettent de vérifier l'identité d'une personne ou l'authenticité d'un produit. Pour qu'elles fonctionnent, il faut que l'original soit unique, telle une empreinte digitale, ou difficile à copier, tel un hologramme.

Code-barres

Un code-barres est constitué d'une série de barres verticales de différentes largeurs. Elles forment un code unique permettant d'identifier un produit. Les lecteurs de codes-barres scannent le code et convertissent les barres en chiffres. Ceux-ci sont ensuite comparés à une base de données pour identification. Les codes-barres permettent une entrée rapide et sans erreur des données.

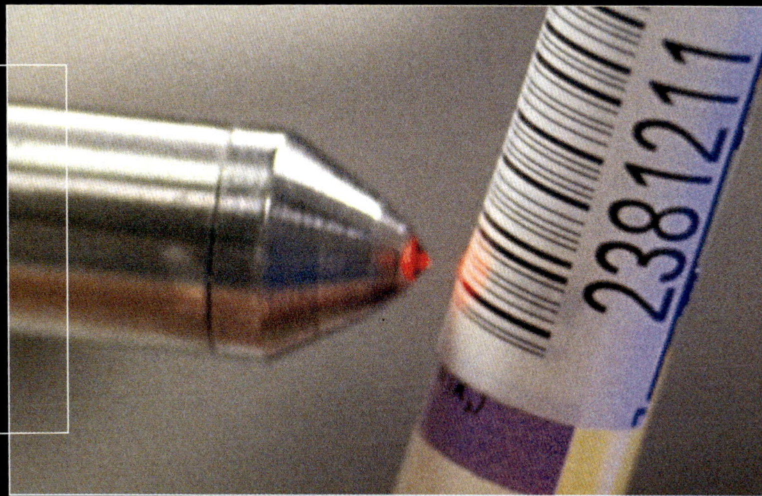

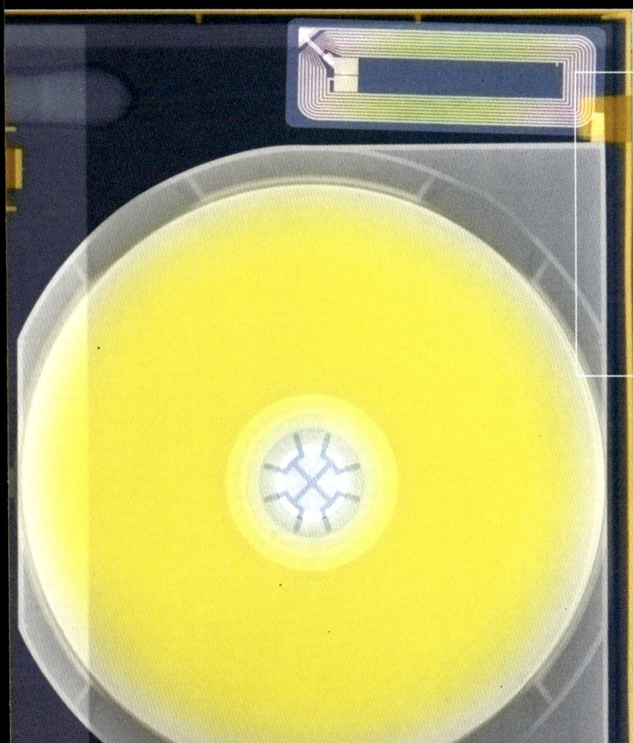

Puce de sécurité

Ce DVD a été emballé avec une puce de sécurité, apparaissant en haut à droite de l'image. La puce est reliée à une antenne qui transmet et reçoit des ondes radio. Lorsqu'on achète le DVD, la puce est désactivée lors du passage à la caisse, mais si quelqu'un tente de sortir du magasin avec le disque sans payer, un détecteur à la porte déclenche le signal d'alarme.

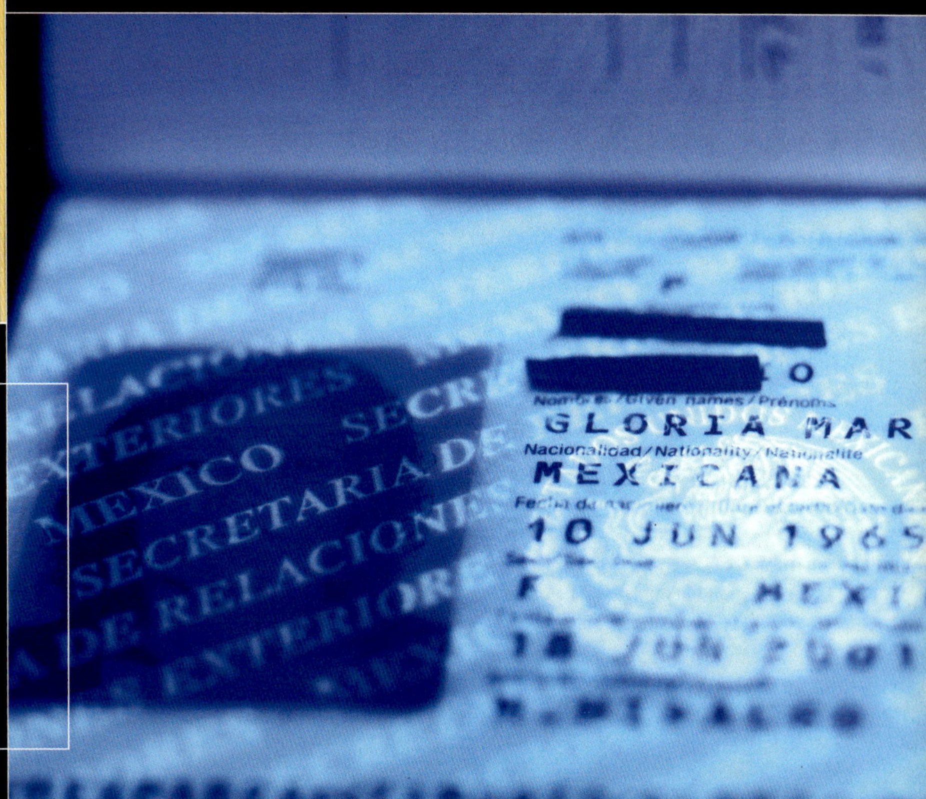

Marques fluorescentes

Ce passeport comporte un ensemble complexe de marques fluorescentes qui brillent sous la lumière ultraviolette, apparaissant en blanc sur l'image. Ces marques prouvent l'authenticité du passeport. De nombreux passeports, chèques de voyage et billets de banque portent de telles marques fluorescentes difficiles à copier par les faussaires.

▶▶ Voir aussi : p. 32, p. 182, p. 184, p. 244

LA CARTE À PUCE

Une carte à puce est une carte en plastique dans laquelle on a inclus une puce électronique. Elle enregistre couramment jusqu'à 32 kilo-octets de données qui peuvent être des références bancaires ou un dossier médical, mais les modèles les plus récents sont équipés d'une mémoire flash de plusieurs méga-octets. Les données sont codées pour plus de sécurité.

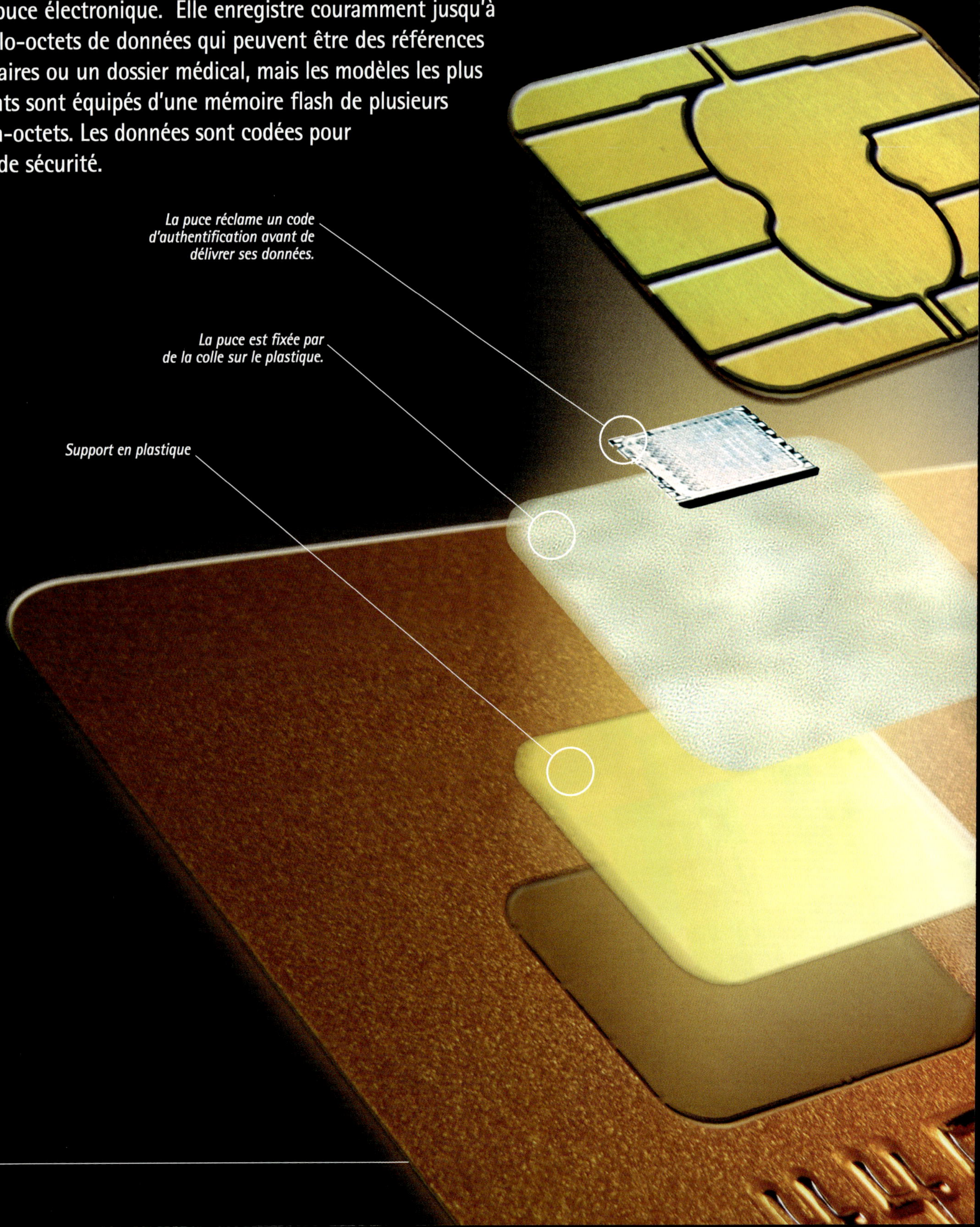

Vue éclatée d'une carte à puce

▼ **Une carte à puce** est plus utile et plus sûre qu'une carte à bande magnétique. Elle peut contenir jusqu'à 80 fois plus de données et elle est beaucoup plus difficile à imiter. Les données enregistrées dans la puce sont protégées car elles sont codées. Il n'est pas totalement impossible de parvenir à les lire, mais le coût très élevé et la grande puissance de calcul informatique que cela réclame décourage bon nombre de faussaires.

◀◀ LE PASSÉ

Les premières cartes à puce apparurent en Europe au cours des années 1990. Il s'agissait alors essentiellement de cartes de paiement téléphoniques.

Dans l'avenir, des informations biométriques, telles que des empreintes digitales et d'iris du possesseur, seront inscrites dans les cartes à puce afin de compliquer encore le travail des faussaires.

LE FUTUR ▶▶

Des usages variés

◀ **Argent**
On utilise des cartes à puce pour accéder à son compte bancaire, vérifier son solde et retirer de l'argent en espèces.

◀ **Téléphone fixe**
Les cartes téléphoniques prépayées contiennent un nombre donné d'unités d'appel.

◀ **Téléphone mobile**
Les cartes SIM des téléphones portables contiennent des informations sur le souscripteur afin de l'identifier sur le réseau.

◀ **Sécurité informatique**
Pour accéder à un ordinateur, un utilisateur peut être identifié à l'aide d'une carte à puce.

◀ **Déplacements**
De nombreux métros utilisent aujourd'hui des cartes à puce prépayées au lieu de tickets. Les passagers passent leur carte dans un lecteur pour y accéder.

◀ **Santé**
Les cartes à puce offrent un moyen facile de stocker et de vérifier des informations médicales confidentielles.

Cartes et codes

▶ Les puces et les numéros de codes sécurisent les paiements par carte. La puce de la carte détient un numéro personnel d'identification à quatre chiffres. En tapant ce code sur un lecteur, l'utilisateur prouve qu'il est bien le possesseur de la carte. Cela a permis de réduire les fraudes à la carte bancaire car, sans ce code personnel, il est quasi impossible d'utiliser une carte volée.

Emploi d'un lecteur de carte

▶▶ Voir aussi : p. 16, p. 180, p. 226

» COMMENT ÇA MARCHE

UTILISATION D'UNE MICROBALISE D'INFORMATION MÉDICALE

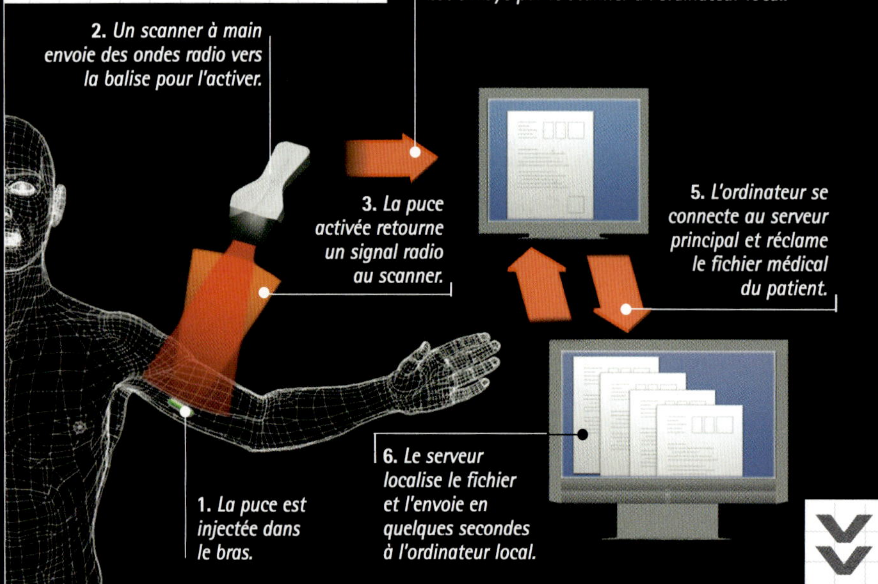

Les microbalises radio d'identification sont en usage depuis les années 1980. Les modèles RFID actuels utilisent des puces actives ou passives. Les puces actives disposent de leur propre source d'énergie et, de fait, ont un rayon d'émission de 90 m. Elles sont utilisées pour le suivi à longue distance, par exemple sur le bétail. Des détecteurs répartis sur un territoire agricole captent la localisation de chaque animal marqué et le relaie vers l'ordinateur de l'éleveur. Les puces passives sont plus petites, plus légères et moins coûteuses à fabriquer, et sont donc d'un emploi plus commun que les puces actives. Contrairement à ces dernières, elles ne disposent pas de source d'énergie et leur rayon d'émission est limité à 5 m. Elles ne sont utilisées que pour l'identification à courte distance, pour le marquage antivol des automobiles, par exemple, ou dans le cadre médical (voir ci-dessus). On peut toutefois craindre que ce « marquage » des êtres humains ne donne lieu à des dérives portant atteinte aux libertés individuelles.

▶ **VeriChip™** est une microbalise radio RFID médicale qui peut être implantée sous la peau. La puce dans la balise possède en mémoire le numéro d'identification du patient. Cela permet aux médecins d'accéder rapidement à des informations pouvant se révéler vitales pour la prise en charge d'une personne inconsciente dans une salle d'urgences à l'hôpital.

Des emplois divers

◀ **Animaux de compagnie** Équipés de balises, chiens et chats perdus peuvent être rendus à leurs maîtres.

◀ **Prisonniers** Enfermés ou libérés sur parole, les prisonniers marqués sont surveillés par les autorités.

◀ **Coureurs de marathon** Une balise dans le dossard permet de suivre et chronométrer les coureurs.

◀ **Usage médical** Dans l'avenir, ces balises porteraient le dossier médical complet du patient.

◀ **Antivol** Le numéro de la puce de la clé électronique doit correspondre à celui de la puce de la voiture pour que celle-ci démarre.

VeriChip™, la première microbalise radio d'identification médicale injectable sous la peau

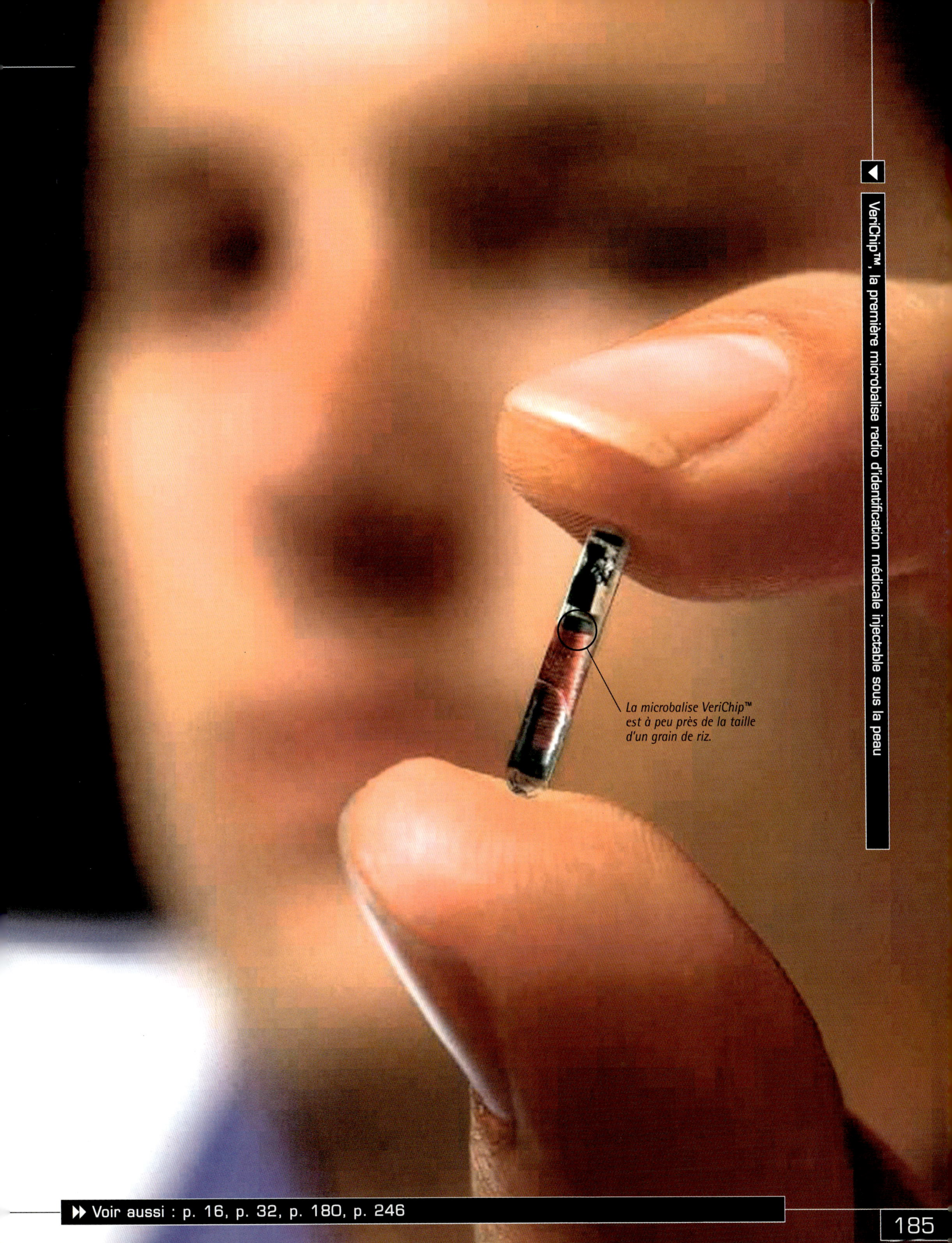

La microbalise VeriChip™ est à peu près de la taille d'un grain de riz.

Voir aussi : p. 16, p. 32, p. 180, p. 246

LES ROBOTS INDUSTRIELS

Près d'un million de robots sont aujourd'hui employés par l'industrie. Ils assurent de nombreuses tâches trop répétitives, trop pénibles ou trop dangereuses pour l'homme, comme la soudure de pièces d'ordinateurs ou le déminage.

Les robots au travail

▼ Des robots industriels sont utilisés sur les chaînes de production depuis 1961. Le premier d'entre eux, nommé Unimate, empilait des feuilles de métal brûlantes servant dans la fabrication des automobiles. Aujourd'hui, il existe un robot pour dix ouvriers humains dans l'industrie automobile. À moindre échelle, ils sont également présents dans les entrepôts, les hôpitaux et les laboratoires.

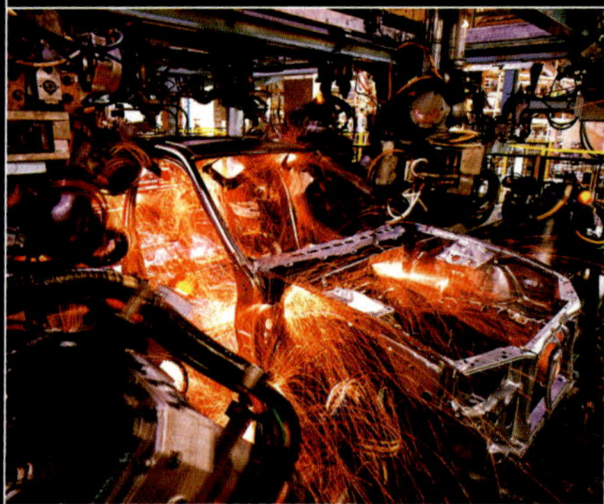

Robots soudeurs de carrosserie

◀ **Des moteurs indépendants** font tourner les roues. Lorsque le robot doit changer de direction, l'une des roues tourne plus vite que l'autre. C'est un système très réactif permettant à l'appareil de virer très rapidement de direction.

▲ **Robart III** est un agent de sécurité robotisé développé par la marine américaine. Il est capable de repérer des intrus, leur donner la chasse, les photographier et de tirer des flèches non mortelles. La principale difficulté pour ce type de robots est de déterminer le niveau de menace présenté par un intrus et d'y répondre de manière appropriée.

◀◀ LE PASSÉ

C'est l'auteur de science-fiction américain Isaac Asimov qui inventa le terme « robotique ». Il prédit avec clairvoyance le développement des robots industriels.

LE FUTUR ▶▶

Les nanorobots sont une nouvelle génération de robots microscopiques. Ils pourraient un jour circuler dans les artères humaines pour rechercher et traiter les défauts ou les caillots.

Robart III vu de devant et de derrière

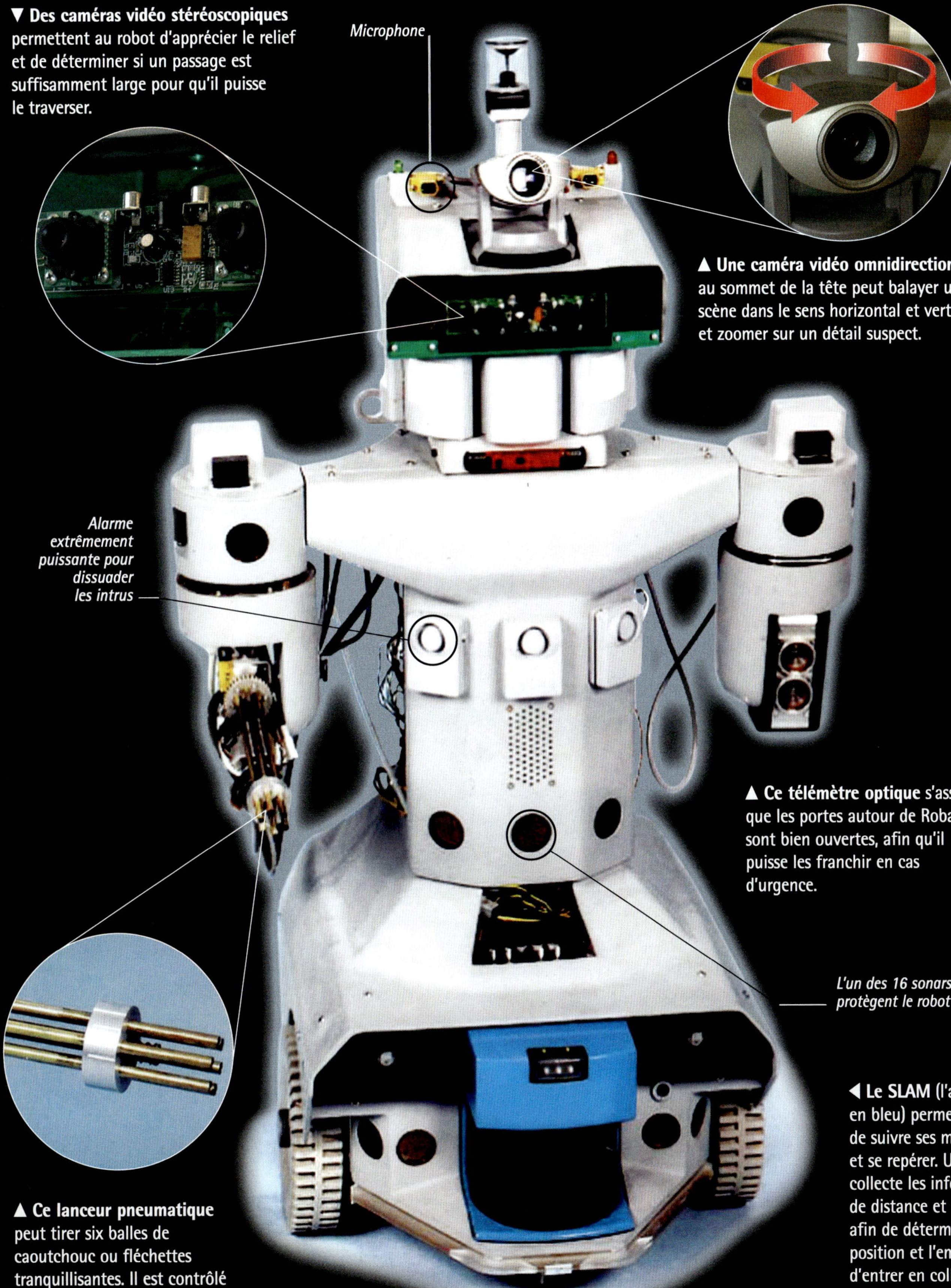

▼ **Des caméras vidéo stéréoscopiques** permettent au robot d'apprécier le relief et de déterminer si un passage est suffisamment large pour qu'il puisse le traverser.

▲ **Une caméra vidéo omnidirectionnelle** au sommet de la tête peut balayer une scène dans le sens horizontal et vertical et zoomer sur un détail suspect.

▲ **Ce télémètre optique** s'assure que les portes autour de Robart III sont bien ouvertes, afin qu'il puisse les franchir en cas d'urgence.

◀ **Le SLAM** (l'appareil en bleu) permet au robot de suivre ses mouvements et se repérer. Un laser collecte les informations de distance et de direction afin de déterminer sa position et l'empêcher d'entrer en collision avec les objets de son environnement.

▲ **Ce lanceur pneumatique** peut tirer six balles de caoutchouc ou fléchettes tranquillisantes. Il est contrôlé par le bras du robot, muni d'une épaule et d'un poignet rotatifs.

▶▶ Voir aussi : p. 118, p. 241

LA SOUDURE SOUS L'EAU

Pour faire fusionner et assembler deux pièces métalliques, on utilise une chaleur intense atteignant 3 500 °C. Une technique de soudure utilisant un minuscule arc électrique permet de générer cette température extrême sous l'eau.

▶ **Ces submersibles Deep Rover** sont utilisés pour les travaux de soudure sous-marine. Il sont capables de travailler à la profondeur de 1 000 m, c'est-à-dire plus de trois fois le record de plongée humaine en scaphandre autonome, qui est de 313 m. Un soudeur pilote chacun des submersibles, utilisant les bras externes robotisés pour toutes les manipulations.

Submersibles Deep Rover effectuant un travail de soudure ▶

⌄ La soudure à l'air libre

Réparation d'une fissure dans un tube d'acier

◀ Mettre un navire ou une plateforme pétrolière en cale sèche pour des réparations est très coûteux, mais quand les dégâts sont importants, c'est la seule solution. La soudure à l'air libre procède du même principe que sous l'eau : un arc électrique fait fondre les bords jointifs des pièces de métal à assembler, qu'on laisse ensuite se solidifier. Les étincelles et la lumière générés par l'arc électrique sont si intenses que le soudeur doit se protéger les yeux avec un casque spécial.

» COMMENT ÇA MARCHE

RÉPARATION D'UNE FISSURE DANS DU MÉTAL PAR SOUDURE À L'ARC SOUS L'EAU

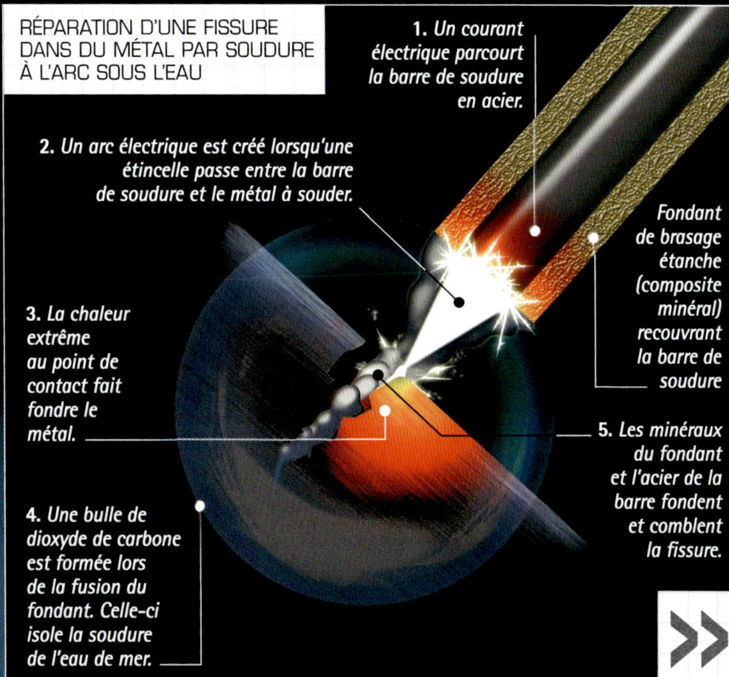

La soudure sous l'eau permet de réparer des bateaux et des plateformes de forage présentant des fissures relativement petites dans leur structure métallique. Un générateur sur le bateau ou la plateforme produit un courant électrique. Celui-ci parcourt un câble fortement isolé relié à la barre de soudure et crée un arc électrique de seulement quelques millimètres de large avec le métal à souder. La petite bulle de dioxyde de carbone qui se forme à l'extrémité de la barre isole le point de soudure de l'eau. Le soudeur doit maintenir l'arc très court sinon la bulle éclaterait, le courant électrique passerait dans l'eau et électrocuterait le soudeur. Tant que l'arc est petit, le courant suivant toujours le chemin le plus court, la bulle est maintenue et les risques réduits pour le soudeur.

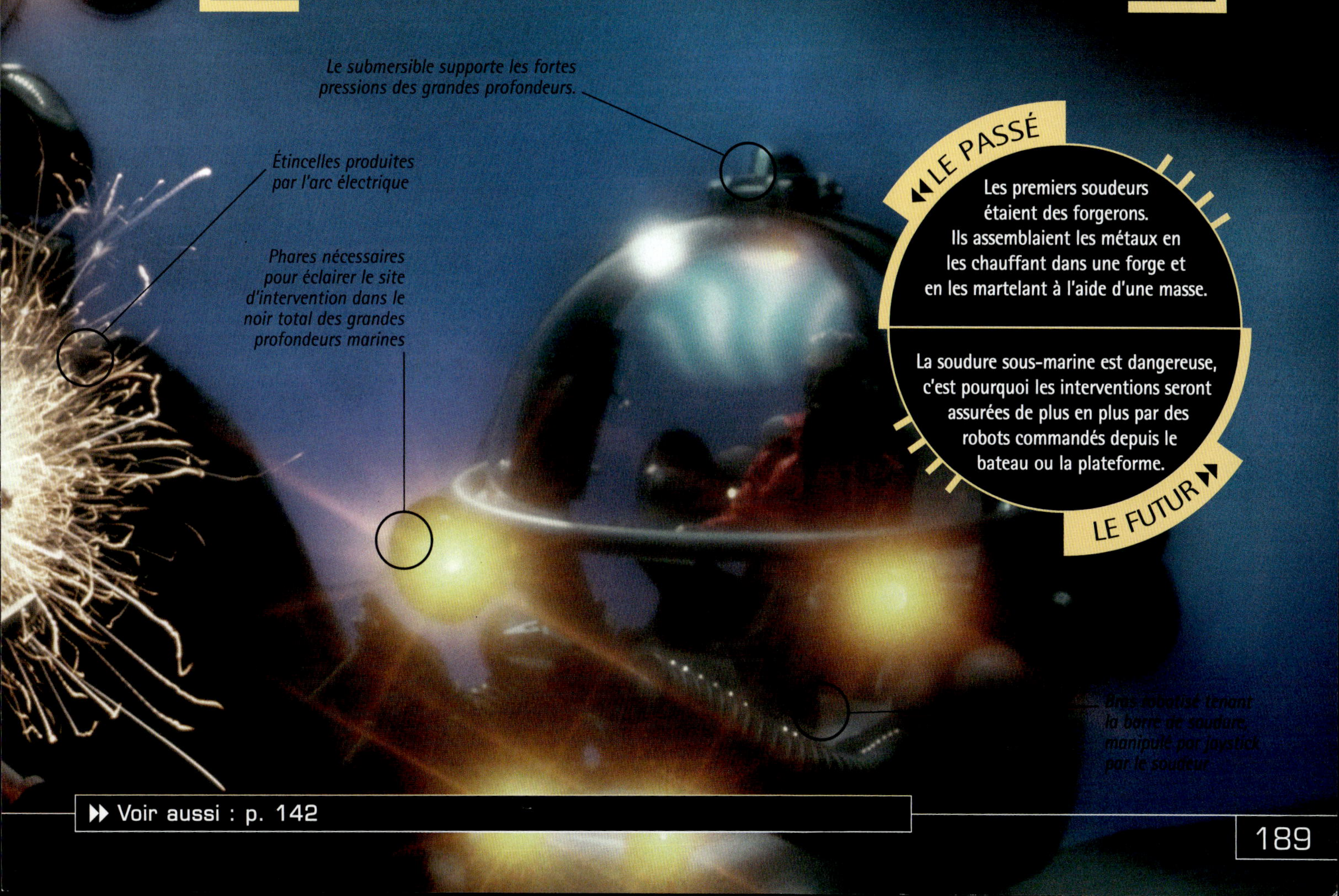

« LE PASSÉ

Les premiers soudeurs étaient des forgerons. Ils assemblaient les métaux en les chauffant dans une forge et en les martelant à l'aide d'une masse.

LE FUTUR »

La soudure sous-marine est dangereuse, c'est pourquoi les interventions seront assurées de plus en plus par des robots commandés depuis le bateau ou la plateforme.

» Voir aussi : p. 142

LA COMBINAISON PARE-FEU

La protection des pompiers qui combattent un feu dépend de l'efficacité de leur combinaison. Celle-ci est composée de plusieurs couches de fibres synthétiques, capables de résister à des températures atteignant 360 °C.

▼ **Ces deux pompiers** s'entraînent à la lutte contre un incendie dans un aéroport. Leur combinaison protectrice contient du Nomex®, un matériau résistant à la chaleur, du Teflon®, étanche, et du Kevlar®, qui est plus résistant que l'acier et empêche la combinaison de s'accrocher ou se déchirer.

COMMENT ÇA MARCHE

ACTION DES DIFFÉRENTES COUCHES PROTECTRICES D'UNE COMBINAISON PARE-FEU

Les brûlures peuvent être mortelles et les pompiers ont besoin d'être intégralement protégés lorsqu'ils luttent contre un incendie. Leurs combinaisons pare-feu contiennent des fibres comme le Nomex® et le Teflon®. Ces fibres appartiennent à une famille de matériaux synthétiques appelés aramides. Elles sont très robustes, isolantes et résistantes au feu, tout en restant très souples et légères, si bien que les hommes équipés de la combinaison ne sont pas gênés dans leurs mouvements. Une couche imperméable empêche notamment la vapeur d'eau de s'accumuler dans la combinaison et prévient ainsi le risque de graves blessures. La couche la plus importante est la couche thermique, qui fournit environ 73 % de la protection contre la chaleur. La brûlure des flammes ne peut la traverser.

Une lance à incendie déverse 380 litres d'eau à la minute.

LE PASSÉ

Les premiers pompiers, appelés vigiles, furent créés par l'empereur romain Auguste en 24 av. J.-C.

LE FUTUR

La prochaine génération de combinaisons pare-feu sera imperméable aux agents toxiques d'origine chimique et biologique comme l'anthrax.

▶▶ Voir aussi : p. 98, p. 134

ADHÉSIFS

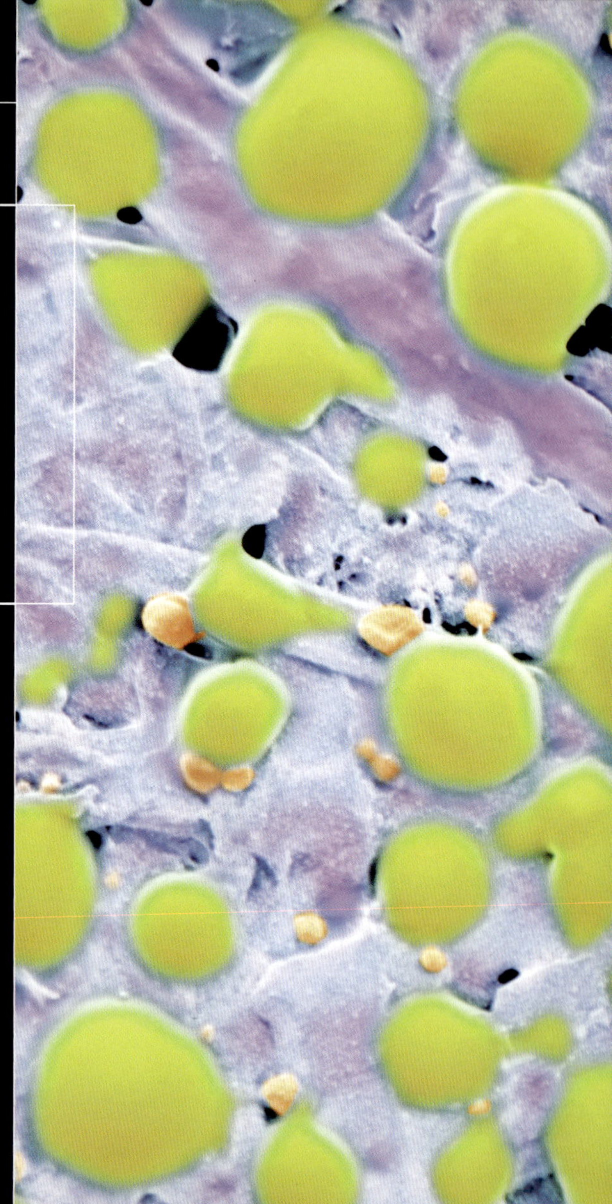

Papillon Post-it®
Ces petites masses jaunes sont des bulles de colle formant la bande adhésive d'un papillon Post-it®. Lorsque le papillon est appliqué sur une surface, une partie des bulles éclate sous la pression et la colle est libérée. Chaque bande comporte un nombre si élevé de bulles qu'un papillon Post-it® peut être réutilisé plusieurs fois.

Velcro®
L'inventeur suisse George de Mestral eut l'idée du Velcro® en observant un jour des graines piquantes accrochées à son pantalon. Sous un microscope, de minuscules crochets dont la surface des graines était hérissée se prenaient dans les fibres du tissu. Fabriqué en Nylon, le Velcro® présente une face garnie de crochets et l'autre de boucles. Lorsqu'on les applique l'une sur l'autre, les crochets se prennent dans les boucles et tiennent solidement.

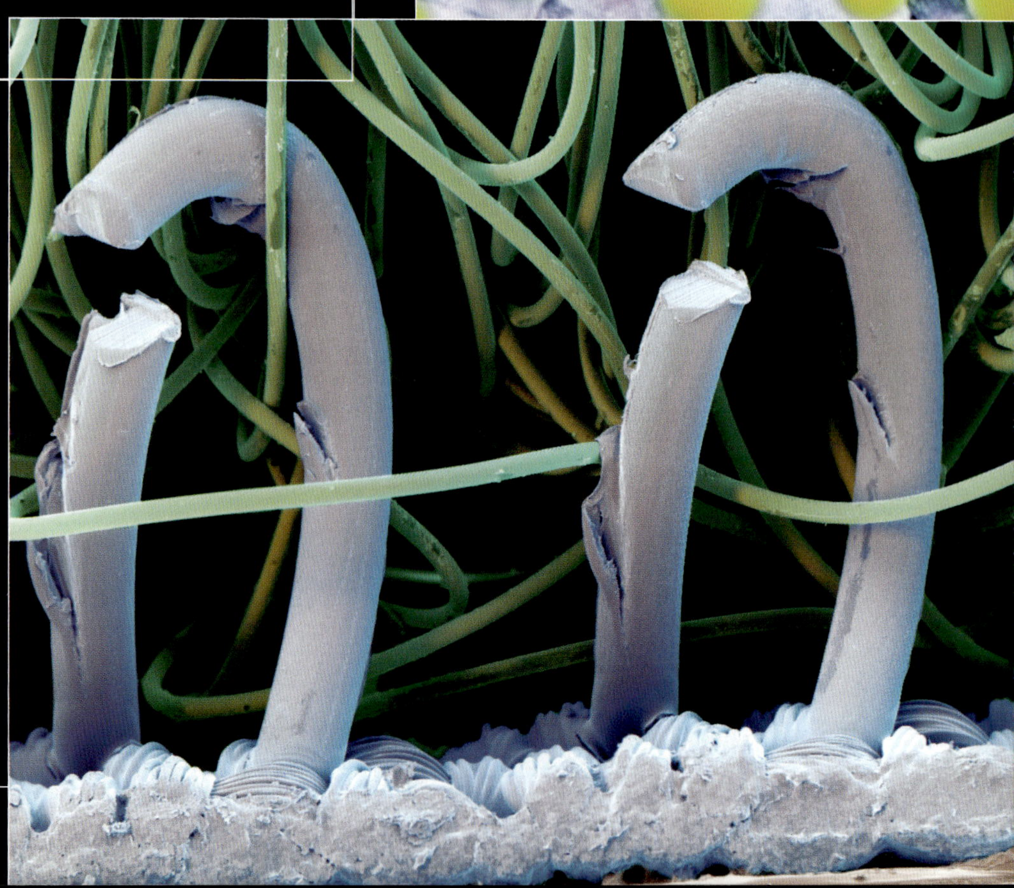

Depuis que l'homme à commencé à fabriquer des objets, il a cherché à coller entre eux des matériaux. Les premières colles étaient le goudron et la résine. De nos jours, on emploie couramment une grande variété d'adhésifs.

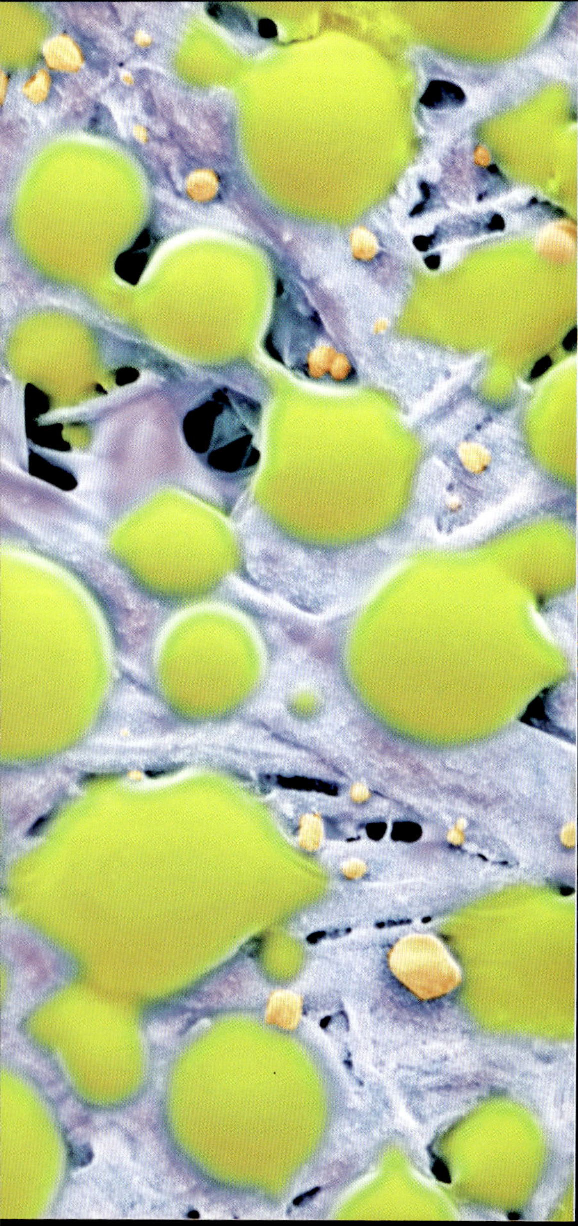

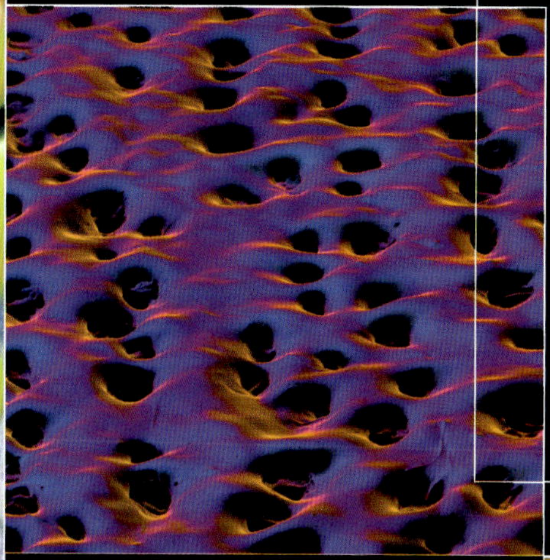

« Pansements

Les pansements adhésifs sont utiles pour recouvrir et protéger la plupart des petites blessures. Des trous dans la couche de colle, apparaissant ici en noir, laissent la peau respirer.
Les pansements sont souvent enveloppés individuellement pour les maintenir stériles. Ils sont fabriqués dans différents matériaux, certains imperméables.

» Colles

Il y a environ 4000 ans, les Égyptiens utilisaient du cuir d'animaux pour fabriquer une colle pour le bois. Si les colles à base de cuir sont encore utilisées, les colles synthétiques, comme la Super Glue®, existent aussi de nos jours. Fabriquées à partir d'une résine acrylique, elles sont beaucoup plus robustes que la colle à base de peau.

Ciment

Chaque année, on produit 1,2 milliard de tonnes de ciment. Le ciment est une poudre sèche qui durcit après avoir été mélangée avec de l'eau. Il sert pour fixer entre eux les matériaux de construction et, mélangé à du gravier, de l'eau et du sable, constitue le principal ingrédient du béton. Lorsque le ciment (en bleu) sèche, il durcit en formant des cristaux (en brun).

▶▶ Voir aussi : p. 60

LE RADAR DOPPLER

Le radar Doppler est employé pour déterminer la direction et la vitesse de déplacement d'objets en mouvement. Il permet de prévoir où une tempête risque de se produire. Grâce au système d'alerte qu'il fournit, de nombreuses vies ont déjà été sauvées dans les régions où frappent les cyclones.

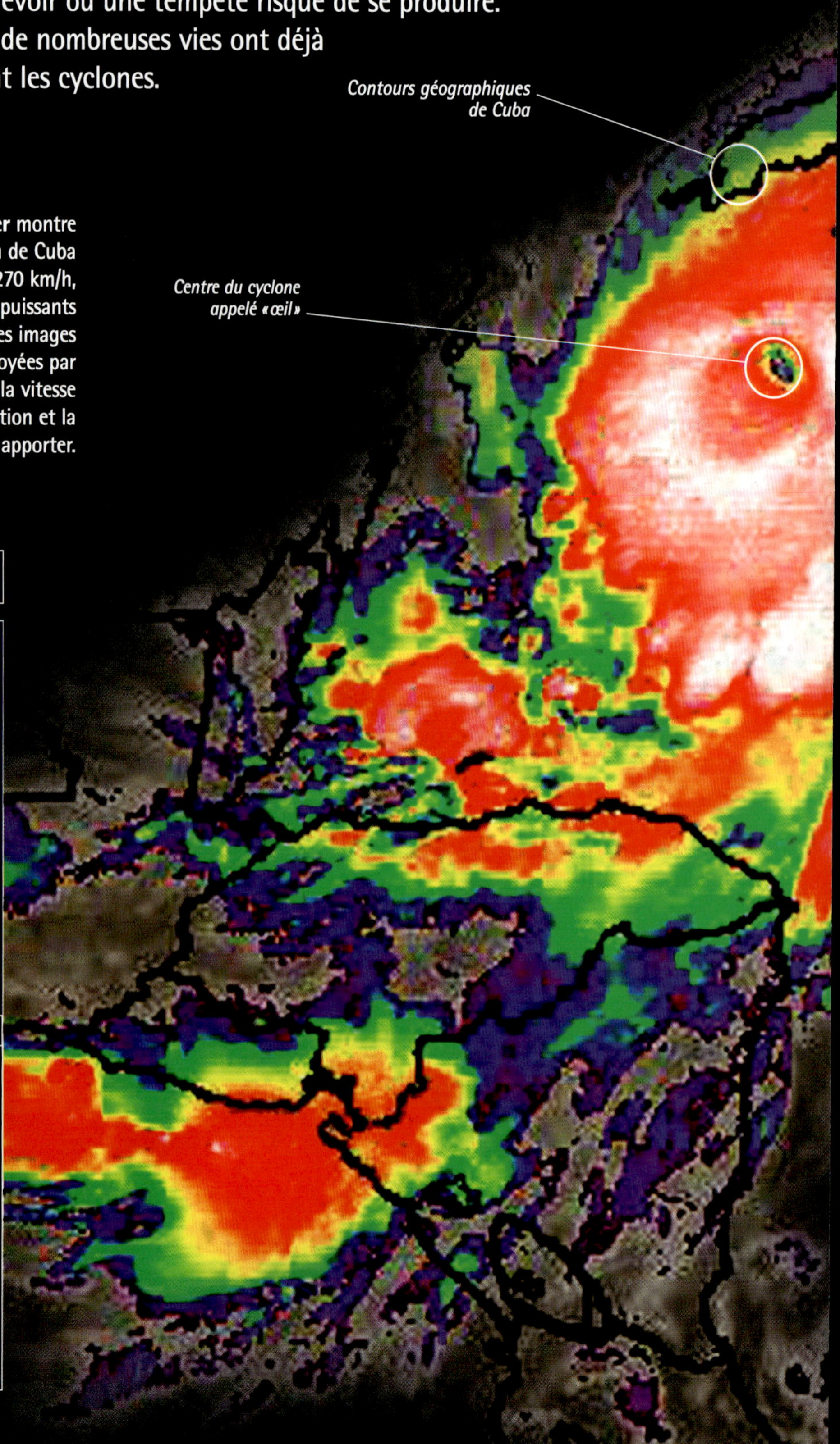

▶ **Cette image au radar Doppler** montre le cyclone Ivan progressant en direction de Cuba en septembre 2004. Ivan atteignit les 270 km/h, comptant parmi les six cyclones les plus puissants enregistrés dans l'océan Atlantique. Les images au radar Doppler sont employées par les météorologues pour déterminer la vitesse des vents d'une tempête, leur direction et la quantité de pluies qu'elle va apporter.

Décalage vers le rouge

Les galaxies qui s'éloignent apparaissent plus rouges.

▲ Quand une voiture de police roule sirène hurlante, on entend le son passer de l'aigu au grave à mesure qu'elle s'éloigne de nous. Ce phénomène est lié au fait qu'elle est en mouvement : les ondes sonores qu'elle émet vers nous après son passage sont étirées, donc plus graves car de plus grande longueur d'onde. C'est ce qu'on appelle l'effet Doppler. Celui-ci s'applique aussi aux ondes lumineuses. Les astronomes s'en servent pour déterminer quels objets célestes s'éloignent ou se rapprochent de la Terre. La lumière provenant de ceux qui s'éloignent apparaît plus rouge, et plus bleue lorsqu'ils se rapprochent.

Image au radar Doppler du cyclone Ivan

LE PASSÉ

En 1842, le physicien autrichien Christian Doppler créa le terme «effet Doppler» pour désigner le phénomène faisant que le sifflement d'un train s'approchant et s'éloignant apparaissait différent.

La prochaine génération d'antennes de radars Doppler feront appel à la technique d'interférométrie de phase, qui balaiera une plus vaste surface de ciel et fournira des images plus précises.

LE FUTUR

COMMENT ÇA MARCHE

DÉTERMINATION DE LA DIRECTION D'UNE TEMPÊTE PAR LES ONDES RADIO

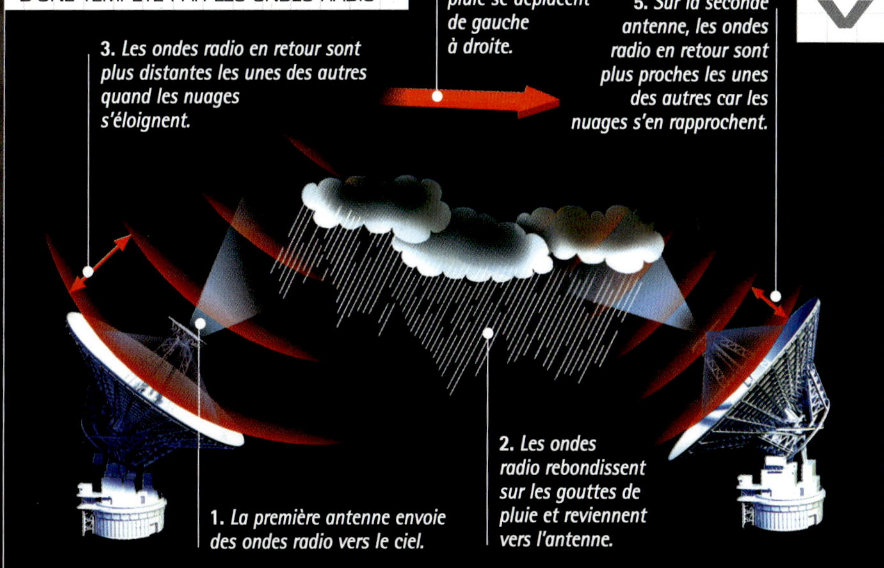

Le radar Doppler est surtout connu pour son usage en météorologie, mais il était, à l'origine, une technologie militaire servant à détecter et suivre les avions ennemis. Les avions commerciaux recourent de nos jours à cette technologie pour repérer les dangereuses zones de cisaillement, où les vents changent subitement de direction. Des radars Doppler bien connus des automobilistes équipent également la police de la route pour détecter les excès de vitesse des véhicules. On les utilise aussi en sport, par exemple pour déterminer la vitesse de déplacement d'une balle de tennis lors de la frappe.

Voir aussi : p. 18, p. 22, p. 28, p. 249

L'invention du moteur à combustion interne (ou moteur à explosion) et le développement de l'automobile marquèrent la fin de l'ère du cheval et des voitures attelées et créèrent une industrie entièrement nouvelle. De l'ouvrier à la chaîne au pompiste, toute une série de métiers virent le jour. De la même manière, avec la révolution des technologies informatiques, des industries et des professions jusque-là inconnues apparaissent aujourd'hui. Déjà, le secteur des jeux vidéo réalise plus de bénéfices que celui du cinéma. Et des domaines passionnants comme la nanotechnologie, la robotique et la production de nouveaux matériaux s'ouvrent à une expansion qui va se poursuivre tout au long du siècle.

« Les robots du futur devenant plus habiles et intelligents, les travaux dangereux seront de plus en plus effectués sous contrôle à distance. »

Notre efficacité dans nos tâches professionnelles va dépendre de plus en plus de logiciels spéciaux, programmes informatiques qui prendront des décisions à notre place grâce à l'intelligence artificielle, en se basant sur nos préférences. Ces logiciels assureront à notre place bon nombre de tâches quotidiennes fastidieuses comme le tri du courrier électronique, le filtrage des appels téléphoniques et la mise à jour automatique de nos plannings de travail.

L'intelligence artificielle entraînera aussi le développement des systèmes experts. Il s'agit de logiciels reproduisant le comportement de réflexion d'un expert humain dans un domaine précis. Rassemblant tout le savoir de l'homme dans une discipline, ils se mettront à jour automatiquement à mesure que seront publiées les dernières avancées en la matière. Que l'on soit médecin, astronome ou journaliste, les systèmes experts nous guideront à travers les questions et les problèmes les plus complexes. En outre, la reconnaissance et la synthèse vocales conféreront à ces logiciels intelligents des personnalités virtuelles qui rendront notre façon de communiquer avec l'ordinateur beaucoup plus conviviale.

Les robots du futur devenant plus habiles et intelligents, les travaux dangereux pourront être effectués de plus en plus sous contrôle à distance. Déjà des robots sont utilisés pour désamorcer des bombes et effectuer des tâches dans les réacteurs nucléaires là où le niveau de radiations est trop dangereux pour l'homme. Dans les prochaines décennies, nous verrons apparaître des modèles capables de pénétrer dans les incendies pour sauver des vies humaines, ainsi que des robonautes, qui assureront des travaux et des expériences de plus en plus complexes dans l'espace.

La robotique et la communication combinées ouvrent en fait la voie à un champ très vaste d'applications. La téléchirurgie est d'ores et déjà une réalité, des chirurgiens pouvant assurer des opérations sur des patients situés à des milliers de kilomètres par l'intermédiaire de robots commandés à distance. Dans l'avenir, les opérateurs chevronnés interviendront de plus en plus souvent en pilotant depuis leur bureau des machines d'intervention de toutes sortes, voire des engins d'exploration d'autres planètes.

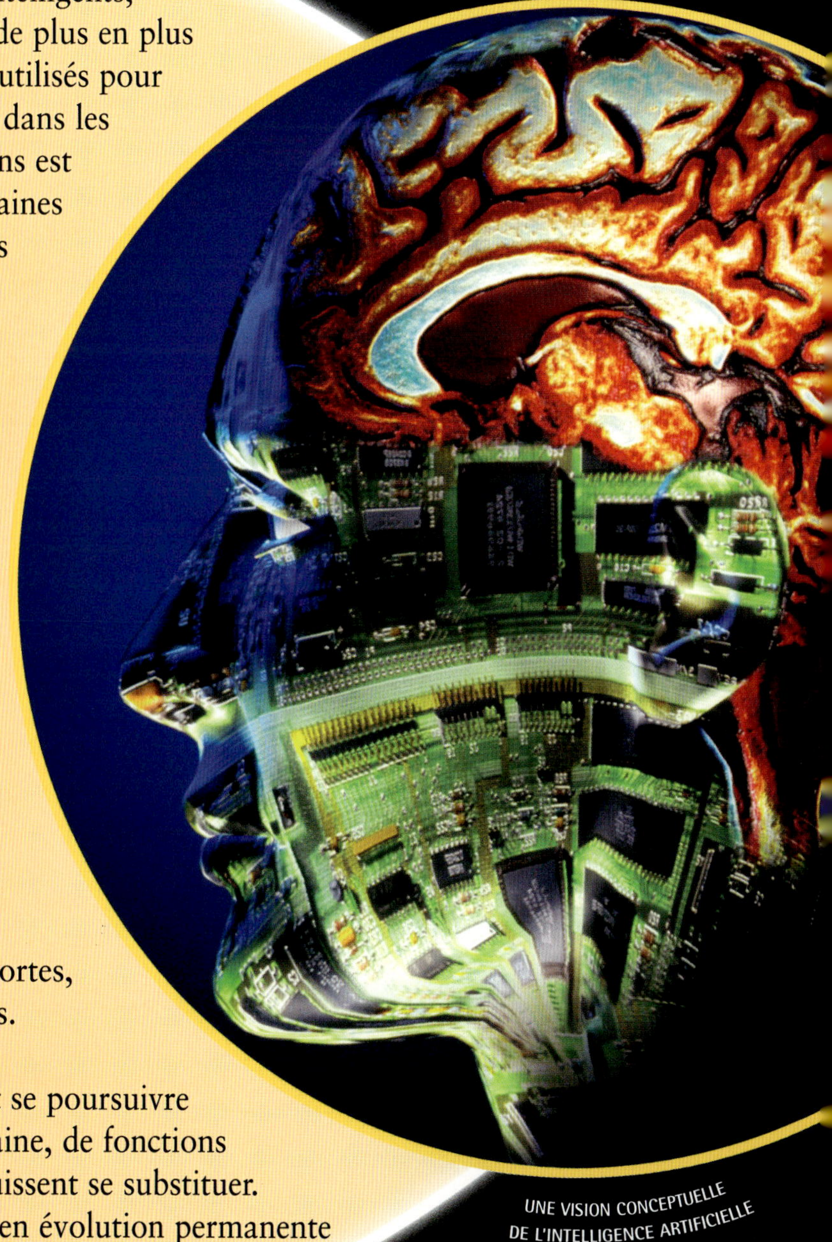

UNE VISION CONCEPTUELLE DE L'INTELLIGENCE ARTIFICIELLE

La révolution technologique va théoriquement se poursuivre jusqu'à ce qu'il n'existe plus, dans aucun domaine, de fonctions humaines auxquelles des progrès techniques puissent se substituer. Néanmoins, pour se former à ces technologies en évolution permanente et rester performant dans son travail, l'homme devra sans cesse apprendre et faire évoluer ses connaissances.

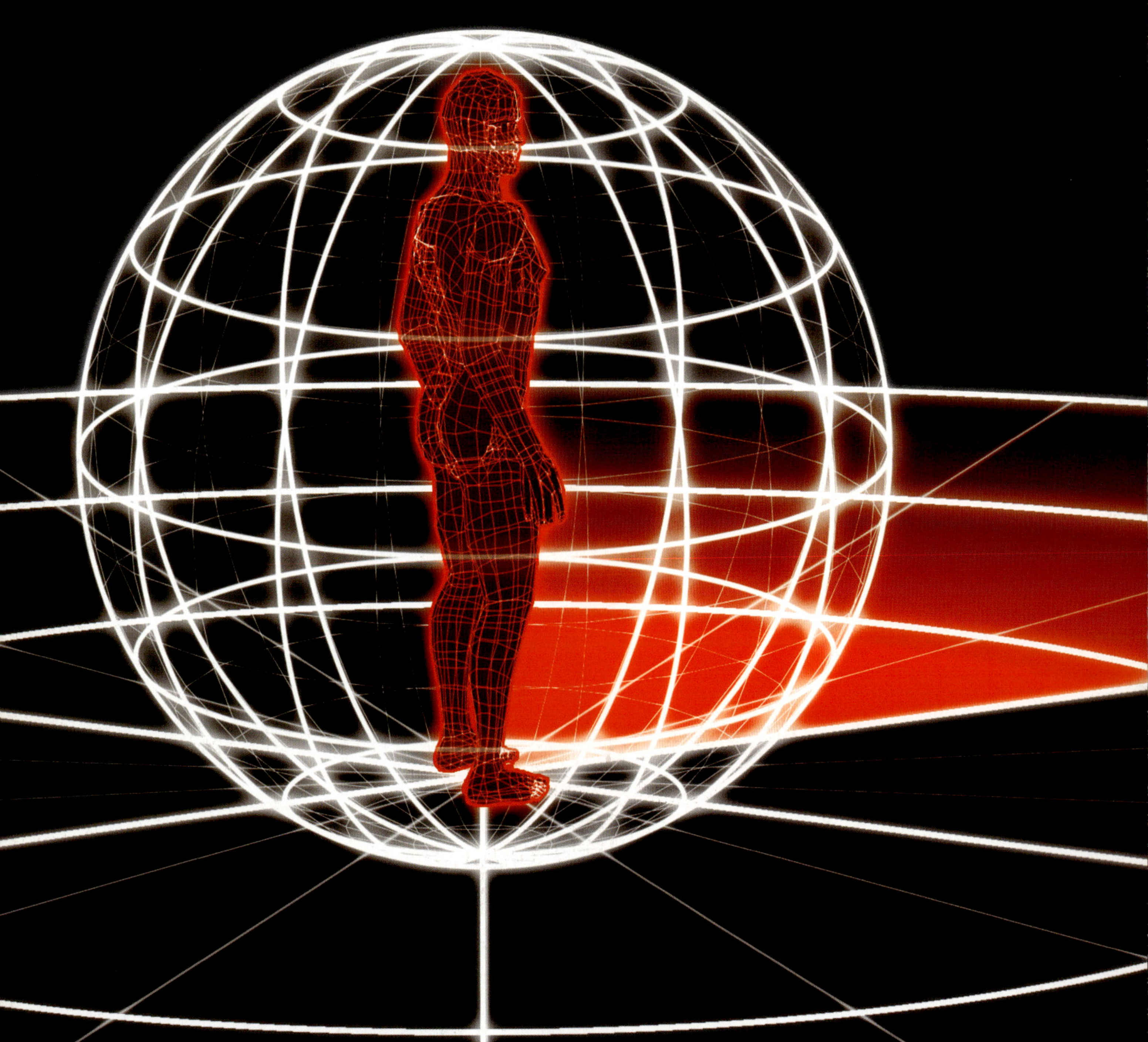

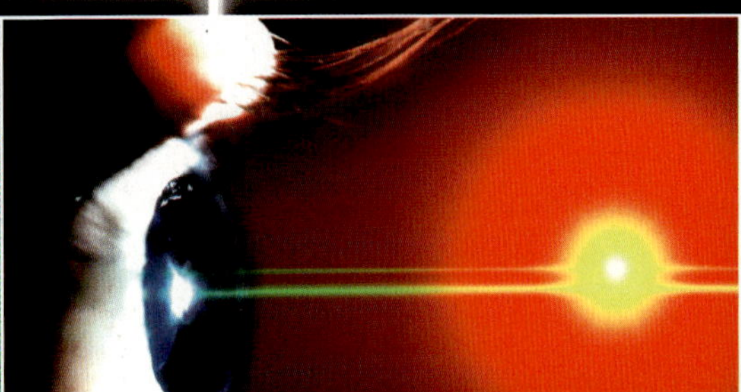

>> SANTÉ

L'IRM >> La chirurgie oculaire au laser >> La chirurgie robotisée
Le pacemaker >> La capsule vidéo-endoscopique >> Les prothèses
L'autogreffe de peau >> La vaccination >> Les antibiotiques
La fécondation in vitro >> La biopuce

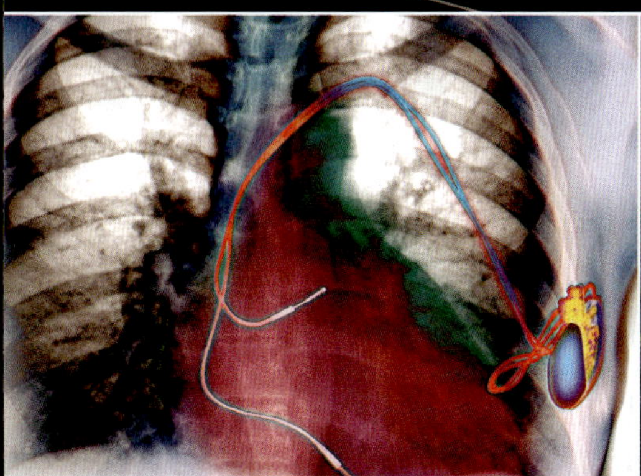

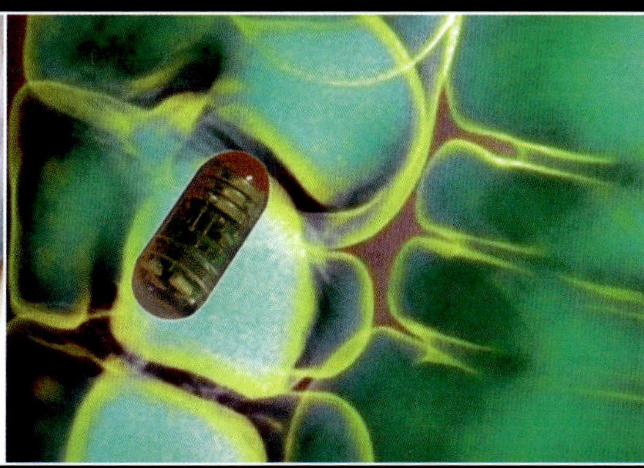

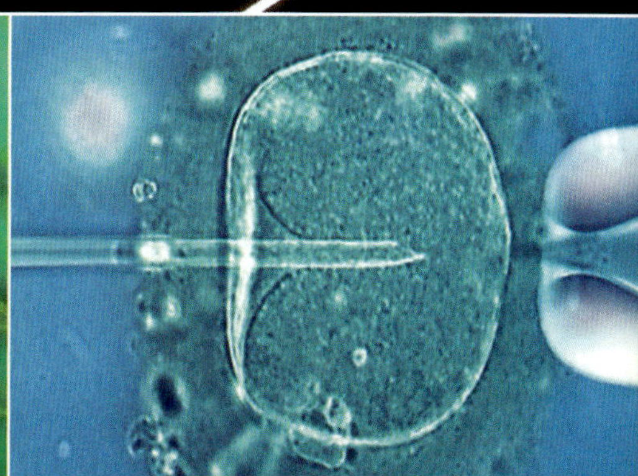

Les technologies les plus simples ont parfois un impact immense. Citons par exemple le savon ; son emploi a eu des conséquences majeures sur la santé et la civilisation humaines en contribuant à réduire les maladies. Sous la forme où nous l'employons aujourd'hui, il a été inventé à la fin du XVIIIe siècle, mais il était en usage sous une forme différente dès l'Antiquité chez les Romains. Le savon est composé de longues molécules qui, à une extrémité, se fixent à la saleté et, à l'autre, aux molécules d'eau. Cela lui permet de débarrasser notre peau des impuretés et des bactéries nocives.

Dans bon nombre de cultures anciennes, la médecine était une combinaison de magie, de remèdes à base de plantes et de chirurgie primitive. On pensait que les maladies étaient dues aux esprits du mal et leur traitement était généralement assuré par un sorcier, ou shaman. Parfois, on effectuait des trépanations, ce qui consistait à pratiquer un trou dans le crâne du patient. Certains remèdes étaient efficaces contre les problèmes de santé courants, mais la plupart restaient sans résultats. Ce sont les Romains et les Grecs qui jetèrent les fondements de la médecine moderne. Ils développèrent des instruments chirurgicaux encore en usage de nos jours et une approche plus scientifique de la maladie.

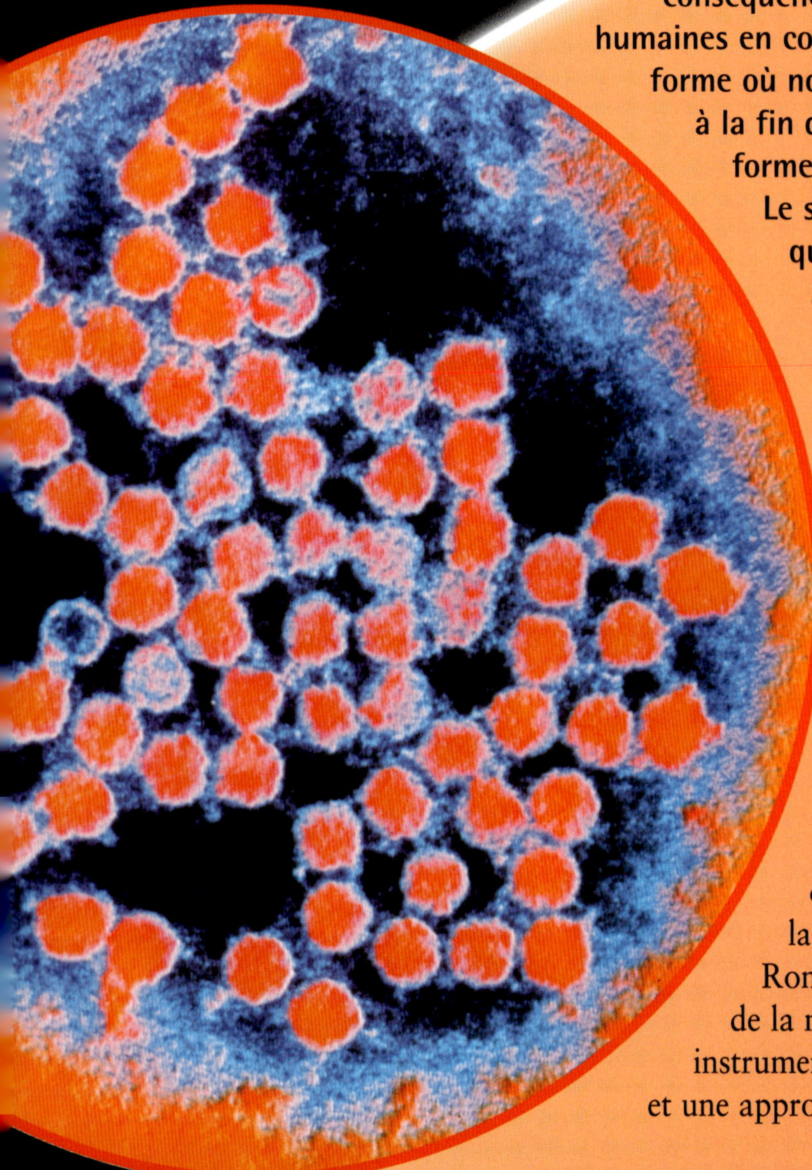

PHOTO AU MICROSCOPE ÉLECTRONIQUE DU VIRUS DU RHUME

Au XVIIe siècle, l'apparition du microscope révolutionna l'approche médicale. Cet outil, qui consistait en un assemblage de lentilles de verre finement polies, permit la découverte des bactéries et des cellules du sang. On commença à concevoir le corps comme un assemblage de mécanismes et de processus chimiques et non plus comme un objet animé par de mystérieux esprits. Le développement de la vaccination, à la fin du XVIIIe siècle, permit pour la première fois aux médecins de combattre des maladies infectieuses comme la variole. Au cours du siècle suivant, d'autres avancées transformèrent les pratiques médicales. Les antiseptiques, utilisés pour nettoyer les blessures et stériliser les instruments chirurgicaux, réduisirent de façon spectaculaire le nombre de décès par infection. Les produits anesthésiques, grâce auxquels on pouvait désormais opérer sans douleur, permirent aux chirurgiens de prendre plus de temps et de soin pour effectuer leurs délicates interventions.

> « Les progrès de l'imagerie médicale permettent aux médecins d'examiner l'intérieur de l'organisme humain avec une richesse de détails inégalée. »

La découverte des rayons X à la fin du XIXe siècle fournit un moyen d'examiner directement à travers les tissus, sans les ouvrir, des traumatismes comme les fractures osseuses, par exemple. De nos jours, les techniques d'imagerie modernes comme l'échographie et la résonance magnétique (IRM) offrent des possibilités extrêmement poussées d'exploration de l'organisme. Beaucoup d'autres domaines de la médecine ont également été transformés par la technologie. L'assistance de robots permet désormais aux chirurgiens d'effectuer des interventions extrêmement complexes avec un minimum de conséquences pour le patient tandis que, dans les laboratoires, grâce à des techniques hautement automatisées et à de puissants ordinateurs, les chercheurs ont pu cartographier les quelque 20 000 à 25 000 gènes du génome humain.

Pourtant, en dépit de progrès décisifs réalisés au cours du XXe siècle, la médecine n'a pas encore trouvé le moyen de prévenir le développement de maladies comme le simple rhume ou le sida. Le cerveau conserve également beaucoup de mystères. La technologie, néanmoins, commence à nous fournir des réponses. Grâce à des techniques d'exploration de plus en plus sophistiquées, les scientifiques ne cessent d'avancer dans la connaissance des mécanismes intimes de l'organisme humain.

IMAGERIE

L'imagerie médicale permet aux médecins d'observer l'intérieur du corps humain sans l'ouvrir. Les progrès récents dans le traitement de l'image révèlent en détail de nombreuses structures internes sous forme tridimensionnelle (3D).

Organisme en IRM
Contrairement à la radiographie, l'IRM (Imagerie par Résonance Magnétique) révèle les tissus mous de l'organisme. Outre le squelette (jaune), l'image ci-contre montre les muscles (rose), le tissu cérébral (vert), les poumons (rouge) et le foie sous les poumons. Le scanner IRM détecte les signaux électromagnétiques émis lorsque les atomes d'hydrogène du corps sont perturbés dans leur alignement magnétique. Ces signaux sont utilisés pour créer une image par ordinateur.

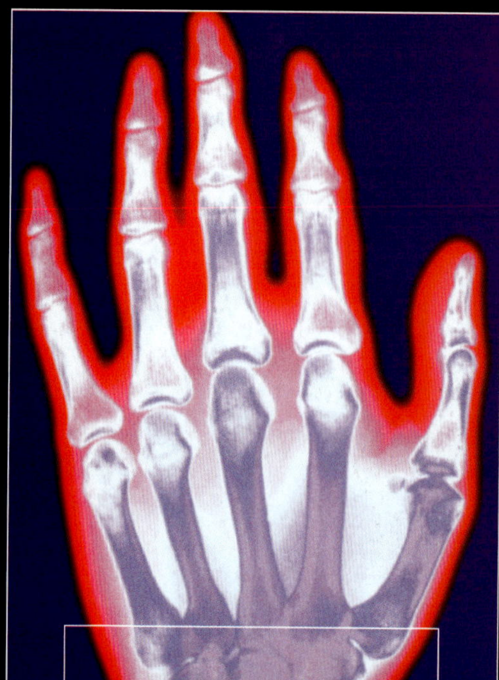

Main aux rayons X
Les rayons X révèlent les structures dures à l'intérieur du corps, telles que les os et les dents. Ils constituent donc un outil idéal pour le diagnostic des fractures, des maladies osseuses et des caries dentaires. La radiographie obtenue est produite en faisant passer des rayons X (une forme de rayonnement électromagnétique) à travers le corps pour imprimer une plaque photographique placée derrière.

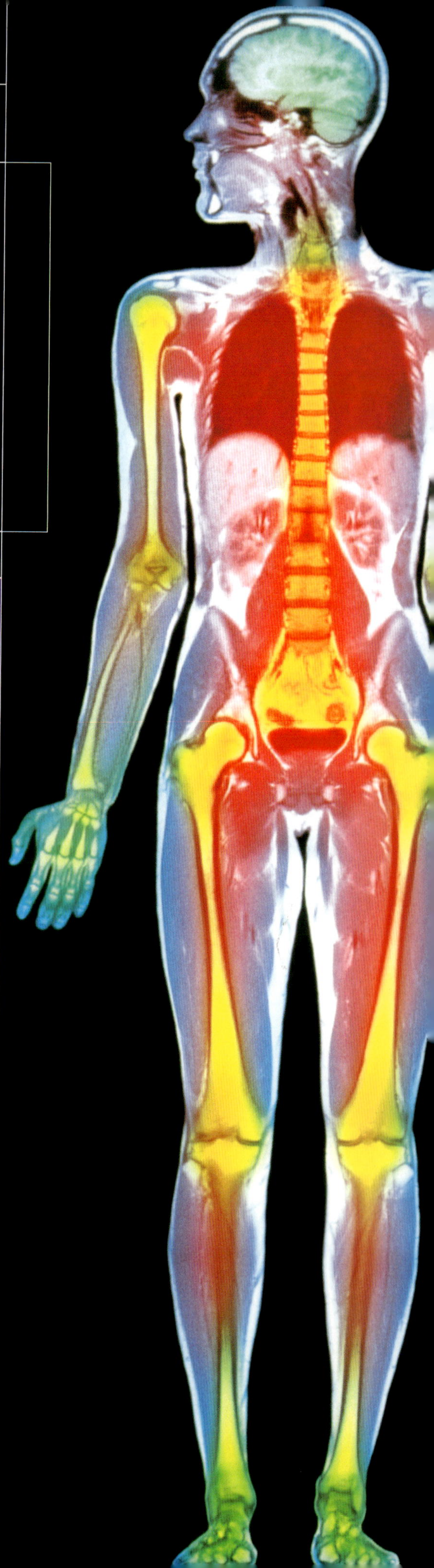

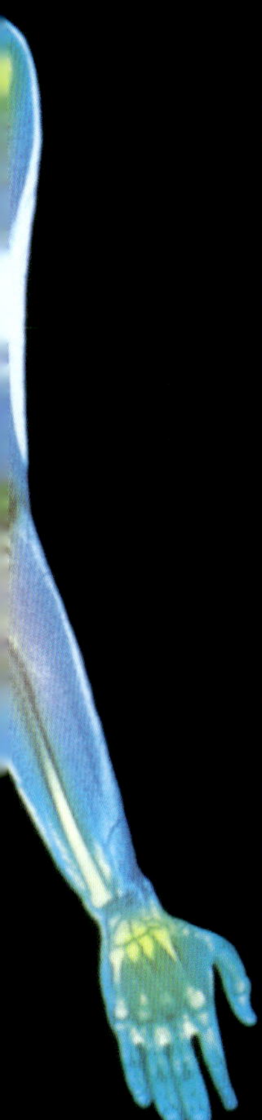

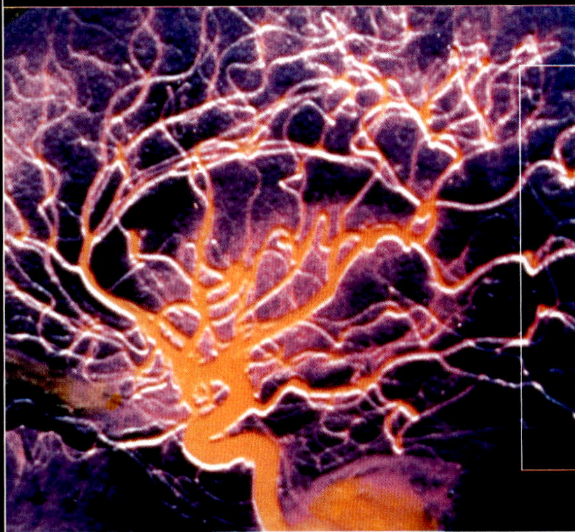

« Angiographie cérébrale

Pour rechercher des anomalies des vaisseaux sanguins, les médecins réalisent des séries rapides de radiographies après avoir injecté dans le sang du patient un produit dit radiopaque, c'est-à-dire opaque aux rayons X. Sur les images résultantes, appelées angiographies ou artériographies, les vaisseaux sanguins apparaissent très nettement. Cette angiographie montre le réseau irriguant le cerveau. Les médecins s'en servent pour rechercher notamment les anévrismes, qui sont des dilatations localisées anormales des vaisseaux.

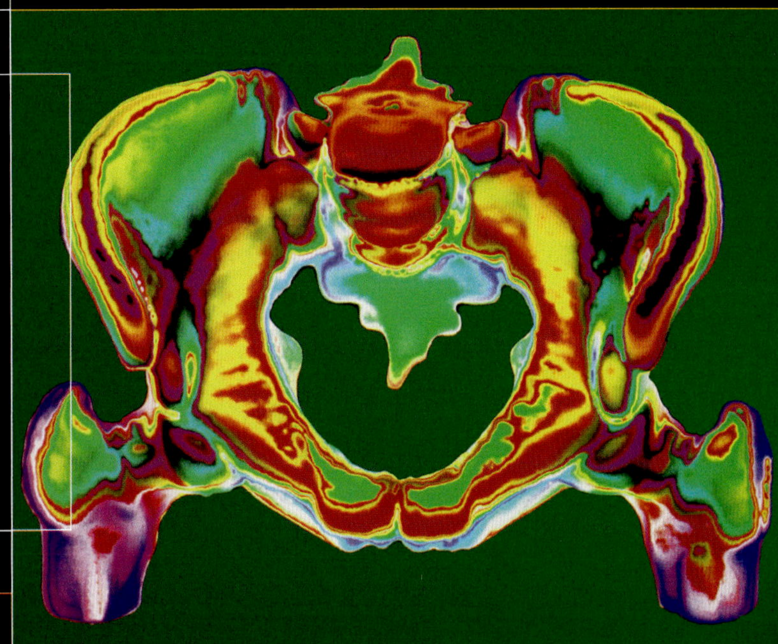

» Tomodensitométrie du bassin

Le tomodensitomètre, ou scanner à rayons X, produit une image 3D calculée par ordinateur à partir d'une série de radiographies effectuées par une machine en rotation autour du corps. Cette image montre une coupe d'un bassin adulte normal. Le bassin est composé de six os distincts qui fusionnent au cours de la croissance, formant une structure de transition entre la colonne vertébrale et les jambes.

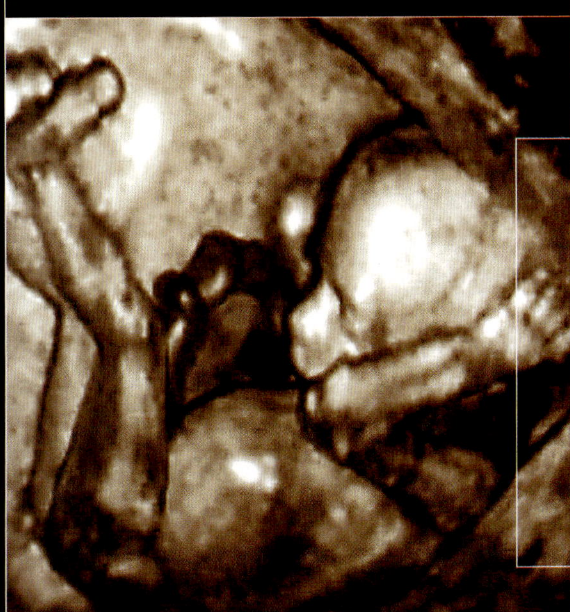

« Échographie d'un fœtus

De toutes les techniques d'imagerie médicale, l'emploi des ultrasons est celle qui crée le moins de risques pour la santé. C'est la raison pour laquelle on l'utilise pour produire des images du fœtus dans le ventre de la mère. Le scanner à ultrasons envoie des trains d'ondes à haute fréquence à travers l'utérus. Les échos sont enregistrés et servent à créer l'image, appelée échographie. La plupart des appareils produisent une image en coupe, mais les modèles les plus récents réalisent des images tridimensionnelles. Contrairement aux autres types de scanners, ceux à ultrasons produisent, en direct, une image mouvante du sujet observé.

▶▶ Voir aussi : p. 10, p. 204, p. 251

L'IRM

L'IRM, ou Imagerie par Résonance Magnétique, utilise de puissants aimants et des ondes radio pour créer des images des tissus mous à l'intérieur de l'organisme. Le tube magnétique produit un champ magnétique jusqu'à 40000 fois plus puissant que celui de la Terre.

▶ **Les brins colorés composant cette image IRM** sont les principaux nerfs du cerveau. Ils sont composés chacun de milliers de longues fibres microscopiques. Chacune de ces fibres, ou axones, est un prolongement d'une unique cellule nerveuse, et l'ensemble forme la matière blanche. Des milliards d'influx électriques circulent entre les cellules nerveuses, au sein du cerveau lui même, et entre ce dernier et les nerfs qui parcourent l'organisme.

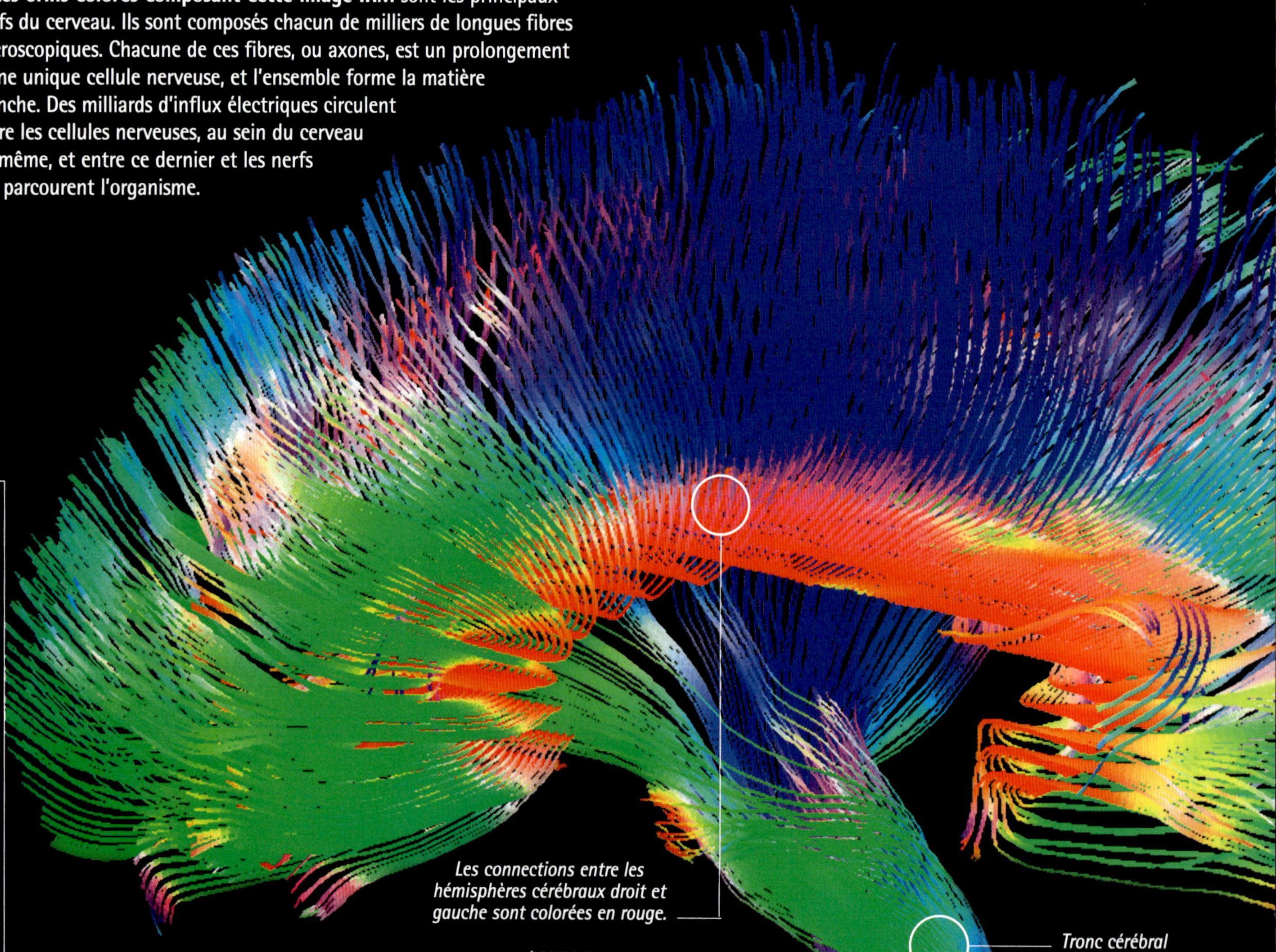

Les connections entre les hémisphères cérébraux droit et gauche sont colorées en rouge.

Tronc cérébral reliant le cerveau à la moelle épinière

Image IRM en fausses couleurs des voies nerveuses du cerveau ▶

◀ **L'IRM** peut produire des images en coupe à n'importe quelle profondeur. Pour cela, l'appareil met en jeu trois aimants supplémentaires qui provoquent des variations dans le champ magnétique le long de plans bien précis à travers le corps. Le scanner reçoit les signaux en provenance de ces plans et un ordinateur les interprète pour créer l'image.

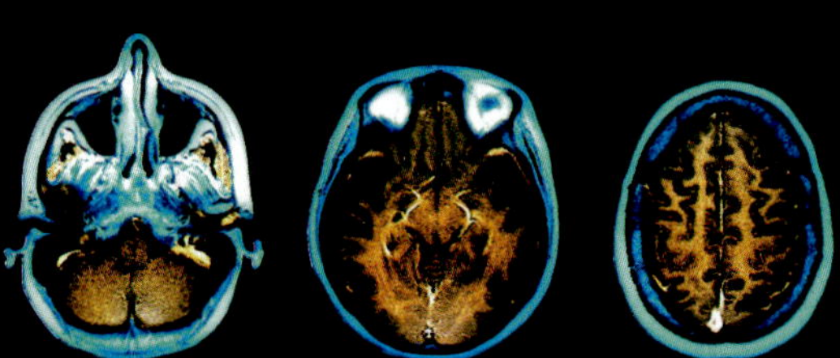

Base du cerveau — *Centre du cerveau* — *Sommet du cerveau*

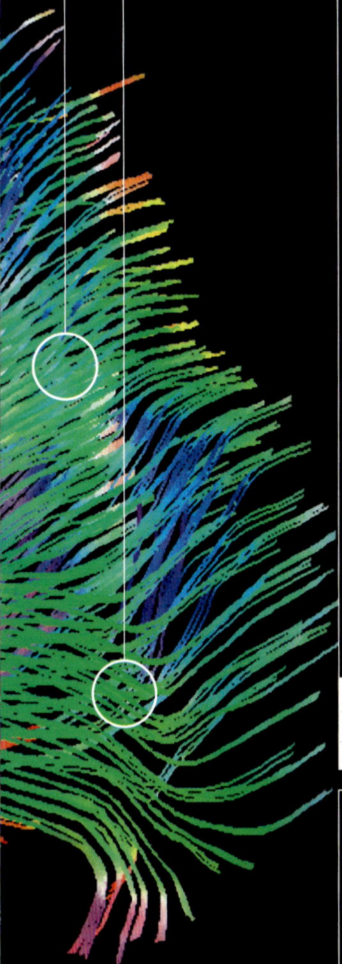

» COMMENT ÇA MARCHE

MÉTHODE DE GÉNÉRATION D'IMAGES À PARTIR D'UN CHAMP MAGNÉTIQUE ET D'ONDES RADIO PAR SCANNER À IRM

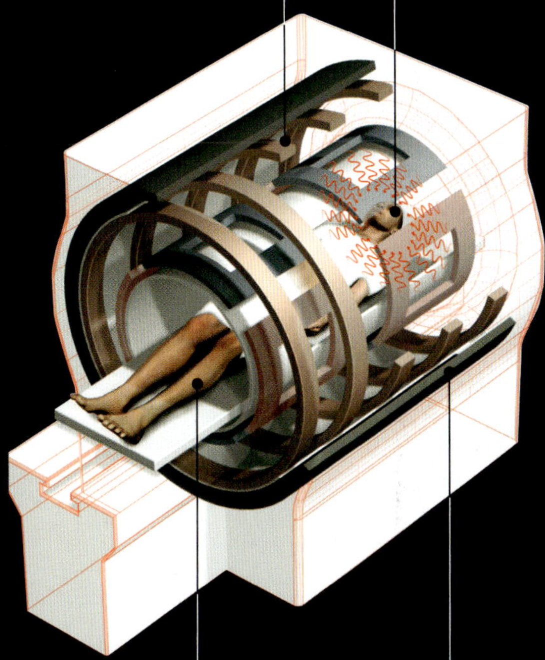

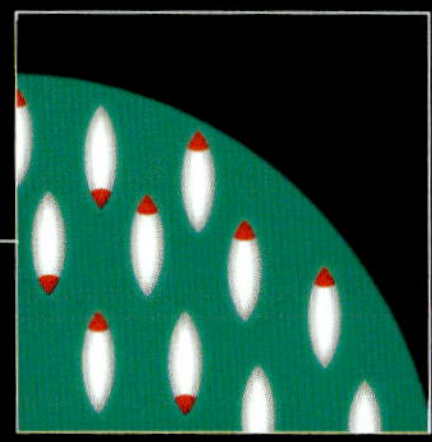

1. Les atomes d'hydrogène dans le corps sont généralement orientés dans toutes les directions, mais un puissant champ magnétique les force à s'aligner.

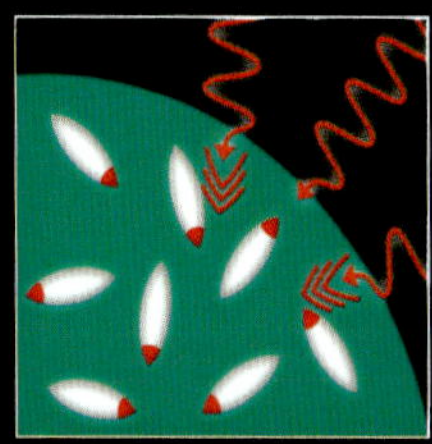

2. Une impulsion d'ondes radio produite par le scanner vient heurter les atomes d'hydrogène et perturbe leur alignement.

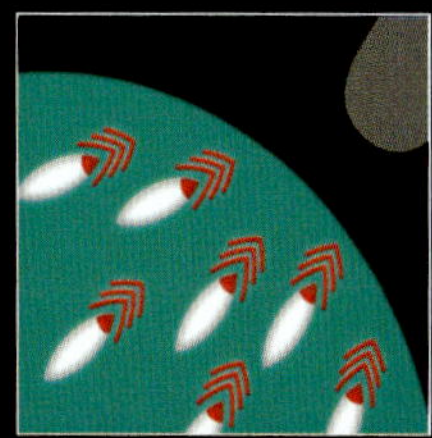

3. Quand l'onde radio cesse, les atomes se réalignent en émettant de faibles signaux radio, détectés par un capteur puis transmis sous forme numérique à un ordinateur.

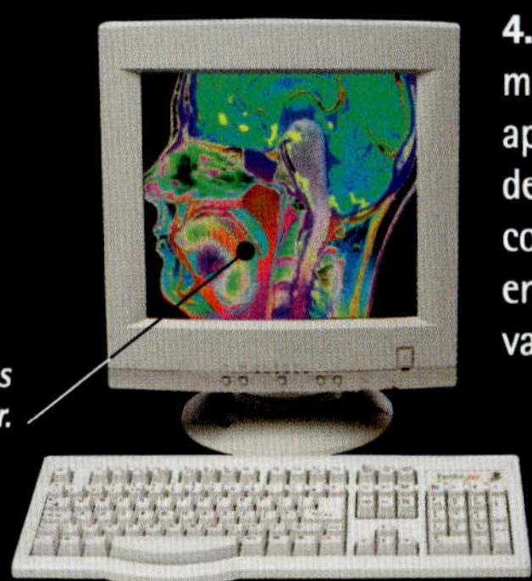

4. Grâce à un processus mathématique complexe appelé transformation de Fourier, l'ordinateur convertit les données en image. On peut faire varier la brillance de l'image en modifiant le champ magnétique.

Contrairement aux rayons X, qui révèlent les parties dures comme les os et les dents, l'IRM crée des images des tissus mous du corps. Cela en fait un outil idéal pour détecter des développements de tissus anormaux comme les tumeurs et les caillots. L'IRM est la technique la plus couramment employée pour explorer le cerveau, mais elle peut servir pour toutes parties du corps. L'image est construite à partir de faibles signaux radio émis par les atomes d'hydrogène, présents dans tous les tissus de l'organisme. Ces signaux variant d'un type de tissu à l'autre, l'image produite par le scanner à IRM permet de distinguer avec clarté les différents tissus, révélant des détails d'une largeur de l'ordre du millimètre. Bien que les scanners à IRM ne produisent pas de radiations nocives pour l'organisme, ils peuvent être dangereux à cause de leur puissant aimant : si des objets métalliques sont présents, ils sont attirés avec tellement de force qu'ils traversent la pièce comme des missiles. La première analyse par IRM a eu lieu le 3 juillet 1977, après sept années de recherches et de préparation. Il fallut alors quatre heures pour produire l'image. Avec la puissance de calcul des ordinateurs modernes, celle-ci est aujourd'hui générée en quelques secondes.

▶▶ Voir aussi : p. 10, p. 202, p. 246

LA CHIRURGIE OCULAIRE AU LASER

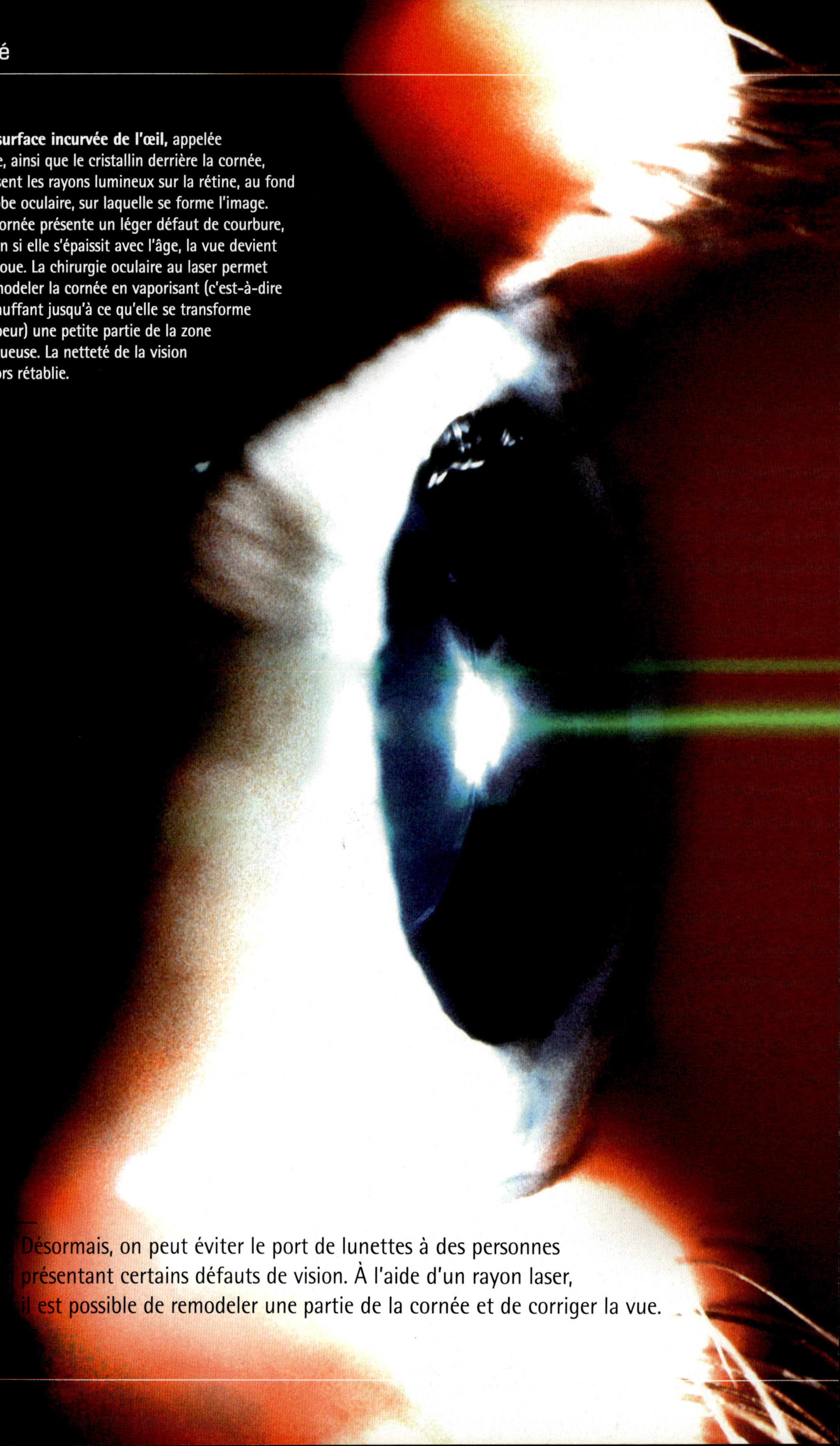

▶ **La surface incurvée de l'œil,** appelée cornée, ainsi que le cristallin derrière la cornée, focalisent les rayons lumineux sur la rétine, au fond du globe oculaire, sur laquelle se forme l'image. Si la cornée présente un léger défaut de courbure, ou bien si elle s'épaissit avec l'âge, la vue devient plus floue. La chirurgie oculaire au laser permet de remodeler la cornée en vaporisant (c'est-à-dire en chauffant jusqu'à ce qu'elle se transforme en vapeur) une petite partie de la zone défectueuse. La netteté de la vision est alors rétablie.

Désormais, on peut éviter le port de lunettes à des personnes présentant certains défauts de vision. À l'aide d'un rayon laser, il est possible de remodeler une partie de la cornée et de corriger la vue.

Le rayon laser

▼ La lumière blanche est constituée d'un mélange de rayons lumineux de différentes longueurs d'ondes. Le laser, quand à lui, est un rayon lumineux très intense et étroit constitué d'une unique longueur d'onde, comme l'ultraviolet (UV) ou l'infrarouge. Depuis sa découverte en 1960, on lui a trouvé de multiples applications.

Réflecteur laser sur la Lune

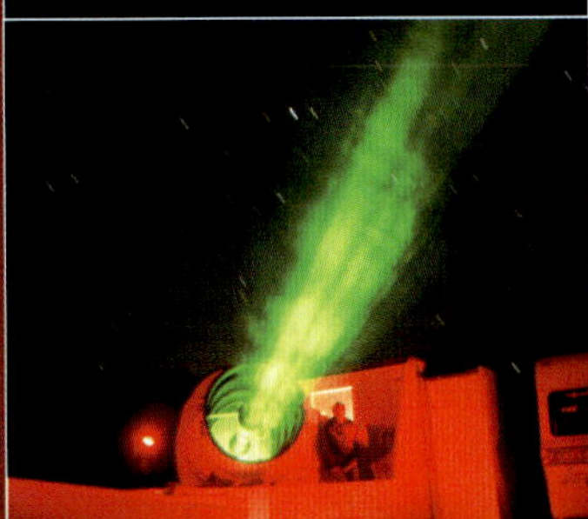

Rayon laser dirigé vers la Lune

▲ En 1971, les astronautes de la mission *Apollo 14* laissèrent sur la Lune un réflecteur laser. Les scientifiques dirigèrent, depuis la Terre, un rayon laser vers ce réflecteur, ce qui leur permit de calculer la distance de la Terre à la Lune avec une précision de 3 cm en mesurant le temps que mettait le rayon pour revenir vers notre planète.

◀◀ LE PASSÉ

Avant le développement de la chirurgie oculaire au laser, les chirurgiens corrigeaient la vision en pratiquant des séries de petites entailles rayonnées dans la cornée avec un scalpel.

Aujourd'hui, les chirurgiens utilisent parfois un puissant jet de de liquide au lieu d'une lame pour découper le volet cornéen avant le traitement au rayon laser.

LE FUTUR ▶▶

>> COMMENT ON FAIT

La forme de la cornée est préalablement analysée avec précision par un ordinateur qui calcule exactement où le tissu doit être supprimé et en quelle quantité. En fonction de ces données, l'ordinateur contrôle ensuite le laser à ultraviolets. Une lame très fine, appelée microkératome, découpe d'abord un volet cornéen, petite épaisseur superficielle de cornée qui est repliée sur un côté. Le laser entre ensuite en fonction ; il ne pénètre pas dans l'œil mais vaporise délicatement une partie de l'épaisseur de la cornée. Le volet cornéen est ensuite remis en place et cicatrise rapidement. En général, le patient retrouve une vue claire immédiatement.

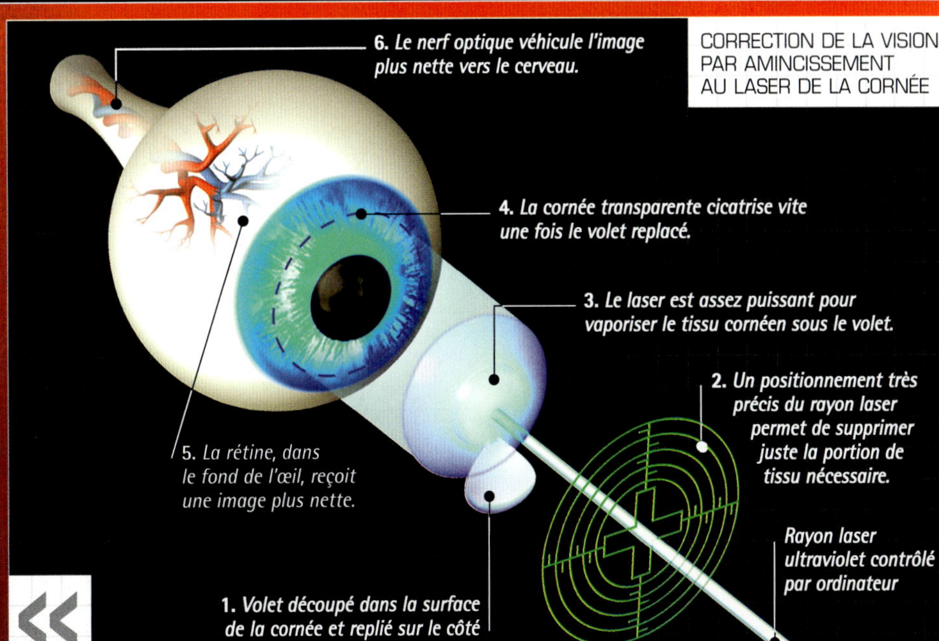

Voir aussi : p. 32, p. 176, p. 246

LA CHIRURGIE ROBOTISÉE

La chirurgie, de nos jours, recourt de plus en plus fréquemment à des bras robotisés introduits dans le corps par de toutes petites incisions et qui effectuent des actes chirurgicaux avec une totale minutie. Le chirurgien commande le robot par un système de contrôle à distance. On appelle microchirurgie, ou chirurgie mini-invasive, l'ensemble des techniques qui visent ainsi à la fois à améliorer la précision des interventions et à réduire le choc opératoire pour le patient.

◀ LE PASSÉ

La robotique chirurgicale est née dans les années 1980. Elle associait pour la première fois l'utilisation de bras robotisés à des appareils d'observation interne de l'organisme appelés endoscopes.

La grande vitesse de transmission des images et des données informatiques permet aujourd'hui aux chirurgiens d'effectuer des interventions par téléchirurgie sur des patients situés à des milliers de kilomètres.

LE FUTUR ▶▶

≫ COMMENT ON PRATIQUE

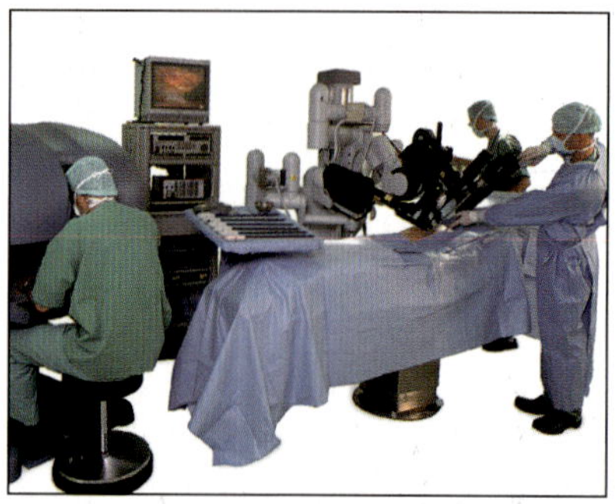

« **Un robot chirurgical** est composé de deux unités : le robot lui-même, qui est positionné au-dessus du patient, et une console de contrôle située à quelques mètres de distance. Durant une intervention, le chirurgien est assis à la console, observant la procédure à travers un viseur grossissant, et guidant les bras du robot par des commandes manuelles. Assistants et anesthésistes sont également présents.

» **La caméra de l'endoscope** constituant l'un des bras du robot filme l'intérieur de l'incision et transmet ses images au viseur grossissant, qui fournit des images 3D très nettes. La vision est ainsi bien plus claire qu'elle ne le serait à l'œil nu. Les gestes du chirurgien, transmis par des joysticks très sophistiqués, sont traduits en micromouvements très précis des bras robotisés. Le système élimine également les tremblements de la main du praticien.

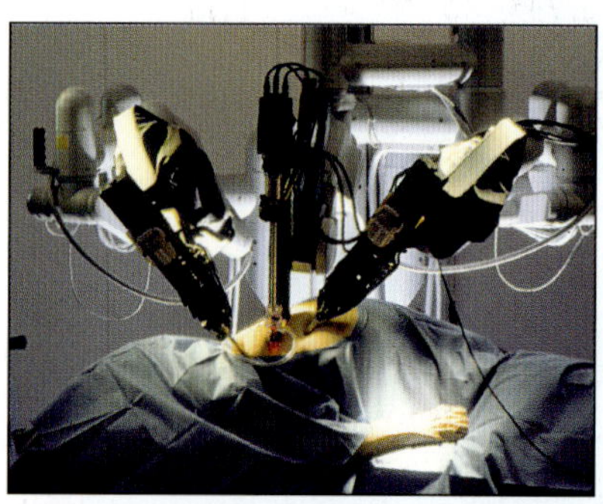

« **Les extrémités en acier inoxydable** des bras robotisés pénètrent dans le corps par trois petites incisions (ou plus), pas plus larges que le diamètre d'un crayon. Tandis que la caméra de l'endoscope filme l'opération, les autres instruments chirurgicaux coupent, manipulent et suturent. Un bras inutilisé reste totalement immobile. Cela réduit le choc opératoire pour le patient.

≚ Sutures par fourmis !

Fourmi mordant le bout d'un doigt

▲ La seule manière de refermer une incision, même de petite taille, reste la technique ancienne de la suture. Les peuplades des forêts vierges d'Amérique centrale utilisaient les mandibules de certaines fourmis comme agrafes pour suturer des blessures. La plupart des sutures modernes sont faites de fibres synthétiques comme le Nylon et le polyester.

▶▶ Voir aussi : p. 118, p. 186, p. 212

Intervention de microchirurgie cardiaque sur un modèle de cage thoracique

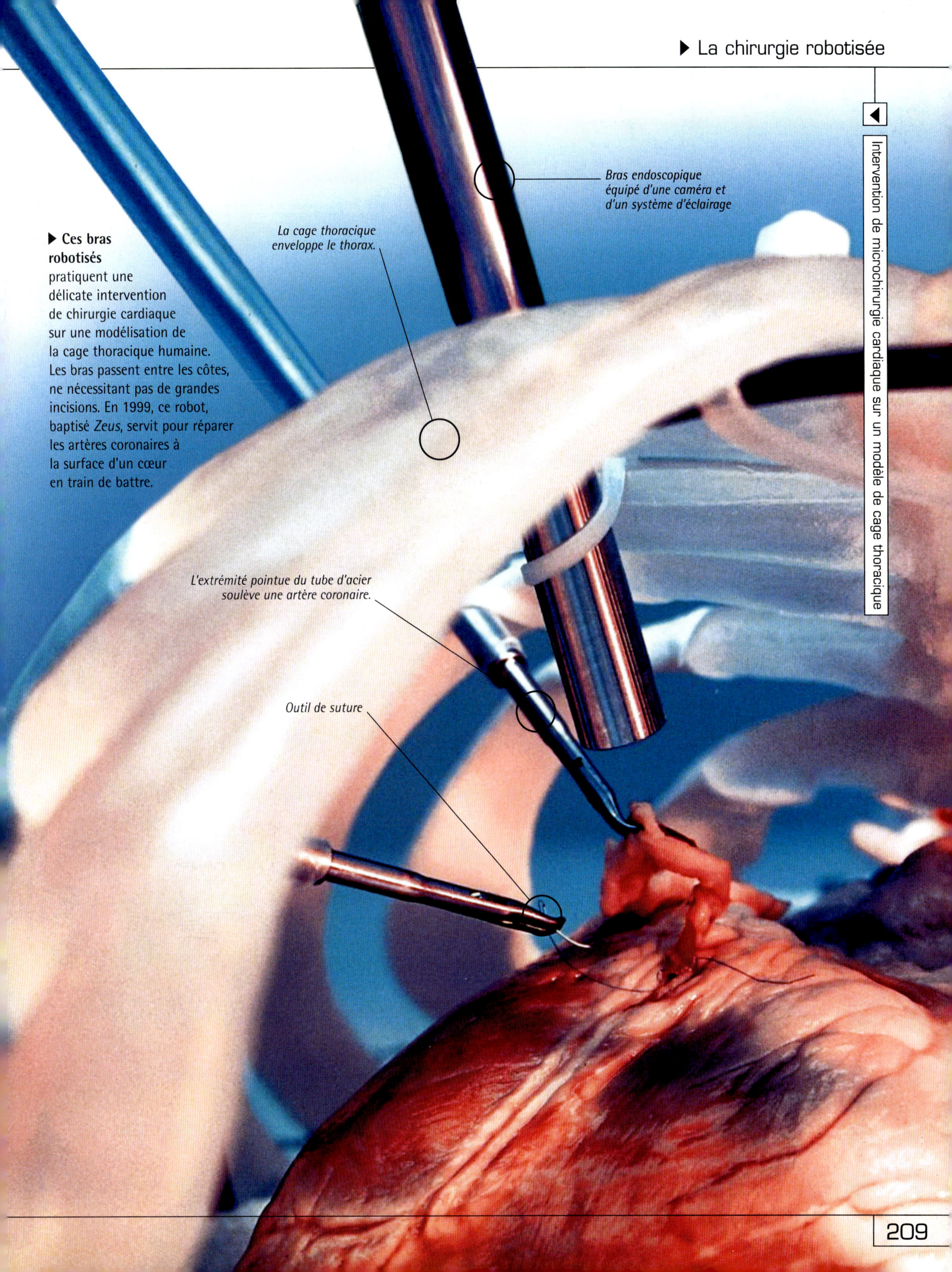

Ces bras robotisés pratiquent une délicate intervention de chirurgie cardiaque sur une modélisation de la cage thoracique humaine. Les bras passent entre les côtes, ne nécessitant pas de grandes incisions. En 1999, ce robot, baptisé *Zeus*, servit pour réparer les artères coronaires à la surface d'un cœur en train de battre.

LE PACEMAKER

Implanté dans le thorax, un pacemaker, ou stimulateur cardiaque, génère des signaux électriques pour réguler le rythme du cœur. La plupart fonctionnent à la demande, n'envoyant leurs signaux que quand le cœur bat de façon anormale.

LE PASSÉ

En 1958, un Suédois de 43 ans, Arne Larsson, a été le premier homme à recevoir un pacemaker. Il vécut jusqu'à l'âge de 86 ans.

LE FUTUR

Les pacemakers du futur renfermeront des microprocesseurs sophistiqués qui stockeront des données médicales concernant le patient et s'adapteront à celui-ci selon ses besoins.

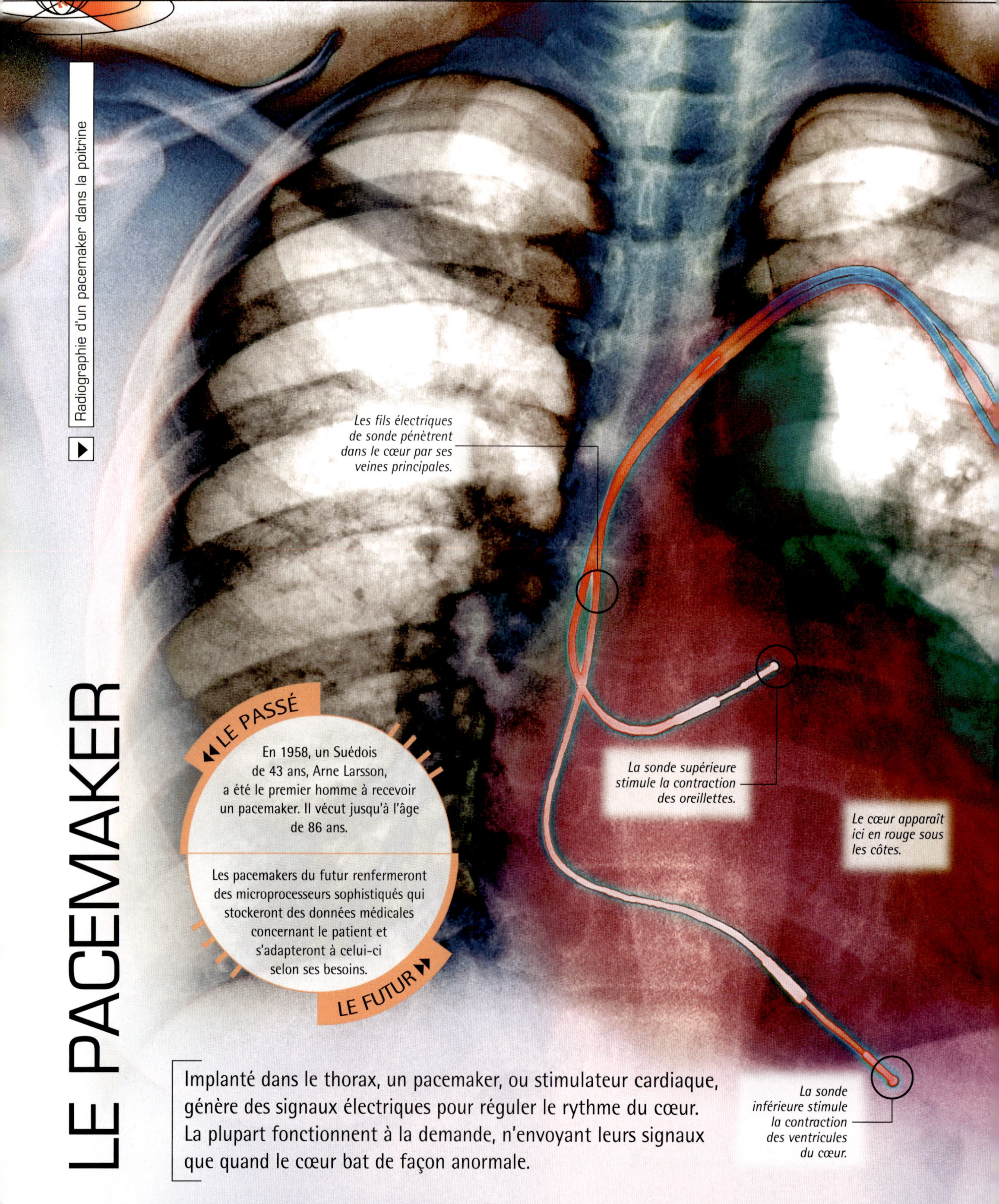

Radiographie d'un pacemaker dans la poitrine

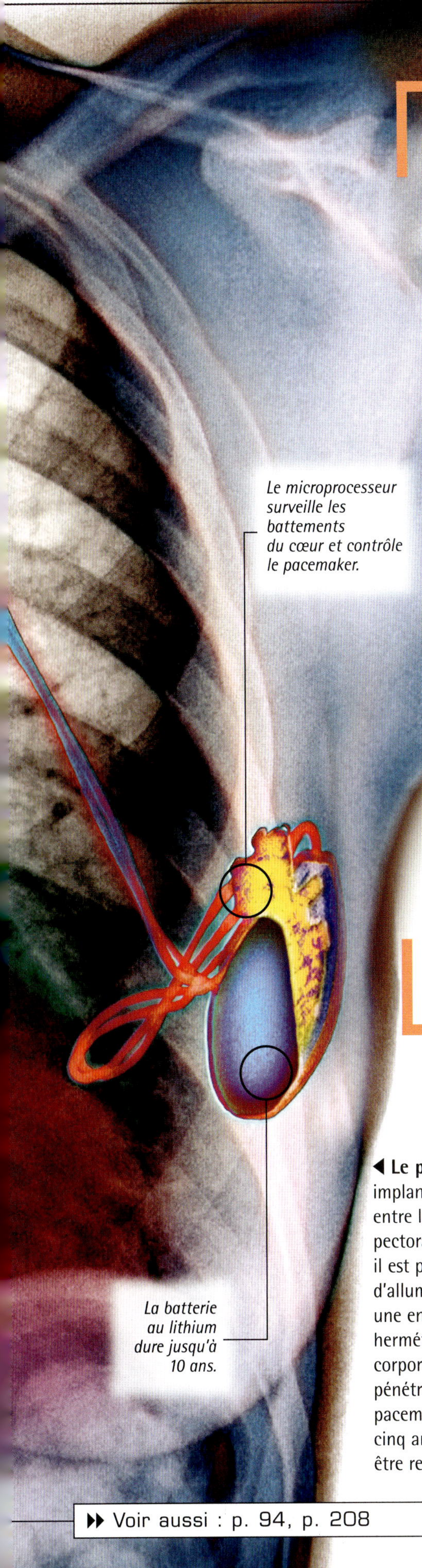

» COMMENT ÇA MARCHE

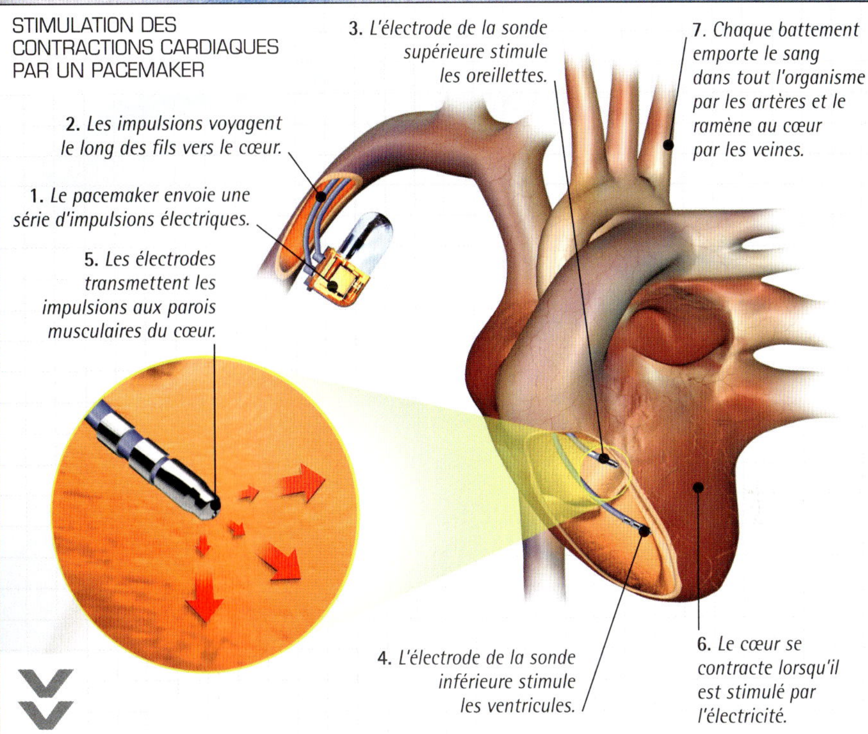

Un cœur humain en bonne santé est équipé d'un pacemaker naturel : le nœud sinusal. Il s'agit d'un centre nerveux qui, sous le contrôle du cerveau et de nerfs régulateurs, émet des impulsions électriques dans les parois du cœur, déclenchant leur contraction. Il arrive que ce système régulateur ne fonctionne plus correctement ; c'est alors que les chirurgiens implantent un pacemaker. Celui-ci surveille continuellement l'activité cardiaque et, lorsqu'il détecte un dérèglement du rythme de contraction, génère une série d'impulsions électriques qui prennent l'ascendant sur le nœud sinusal. Certains pacemakers font varier leur activité en fonction des besoins. Ainsi, ils peuvent accroître le rythme cardiaque en cas d'exercice physique.

◀ **Le pacemaker** est implanté chirurgicalement entre la peau et le muscle pectoral. Pesant 20 à 50 g, il est plus petit qu'une boîte d'allumettes. Il est scellé dans une enveloppe totalement hermétique ; aucun fluide corporel ne risque d'y pénétrer. La plupart des pacemakers fonctionnent cinq ans avant de devoir être remplacés.

Le cœur artificiel

▶ En 2001, aux États-Unis, fut réalisée la première greffe d'un cœur artificiel interne. Fabriqué en titane et en plastique, le cœur AbioCor est équipé d'un moteur hydraulique pour pomper le sang dans l'organisme. Il est alimenté par une batterie externe portée par le patient. Il augmente de quelques mois l'espérance de vie des malades atteints de graves insuffisances cardiaques.

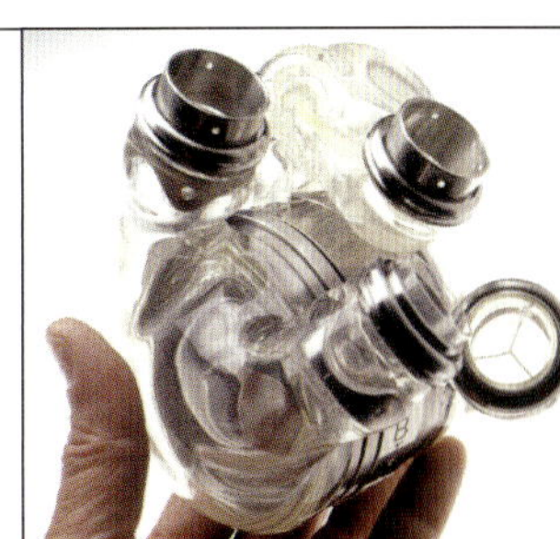
Un cœur artificiel AbioCor

▶▶ Voir aussi : p. 94, p. 208

LA CAPSULE VIDÉO-ENDOSCOPIQUE

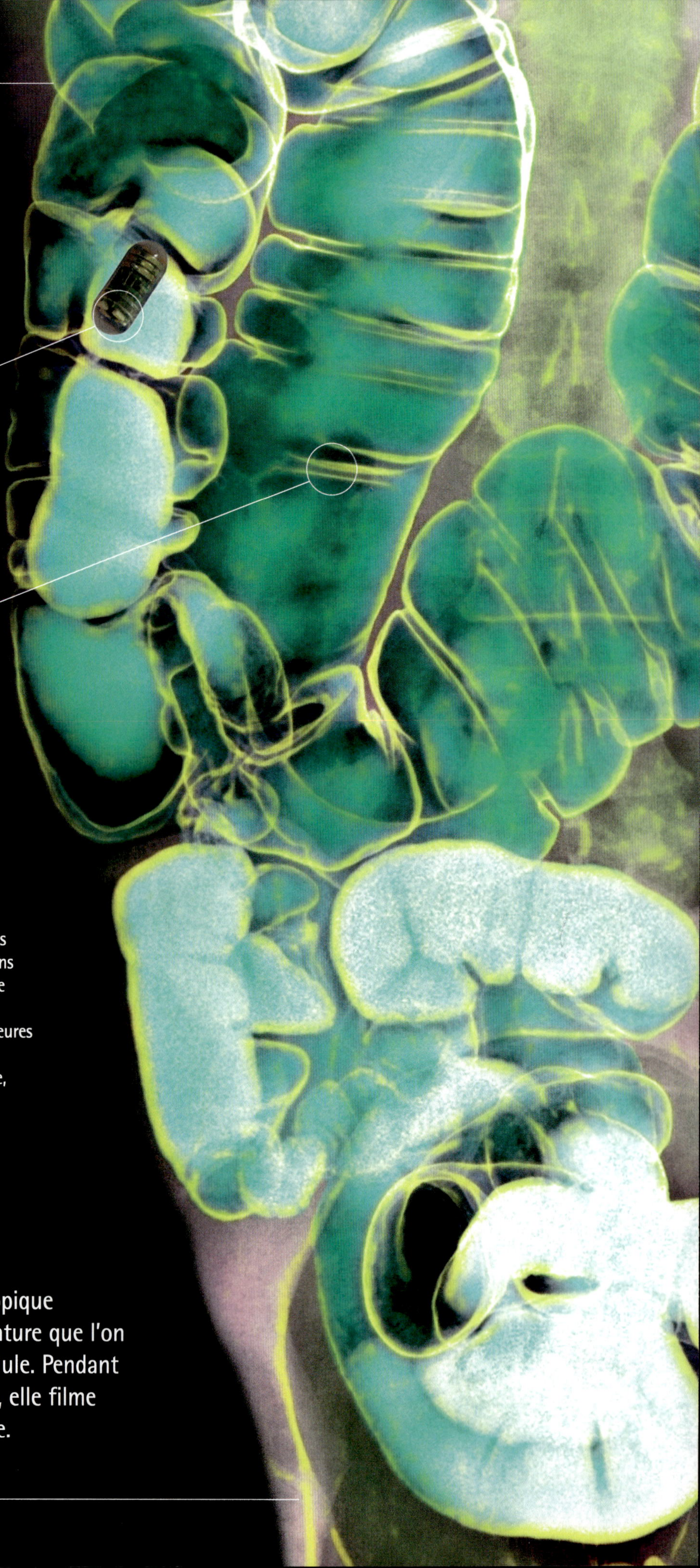

La capsule endoscopique mesure 30 mm de long et 11 mm de large.

Les contractions naturelles des parois de l'intestin, appelées péristaltisme, poussent la capsule à travers le tube digestif.

Cette radiographie en fausses couleurs révèle les circonvolutions des intestins humains. La capsule endoscopique réalise environ 50 000 images durant les sept heures qu'elle met à traverser l'intestin grêle. Repassées à grande vitesse, ces images produisent une demi-heure de film vidéo.

Une capsule vidéo-endoscopique est une caméra vidéo miniature que l'on peut avaler comme une gélule. Pendant sa traversée de l'organisme, elle filme l'intérieur de l'intestin grêle.

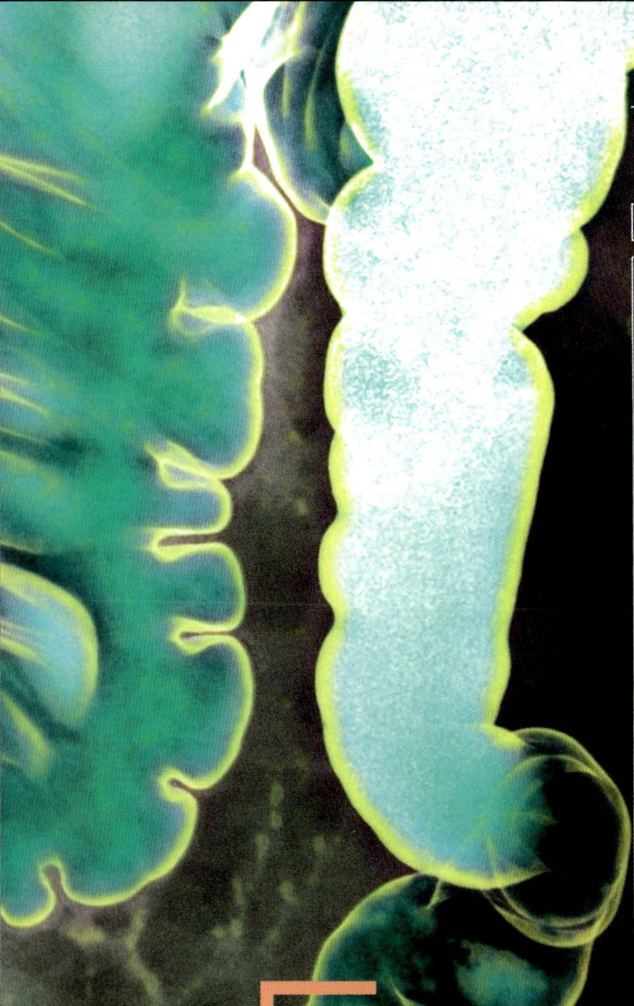

Radiographie des intestins contenant une capsule endoscopique

L'endoscopie

▶ Les appareils qu'utilisent les chirurgiens pour inspecter l'intérieur de l'organisme sont appelés endoscopes. Il en existe de différents types, adaptés à des zones différentes du corps. Les plus simples consistent en un tube rigide renfermant un système optique et un éclairage à l'extrémité. On observe à travers l'optique comme avec un microscope.

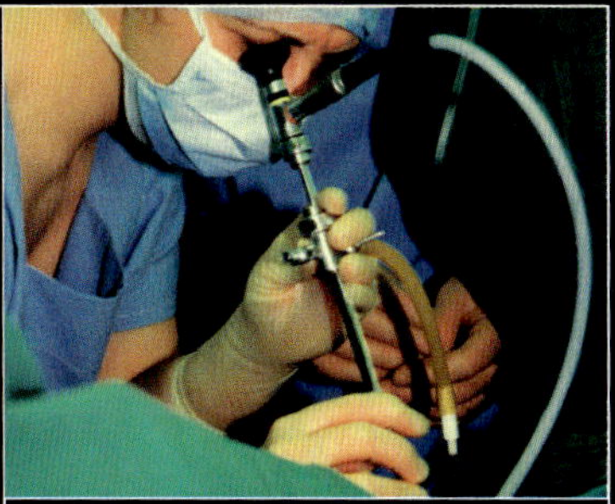

Observation dans un endoscope

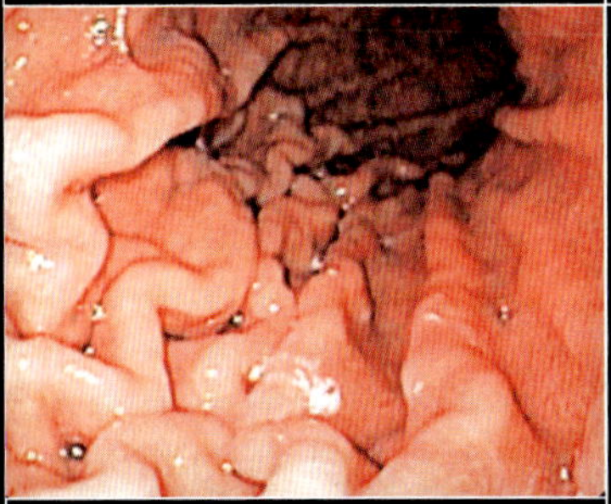

Vue endoscopique de l'estomac

◀ Les endoscopes plus sophistiqués sont équipés d'un tube flexible et, à leur extrémité, d'une caméra vidéo dont l'image est restituée par un écran. De petites pinces, des ciseaux ou d'autres instruments peuvent être montés à l'extrémité des endoscopes. Cela permet d'effectuer des opérations de microchirurgie en n'effectuant que de toutes petites incisions.

>> COMMENT C'EST FAIT

L'une des parties de l'organisme humain les plus difficiles à examiner est l'intestin grêle. Il mesure 6 m de long et les médecins ne parviennent à en observer que le premier tiers à l'aide d'un endoscope. Grâce à la capsule vidéo-endoscopique, c'est toute la longueur de l'intestin grêle qui peut être filmée en couleur. Cet appareil est un miracle de miniaturisation renfermant, dans une capsule oblongue à peine plus grosse qu'une gélule, une caméra numérique, une source de lumière et un émetteur radio. Après avoir été avalé, il passe lentement dans les intestins, réalisant deux images par seconde. Les images sont transmises sous la forme d'ondes radio à un récepteur externe porté sur une ceinture. Celui-ci enregistre également la localisation de la caméra dans le tube digestif afin que les médecins puissent identifier toute anomalie éventuelle.

LES COMPOSANTS D'UNE CAPSULE ENDOSCOPIQUE

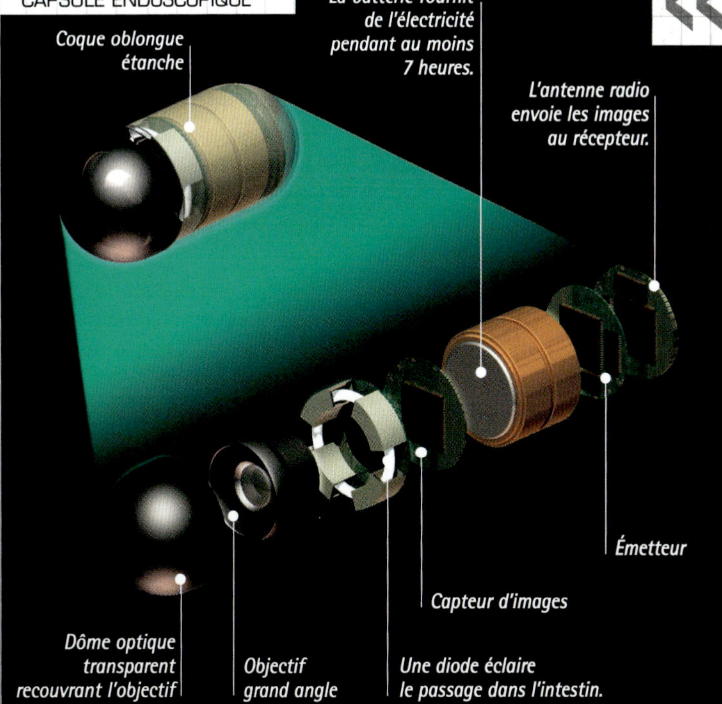

▶▶ Voir aussi : p. 62, p. 208, p. 244, p. 249

LES PROTHÈSES

Une prothèse est un élément artificiel remplaçant une partie du corps. De nos jours, les prothèses de membres permettent aux athlètes paralympiques de courir presque aussi vite que les autres coureurs.

COMMENT ÇA MARCHE

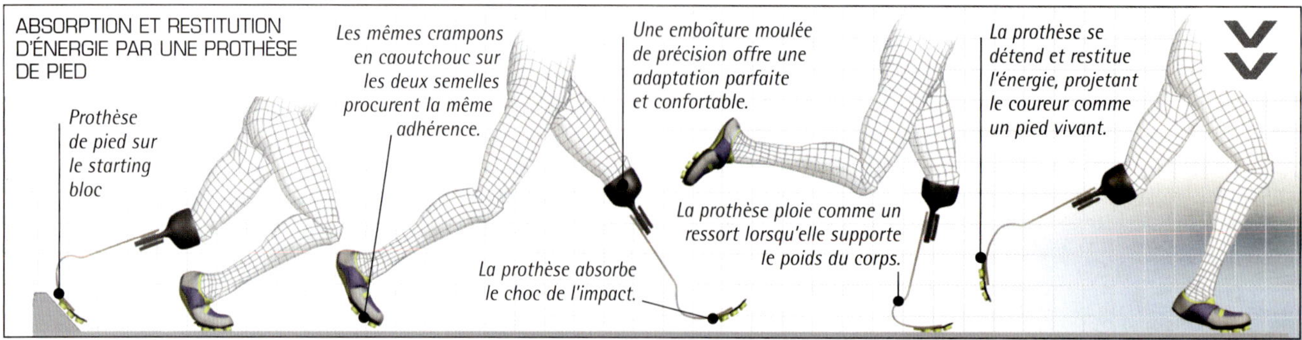

Les prothèses modernes de pieds sont faites d'un composite de fibres de carbone – un mélange de fibres de carbone et de plastique. Ce matériau est très robuste et hautement résistant à la corrosion et aux contraintes, tout en restant léger et flexible. En variant la disposition des fibres de carbone lors du moulage, les fabricants peuvent modifier la rigidité de la prothèse. Les pieds de compétition en fibre de carbone portés par les athlètes sont conçus pour reproduire la souplesse naturelle du pied humain : ils stockent de l'énergie lorsqu'ils sont comprimés et la libèrent lorsqu'ils se détendent pour revenir à leur forme initiale. Pour l'emploi quotidien, les personnes amputées portent des prothèses plus esthétiques, d'aspect plus proche des formes humaines naturelles. Certains modèles ont l'apparence de la peau.

Semelle de caoutchouc équipant une prothèse

Les membres bioniques

▶ Le rêve de la recherche prothétique est de parvenir à créer des membres bioniques que le cerveau pourrait contrôler directement, ressemblant à cette main mécanique et qui seraient capables de saisir des objets avec la même dextérité que la main humaine. Des prothèses de membres répondant aux mouvements des muscles existent déjà, mais on n'a encore jamais réalisé de machine connectée au système nerveux.

Une main mécanique

◀◀ LE PASSÉ

Les premières prothèses étaient en bois et en métal. De grands progrès furent réalisés après les Première et Seconde Guerres mondiales, au cours desquelles beaucoup de soldats perdirent des membres.

Certaines prothèses pourraient devenir inutiles dans l'avenir, les scientifiques cherchant actuellement le moyen de développer des organes vivants de remplacement à partir des cellules du patient.

LE FUTUR ▶▶

▶▶ Voir aussi : p. 50, p. 216, p. 241

▶ **Équipé d'une paire de prothèses de pieds**, le jeune athlète sud-africain de 17 ans Oscar Pistorius remporta la médaille d'or du 200-mètres aux jeux Paralympiques d'Athènes en 2004. Il franchit la ligne d'arrivée à 21,97 secondes, pulvérisant le record du monde des doubles amputés. Ses pieds prothétiques sont fabriqués spécialement pour les activités sportives.

▲ **L'athlète américaine April Holmes** remporta la médaille de bronze du saut en longueur aux jeux Paralympiques d'Athènes en 2004. Elle établit également deux nouveaux records du monde dans sa classe – celle des mono-amputés sous le genou – dans les courses de 100 et 200-mètres.

L'AUTOGREFFE DE PEAU CULTIVÉE

▼ **Une feuille de peau fraîchement cultivée** est tirée de son bac de culture. Ce greffon a été produit en laboratoire ; il est exclusivement constitué de cellules épidermiques formant la couche protectrice externe de la peau humaine. Il sera déposé à la surface de la peau endommagée du patient, à laquelle il adhérera naturellement.

Les techniques de greffe de peau les plus récentes, appelées autogreffes, peuvent sauver la vie de victimes de graves brûlures. Un échantillon de peau de la taille d'un timbre-poste est prélevé sur le patient. À partir de celui-ci, on peut produire par culture, en trois semaines, assez de peau pour recouvrir son corps tout entier.

COMMENT ON PROCÈDE

PROCÉDURE DE MISE EN CULTURE D'UN ÉCHANTILLON DE PEAU EN VUE D'UNE AUTOGREFFE

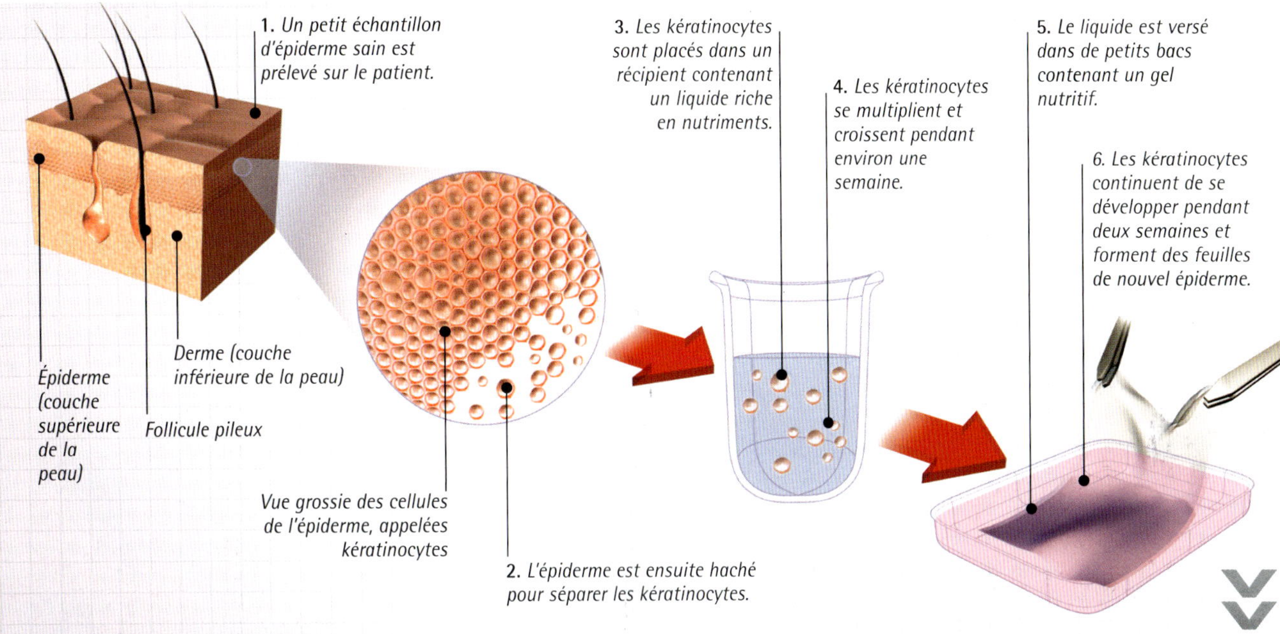

La peau est un organe dont les possibilités de régénération sont immenses. Sa couche externe, l'épiderme, se renouvelle continuellement et cicatrise souvent sans conserver de traces apparentes. Mais ce mécanisme a tout de même des limites. En cas de brûlure grave, la couche régénératrice située à la base de l'épiderme est détruite. Généralement, ce type de blessure est traité par la technique courante d'autogreffe de peau, dans laquelle de la peau saine est prélevée dans une autre partie du corps et transférée sur la zone endommagée. Mais si les brûlures sont tellement étendues qu'il ne reste pas de place pour prélever un greffon de taille suffisante, on peut pratiquer la culture d'épiderme. De la peau naturelle est produite artificiellement à partir d'un petit échantillon prélevé sur le patient lui-même. Étant constitué de ses propres cellules, l'organisme de ce dernier ne rejettera pas le greffon. Si le patient reçoit une peau provenant d'un autre individu, son système immunitaire finira par rejeter les cellules d'origine étrangère.

LE PASSÉ

Les premières greffes de peau connues ont été effectuées en Inde il y a plus de 4 000 ans. Des textes sanskrits décrivent comment de la peau était prélevée sur les fesses pour réparer le nez.

Un progrès récent dans la greffe de peau fait appel à une technique de pulvérisation de peau de culture, beaucoup plus facile à préparer que les fragiles feuilles de peau actuellement utilisées.

LE FUTUR

Cultivées pour la recherche

Les scientifiques ont besoin de tissus humains pour leurs expériences scientifiques. Mais les cellules normales sont difficiles à cultiver car elles ont un potentiel de division limité, puis vieillissent et meurent. C'est pourquoi ils utilisent des cellules cancéreuses qui, ont un potentiel de division permanent. Une grande part provient de cellules prélevées sur une Américaine, Henrietta Lacks, décédée en 1951, qui ont été cultivées et reproduites. Elles sont appelées cellules HeLa.

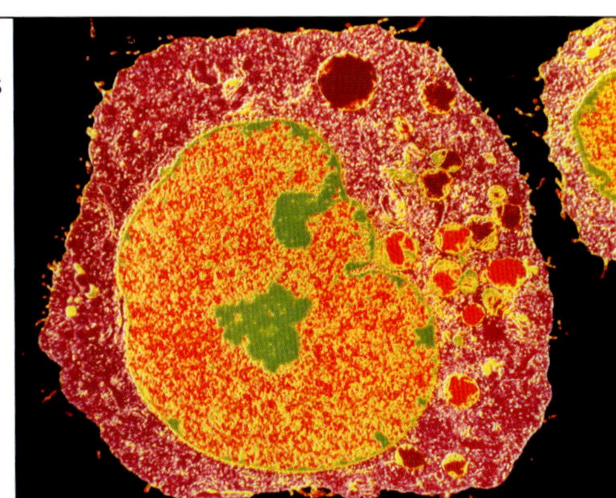

Cellules HeLa grossies

Voir aussi : p. 190

CELLULES

Le corps humain est composé de quelque 10000 milliards de cellules. Invisibles à l'œil nu, on peut les observer avec une étonnante richesse de détails à l'aide de microscopes.

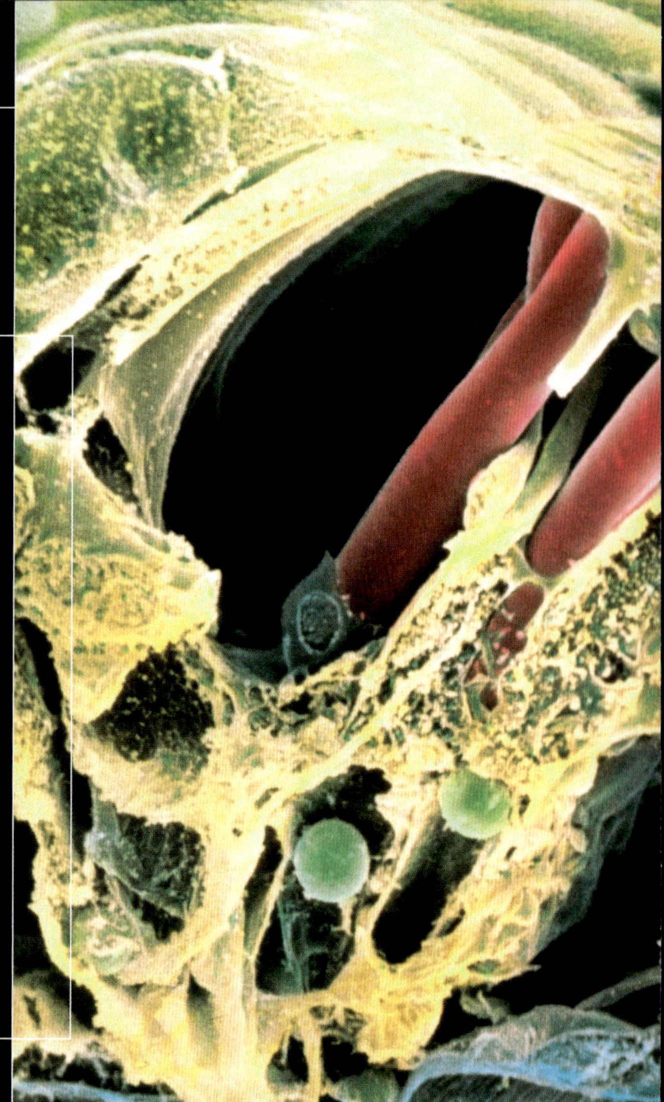

Oreille interne Cette vue à travers un microscope électronique révèle les cellules ciliées de l'oreille interne, qui jouent un rôle dans l'ouïe. Offrant un grossissement d'environ 1 700 fois, l'image montre quatre rangs de cellules ciliées, dont le corps principal figure en rouge. De minuscules cils, apparaissant en orange, traversent une membrane en haut de la photo. Lorsque les ondes sonores provoquent des ondulations dans le fluide qui remplit l'oreille interne, cette membrane vibre, transmettant ses mouvements aux cils. Sous l'effet du mouvement des cils, les cellules ciliées génèrent des influx nerveux qui voyagent jusqu'au cerveau.

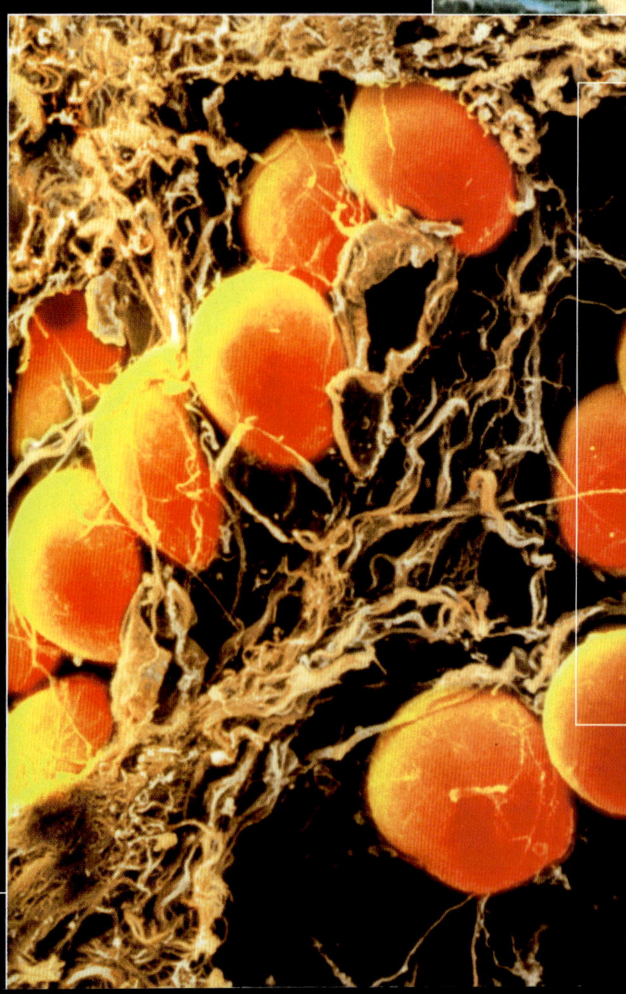

Cellules lipidiques Vues au microscope électronique, ces cellules lipidiques ressemblent à de petites bulles entourées de fibres de tissu connectif. Elles comptent parmi les cellules les plus grosses du corps humain. Chacune renferme un unique globule de graisse. Toute quantité de graisse ingérée mais non consommée par l'organisme est stockée sous cette forme. Les cellules lipidiques constituent une réserve d'énergie et une couche isolante sous la peau, qui aide le corps à retenir sa chaleur.

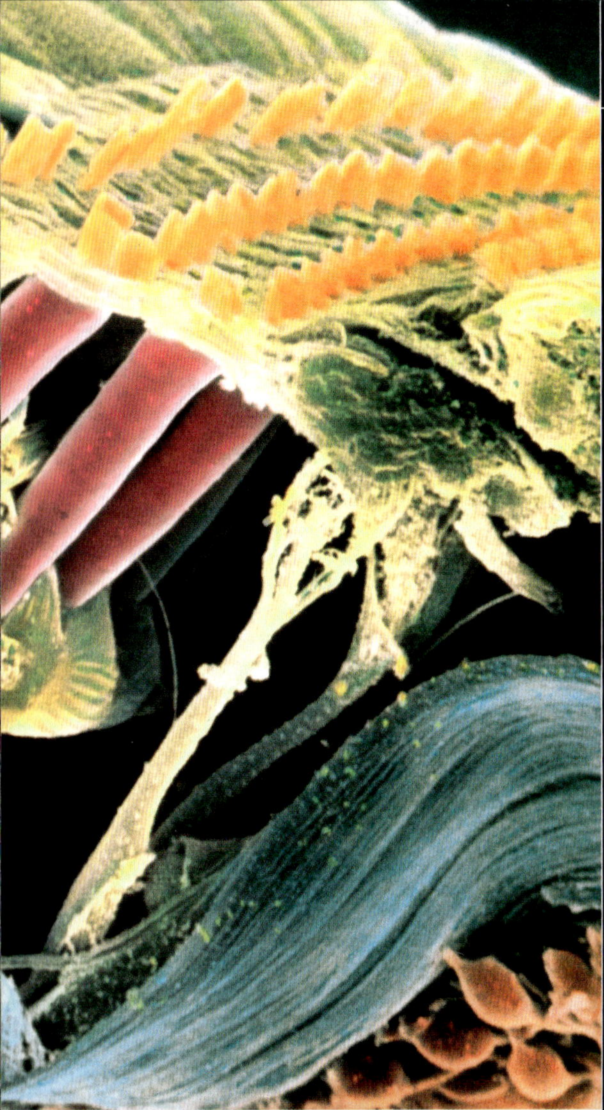

Acariens des follicules

Le visage de l'homme constitue l'habitat naturel de ces créatures vermiformes, grossies ici 180 fois par un microscope électronique. Elles vivent dans les petits trous de la peau dans lesquels figurent les follicules pileux. On les trouve notamment dans ceux des cils autour des yeux. Les scientifiques pensent que la plupart d'entre nous sommes porteurs de ces parasites inoffensifs.

Papilles gustatives

Voici une coupe effectuée dans la langue humaine, grossie 120 fois. Ces gros replis sont des papilles, minuscules excroissances à l'aspect velouté à la surface de la langue. Dans leurs interstices figurent des bourgeons gustatifs. Ces cellules sensorielles détectent les quatre saveurs primaires : le sucré, le salé, l'acide et l'amer.

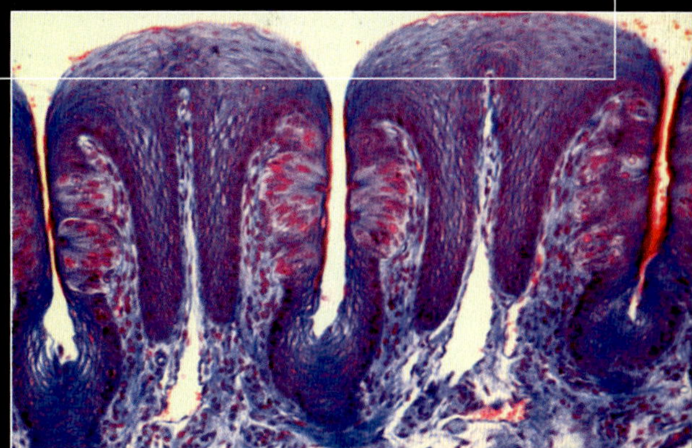

Caillot sanguin

1 mm^3 de sang renferme environ cinq millions d'hématies, ou globules rouges. Celles-ci véhiculent l'oxygène dans tout l'organisme. Ici, les hématies sont prises dans de la fibrine, une protéine insoluble qui se forme au contact de l'air lorsqu'un vaisseau sanguin est endommagé. La fibrine arrête le mouvement des hématies, de sorte que le sang coagule et la blessure arrête de saigner.

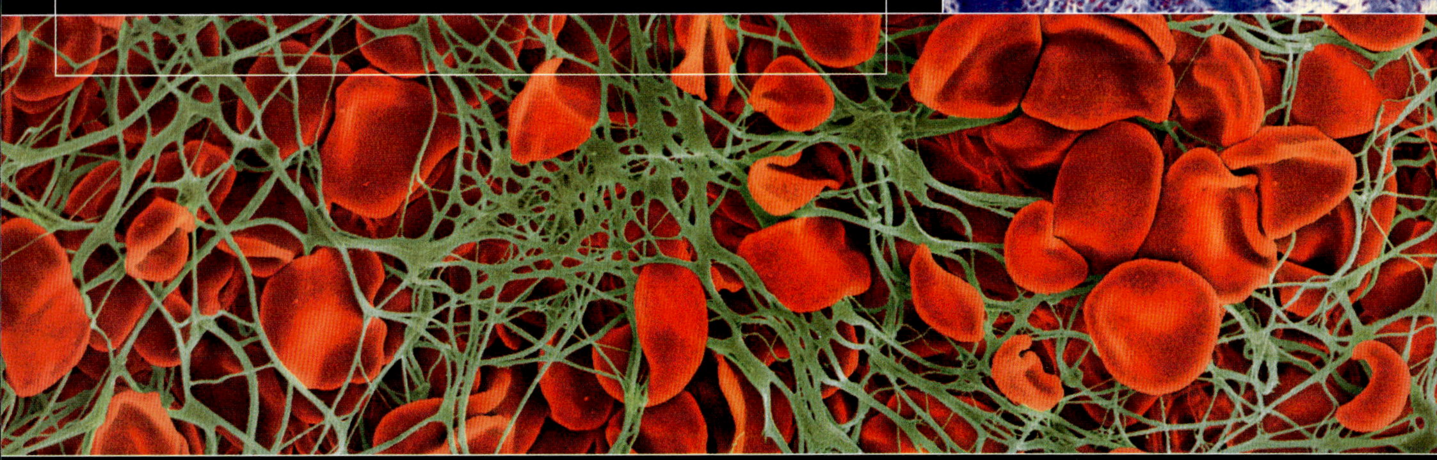

Voir aussi : p. 10, p. 220, p. 243

LA VACCINATION

Les vaccins préparent le système immunitaire de l'organisme à reconnaître et détruire les germes, micro-organismes parasites comme les bactéries et les virus, qui provoquent les maladies. La plupart des vaccins sont fabriqués à partir des germes eux-mêmes, traités pour les rendre inoffensifs.

» COMMENT ÇA AGIT

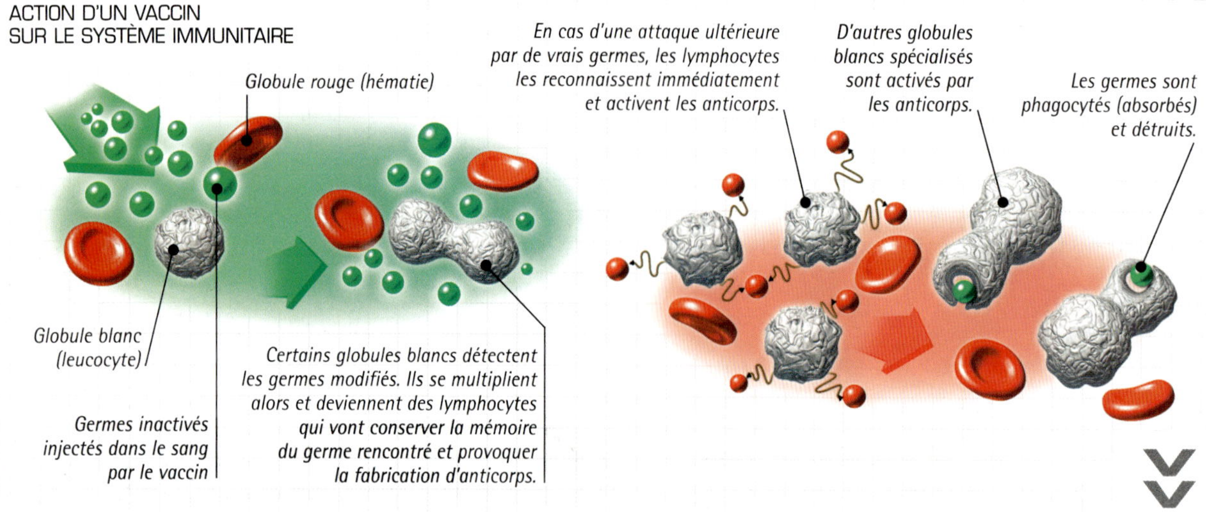

Lorsqu'un nouveau germe pénètre dans l'organisme, les globules blancs du sang, ou leucocytes, apprennent à le reconnaître. Ils déclenchent la production de composés appelés anticorps, conçus pour attaquer spécifiquement le germe rencontré, ainsi que la production d'un type de globules blancs appelés lymphocytes, qui sont le siège de la mémoire immunitaire. Lors de la première infection, la réaction des anticorps est lente : le germe a le temps de se multiplier et de provoquer la maladie. Lors des infections suivantes, en revanche, le système immunitaire réagit plus rapidement grâce à la présence des anticorps et des lymphocytes qui reconnaissent immédiatement l'agresseur. Les vaccins reposent sur ce système. Ils contiennent les germes qui ont été inactivés afin qu'ils ne risquent pas de provoquer la maladie, mais qui déclenchent malgré tout l'activation des lymphocytes et la fabrication d'anticorps par le système immunitaire. L'organisme est alors immunisé contre la maladie.

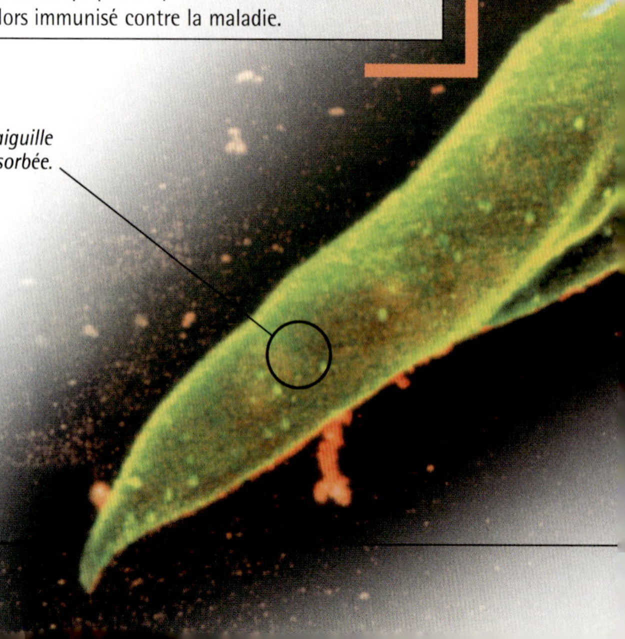

▶ **Ce globule blanc,** grossi plus de 10 000 fois par un microscope électronique, s'apprête à dévorer une bactérie provoquant la leishmaniose, une maladie tropicale. Les globules blancs agissent un peu comme des soldats qui patrouillent dans l'organisme à la recherche des germes de maladies et les attaquent de différentes manières. Ce globule blanc les détruit en les phagocytant, c'est-à-dire en les incorporant à sa propre cellule et en les digérant.

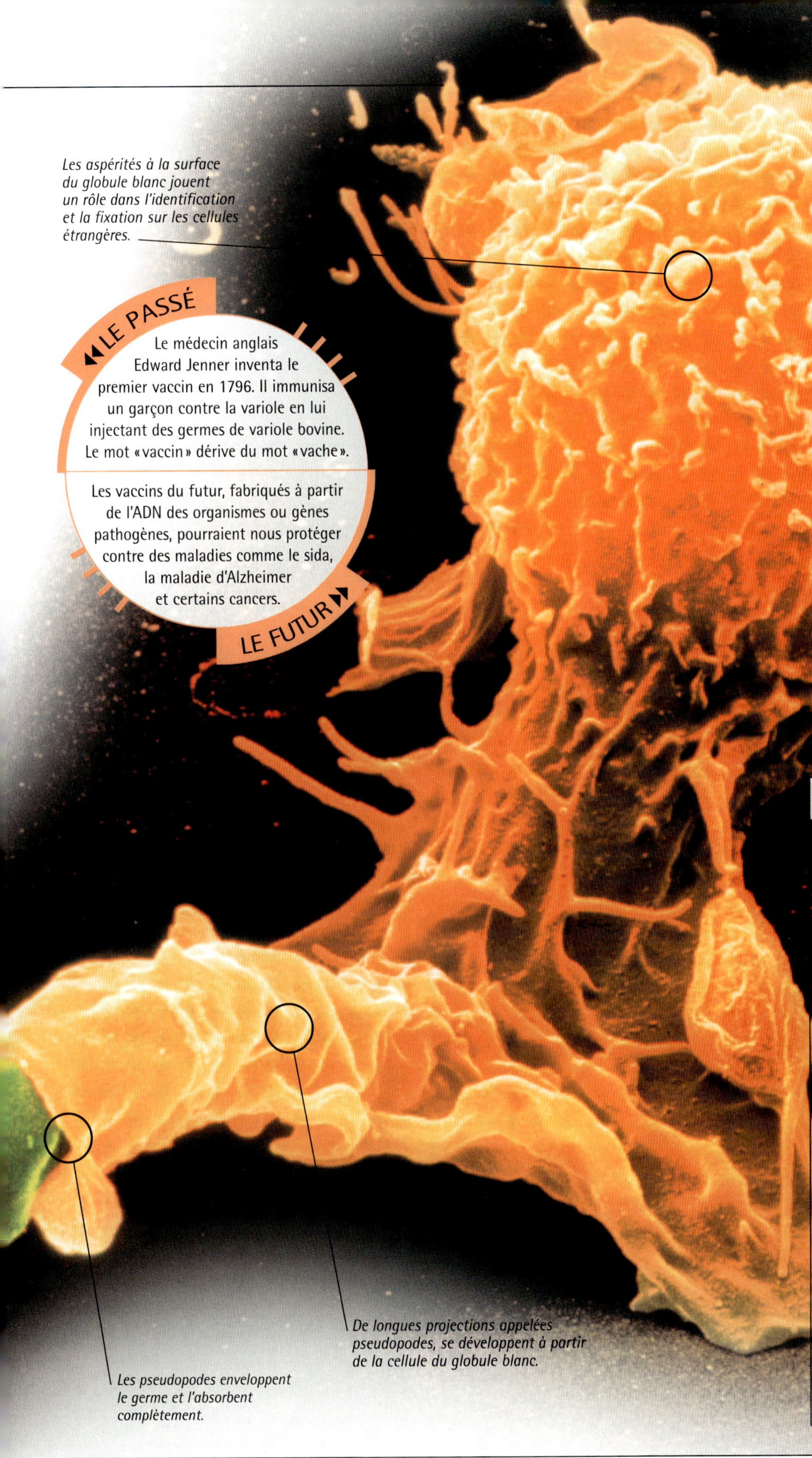

Globule blanc phagocytant un germe de leishmaniose

LE PASSÉ

Le médecin anglais Edward Jenner inventa le premier vaccin en 1796. Il immunisa un garçon contre la variole en lui injectant des germes de variole bovine. Le mot « vaccin » dérive du mot « vache ».

Les vaccins du futur, fabriqués à partir de l'ADN des organismes ou gènes pathogènes, pourraient nous protéger contre des maladies comme le sida, la maladie d'Alzheimer et certains cancers.

LE FUTUR

La fabrication

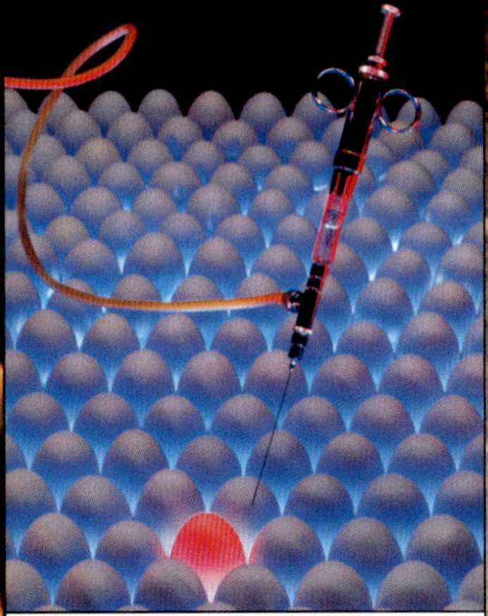

Injection de virus dans des œufs

▲ La plupart des vaccins sont fabriqués à partir de germes vivants. Le vaccin contre la grippe est fabriqué à partir d'œufs de poule. On leur inocule le virus et on les maintient au chaud afin que celui-ci se multiplie. Quelques jours plus tard, les œufs sont ouverts et le virus est prélevé et inactivé chimiquement afin qu'il ne provoque pas la maladie.

Voir aussi : p. 222, p. 240, p. 241, p 242

LES ANTIBIOTIQUES

Les antibiotiques sont des médicaments que l'on administre pour combattre des bactéries qui ont infecté l'organisme. Toxiques pour les bactéries, les antibiotiques sont généralement inoffensifs pour celui qui les prend. La plupart sont, en fait, des substances naturelles fabriquées par des micro-organismes comme les moisissures.

LE PASSÉ

En 1928, le chercheur écossais Alexander Fleming découvrit les antibiotiques par hasard, en constatant que les bactéries mouraient autour de moisissures de pénicillium dans une boîte de culture.

LE FUTUR

La plupart des antibiotiques modernes sont dérivés de bactéries et de champignons, mais les chercheurs espèrent créer de nouveaux antibiotiques de synthèse pour lutter contre les microbes résistants.

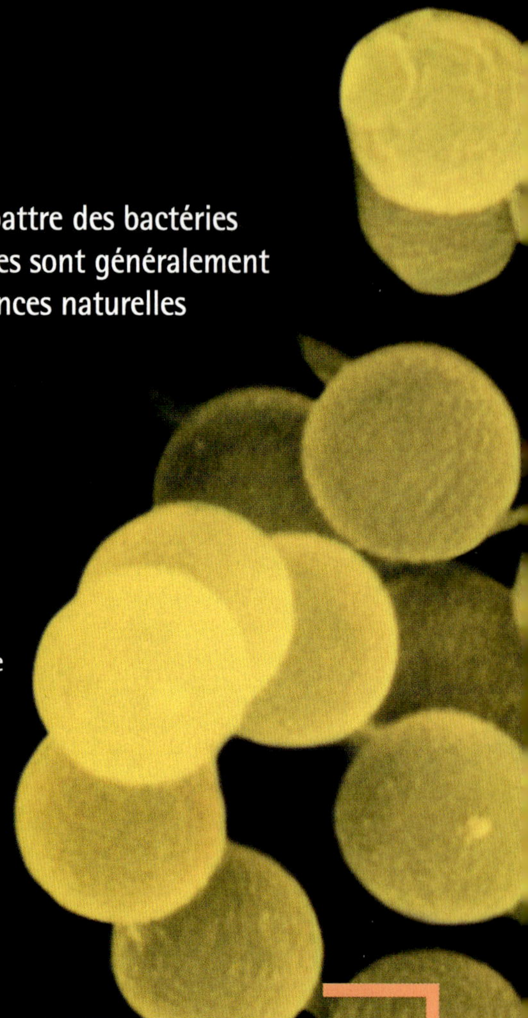

Voici le pénicillium grossi 6000 fois. Cette moisissure se répand en produisant des milliards de spores microscopiques. Si elle trouve un support adéquat, chaque spore développe une nouvelle tache de moisissure. Le pénicillium est la source du premier antibiotique découvert : la pénicilline. Il est bien connu du public sous la forme de cette moisissure bleue poussiéreuse qui se développe sur le pain rassis et les oranges pourrissantes.

COMMENT ÇA AGIT

DESTRUCTION DES MEMBRANES DE LA BACTÉRIE PAR LA PÉNICILLINE

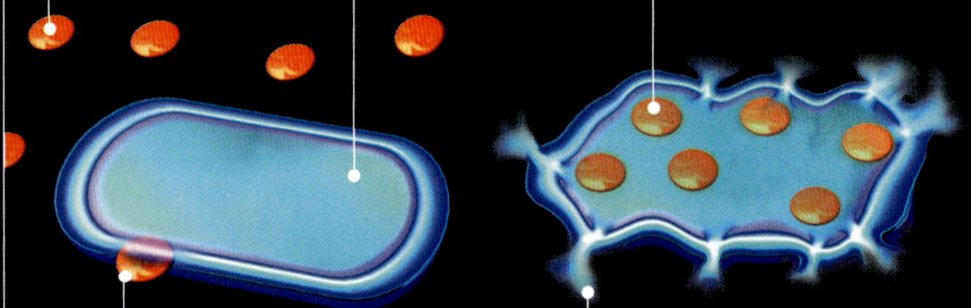

L'usage des antibiotiques se répandit au cours de la Seconde Guerre mondiale. La pénicilline était employée pour empêcher la gangrène et les septicémies de toucher les soldats blessés. Depuis, beaucoup d'autres antibiotiques ont été découverts, qui permettent de traiter des centaines de maladies. Ces produits combattent les bactéries de différentes manières. La pénicilline fait éclater leurs membranes cellulaires ; d'autres arrêtent la multiplication ou la croissance de leurs cellules. Il existe des antibiotiques « à large spectre » qui s'attaquent à de nombreuses bactéries et d'autres spécifiques à une famille de bactéries. Les chirurgiens utilisent également les antibiotiques pour empêcher les plaies de s'infecter durant les interventions. Jadis, les opérations chirurgicales comportaient un fort risque d'infection, aujourd'hui très réduit.

Voir aussi : p. 220, p. 240, p. 241

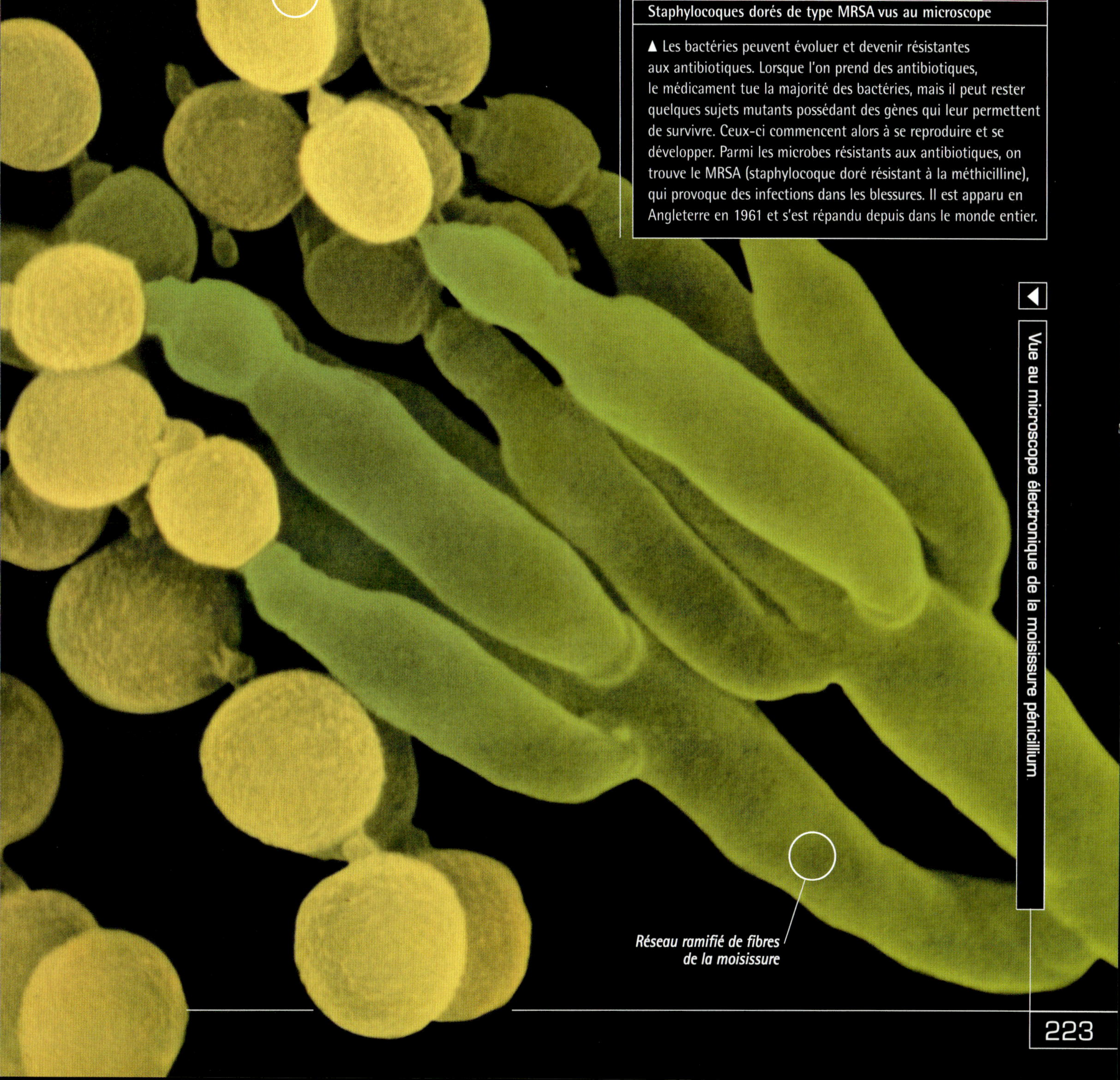

Vue au microscope électronique de la moisissure pénicillium

Les microbes résistants

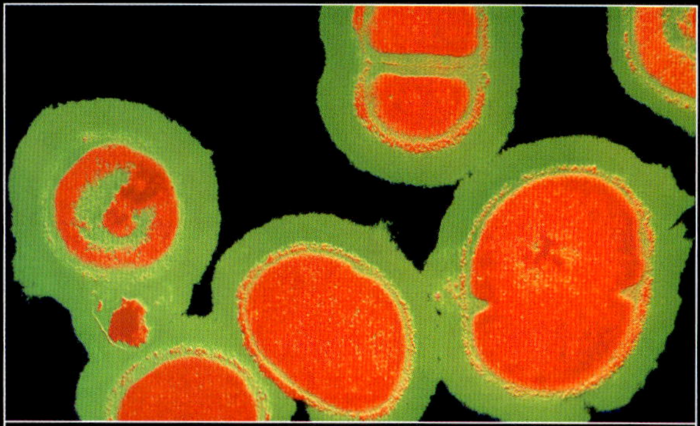

Staphylocoques dorés de type MRSA vus au microscope

▲ Les bactéries peuvent évoluer et devenir résistantes aux antibiotiques. Lorsque l'on prend des antibiotiques, le médicament tue la majorité des bactéries, mais il peut rester quelques sujets mutants possédant des gènes qui leur permettent de survivre. Ceux-ci commencent alors à se reproduire et se développer. Parmi les microbes résistants aux antibiotiques, on trouve le MRSA (staphylocoque doré résistant à la méthicilline), qui provoque des infections dans les blessures. Il est apparu en Angleterre en 1961 et s'est répandu depuis dans le monde entier.

LA FÉCONDATION IN VITRO

La fécondation in vitro (ou FIV) a permis à des couples présentant certaines formes de stérilité de parvenir malgré tout à avoir des enfants. La technique consiste à féconder artificiellement un ovule par un spermatozoïde hors de l'organisme, puis à le réimplanter dans l'utérus de la femme pour qu'il s'y développe normalement.

Une aiguille microscopique injecte un spermatozoïde dans un ovule.

COMMENT ON PROCÈDE

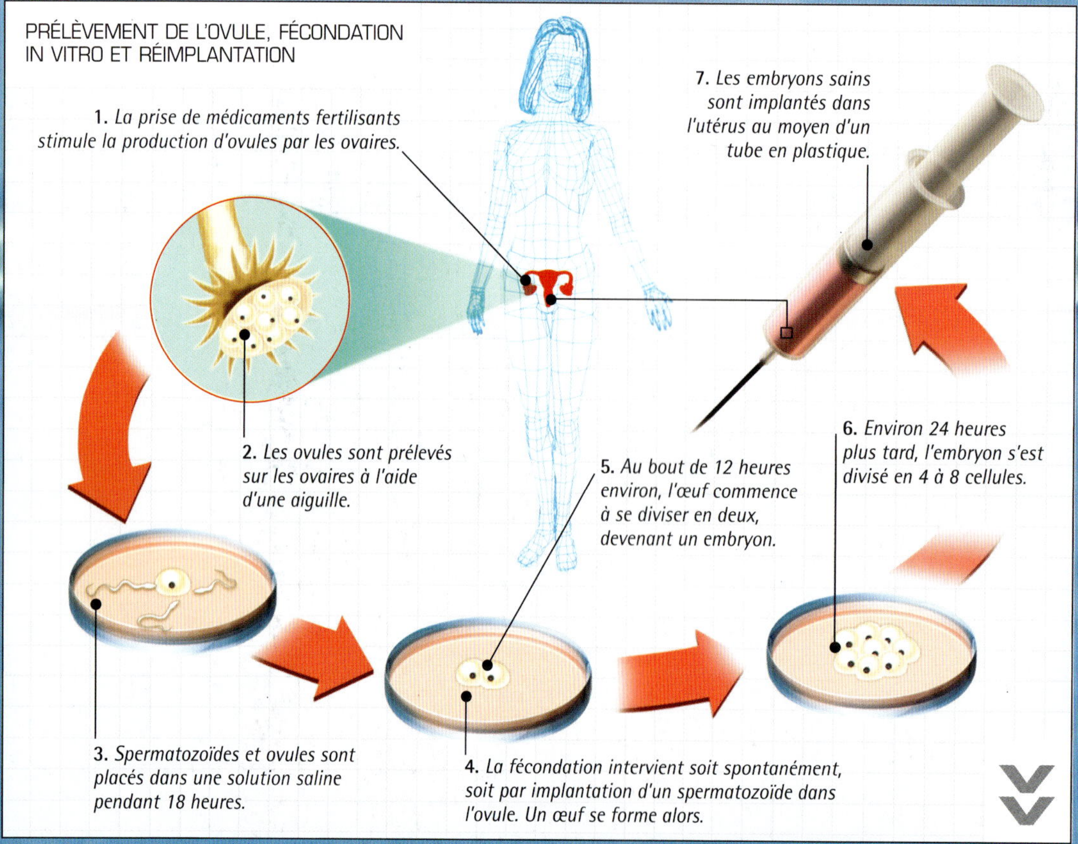

Parmi les causes fréquentes de stérilité figurent l'obstruction des trompes de Fallope chez la femme et une insuffisance du nombre de spermatozoïdes chez l'homme. Lorsqu'un couple ne parvient pas à concevoir un bébé de façon naturelle, on recourt parfois à un environnement artificiel. Le terme «in vitro», qui, en latin, signifie «dans du verre», fait référence au matériau des récipients de laboratoire dans lesquels est effectuée la fécondation. Cette technique ne présentant que 20 % de succès à chaque essai, on implante généralement plusieurs embryons pour améliorer les chances, mais cela peut mener à des grossesses multiples. La FIV est devenue un acte courant dans les dernières décennies ; 1 % des enfants américains sont aujourd'hui conçus ainsi. Elle a néanmoins soulevé des controverses car elle implique la création d'embryons humains qui ne survivent pas tous.

▼ Le spermatozoïde est injecté dans l'ovule à l'aide d'une aiguille très fine, car ce dernier mesure moins d'un dixième de millimètre de long. On ne recourt à cette technique que lorsque les cellules mâles ne parviennent pas à pénétrer sans aide dans l'ovule.

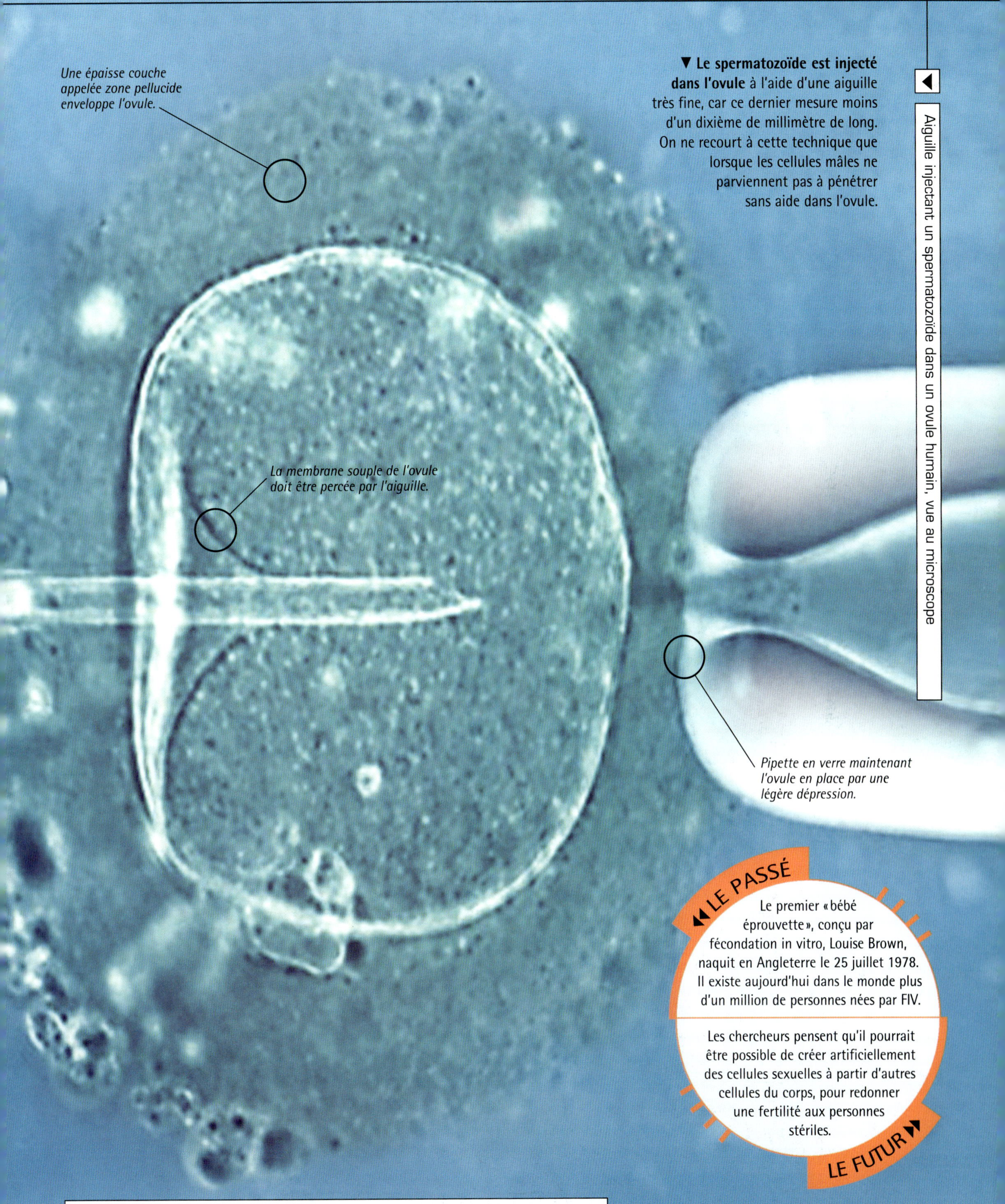

Aiguille injectant un spermatozoïde dans un ovule humain, vue au microscope

◀◀ LE PASSÉ

Le premier « bébé éprouvette », conçu par fécondation in vitro, Louise Brown, naquit en Angleterre le 25 juillet 1978. Il existe aujourd'hui dans le monde plus d'un million de personnes nées par FIV.

Les chercheurs pensent qu'il pourrait être possible de créer artificiellement des cellules sexuelles à partir d'autres cellules du corps, pour redonner une fertilité aux personnes stériles.

LE FUTUR ▶▶

▶▶ Voir aussi : p. 202, p. 242

LA BIOPUCE

Les biopuces permettent d'analyser un échantillon biologique en y recherchant des milliers de composés biochimiques en une seule opération. La plupart sont des puces à ADN. Elles servent à analyser les gènes, porteurs du code héréditaire contrôlant l'ensemble de l'organisme, notamment pour déterminer ceux qui sont actifs dans les cellules vivantes. L'objectif : mieux comprendre le fonctionnement cellulaire et trouver de nouvelles façons de diagnostiquer et traiter les maladies.

▼ **Les biopuces** sont à peine plus grandes que des timbres-poste, et pourtant, une seule d'entre elles permet d'analyser des milliers de gènes d'un coup. Leur surface est marquée de séries de points microscopiques comportant chacun une séquence d'ADN d'un gène différent. La majorité des biopuces est constituée à partir d'ADN humain.

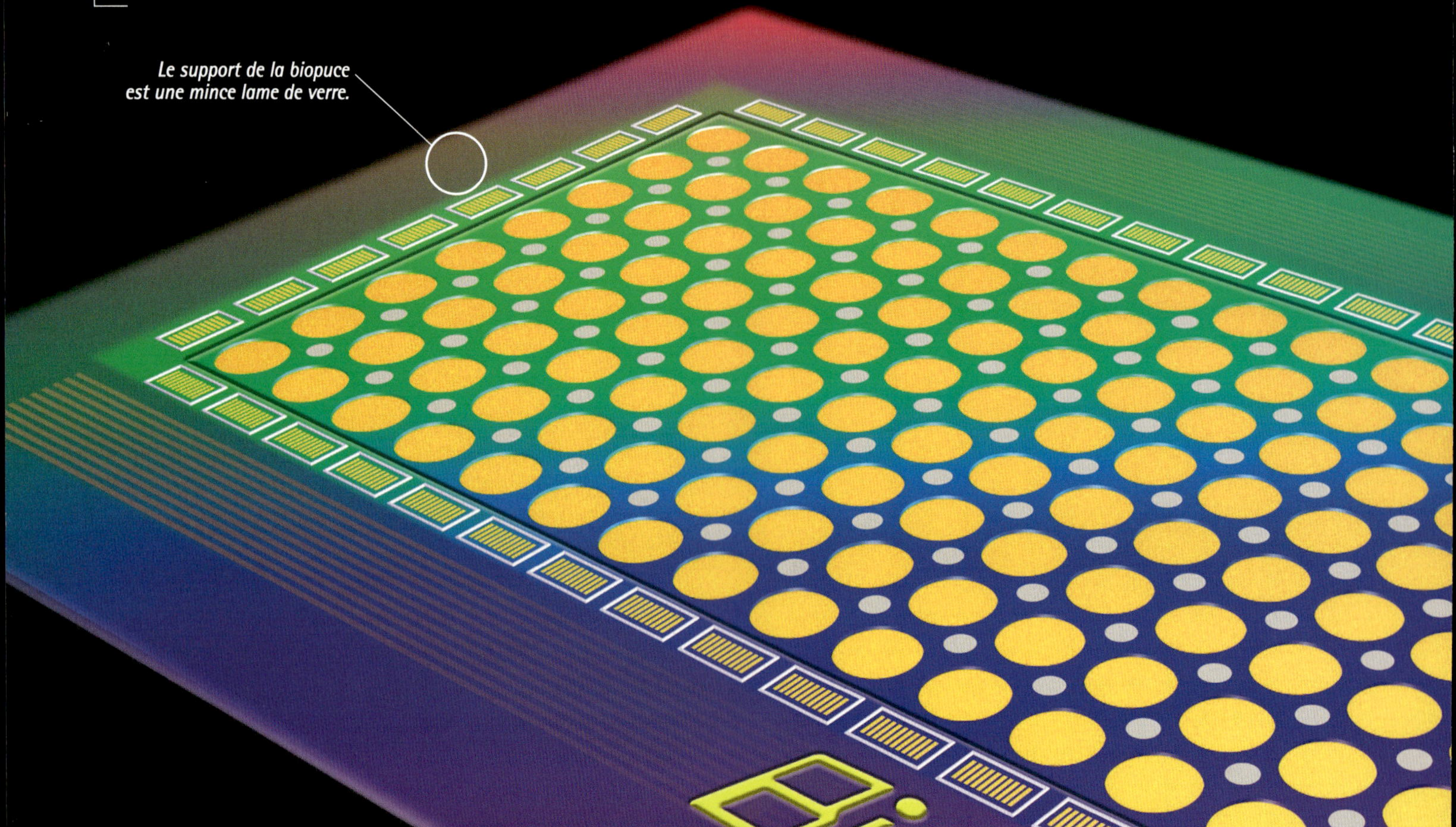

La lutte contre les maladies

▶ Les biopuces pourraient permettre de trouver un remède contre le paludisme. En 2002, des chercheurs ont créé une biopuce avec l'ADN du parasite qui provoque cette maladie. L'emploi de cette biopuce leur a permis d'identifier les gènes actifs à des moments-clés du cycle vital du parasite. Ils espèrent pouvoir créer des médicaments capables de tuer le parasite en bloquant ses gènes actifs.

Moustique vecteur du paludisme

COMMENT ÇA MARCHE

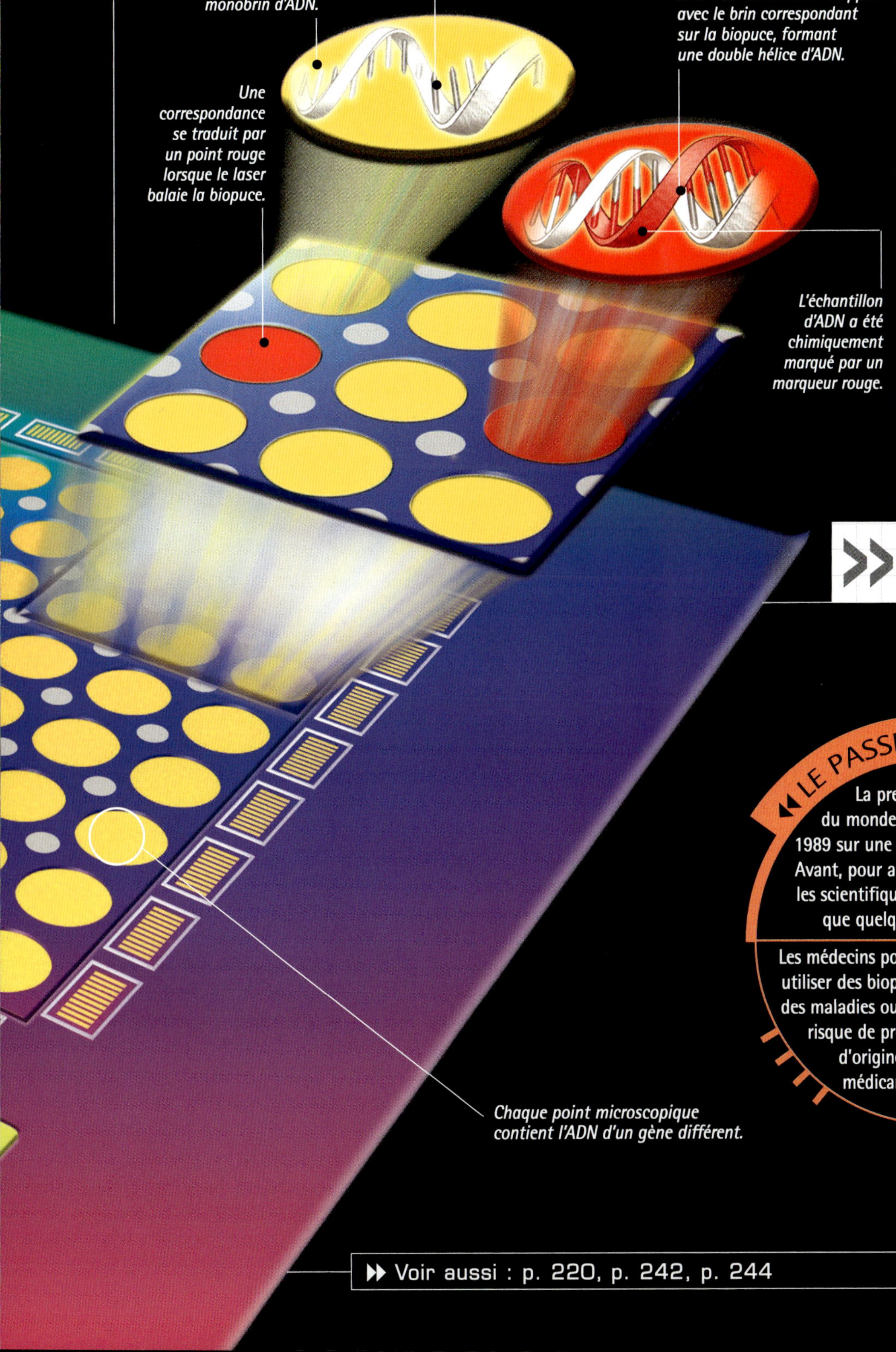

Les biopuces ont toutes sortes d'utilisations, mais l'une des plus communes est la recherche de gènes dits «actifs» dans les cellules humaines. Chaque cellule de l'organisme humain contient le même stock de 30 000 gènes environ, mais seule une fraction est active dans chaque type de cellule. En identifiant les gènes actifs, les scientifiques peuvent, par exemple, comprendre pourquoi les cellules du cerveau fonctionnent différemment des cellules lipidiques, ou bien ce qui distingue les cellules cancéreuses des cellules saines. La procédure consiste à séparer les deux brins des molécules d'ADN de l'échantillon à tester, puis à lier un marqueur chimique à leurs extrémités. On obtient alors des monobrins marqués de l'échantillon, qui sont ensuite déposés sur la biopuce. Ils s'apparieront avec les monobrins d'ADN présents sur la biopuce s'ils sont complémentaires, reformant, dans ce cas, une double hélice d'ADN. On en déduit que le gène concerné est actif dans l'échantillon.

LE PASSÉ

La première biopuce du monde a été fabriquée en 1989 sur une lamelle de microscope. Avant, pour analyser un échantillon, les scientifiques ne pouvaient tester que quelques gènes à la fois.

Les médecins pourront peut-être un jour utiliser des biopuces pour diagnostiquer des maladies ou vérifier si une personne risque de présenter des réactions d'origine génétique à un médicament spécifique.

LE FUTUR

Biopuce dessinée par ordinateur

Voir aussi : p. 220, p. 242, p. 244

Composé d'environ 10 000 milliards de cellules, le corps humain est la machine la plus complexe qui soit. Les technologies de l'avenir vont, plus que jamais, nous permettre de l'étudier et d'en réparer les étonnants mécanismes.

Ainsi, des micromachines appelées MEMS (systèmes micro-électro-mécaniques) semblent appelées à jouer un rôle majeur dans les traitements médicaux. Elles sont constituées de microscopiques éléments mécaniques, optiques, magnétiques ou thermiques associés sur un substrat électronique de silicium plus mince qu'un cheveu humain. D'ores et déjà utilisées pour détecter le mouvement dans les airbags des automobiles, les MEMS pourraient servir vers 2020 en médecine pour réparer les vaisseaux sanguins.

« Des nanorobots pourraient un jour parcourir le corps, munis d'armes chimiques, pour aller détruire les bactéries et les virus. »

On envisage toutefois d'aller beaucoup plus loin dans la miniaturisation puisque l'on cherche à développer un ensemble de techniques visant à intervenir au niveau des molécules et des atomes : la nanotechnologie. Cette dénomination se réfère à l'échelle de grandeur à laquelle on opère alors : un nanomètre est un milliardième de mètre, environ un million de fois plus petit que le point qui achève cette phrase. La nanotechnologie nous permettra peut-être un jour de construire des nanorobots. Ces machines microscopiques auraient la capacité de se reproduire elles-mêmes et, injectées dans l'organisme, d'assurer des interventions qui sont au delà des possibilités des techniques médicales courantes. Les nanorobots pourraient s'attaquer aux cellules cancéreuses et les détruire une par une sans dommages pour les tissus environnants, réparer des cellules endommagées ou détruire les dépôts dangereux sur les parois internes des artères et des veines.

Dans le domaine des greffes, l'avenir laisse aussi entrevoir d'étonnantes possibilités. Ainsi, on devrait pouvoir un jour, à partir de cellules prélevées et cultivées sur un support spécial, produire en laboratoire des organes comme le foie ou le cœur. On espère être en mesure de remplacer ainsi, vers la fin du siècle, la plupart des parties du corps défectueuses (à l'exception du cerveau).

Le clonage est également une technologie offrant de nouvelles approches de la santé et de la médecine. Il consiste à prélever le stock génétique d'une cellule adulte ou embryonnaire et à l'implanter dans un œuf, lequel se développe ensuite avec cet ADN de remplacement, produisant une copie conforme au donneur original. Cette technique est appelée clonage thérapeutique. Toutefois, l'emploi d'embryons humains, même à des fins médicales, soulève la controverse. Les techniques de clonage se développent malgré tout et grâce à elles, dans le futur, des organes entiers pourraient être produits à partir de cellules uniques, ou des cellules endommagées pourraient être remplacées par des cellules saines. Le clonage pourrait également servir à produire des porcs génétiquement modifiés qui développeraient des organes convenant à la transplantation humaine ; une technique appelée xénotransplantation.

La thérapie génique, quant à elle, nous permet déjà de traiter avec succès certaines maladies d'origine génétique. Cette technologie, qui vise à réparer les gènes défectueux, pourrait servir dans l'avenir au traitement de cancers et d'autres maladies comme celle d'Alzheimer, la polyarthrite et certains troubles cardiaques.

En regard de tous ces extraordinaires projets de très haute technologie, il y a toutefois une certaine ironie à souligner que la santé sur Terre pourrait franchir dès maintenant un grand pas grâce à l'eau pure. En effet, des millions de vies humaines pourraient être sauvées chaque année simplement en garantissant l'accès à l'eau potable à tous les habitants de la planète. La technologie nécessaire au système de purification d'eau est maîtrisée de longue date.

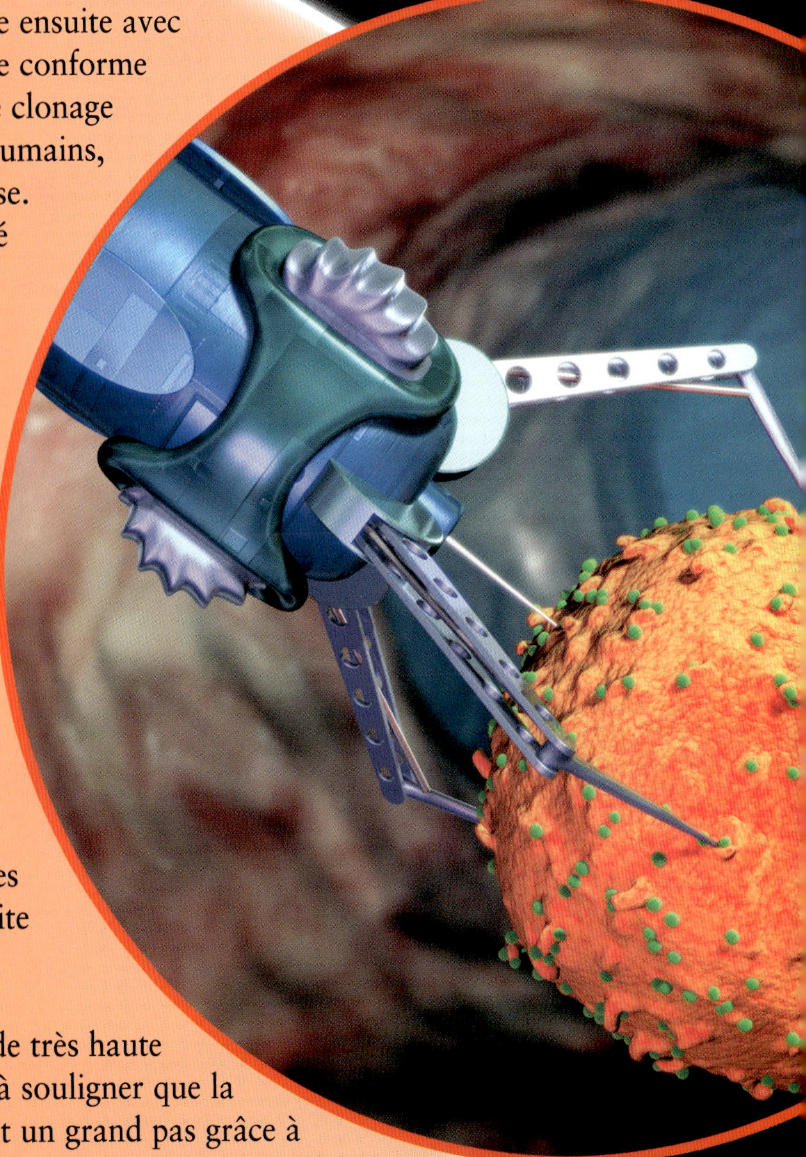

DESSIN D'UN NANOROBOT INJECTANT UN MÉDICAMENT DANS UNE CELLULE HUMAINE

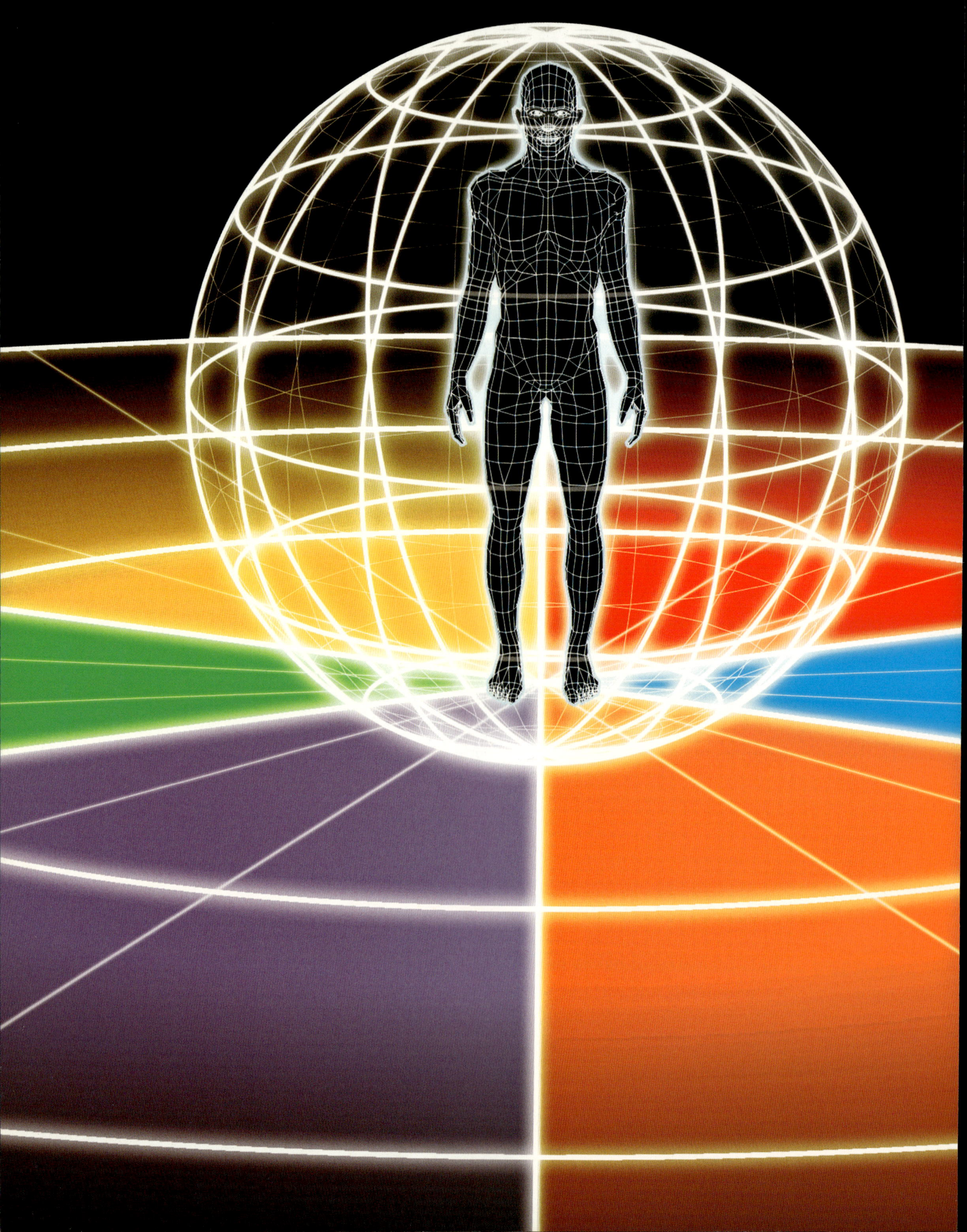

>> ANNEXES

Chronologie >> Inventeurs et précurseurs >> Glossaire
Index >> Iconographie

Chronologie

>> Vers 3200 av. J.-C.

Apparition de la roue. D'anciennes tablettes d'argile montrent qu'elle était utilisée sur les chariots en Mésopotamie. Première roue à rayons en Égypte vers 2000 av. J.-C.

>> Vers 1350 av. J.-C.

Nombres décimaux utilisés pour la première fois en Chine : dix symboles suffisent pour écrire tous les nombres au lieu d'un nouveau symbole pour chaque nouveau nombre.

>> 1450

L'Allemand Johannes Gutenberg invente la presse à imprimer à caractères interchangeables. Les livres sont imprimés plus vite et deviennent accessibles à un public plus vaste.

>> 1642

À 19 ans, le mathématicien français Blaise Pascal invente la machine à calculer mécanique, afin d'aider son père, comptable, dans ses calculs.

>> 1752

L'Américain Benjamin Franklin invente le paratonnerre. Il protège les édifices de la foudre durant les orages en transférant la charge électrique de l'éclair vers le sol.

>> 1792

Le savant écossais William Murdoch invente l'éclairage au gaz. Fabriquant d'abord le gaz à partir de charbon pour éclairer sa maison, il commercialise bientôt sa découverte.

>> 1800

L'astronome allemand William Herschel découvre les rayons infrarouges. Il démontre que la température est plus élevée en deçà de l'extrémité rouge du spectre de la lumière visible.

>> 1803

La théorie atomique moderne est proposée par le chimiste anglais John Dalton. Il explique le concept d'atome et décrit comment les éléments forment des composés.

>> 1835

Le mathématicien anglais Charles Babbage crée le calculateur mécanique. Il possède déjà toutes les fonctions logiques des calculateurs modernes, telles que l'exécution de programmes.

>> 1852

Invention de l'ascenseur par l'Américain Elisha Graves Otis. Il était déjà équipé d'un système de sécurité pour empêcher la chute de la cabine en cas de rupture d'un câble.

>> 1863

Se basant sur les travaux de Beau de Rochas, le Français Étienne Lenoir réalise le premier moteur à quatre temps, ouvrant la voie du développement des véhicules à moteur.

>> 1865

Le moine autrichien Gregor Mendel publie le résultat de ses travaux sur les lois de l'hérédité, à partir d'expériences d'hybridation et d'études menées sur des lignées de pois.

>> 1885

Première automobile d'usage pratique propulsée par un moteur à combustion interne construite par l'ingénieur allemand Karl Benz. Il s'agissait d'un véhicule découvert à trois roues.

>> 1887

Premières lentilles de contact inventées par le physiologiste allemand Adolf Eugen Fick. Fabriquées dans un verre lourd teinté de brun, elles furent d'abord essayées sur des animaux.

>> 1895

La première caméra cinématographique, l'unité de traitement du film et le projecteur d'images animées sont inventés par deux Français, les frères Auguste et Louis Lumière.

>> 1895

Travaillant sur les faisceaux d'électrons, le physicien allemand Wilhelm Röntgen découvre les rayons X. Une semaine plus tard, il réalise la première radiographie de la main de son épouse.

>> 1910

Premier médicament de synthèse produit par le bactériologiste allemand Paul Ehrlich. Il développa 605 composés différents avant de trouver celui qui tuerait la bactérie visée.

>> 1910

Le Français Georges Claude présente au public le premier tube d'éclairage au néon. Il fonctionnait en appliquant une décharge électrique dans un tube scellé contenant du gaz néon.

Vers l'an 1000

Première monnaie sur papier imprimée en Chine. On l'appelait monnaie volante car elle était si légère qu'elle pouvait s'envoler des mains d'un marchand.

Vers 1280

Invention de l'horloge mécanique en Europe. Elle utilise un mécanisme d'échappement permettant des battements à un rythme régulier et des mouvements de longueur égale.

1686

Publication des *Principes mathématiques de philosophie naturelle* par l'Anglais Isaac Newton. Ils contiennent les trois lois du mouvement et sa théorie de la gravitation universelle.

1714

Premier thermomètre au mercure inventé par le physicien allemand Gabriel Fahrenheit. En 1724, il introduira l'échelle de température qui porte son nom.

1796

Première vaccination effectuée par le médecin anglais Edward Jenner. Il met au point un vaccin contre la variole, maladie mortelle très répandue au XVIIIe siècle.

1799

L'Italien Alessandro Volta invente la première batterie. Composée d'un empilement de minces feuilles de cuivre et de zinc séparées par du papier humide, il l'appelle pile voltaïque.

1809

Le chimiste anglais Humphry Davy invente le premier éclairage électrique. Il relie à une batterie électrique une bande de charbon de bois, qui brille lorsqu'elle est chargée d'électricité.

1826

Le Français Nicéphore Niépce invente la photographie. Les plaques d'étain qu'il utilise doivent être exposées pendant huit heures pour qu'une image se forme à leur surface.

1852

Le physicien français Léon Foucault invente le gyroscope, un instrument de navigation constitué par une roue tournant à grande vitesse dans un berceau à deux degrés de liberté.

1854

L'algèbre booléen est développé par le mathématicien anglais George Boole. Les microprocesseurs utilisent les principes mathématiques de l'algèbre booléen dans leurs calculs.

1876

Le scientifique écossais Alexander Graham Bell invente le premier téléphone pratique. La technologie développée prépare la voie à l'enregistrement électronique du son.

1879

Première ampoule électrique d'emploi pratique développée par l'inventeur américain Thomas Edison. Munie d'un filament de charbon, elle peut éclairer pendant 1 500 heures.

1888

Le physicien allemand Heinrich Hertz mène des expériences qui démontrent l'existence des ondes radioélectriques. Ses découvertes mènent au développement de la radio.

1893

Le brevet de la fermeture Zip est déposé par l'Américain Whitcomb Judson. L'invention ne connaît pas un succès immédiat. Il faut attendre 1920 pour qu'elle se popularise.

1903

Premier aéroplane volant inventé par les frères Orville et Wilbur Wright, ingénieurs autodidactes. L'appareil se maintient en l'air pendant 12 secondes.

1907

Premier hélicoptère à effectuer un vol libre avec un homme à bord inventé par le fabricant de bicyclettes français Paul Cornu. Il vole 20 secondes et s'élève à 0,3 m au-dessus du sol.

1923

L'Américain Clarence Birdseye invente une méthode de congélation rapide des aliments afin qu'ils restent frais. Les premiers légumes congelés seront commercialisés en 1930.

1928

La pénicilline, premier antibiotique, est découverte par hasard par le chercheur écossais Alexander Fleming en constatant que des moisissures attaquent des bactéries dans des boîtes à essai.

1930

Moteur à réaction mis au point simultanément par l'ingénieur anglais Frank Whittle et le constructeur d'avions allemand Hans von Ohain. Le premier sera construit en 1937.

1933

La radio à modulation de fréquence (FM) est inventée par l'ingénieur américain Edwin Howard Armstrong. Les récepteurs de radio FM produisent un son plus clair libre de parasites.

1946

Le scientifique américain Percy Spencer invente le four à micro-ondes après avoir constaté que sa barre de chocolat fondait quand il se tenait près du magnétron d'un radar.

1947

Les Américains John Bardeen, Walter Brattain et William Shockley, des Laboratoires Bell, département recherche de la compagnie des téléphones AT&T, inventent le transistor.

1953

Le chercheur en aéronautique australien David Warren invente la boîte noire, ou enregistreur de vol, qui conserve la trace des données de vol et des conversations dans un avion.

1956

L'hovercraft, un véhicule capable de se déplacer à la surface de l'eau ou du sol sur un coussin d'air, est inventé par le scientifique anglais Christopher Cockerell.

1959

Le scientifique américain Wilson Greatbatch invente le pacemaker interne. Pour le faire fonctionner, il met également au point une batterie au lithium insensible à la corrosion.

1960

Premier laser fonctionnel construit par le physicien américain Theodore Maiman. D'autres scientifiques en avaient construit avant lui, mais aucun ne produisait de lumière visible.

1967

Première transplantation cardiaque réussie chez l'homme, effectuée par le chirurgien sud-africain Christiaan Barnard. Le patient âgé de 55 ans vivra 18 jours après l'intervention.

1968

Brevet de la souris d'ordinateur déposé par l'inventeur américain Douglas Engelbert. Il baptise alors son invention « indicateur de position X-Y pour moniteur ».

1973

Art Fry, chercheur américain à la société 3M, agacé par les marque-pages en papier qui ne cessent de tomber de son livre de messe, invente le Post-it® Notes.

1975

Première imprimante à laser créée par le centre de recherches de Xerox, aux États-Unis, où un ingénieur vient de trouver le moyen d'intégrer la technologie laser à un photocopieur.

1981

Lancement du premier ordinateur portable, l'Osborne 1. Mis au point par la Osborne Computer Corporation, il possède deux lecteurs de disquettes et un minuscule écran de 13".

1984

Invention de l'ordinateur Macintosh, par la société Apple. Avec son interface graphique simple et conviviale et son pointeur à souris, il va révolutionner le concept de l'ordinateur personnel.

1990

Le protocole de réseau World Wide Web/Internet (HTTP) et le langage de programmation internet HTML sont mis au point par le scientifique britannique Tim Berners-Lee.

1995

Le Canadien James Gosling invente le langage informatique Java, qui peut être utilisé sur des réseaux d'ordinateurs équipés de systèmes d'exploitation différents.

2003

Le Projet Génome Humain, programme international de recherche visant à séquencer et cartographier le génome humain, lancé dans les années 1990, arrive à son terme.

2003

Le détecteur de fièvre à infrarouge, mis au point par Singapore Technologies Electronics, est installé dans les bâtiments publics pour détecter les personnes dont la température est élevée.

>> 1938

Le Hongrois Ladislao Biro invente le stylo à bille après avoir constaté que l'encre d'imprimerie sèche beaucoup plus vite que l'encre liquide des stylos à plume classiques.

>> 1945

Construction du premier ordinateur, ENIAC 1. Un court-circuit dû à un insecte (en anglais, *bug*) ayant pénétré à l'intérieur est à l'origine du nom «bug» donné aux pannes informatiques.

>> 1948

L'inventeur suisse George de Mestral crée l'attache Velcro® après avoir observé les graines de certaines plantes qui s'accrochent à ses vêtements quand il va promener son chien.

>> 1953

Francis Crick et James Watson, chercheurs anglais et américain, découvrent l'ADN et sa structure en double hélice en s'appuyant sur les recherches de Rosalind Francis.

>> 1957

Le premier satellite terrestre artificiel, *Spoutnik 1*, est lancé par l'Union Soviétique. Il marque le début de la course à l'espace entre les Russes et les Américains.

>> 1958

Le circuit intégré est mis au point indépendamment par deux scientifiques américains, Jack Kilby et Robert Noyce. Cette invention va révolutionner la technologie informatique.

>> 1962

Premier robot industriel inventé par la société Unimation, aux États-Unis. Il est installé dans une usine de construction automobile de General Motors, dans le New Jersey.

>> 1965

Gordon Moore, chercheur américain, émet la loi qui porte son nom, prédisant que le nombre de transistors dans un circuit intégré doublerait tous les 18 mois. Elle se révélera exacte.

>> 1969

L'Américain Don Wetzel invente le distributeur de billets de banque. Son développement a coûté 5 millions de dollars et la première machine est installée dans une banque de New York.

>> 1971

Frederico Faggin, Ted Hoff et Stan Mazor, de la société Intel, inventent le microprocesseur. L'unité centrale de traitement d'un ordinateur tient désormais sur une puce électronique.

>> 1979

La société d'électronique japonaise Sony invente le Walkman®. C'est le premier lecteur de cassettes stéréo portable muni d'un casque d'écoute allégé.

>> 1981

Premier vaisseau spatial réutilisable, la Navette spatiale est lancée par la NASA, aux États-Unis. Baptisée *Columbia*, elle revient sur Terre sans encombre après un vol de deux jours.

>> 1985

Le système d'exploitation pour ordinateur personnel Windows® est développé par la société américaine Microsoft. Il ne sera mis en vente que deux ans plus tard.

>> 1986

La firme japonaise Fuji invente l'appareil photographique jetable. L'appareil est vendu avec son film chargé et est retourné tout entier au laboratoire pour le traitement.

>> 1995

Le standard DVD (Digital Versatile/Video Disc) est adopté par toutes les grandes firmes électroniques impliquées dans son invention. Les premiers lecteurs seront mis en vente en 1996.

>> 1998

Invention du premier lecteur MP3. Le logiciel de lecture, AMP MP3 Playback Engine, est développé par le Croate Tomislav Uzelac, de la société Advanced Multimedia Products.

>> 2004

SonoPrep, un appareil capable d'administrer un médicament à travers les pores de la peau au lieu d'injections, est inventé par les professeurs Robert Langer et Joseph Kost.

>> 2004

Le béton translucide est développé par l'architecte hongrois Aron Losonczi. Baptisé LiTraCon, il est fabriqué par l'ajout de fibres de verre au mélange habituel.

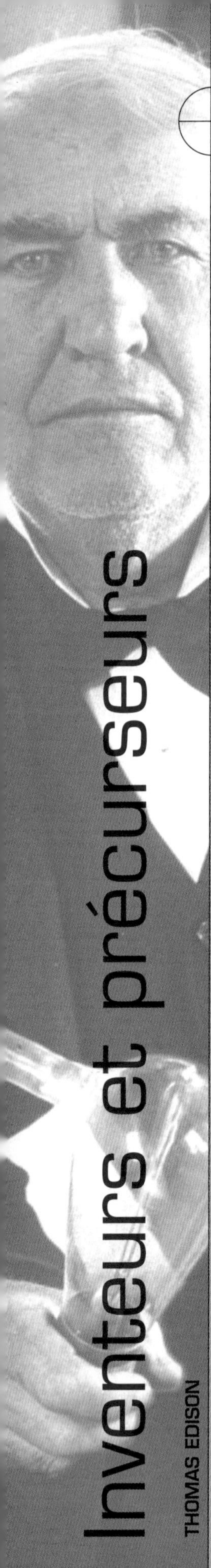

THOMAS EDISON

AGENCE SPATIALE EUROPÉENNE (ESA)
Connue aussi sous sa dénomination anglaise European Space Agency (ESA), elle regroupe les ressources et le savoir-faire de nombreux pays européens en aérospatiale. L'ESA a développé le lanceur Ariane et de nombreux satellites, mène des projets et des missions de recherche sur la Terre et le système solaire, et participe à la construction de la Station Spatiale Internationale (ISS). En février 2005, l'ESA a lancé la sonde spatiale *Rosetta*, qui se posera sur une comète en 2014.

BABBAGE, CHARLES (1791-1871)
En 1823, le mathématicien britannique Charles Babbage créa une machine appelée «moteur différentiel», capable d'effectuer des calculs mathématiques. Il poursuivit ses travaux en proposant un «moteur analytique», qui avait la possibilité de prendre des décisions mathématiques en cours de calcul. Cette seconde machine ne fut pas construite mais son concept renfermait déjà bon nombre de principes utilisés par les ordinateurs modernes.

BEAU DE ROCHAS, ALPHONSE EUGÈNE (1815-1893)
Ingénieur thermodynamicien français et, par ailleurs, pionnier de la pose de câbles télégraphiques sous-marins, Beau de Rochas a défini le principe du cycle à quatre temps utilisé de nos jours dans la plupart des moteurs dans les domaines des transports et de l'industrie. Nikolaus Otto, Étienne Lenoir et Rudolf Diesel l'utilisèrent pour concevoir les premiers modèles de moteurs à explosion.

BELL, ALEXANDER GRAHAM (1847-1922)
D'origine écossaise, Alexander Graham Bell est surtout connu pour avoir inventé le téléphone. En 1876, se basant sur la technologie du télégraphe, Bell et son assistant Thomas A. Watson mirent au point des instruments capables de transmettre la voix humaine par les fils télégraphiques.

BERNERS-LEE, TIM (1955-)
Inventeur anglais du World Wide Web, Tim Berners-Lee associa pour cela deux technologies : celle de l'Internet et celle de l'hypertexte, une technique permettant de relier entre eux des documents à l'aide de références croisées appelées hyperliens. Sur le World Wide Web, les documents hypertexte sont consultés au moyen de logiciels appelés navigateurs Internet, qui vont les chercher sur les serveurs web et les affichent à l'écran. Le premier site web fut mis en ligne le 6 août 1991.

BIRO, LADISLAO (1899-1985)
Le Hongrois Ladislao Biro, qui travaillait comme journaliste, constata que l'encre utilisée pour imprimer les journaux séchait plus vite que celle des stylos à plume classiques. Il essaya cette encre dans un stylo à plume, mais celle-ci, trop visqueuse, ne s'écoulait pas dans la plume. Avec son frère Georg, qui était chimiste, il inventa alors le stylo à bille. Celui-ci est équipé d'une bille qui, en tournant dans une rotule, prélève l'encre dans une cartouche et la dépose sur le papier.

CAROTHERS, WALLACE (1896-1937)
Le chimiste américain Wallace Carothers est considéré comme le fondateur de la science des polymères de synthèse. Il dirigea la division recherche de la société de chimie DuPont, où son équipe inventa le Néoprène, un caoutchouc synthétique, et le Nylon, une fibre également synthétique.

CHARLES, JACQUES (1746-1823)
Le physicien français Jacques Charles formula la loi appelée loi de Charles, qui établit que le volume d'un gaz à pression constante est proportionnel à sa température. Il s'agit d'une loi fondamentale pour le fonctionnement de tout moteur à combustion interne. Il en résulte, par exemple, que le fait de chauffer l'air dans un moteur à réaction provoque son expansion et son expulsion rapide hors du moteur.

CLAUDE, GEORGES (1870-1960)
L'inventeur français Georges Claude fut le premier à appliquer une décharge électrique dans un tube scellé renfermant du gaz néon pour créer un tube fluorescent d'éclairage.

CRICK, FRANCIS (1916-2004) ET WATSON, JAMES (1928-)
En 1953, l'Anglais Francis Crick, licencié en sciences physiques et son collègue américain James Watson découvrirent la structure moléculaire de l'ADN. Ils proposèrent la théorie selon laquelle la molécule d'ADN était constituée de deux chaînes moléculaires spiralées, la fameuse double hélice, et que celle-ci détenait et transmettait l'information génétique. Les travaux d'autres scientifiques devaient démontrer l'exactitude de cette théorie. Le jour de leur découverte, Francis Crick se rendit dans un café et annonça : «Nous avons découvert le secret de la vie».

CROOKES, WILLIAM (1832-1919)
L'Anglais William Crookes, qui expérimentait le passage du courant électrique dans des tubes de verre contenant des gaz, découvrit que les gaz ionisés produisent de la lumière.

CROWFOOT HODGKIN, DOROTHY (1910-1994)
Utilisant les rayons X, la chimiste d'origine égyptienne Dorothy Crowfoot Hodgkin découvrit la structure cristalline de certaines molécules, notamment celles de la pénicilline, de la vitamine B12, de la vitamine D et de l'insuline. Cela contribua fortement au développement de versions synthétiques de ces substances, qui permirent le contrôle de nombreuses maladies, notamment le diabète.

DAIMLER, GOTTLIEB (1834-1900)
L'ingénieur mécanicien allemand Gottlieb Daimler fut un acteur important du développement de l'automobile. Il créa les premières motocyclettes en 1885 et les premières voitures à quatre roues en 1886.

DIESEL, RUDOLF (1858-1913)
L'ingénieur franco-allemand Rudolf Diesel inventa un moteur fonctionnant par combustion dans un cylindre.

Son moteur Diesel, dont l'allumage était provoqué par la pression, démontra que le gasoil pouvait être enflammé sans étincelle.

EDISON, THOMAS (1847-1931)
L'inventeur américain Thomas Edison a breveté des centaines d'inventions à la fin du XIXe et au début du XXe siècle. Il commercialisa les premières ampoules d'éclairage, inventa le phonographe et perfectionna d'autres inventions comme le cinéma et la machine à écrire. Il eut ces mots célèbres : « Le génie, c'est 1 % d'inspiration et 99 % de transpiration ».

EINSTEIN, ALBERT (1879-1955)
Physicien d'origine allemande, Albert Einstein reste l'un des scientifiques les plus célèbres du XXe siècle. Il révolutionna notre conception de l'espace et du temps et développa les théories qui ont servi à modéliser la création et l'expansion de l'Univers. Einstein fournit une description mathématique du mouvement aléatoire des particules et expliqua l'effet photoélectrique, par lequel des électrons sont émis lorsque la lumière frappe certains matériaux. En 1905, il proposa la théorie de la relativité restreinte, qui décrivait la physique des objets en mouvement à vitesse constante. Elle contenait la célèbre équation $E = mc^2$, qui établit le lien entre masse et énergie. Einstein formula ensuite la théorie de la relativité générale, qui explique comment agit la force gravitationnelle.

FARADAY, MICHAEL (1791-1867)
Le savant anglais Michael Faraday utilisa l'électromagnétisme pour fabriquer le premier moteur électrique. Il découvrit également l'induction électromagnétique, principe grâce auquel fonctionnent les transformateurs, et jeta les fondements qui permirent à James Clerk Maxwell de comprendre la lumière et à Heinrich Hertz de découvrir les ondes radioélectriques. Les importantes découvertes de Faraday sont à l'origine des générateurs et des moteurs électriques, omniprésents dans le monde moderne.

FLEMING, ALEXANDER (1881-1955)
En 1928, tandis qu'il travaillait comme assistant de recherches, l'Écossais Alexander Fleming découvrit une moisissure se développant dans des boîtes où étaient cultivées des souches de staphylocoques, un microbe responsable de l'infection des blessures. Fleming constata que les microbes avaient cessé de se développer là où poussait la moisissure. Cette dernière fut nommée pénicilline ; Fleming venait de découvrir le premier antibiotique.

FOUCAULT, LÉON (1819-1896)
Physicien français, Léon Foucault réalisa la première mesure précise de la vitesse de la lumière. Il démontra également la rotation de la Terre par une expérience restée célèbre, à l'aide d'un long pendule suspendu sous le dôme du Panthéon, à Paris. Il inventa également le gyroscope, une roue qui, montée dans un berceau lui permettant de prendre n'importe quelle orientation, conserve son orientation initiale lorsqu'elle est mise en mouvement rapide.

FRANKLIN, ROSALIND (1920-1958)
La chercheuse britannique Rosalind Franklin a utilisé la cristallographie aux rayons X (étude de la structure des atomes par observation d'une image d'un cristal réalisée sous un faisceau de rayons X) pour analyser la molécule d'ADN. Crick et Watson s'appuyèrent sur ses recherches pour produire leur description de la structure de l'ADN. Malheureusement, sa contribution à cette découverte ne fut pas reconnue de son vivant.

GAGARINE, YOURI (1934-1968)
Le 12 avril 1963, le cosmonaute russe Youri Gagarine devint le premier homme à voyager dans l'espace. Sa mission dura le temps d'une révolution terrestre.

GATES, BILL (1955-)
Bill Gates fonda la société américaine Microsoft en compagnie d'un ami d'école, Paul Allen, en 1975. De nos jours, Microsoft est devenue la plus grosse société d'informatique mondiale. Son système d'exploitation, le fameux Windows®, et les logiciels qu'elle développe sont utilisés par la majeure partie des ordinateurs dans le monde.

GETTING, IVAN (1912-2003)
L'Américain Ivan Getting fut un personnage clé du développement du Global Positioning System, ou GPS, le système de navigation par satellite. Ce système était conçu, à l'origine, pour des besoins militaires mais il est aujourd'hui employé à bord des automobiles, des bateaux, des avions, et équipe des ordinateurs et des téléphones portables.

HERTZ, HEINRICH (1847-1894)
Le scientifique allemand Heinrich Hertz découvrit les ondes radioélectriques en 1888 (James Clerk Maxwell avait prédit leur existence dès 1864). Hertz mena des expériences pour produire des ondes électromagnétiques et mesurer leur longueur d'onde. L'unité de fréquence, le hertz, lui doit son nom.

HOFF, MARCIAN EDWARD (1937-)
Le Docteur Hoff était ingénieur à la société Intel, aux États-Unis. En 1971, avec ses collègues Frederico Faggin et Stan Mazor, il mit au point l'Intel 4004, le premier microprocesseur. Il s'agissait de la technologie qui permit de placer l'unité centrale de traitement d'un ordinateur sur une puce de silicium.

HOLLAND, JOHN PHILIP (1841-1914)
Inventeur irlandais, John Philip Holland construisit le premier sous-marin fonctionnel, le *Holland VI*, en 1897. Il fut acheté par la Marine américaine et rebaptisé USS *Holland*.

JOBS, STEVE (1955-) ET WOZNIAK, STEVE (1950-)
Les deux Américains Steve Jobs et Steve Wozniak ont créé un nouveau concept d'ordinateur personnel à usage convivial, le Macintosh, construisant les premiers modèles dans leur garage. Apple, la société qu'ils ont fondée, est aujourd'hui un fabricant d'ordinateurs de renom.

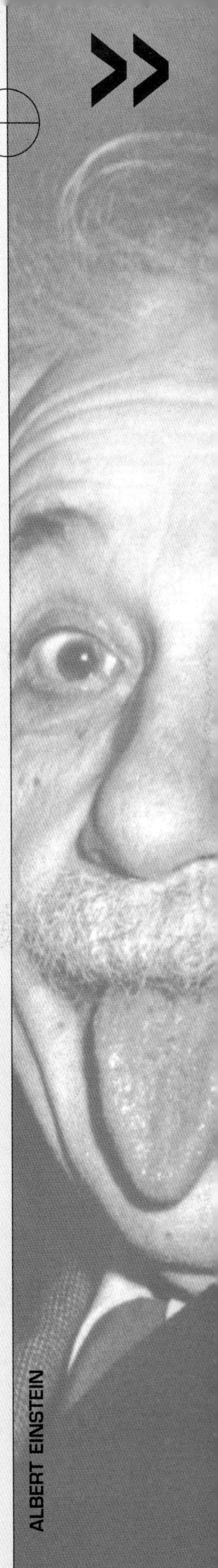
ALBERT EINSTEIN

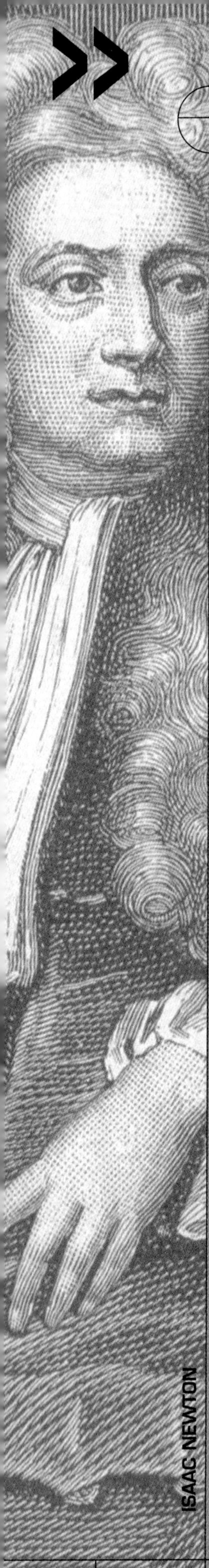

JOULE, JAMES PRESCOTT (1818-1889)

Menant des expériences avec des roues à aubes, le physicien anglais James Prescott Joule découvrit la relation de la chaleur avec le travail mécanique (la quantité de chaleur possède un lien direct avec la quantité de mouvement), et énonça la loi de conservation de l'énergie. Il démontra également que l'énergie n'est jamais créée et jamais détruite, et qu'elle peut être convertie d'une forme à une autre. L'unité d'énergie, le joule, lui doit son nom.

KAO, CHARLES (1933-)

Le chercheur chinois Charles Kao suggéra dans les années 1960 l'emploi de fibres optiques en verre dans le domaine des télécommunications. Les premières lignes téléphoniques en fibres optiques apparurent dans les années 1970.

KILBY, JACK (1923-2005) ET NOYCE, ROBERT (1927-1990)

Deux scientifiques, chacun ignorant les activités de l'autre, inventèrent les circuits intégrés à peu près en même temps. Désormais, des composants électroniques comme les transistors, les résistances, les condensateurs et les circuits de connection, jusque-là séparés, pouvaient être miniaturisés et rassemblés sur une puce de matériau semi-conducteur. Comme semi-conducteur, Kilby utilisait le germanium et Noyce le silicium. Jack Kilby inventa également la calculatrice portable en 1967. Robert Noyce, quant à lui, fonda la société Intel, à l'origine de l'invention du microprocesseur.

LICKLIDER, JOSEPH CARL ROBNETT (1915-1990)

Joseph Licklider était un psychologue américain intéressé par l'informatique. En 1965, il publia un livre traitant des bibliothèques du futur, dans lequel il imaginait un système informatique qui connecterait l'utilisateur au monde « du travail, de l'industrie, aux gouvernements et aux informations professionnelles et, peut-être également, à de nouveaux loisirs et de nouveaux modes d'éducation ». Ses idées influencèrent le développement de l'Internet.

MARCONI, GUGLIELMO (1874-1937)

L'Italien Guglielmo Marconi développa les communications par radio. En 1895, tout juste sept ans après la découverte des ondes radioélectriques par Heinrich Hertz, Marconi parvint à transmettre un message par radio en code Morse.

MAXWELL, JAMES CLERK (1831-1879)

Physicien et mathématicien écossais, James Clerk Maxwell découvrit que la lumière faisait partie du spectre électromagnétique et développa les équations mathématiques pour le démontrer. Sa théorie électromagnétique de la lumière entraîna la découverte des ondes radioélectriques par Heinrich Hertz et tous les progrès scientifiques et technologiques qui y sont liés et qui ont transformé le monde moderne.

MENDEL, GREGOR (1822-1884)

Le botaniste autrichien Gregor Mendel est considéré comme le fondateur de la génétique. Il mena des expériences d'hybridation sur des lignées de pois et en comparant les caractères de la descendance, telles que la taille ou la couleur des fleurs, à ceux des plantes parentes, établit les lois qui permettaient d'expliquer le mécanisme de l'hérédité.

MESTRAL, GEORGE DE (1907-1990)

L'inventeur suisse George de Mestral eut l'idée de créer le Velcro® en 1948 en observant les graines de certaines plantes qui, pourvues de poils crochus, s'étaient prises dans les fibres de ses vêtements un jour qu'il était allé promener son chien. Il adapta le concept et déposa son brevet en 1955.

NATIONAL AERONAUTICS AND SPACE ADMINISTRATION (NASA)

La célèbre National Aeronautics and Space Administration, plus connue sous le nom de NASA, fut créée aux États-Unis en 1958 en réaction au lancement par l'Union Soviétique du premier satellite artificiel de l'histoire, *Spoutnik 1*. Son premier programme important fut le projet Mercury, qui visait à déterminer si les humains pouvaient survivre à des séjours prolongés dans l'espace. En 1969, la NASA parvint pour la première fois à envoyer l'homme sur la Lune. En 1981, elle inaugura le programme de la Navette spatiale, qui constituait le premier vaisseau spatial réutilisable. L'administration spatiale américaine participe également à la construction de la Station Spatiale Internationale (ISS) et a lancé de nombreuses sondes d'exploration du système solaire. Elle a joué un rôle très important dans le développement des satellites, et les progrès technologiques qui lui sont dus ont eu des retombées dans de nombreux domaines de la vie moderne.

NEUMANN, JOHN VON (1903-1957)

Les premiers calculateurs électroniques n'étaient pas faciles à reprogrammer pour de nouvelles tâches. John von Neumann fut le premier à suggérer que le système d'exploitation du calculateur soit stocké dans sa mémoire. Cela permettait à la machine de passer rapidement d'un type de tâche à un autre. Tous les ordinateurs modernes fonctionnent de cette manière.

NEWTON, SIR ISAAC (1642-1727)

Physicien et mathématicien anglais, Isaac Newton étudia les forces et le mouvement et publia les trois lois du mouvement. Il énonça également la loi de la gravitation universelle, dont on dit qu'elle lui aurait été inspirée par la chute d'une pomme d'un arbre. Newton fit d'autres découvertes importantes concernant la lumière et développa le calcul mathématique.

OERSTED, HANS (1771-1851)

En 1820, le physicien danois Hans Oersted plaça une aiguille de boussole à côté d'un fil électrique où passait du courant. Il constata que l'aiguille se déplaçait, ce qui prouvait que le champ électrique dû au passage du courant produisait également un champ magnétique. Oersted venait de découvrir l'électromagnétisme, qui est exploité dans la plupart des appareils modernes.

OHAIN, HANS-JOACHIM PABST VON (1911-1998)
En 1935, le chercheur allemand Hans-Joachim Pabst von Ohain breveta un moteur à réaction de conception proche de celui de Frank Whittle. En 1939, son concept fut utilisé pour construire le premier avion propulsé par réaction.

OTIS, ELISHA GRAVES (1811-1861)
En 1852, l'inventeur américain Elisha Graves Otis mit au point un ascenseur doté d'un système de régulateur de vitesse qui déclenchait le freinage de secours en cas de rupture du câble principal. Otis démontra la sûreté de son invention en se tenant dans une cabine d'ascenseur tandis que le câble était tranché à la hache.

PIERCE, JOHN R. (1910-2002)
Directeur de recherches aux Laboratoires Bell, John R. Pierce développa, en collaboration avec la NASA, le premier satellite actif de télécommunications. Baptisé *Telstar 1*, ce dernier fut lancé en 1962.

PLUNKETT, ROY J. (1910-1994)
Roy Plunkett était chimiste à la firme DuPont. En expérimentant des réfrigérants, il découvrit par hasard l'un des polymères les plus connus et les plus utilisés : le Teflon®.

ROBERTS, LAWRENCE (1937-)
Travaillant au Massachusetts Institute of Technology (MIT), le Lawrence Robert, relia pour la première fois deux ordinateurs en réseau par un câble téléphonique. Il dirigea ensuite, pour le ministère de la Défense américain, l'équipe qui conçut et développa ARPANET, le précurseur de l'Internet. Le premier réseau de quatre ordinateurs fut mis en fonction en 1969. En 1973, 23 ordinateurs de par le monde étaient interconnectés.

RÖNTGEN, WILHELM (1845-1923)
Le physicien allemand Wilhelm Röntgen découvrit les rayons X en 1895 en constatant qu'un tube à rayons cathodiques rendait luminescent un écran de papier enduit d'un composé de baryum. Le tube produisait des rayons qui faisaient briller le composé. Röntgen les nomma rayons X parce que ces rayons étaient d'une nature inconnue et qu'il ne parvenait pas à leur trouver de dénomination plus appropriée.

RUSSELL, JAMES (1931-)
James Russell, scientifique américain et mélomane averti, était ennuyé de voir combien ses disques vinyle s'usaient rapidement. Il pensa alors qu'un système capable d'enregistrer le son et de le restituer sans contact physique entre ses parties empêcherait l'usure du support d'enregistrement et que le meilleur moyen d'y parvenir était d'utiliser la lumière. À partir de cette idée, il conçut le Compact Disc (CD).

RUTHERFORD, ERNEST (1871-1937)
Le physicien néo-zélandais Ernest Rutherford découvrit qu'un atome n'était pas une particule solide. Il comprit qu'il était constitué d'un centre dense, le noyau, environné d'un nuage d'électrons. Il découvrit plus tard le proton, particule chargée positivement au sein du noyau.

SPENCER, PERCY (1894-1970)
Tandis qu'il travaillait sur un projet de recherche radar, l'ingénieur américain Percy Spencer constata qu'un tube à vide appelé magnétron produisant des micro-ondes faisait fondre une barre de chocolat dans sa poche. Il plaça le magnétron dans une enceinte de métal, inventant le four à micro-ondes.

STAPP, COLONEL JOHN PAUL (1910-1999)
Tandis qu'il effectuait des recherches sur les crashs aériens pour l'Armée de l'Air des États-Unis durant les années 1940 et 1950, le Colonel Stapp commença à appliquer les mêmes techniques pour étudier les accidents d'automobiles. Ses travaux de pionnier permirent de développer la science du crash-test et l'usage de mannequins lors des essais.

TERESHKOVA, VALENTINA (1937-)
À l'origine ouvrière du textile et parachutiste amateur, la cosmonaute soviétique Valentina Tereshkova fut la première femme envoyée dans l'espace. En juin 1963, elle effectua 48 révolutions en orbite autour de la Terre à bord du vaisseau *Vostok 6*. Son vol dura 71 heures.

THOMSON, WILLIAM, LORD KELVIN (1824-1907)
Le mathématicien britannique William Thomson, pionnier de la recherche en thermodynamique, développa le concept du zéro absolu. Avec James Prescott Joule, il découvrit que les gaz refroidissent quand ils sont en expansion : ce que l'on appelle l'effet Joule-Thomson.

TURING, ALAN (1912-1954)
Considéré comme le père de l'informatique, le mathématicien britannique Alan Turing développa les premiers calculateurs électroniques durant la Seconde Guerre mondiale et les codes pour les programmer.

WHITTLE, FRANK (1907-1996)
L'ingénieur anglais Frank Whittle conçut l'idée du moteur à réaction en 1929 et entreprit de le construire. Cependant, le premier avion propulsé par réaction ne prit son envol en Allemagne qu'en 1939. Le modèle de Whittle, précurseur des réacteurs modernes, fut utilisé en aéronautique en 1941.

WRIGHT, WILBUR (1867-1912) ET WRIGHT, ORVILLE (1871-1948)
Les Américains Wilbur et Orville Wright étaient deux frères qui tenaient un magasin de bicyclettes dans l'Ohio, aux États-Unis. Ils étaient également passionnés par l'idée de faire voler l'homme et lisaient tout ce qu'ils pouvaient trouver sur le sujet. Les deux frères construisirent leur propre tunnel de soufflerie pour tester leurs prototypes. Finalement, le 17 décembre 1903, Wilbur et Orville Wright réalisèrent le premier vol soutenu et contrôlé à bord d'un aéroplane propulsé.

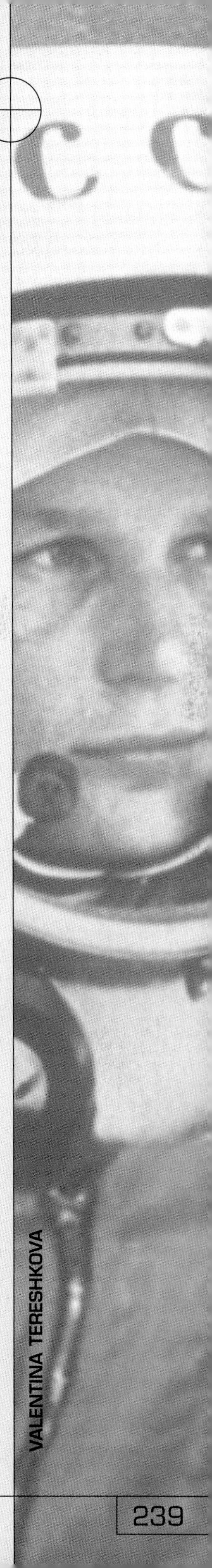

VALENTINA TERESHKOVA

STRUCTURE D'UN ATOME

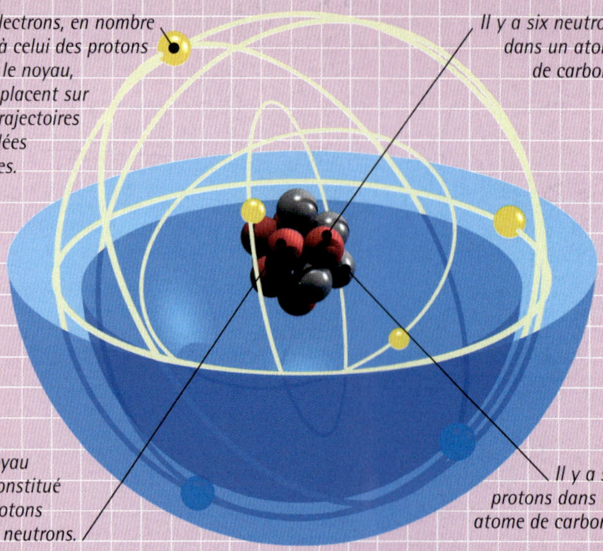

Toute la matière – c'est-à-dire tous les objets solides, les liquides et les gaz que l'on peut voir, entendre, toucher, sentir ou goûter – est constituée de milliards d'éléments microscopiques appelés atomes. L'atome est lui-même composé de particules plus petites, dites subatomiques. Ainsi, il possède en son centre un noyau autour duquel gravitent, à très grande vitesse, les électrons, répartis en plusieurs couches. Le noyau est constitué de protons et de neutrons maintenus étroitement serrés. Ces deux types de particules sont eux-mêmes composés d'autres particules appelées quarks, à leur tour maintenues rassemblées par des gluons. Plus de 200 autres particules subatomiques ont ainsi été découvertes lors d'expériences dans des machines appelées accélérateurs de particules.

Absorption
Phénomène se produisant lorsqu'une matière en capte totalement et en retient une autre. En physique, on parle aussi d'absorption d'énergie, comme celle de la lumière, par exemple.

Accélération
Dans le langage courant, accélérer signifie simplement «aller plus vite». En physique, l'accélération est une modification de la vitesse d'un corps en mouvement, celle-ci pouvant soit augmenter (accélération positive), soit se réduire (accélération négative).

ADN (acide désoxyribonucléique)
Composé chimique présent dans les cellules de tout organisme vivant. Il constitue les chromosomes, porteurs des gènes. L'ADN transporte l'ensemble des informations codées nécessaires à la vie, au développement et au fonctionnement de l'organisme des êtres vivants. Il se transmet à la descendance lors de la reproduction.

Aérodynamique
Étude des mouvements des gaz, et en particulier de l'air, ainsi que du déplacement des objets dans l'air, comme les avions, par exemple.

Aimant
Matériau qui exerce, autour de lui, une force dite magnétique, ayant pour effet d'attirer ou de repousser tout objet ferreux ou un autre aimant. Un aimant présente deux pôles – nord et sud – qui sont les points où la force magnétique est la plus puissante. Les pôles semblables de deux aimants se repoussent ; les pôles opposés s'attirent. Seuls certains matériaux ont des propriétés magnétiques. Ce sont notamment des métaux comme l'acier, le fer, le nickel, le cobalt, certains alliages et certaines céramiques. La magnétite est un minéral naturellement magnétique. Il existe des aimants permanents et d'autres qui peuvent acquérir temporairement leurs propriétés magnétiques.

Alliage
Matériau obtenu en mélangeant un métal avec d'autres métaux ou des éléments non métalliques, tels que le carbone, par exemple. L'alliage possède des propriétés améliorées par rapport au métal seul. Ainsi, l'alliage d'un métal peut augmenter sa robustesse et sa résistance à la corrosion. L'acier inoxydable est un exemple d'alliage.

Amplitude
Hauteur entre le pic et le creux d'une onde, comme une vague marine ou une onde sonore. Une grande amplitude signifie que l'onde transporte beaucoup d'énergie. Par exemple, une onde sonore de forte amplitude a un volume sonore plus élevé qu'une onde de plus faible amplitude.

Analogique
La technologie analogique est l'une des manières d'enregistrer et reproduire des sons et des images. Elle transcrit ceux-ci sous la forme de signaux électriques continus et modulés.

Anticorps
Protéine contenue dans le sang, produite par le système immunitaire de l'organisme en réaction à une première infection. L'anticorps garde la mémoire des agents infectieux et aide à les combattre lors des infections suivantes.

Atome
Toute matière est composée de minuscules particules appelées atomes. L'atome est la plus petite particule dont

peut être composé un élément chimique, c'est-à-dire une substance ne pouvant être décomposée en substances plus simples. Il existe un peu plus d'une centaine d'atomes – donc d'éléments chimiques – différents, chacun étant constitué de particules subatomiques plus petites. Chaque élément est caractérisé par un numéro atomique correspondant au nombre de protons que contient le noyau de ses atomes.

B

Bactérie
Organisme microscopique unicellulaire vivant à l'air libre ou au sein de l'organisme d'autres êtres vivants. Certaines bactéries sont bénéfiques pour leurs hôtes, d'autres provoquent des maladies.

Bande passante
En technologie numérique, quantité maximale de données pouvant circuler dans une connexion dans un temps donné, mesuré généralement en bits par seconde.

Binaire
La technologie numérique convertit tout type de données ne figurant pas déjà sous forme de chiffres – telles que des lettres, des parties d'une image ou des notes musicales – en chiffres codés. Ainsi, la lette A devient 65. Ces chiffres codés sont ensuite convertis en nombres binaires, tel 01000001, qui est le code binaire de 65. Le code binaire est alors transcrit sous la forme d'une suite d'impulsions électriques, une impulsion signifiant 1, l'absence d'impulsion signifiant 0. Ainsi, le nombre 13 se transcrit par la suite [impulsion-impulsion-absence d'impulsion-impulsion] parce que son code binaire est 1101. Dans les ordinateurs, les puces électroniques traitent et stockent les données sous cette forme.

Bit
Le mot «bit» est la contraction des termes anglais *binary digit*, qui signifient «chiffre binaire». C'est la plus petite unité de mémoire utilisable par un ordinateur. Un ordinateur fonctionne avec des signaux électriques qui sont des suites d'impulsions et d'absence d'impulsion. Une suite d'impulsions représente un nombre en code binaire, composé des chiffres 0 et 1. Le bit correspond à l'un des chiffres de ce code binaire. Ainsi, 11010011 est un nombre codé sur 8 bits.

Bluetooth®
Technologie permettant des connexions sans fil entre différents types d'appareils numériques, par transmission radio à courte distance sur deux voies.

C

Capteur photosensible
Composant électronique sensible à la lumière entrant dans la fabrication des scanners, appareils photos et caméras numériques, et sur lequel se forme l'image. Le capteur est composé de millions de photosites qui sont autant de microscopiques photodiodes au silicium, lesquelles produisent un signal électrique variant en fonction de la quantité de lumière reçue.

Carbone
Élément non métallique existant à l'état naturel sous différentes formes. Le diamant est une forme de carbone constituée de cristaux très durs, servant en joaillerie et pour fabriquer des outils d'abrasion. La houille, ou charbon, également constituée de carbone, est un combustible. Le coke est une forme de houille utilisée dans la fabrication de l'acier. Le graphite est également une forme de carbone, solide mais tendre, qui sert dans la fabrication de lubrifiants et de mines de crayon. Le noir de carbone est une fine poudre utilisée dans la fabrication du caoutchouc. Les fibres de carbone servent pour la fabrication de matériaux renforcés tels que métaux ou plastiques.

Cellule photovoltaïque
Appelée aussi cellule solaire, il s'agit d'un appareil de conversion d'énergie qui capte les rayons lumineux et les transforme directement en courant électrique. On l'appelle également photodiode, car il s'agit d'un composant électronique ne laissant passer le courant électrique que dans un seul sens, et qui fonctionne lorsqu'il est frappé par les photons des rayons solaires. Les cellules solaires sont fabriquées dans un matériau semiconducteur, le silicium, et constituent les unités de base des panneaux solaires.

Centre de gravité
Point sur lequel la masse totale d'un objet s'équilibre. En physique, on considère que toutes les forces qui s'exercent sur un objet, notamment la gravité, s'appliquent en son centre de gravité. Le centre de gravité déterminant le point d'équilibre, il est possible de porter un objet large, tel qu'un plateau ou une planche, d'une seule main en la plaçant juste sous son centre de gravité.

Chaleur (ou énergie calorique)
Forme d'énergie déterminant la température des objets. Tous les corps, qu'ils soient froids ou chauds, renferment une certaine quantité de chaleur car les particules (atomes et molécules) qui les composent sont en mouvement. Plus celles-ci bougent vite, plus l'objet est chaud. Lorsqu'on applique de la chaleur à un objet, le mouvement de ses particules est accéléré. Si les particules ralentissent, l'objet perd de la chaleur et se refroidit. L'énergie calorique se transmet toujours du plus chaud vers le plus froid. La chaleur peut être produite de plusieurs manières, par friction, par combustion et par un courant électrique.

Champ magnétique
Région autour d'un aimant dans laquelle s'exerce sa force magnétique. Deux aimants s'attirent ou se repoussent lorsque leurs champs magnétiques se rencontrent. En chaque point d'un champ magnétique, l'aimant exerce une force dans une direction déterminée, suivant des lignes de force formant des boucles reliant ses deux pôles. Un fil électrique est également enveloppé d'un champ magnétique lorsque le courant y circule.

Charge électrique
Chaque atome possède un nombre égal d'électrons, chargés négativement, et de protons, chargés positivement. L'atome est donc électriquement neutre.

Si les atomes qui constituent un objet perdent des électrons, l'objet acquiert une charge électrique positive. La quantité de charge dépend du nombre d'électrons qui sont perdus ou acquis.

Circuit intégré

Couramment appelé puce électronique, c'est un composant électronique qui réunit, en circuit sur une très petite surface, l'équivalent de milliers de composants électroniques miniaturisés tels que diodes, transistors, résistances, condensateurs, etc. Il est le plus souvent gravé dans une pièce de matériau semiconducteur, généralement du silicium. Il existe une grande variété de circuits intégrés, capables d'effectuer un nombre impressionnant d'opérations électroniques complexes par seconde.

Combustion

Réaction chimique entre un carburant et l'oxygène, qui s'accompagne de la production de chaleur et, généralement, de lumière. Un matériau capable d'entrer en combustion, c'est-à-dire de brûler, est dit inflammable. Pour cela, il doit être chauffé jusqu'à atteindre son point de combustion, température à laquelle il s'enflamme. À ce moment, une réaction chimique se produit entre le matériau et l'oxygène de l'air. Ce processus libère de la chaleur, laquelle maintient une température suffisamment élevée pour entretenir la combustion jusqu'à ce que toute la matière combustible ait été brûlée.

Composé

Un composé est une substance constituée par la combinaison de deux éléments chimiques ou plus. Chaque élément y figure en proportion définies, lié de manière bien précise aux autres éléments pour former des molécules ou des structures plus grandes combinant plusieurs molécules. Le nom chimique d'un composé précise les éléments qui le constituent. Ainsi, le sel de table a pour nom chimique «chlorure de sodium», ce qui indique qu'il contient du chlore et du sodium. Les propriétés d'un composé peuvent être très différentes de celles de ses éléments constituants. Le sodium est un métal tendre, le chlore un gaz. Absorbés séparément par l'organisme, tous deux sont toxiques, combinés dans le sel, ils jouent un rôle important pour la santé.

Compression

Action consistant à appliquer une force sur une substance pour la restreindre à un espace plus petit. Lorsqu'un gaz est comprimé, sa pression augmente. Lorsqu'un solide est comprimé, des forces au cœur du solide s'opposent à la compression. Ce sont ces forces qui déterminent la résistance du solide.

Compression de données

Technique permettant d'encoder des données numériques de façon à ce qu'elles tiennent moins de place.

Conduction

Transmission de proche en proche de la chaleur ou de l'électricité. Lorsqu'une barre de métal est chauffée en un point, les atomes qui la constituent commencent à vibrer plus vite. En s'entrechoquant, ils heurtent d'autres atomes proches et les mettent en mouvement. Ainsi, la chaleur se transmet peu à peu à toute la barre. Un matériau qui conduit la chaleur de cette manière est un conducteur thermique. Un phénomène similaire se produit avec l'électricité qui est transmise par les électrons sous la forme de courant et l'on parle alors de conducteur électrique. La conductivité exprime la facilité avec laquelle la chaleur ou l'électricité se diffusent à travers un matériau. Toutes deux se transmettent facilement et rapidement à travers les matériaux de haute conductivité, par exemple les métaux, qui sont, à l'inverse, de mauvais isolants.

Conservation de l'énergie

La loi de conservation de l'énergie établit que dans un système, la quantité totale d'énergie reste constante. Un système est tout ce qui contient ou utilise de l'énergie, par exemple une ampoule électrique. L'énergie de la lumière additionnée à celle de la chaleur produite par l'ampoule, est égale à l'énergie électrique qu'elle consomme. Cela est dû au du fait que l'énergie ne peut jamais être créée ni être détruite ; elle ne peut que changer d'une forme à une autre. Cette loi ne s'applique toutefois pas à la production d'énergie nucléaire, dans laquelle la masse se transforme en énergie.

Couleur

Les couleurs de l'arc-en-ciel – rouge, orange, jaune, vert, bleu, indigo et violet – forment le spectre de la lumière visible par l'homme. Ces couleurs se différencient par là longueur d'ondes de la lumière qui les compose. Le rouge possède la plus grande longueur d'onde, l'indigo la plus courte. La couleur des objets est due soit à de la lumière qu'ils émettent, comme les feux de circulation, soit à de la lumière qu'ils réfléchissent. Ainsi, l'herbe apparaît verte parce qu'elle absorbe toutes les longueurs d'ondes lumineuses sauf celle du vert, qu'elle renvoie.

Courant électrique

Flux de charges électriques à travers une substance. Une charge électrique ne peut circuler qu'à travers un matériau conducteur, comme un fil de cuivre. Il faut pour cela qu'une force électromotrice, ou tension, s'applique aux électrons dans le conducteur. Les électrons ont une charge négative, or deux charges électriques de même signe se repoussent. De fait, un électron repousse les électrons qui l'entourent. Lorsqu'il saute d'un atome à l'autre sous l'effet de la force électromotrice, il force les électrons voisins à sauter vers l'atome suivant. Le phénomène se reproduit de proche en proche, transmettant ainsi le courant électrique le long du fil.

Cristal

Solide dont les particules sont organisées en structure régulière et symétrique. Certains éléments, comme l'iode, forment des cristaux. Beaucoup de composés en forment également lorsqu'ils ne sont pas dissous. Par exemple, si on laisse de l'eau salée exposée à l'air, à mesure que l'eau s'évapore, le sel qu'elle contient se dépose en minuscules cristaux blancs. La plupart des composés en fusion forment également des cristaux lorsqu'ils se solidifient. Le procédé de formation des cristaux est appelé cristallisation. Lorsque le cristal se forme, les atomes, les ions ou les molécules s'assemblent en un réseau géométrique appelé treillage. Le cristal se développe à mesure que d'autres ions, atomes ou molécules viennent s'adjoindre au treillage. La structure géométrique du treillage détermine la forme du cristal.

Cristaux liquides
Substances ayant des propriétés intermédiaires entre celles d'un liquide et celles d'un solide cristallisé. Lorsqu'un courant électrique les traverse, les cristaux prennent une orientation qui varie avec l'intensité du courant. Leurs applications sont nombreuses. On les trouve notamment dans certains écrans plats (LCD) où ils agissent comme de petits obturateurs pour faire varier l'intensité lumineuse des pixels constituant l'image.

D

Détecteur, ou capteur
Appareil conçu pour déceler des modifications de chaleur, de pression, de champ magnétique, de mouvement, de vitesse, de vibration, etc., et mesurer le degré de ces modifications. La plupart émettent des signaux électriques servant à faire fonctionner des systèmes de contrôle.

Détergent
Produits chimiques obtenus à partir du pétrole, constituant les liquides et les poudres nettoyantes. Les molécules de détergents se lient aux particules de saleté grasse et les emportent avec elles au rinçage.

Diode électroluminescente (DEL)
Diode – composant électronique pouvant soit transmettre, soit bloquer un courant électrique – produisant de la lumière. L'illumination est due à un mouvement d'électrons dans un matériau semiconducteur. Les DEL se rencontrent dans de nombreux appareils. Elles sont employées comme voyants lumineux. Les télécommandes sont équipées de DEL qui convertissent des signaux électriques en signaux de contrôle infrarouges invisibles.

É

Échantillonnage
Processus de transformation d'un signal analogique en une série de données chiffrées lors de sa conversion en signal numérique.

Électro-aimant
Type d'aimant fonctionnant avec l'électricité. Il est constitué d'un bobinage de fil électrique autour d'une barre de fer. Lorsqu'un courant électrique circule dans le bobinage, le fer s'aimante.

Électrochimie
Branche de la chimie qui utilise l'électricité. L'électricité joue un rôle dans toutes les réactions chimiques car les atomes contiennent des particules chargées électriquement. De fait, on peut produire ou faire intervenir des courants électriques dans des réactions chimiques. Ainsi, une batterie produit un courant électrique par une réaction chimique. Par ailleurs, grâce à un courant électrique, on peut, grâce à l'électrolyse, dissocier un composé pour obtenir les éléments qui le constituent.

Électrode
Contact métallique par lequel passe le courant lorsqu'il est relié à un circuit électrique. Il peut s'agir de l'anode (borne positive) ou de la cathode (borne négative) d'une batterie.

Électrolyte
Substance non métallique qui, en solution, conduit le courant par le déplacement d'ions (atomes ou groupes d'atomes porteurs d'une charge électrique) au lieu de simples électrons.

» LE NUMÉRIQUE

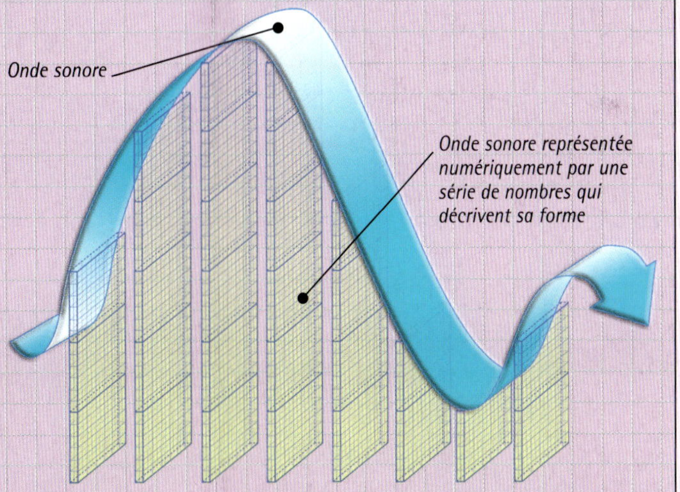

La technologie numérique, ou digitale, permet d'enregistrer, de stocker et de lire des informations représentées par des nombres. Ainsi, la musique peut être transcrite sous forme numérique. Un microphone convertit d'abord les sons en signaux électriques analogiques, qui sont mesurés des milliers de fois par seconde par un ordinateur. Ces mesures sont alors reproduites par des séries de nombres qui décrivent la forme des ondes sonores. Ces nombres, exprimés en code binaire, représentent une mesure de la hauteur des ondes sonores à un moment donné. La technologie numérique permet de stocker et manipuler des données sous forme électronique. Elles peuvent être codées pour des raisons de sécurité, ou comprimées afin qu'elles tiennent moins de place en mémoire. Les données peuvent aussi être transférées entre divers supports (appareils photos, scanners, lecteurs, ordinateurs, etc.) sans perte de qualité.

Électron
Particule microscopique se déplaçant en orbite autour du noyau d'un atome. Les électrons ont une charge électrique négative. Dans le noyau, figurent, en nombre égal à celui des électrons, des protons, qui ont une charge électrique positive. Électrons et protons s'équilibrent et, de fait, un atome est électriquement neutre. S'il perd ou gagne un électron, les charges sont déséquilibrées et il devient un ion, chargé électriquement.

Énergie
L'énergie est la propriété d'un système capable de produire du travail. Il existe différents types d'énergie. Lorsqu'un phénomène, quel qu'il soit, a lieu, de l'énergie est présente, initialement sous une forme, et souvent convertie sous une autre forme. Ainsi, dans un moteur électrique, l'énergie électrique devient de l'énergie cinétique, ou énergie de mouvement.

Énergie cinétique
Énergie acquise par un objet ou une particule sous l'effet d'un mouvement ou d'une vibration. Plus le mouvement est rapide, plus l'objet acquiert d'énergie cinétique. À l'inverse, celle-ci décroît lorsqu'il ralentit.

Énergie électrique
Énergie des électrons en mouvement dans un courant électrique circulant dans un fil conducteur relié à une batterie. Lorsqu'on utilise de l'électricité, l'énergie électrique est transformée en une autre forme d'énergie, par exemple de la lumière dans une ampoule, ou de l'énergie cinétique dans un moteur électrique.

Engrenage
Paire ou série de roues dentées assemblées de telle sorte que la rotation de l'une entraîne la rotation des autres. Les engrenages transmettent une force et un mouvement. Les roues dentées sont généralement de tailles différentes et s'entraînent directement entre elles ou par l'intermédiaire de chaînes ou de courroies. Une grosse roue entraîne une petite roue dans une rotation moins puissante mais plus rapide. Une petite roue entraîne une grande roue dans une rotation plus puissante mais moins rapide. Les engrenages permettent également de modifier la direction du mouvement qu'ils transmettent.

Fibre optique
Mince fibre de verre dans laquelle voyagent les rayons lumineux. Elle est enveloppée d'une couche d'un verre différent qui renvoie la lumière vers le cœur de la fibre afin qu'elle ne puisse s'échapper et se disperser par les côtés. La fibre optique est utilisée pour transporter des signaux lumineux laser dans les câbles téléphoniques. Elle constitue également le tube flexible des endoscopes, utilisés en médecine pour obtenir des images de l'intérieur de l'organisme.

Filament
Mince fil de tungstène enroulé situé à l'intérieur d'une ampoule électrique à incandescence. Échauffé par le courant électrique qui le traverse, le filament devient blanc et se met à briller. L'ampoule est remplie d'un gaz non réactif, tel que l'azote ou l'argon, pour empêcher le filament de brûler, comme il le ferait à l'air libre.

Flottabilité
Capacité d'un objet à flotter dans un fluide liquide ou gazeux. Lorsqu'un bateau est posé sur l'eau, le liquide applique sur lui une force de bas en haut appelée poussée d'Archimède. Cette poussée est due à la pression de l'eau, qui est plus forte sous le bateau qu'à la surface. Un bateau flotte parce que cette poussée équilibre parfaitement, et donc annule son poids, qui tend à l'entraîner vers le fond de l'eau. La flottabilité d'un objet est liée à sa capacité à déterminer cette poussée lorsqu'il est plongé dans le fluide. Les corps solides ont une flottabilité accrue si leur densité est faible.

Fluorescence
Capacité de certaines molécules à absorber la lumière d'une longueur d'onde donnée et de la ré-émettre sur une plus grande longueur d'onde. Les peintures fluorescentes captent la

» LA GÉNÉTIQUE

Tout organisme doit son existence à un code chimique contenu dans des molécules d'acide désoxyribonucléique, ou ADN, présentes dans le noyau de ses cellules. L'ADN a une structure torsadée en double hélice et forme de longues chaînes appelées macromolécules. Il en existe plusieurs dans chaque cellule, chacune formant un chromosome. Mise à plat, une macromolécule d'ADN ressemble à une échelle dont les barreaux sont constitués par quatre composés chimiques appelés bases, assemblés deux à deux. Tout le code très complexe de la vie tient dans cette particularité : ce sont les séquences selon lesquelles les bases se succèdent qui forment les gènes. Les gènes sont les instructions qui pilotent la fabrication des protéines dont sont constitués les tissus vivants et qui leur permettent d'assurer leurs fonctions. Une cellule humaine renferme de 50 000 à 100 000 gènes différents, codant chacun pour un caractère.

lumière de différentes couleurs ou les rayons ultraviolets invisibles et émettent de la lumière d'une couleur unique. Cette lumière est généralement beaucoup plus vive qu'une lumière réfléchie de même longueur d'onde.

Force
Une force est la cause physique du mouvement, de la modification du mouvement ou de la déformation d'un objet. Elle peut se manifester sur l'objet par une poussée, une traction, une torsion, une rotation, un étirement ou une compression, par une accélération, une décélération ou un changement de direction. Lorsque les forces qui agissent sur un objet s'annulent, on dit que l'objet est en équilibre.

Force centrifuge
Force s'exerçant sur tout mobile en mouvement circulaire et qui l'éloigne de son axe de rotation. Un véhicule dans un virage tend à être éjecté vers l'extérieur de la courbe par la force centrifuge. On utilise ce principe dans les machines à laver pour séparer l'eau du linge lors de l'essorage. Par ailleurs, la force centrifuge est proportionnelle à la masse des corps sur lesquels elle s'applique. Placer un mélange dans une cuve en rotation rapide permet d'en séparer les composants, les éléments les plus lourds étant éjectés vers l'extérieur avec plus de force.

Fréquence
Nombre de cycles complets qu'effectue un phénomène répétitif et régulier dans un temps donné. Le terme s'applique le plus souvent à une onde (ou vibration). La fréquence d'une onde est le nombre de cycles complets qu'elle effectue par seconde. Elle se mesure en hertz (Hz).

Frottement
Force prenant naissance à la surface de contact entre deux objets en mouvement l'un par rapport à l'autre. Le frottement crée une force opposée à la direction du mouvement, provoquant un ralentissement ou un arrêt de celui-ci et l'émission de chaleur. La quantité de frottement dépend de la texture des surfaces en contact et des forces qui les pressent l'une contre l'autre. Les surfaces irrégulières sont celles qui provoquent le plus de frottements.

Gaz
Matière dans un état où elle ne présente ni forme ni volume défini. Les particules qui composent un gaz sont très éloignées les unes des autres. Les forces qui les attirent ne sont pas assez puissantes pour les maintenir en place ; elles peuvent donc se déplacer librement et rapidement dans toutes les directions. N'ayant pas de forme ni de volume défini, un gaz s'étale et occupe la totalité du volume du récipient qui le contient.

Gaz rares
L'hélium, le néon, l'argon, le krypton, le xénon et le radon sont les gaz rares. Ce sont des gaz non réactifs, ce qui signifie qu'ils ne réagissent pas, ou très peu, avec d'autres éléments pour former des composés. On les appelle aussi gaz inertes ou gaz nobles. Ils composent environ 1 % de l'atmosphère terrestre et sont employés surtout en éclairage.

Gel
Substance de texture gélatineuse composée d'un liquide uniformément réparti dans un solide.

Génétique
Science qui étudie la manière dont les caractères héréditaires sont transmis entre les générations d'êtres vivants, et la manière dont les gènes, porteurs de ces caractères, influent sur les organismes au cours de leur existence.

GPS (Global Positioning System)
Système de navigation et de positionnement par satellites. Des récepteurs à la surface de la Terre communiquent avec plusieurs satellites. Les orbites de ces derniers, dont les paramètres sont connus, permettent de déterminer précisément la position du récepteur à la surface de la Terre.

Gravité
Force d'attraction s'exerçant entre tous les objets ayant une masse. En fait, tous les corps exercent une force de gravité, mais celle-ci n'est significative que lorsque l'objet a une masse importante, comme une planète, une lune ou une étoile. La gravité décroît à mesure que la distance entre les corps augmente.

Gyroscope
Roue montée dans un système d'anneaux constituant un berceau permettant à la roue de prendre n'importe quelle orientation. Lorsque la roue est mise en rotation rapide, elle conserve son orientation initiale, quels que soient les mouvements du berceau qui la soutient. Les gyroscopes servent de stabilisateurs pour maintenir l'équilibre d'objets en mouvement. Ils servent également comme appareils de navigation car, lorsque l'on bloque le berceau de telle façon que l'axe du gyroscope ne puisse se déplacer que dans le plan horizontal, la roue du gyroscope s'oriente vers le nord.

Hypertexte
Système utilisé dans les pages du World Wide Web pour relier entre eux les divers documents mis « en ligne » par des liens appelés hyperliens. En cliquant sur un mot, une phrase ou des images dans la page consultée, on accède à d'autres pages et d'autres sites.

Incandescence
Émission de lumière par une substance chaude. La couleur de la lumière produite dépend de la température atteinte par la substance. Cette couleur passe d'abord par le rouge, puis le jaune et le blanc à mesure que la température augmente. C'est le phénomène qui se produit dans le filament de tungstène des ampoules électriques ordinaires.

Inertie
Force s'appliquant sur tout objet et qui tend à résister à une modification de son mouvement. À cause de son inertie, un objet en mouvement tend à poursuivre son mouvement en ligne droite, et un objet immobile à rester immobile. Ainsi, lorsqu'une voiture freine subitement, le corps des passagers poursuit son mouvement vers l'avant. Il faut l'action de la ceinture de sécurité pour le retenir sur son siège. L'inertie est proportionnelle à la masse ;

plus un objet est massif, plus son inertie est grande.

Infrarouge
Lorsqu'un objet chaud irradie sa chaleur, il produit un rayonnement infrarouge. Il s'agit du rayonnement qui transporte l'énergie calorique. Certaines télécommandes utilisent un faisceau infrarouge de faible intensité pour envoyer des signaux de contrôle. La thermographie utilise les rayonnements infrarouges pour produire des images permettant de distinguer les parties chaudes et froides d'un objet.

Intelligence artificielle
Capacité d'un ordinateur à «raisonner» et à prendre des décisions de manière similaire à un être humain.
Un ordinateur doté d'intelligence artificielle est capable d'évaluer ses propres performances et de trouver les moyens de les améliorer. Ainsi, pour jouer aux échecs, par exemple, un ordinateur intelligent, contrairement à un ordinateur simplement programmé pour respecter les règles du jeu, apprendra au cours de chaque partie afin de mieux jouer la fois prochaine.

Internet
Réseau constitué de millions d'ordinateurs de par le monde, reliés par les lignes de communication téléphoniques. Pour communiquer, les ordinateurs utilisent un protocole (ensemble de règles) de transmission appelé TCP/IP. Le réseau Internet offre l'accès à une très large gamme d'informations et de ressources dans le monde entier.

Ion
Atome ou groupe d'atomes porteur d'une charge électrique. Lorsque des atomes acquièrent des électrons, ils forment des ions de charge négative, ou anions. Lorsque des atomes perdent des électrons, ils forment des ions de charge positive, ou cations.
De nombreux composés sont constitués d'ions rassemblés par des liaisons ioniques. Les charges électriques qui relient les ions entre eux sont très puissantes. De fait, la plupart des liaisons ioniques sont difficiles à briser.

Ionisation
Formation d'ions au cœur d'une matière. Elle se produit lorsque les composés se dissolvent ou fondent, mais peut aussi intervenir sous l'effet de rayonnements ou, dans les gaz, par chauffage à une température suffisamment élevée. Une réaction chimique se produit souvent lorsque les ions se recombinent.

Isolant
Matériau conduisant très peu la chaleur ou l'électricité. Le bois, les plastiques, le liège et l'air comptent parmi les isolants.

Laser
Appareil générant un rayon de lumière de très haute énergie. Pour le produire, on stimule un milieu émetteur, constitué par un solide, un liquide ou un gaz, au moyen d'un courant électrique ou d'une source de lumière. Cet apport d'énergie excite ses atomes. Sous l'effet d'une nouvelle excitation lumineuse, ces derniers libèrent subitement leur énergie en excès en produisant de la lumière. Cette lumière vient frapper d'autres atomes du milieu émetteur, qui émettent à leur tour de la lumière. Des miroirs concentrent la lumière à l'intérieur de la source laser et, ainsi, se met en place une cascade d'émissions lumineuses. Celle-ci finit par jaillir à travers l'un des miroirs, qui est semi-transparent. Les ondes laser, très concentrées, sont émises sous forme de faisceau étroit et vibrent toutes à la même cadence, contrairement aux ondes de lumière normale, qui ne vibrent pas à la même cadence et se dispersent sur de vastes surfaces.

Lumière
La lumière est une forme d'énergie. Elle se comporte à la fois comme une onde et comme un phénomène constitué de particules – appelées photons – en déplacement. Elle circule à 299 792,458 km/s, la plus grande vitesse connue dans l'Univers, théoriquement impossible à dépasser. La lumière est un rayonnement électromagnétique. Elle est composée de longueurs d'ondes que l'œil humain détecte sous la forme de couleurs dont le spectre va du rouge à l'indigo en passant par toutes les couleurs de l'arc-en-ciel. L'homme sait produire de la lumière grâce à l'électricité, notamment, mais notre source de lumière la plus importante est le Soleil. Sans ses rayons lumineux, la vie sur Terre n'existerait pas.

Luminescence
Phénomène se produisant lorsque des objets absorbent de l'énergie autre que de la chaleur et la transforment en énergie lumineuse. L'organisme des insectes comme les vers luisants produit de la lumière par transformation d'énergie chimique. Les écrans cathodiques des ordinateurs et des télévisions contiennent des matériaux luminescents qui s'illuminent lorsqu'ils sont frappés par des faisceaux d'électrons.

Mémoire vive, ou RAM
Partie de la mémoire d'un ordinateur dont le contenu est modifié en permanence durant l'utilisation. Elle est fournie par des barrettes portant des circuits intégrés qui chargent des données et des instructions provenant des disques durs, CD, DVD, mémoires flash, ainsi que du clavier et autres moyens de contrôle. D'accès instantané, la mémoire vive permet à l'ordinateur de travailler très rapidement, mais toutes ses données sont perdues lorsqu'elle n'est plus alimentée en électricité, c'est-à-dire lorsqu'on éteint l'ordinateur.

Micro-ondes
Gamme d'ondes électromagnétiques de courte longueur d'onde, servant notamment dans les liaisons vidéos et téléphoniques. Les fours à micro-ondes les utilisent également pour faire cuire et réchauffer rapidement les aliments par excitation des molécules d'eau au cœur même de la nourriture.

Microprocesseur
Type le plus complexe de circuit intégré qui concentre dans une unique puce de silicium le potentiel de calcul de tout un ordinateur. Il réunit en effet l'ensemble des composants électroniques constituant une unité centrale

DANS UN ORDINATEUR

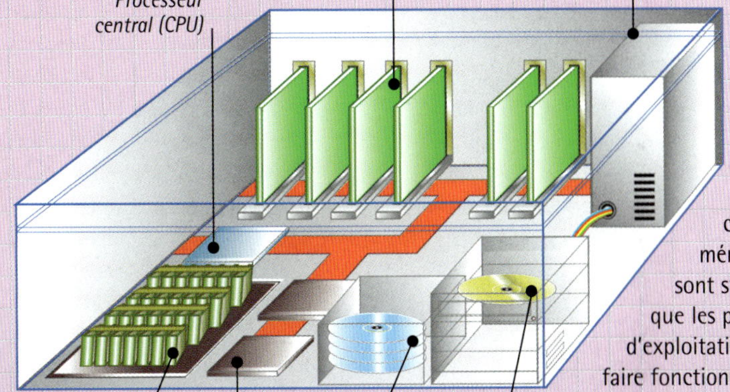

Toutes les tâches qu'effectue un ordinateur sont supervisées par le processeur central (CPU), constitué d'un ou plusieurs microprocesseurs. La mémoire est le support de stockage des données. Il existe : une mémoire vive, ou RAM, qui sert à stocker les informations dont l'ordinateur a besoin pour traiter les opérations en cours ; une mémoire morte, ou ROM, qui renferme des données permanentes, non modifiables, nécessaires à l'ordinateur pour démarrer, par exemple ; enfin une mémoire de masse, constituée par les disques durs, cartes de mémoire flash, CD et autres DVD, sur lesquels sont stockés les données de travail ainsi que les programmes informatiques. Le système d'exploitation est le logiciel de base qui permet de faire fonctionner l'ordinateur et crée l'interface entre l'utilisateur et la machine. La carte mère, sur laquelle est insérée le processeur central, constitue le circuit électronique principal de l'ordinateur. On y associe des cartes audio et des cartes graphiques pour piloter les sons et l'affichage des images à l'écran.

de traitement informatique. C'est donc la pièce maîtresse d'un ordinateur, qui prend en charge les calculs et contrôles permettant d'exécuter les programmes informatiques et d'afficher les données traitées à l'écran.

Molécule
Structure formée par deux atomes ou plus qui se sont liés entre eux. Il s'agit parfois d'atomes d'un même élément. Par exemple, deux atomes d'oxygène (notés O) se lient pour former une molécule d'oxygène (O_2). Il s'agit souvent d'atomes de différents éléments. Ainsi, un atome d'oxygène (O) se lie à deux atomes d'hydrogène (H) pour former une molécule d'eau (H_2O). Les molécules peuvent être très simples, contenant seulement quelques atomes, ou incroyablement complexes, constituées de milliers d'atomes de divers éléments liés entre eux. Les molécules sont extrêmement petites. Une seule goutte d'eau en contient plus qu'il n'existe de grains de sable sur une grande plage.

Moteur à combustion interne
Moteur qui fonctionne en brûlant un carburant dans une enceinte. Le carburant, gazéifié, est chauffé et se dilate. La pression du gaz dilaté entraîne le mouvement des parties mobiles du moteur, transformant l'énergie calorique en énergie cinétique.

Moteur électrique
Machine utilisant l'électricité pour produire du mouvement. Le moteur contient un bobinage de fil conducteur, suspendu dans un champ magnétique produit par un aimant ou un électro-aimant. Lorsqu'un courant électrique circule dans le bobinage, il crée son propre champ magnétique. Les deux champs magnétiques alors en présence s'attirent ou se repoussent, provoquant la rotation de la bobine qui entraîne l'axe du moteur.

Multiplexage
Technique permettant d'envoyer simultanément deux signaux ou plus, issus de deux canaux ou plus, dans un même conducteur de sorte qu'ils ne forment qu'un seul signal de sortie, par exemple pour faire circuler plusieurs programmes de télévision numérique dans un câble unique.

Numérique
En communication et en informatique, le terme numérique se réfère à une méthode d'encodage des données reposant sur l'utilisation du système binaire, composé uniquement de zéros et de uns.

Numérisation
Processus de conversion de signaux analogiques en données numériques, par exemple pour transformer une photo en code binaire afin de l'afficher sur un ordinateur.

Octet
Un ordinateur stocke les données en les convertissant en longues séquences de nombres binaires. Ces nombres binaires sont

exprimés en signaux de code binaire appelés bits. Chaque nombre est composé d'une suite de huit bits constituant un octet. La capacité d'une unité de mémoire, telle qu'une barrette de mémoire vive (ou RAM) ou un disque dur, se mesure par la quantité d'octets qu'elle est capable de stocker. De la même manière, la taille d'un fichier informatique s'exprime par le nombre d'octets qui le constituent. Un kilo-octets (Ko) est constitué de 1 024 octets, un méga-octet (Mo) de 1 048 576 octets, et un giga-octet (Go) de 1 073 741 824 octets.

Onde radioélectrique
Gamme d'ondes électromagnétiques utilisée pour transmettre les signaux de radio et de télévision. Lorsqu'on fait passer un signal électrique d'une certaine fréquence par un émetteur radio, celui-ci produit une onde radio de fréquence différente du signal d'origine. Les émissions de radio utilisent la gamme basse des fréquences radio tandis que les émissions de télévision utilisent des fréquences plus hautes.

Onde sonore
Vibrations qui se produisent dans une matière lorsqu'elle est traversée par le son. On entend la voix d'une personne parce que les ondes sonores, ou ondes acoustiques, qu'elle émet voyagent dans l'air depuis la bouche vers l'oreille. Une source sonore est une source de vibrations transmettant son mouvement au milieu qui l'environne. Elle provoque, dans les molécules de matière autour d'elle, une succession de surpressions, séparées d'autant de zones de dépression. Ces suites de perturbations forment des ondes qui se propagent en transmettant leur mouvement de proche en proche aux molécules voisines. La vitesse de propagation des ondes sonores dans l'air est d'environ 340 m/s, soit 1 225 km/h.

Optique
Étude de la lumière et de la façon dont les rayons lumineux voyagent et constituent des images. Les images se forment lorsque les rayons lumineux sont réfléchis par des miroirs et déviés (ou réfractés) par des lentilles.

Oscillation
Mouvement répété sans cesse autour d'un point fixe. Un pendule, par exemple, oscille en se balançant de part et d'autre de son point de suspension. La gravité attire le pendule vers le bas, l'accélérant lorsqu'il se trouve au sommet de sa trajectoire, et le ralentissant lorsqu'il remonte vers son sommet opposé. Le terme d'oscillation se réfère également à une variation régulière entre une valeur maximale et une valeur minimale, comme la tension d'un courant électrique alternatif, par exemple. Une vibration est une oscillation rapide sur une courte distance. Par exemple, une corde de guitare vibre quand on la pince.

Paquet de données
Unité de données numériques formatée pour la transmission sur un réseau comme l'Internet. Ainsi, le protocole TCP/IP divise les fichiers en petits paquets de données qui sont ensuite envoyés sur le réseau. Chaque paquet est identifié par un numéro et inclut l'adresse Internet de son destinataire. Les paquets peuvent ainsi emprunter différentes connexions ; ils seront rassemblés à l'arrivée pour reconstituer le fichier original.

Phosphorescence
Phénomène se produisant lorsqu'une substance absorbe de l'énergie et la ré-émet sous forme de lumière. Les peintures phosphorescentes agissent

» LES LOIS DU MOUVEMENT

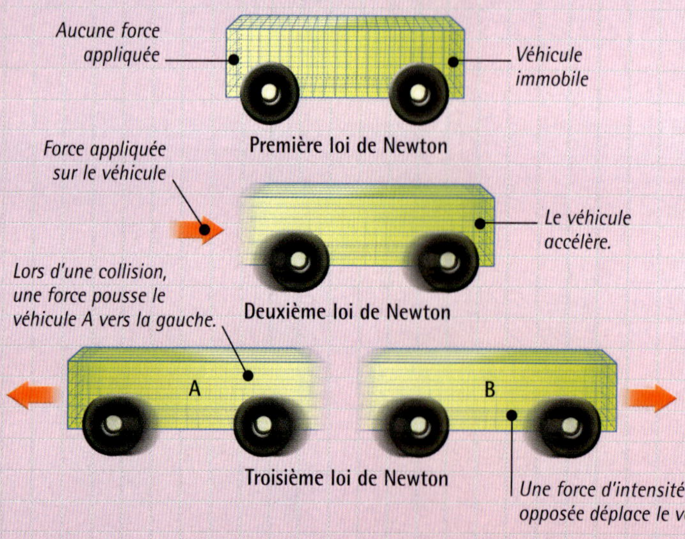

En 1687, le savant anglais Isaac Newton énonça trois lois du mouvement. Ces lois expliquent et décrivent la façon dont les corps se déplacent. La première dit qu'un corps sur lequel ne s'applique aucune force reste immobile ou bien, s'il était animé d'un mouvement initial, continue de se déplacer en ligne droite à vitesse constante. La deuxième loi du mouvement établit que lorsqu'une force s'applique sur un objet, celui-ci, selon les cas, sera mis en mouvement, accélérera, ralentira ou changera de direction. Selon la troisième loi, tout objet exerçant une force sur un autre objet subit, de la part de ce dernier, une force d'intensité égale et de sens opposé. C'est le principe de l'action-réaction.

ainsi, stockant l'énergie de la lumière du jour et brillant ensuite dans le noir.

Photon
Particule élémentaire constituant un rayonnement électromagnétique, notamment la lumière visible. En fait, le photon constitue l'une des manifestations physiques de l'énergie électromagnétique. Les physiciens considèrent en effet que celle-ci se manifeste également sous forme d'ondes, ces deux façons d'interpréter les rayonnements pouvant, tour à tour, rendre compte des phénomènes constatés lors des expériences ou par calculs mathématiques.

Piézoélectricité
Courant électrique produit par certains cristaux lorsqu'ils sont compressés ou mis en vibration. Les montres électroniques contiennent des cristaux de quartz qui, excités, produisent un signal électrique oscillant suffisamment précis et régulier pour fournir une base de calcul de l'écoulement du temps.

Piston
Pièce mécanique coulissant dans un cylindre creux, permettant de convertir une force de pression en mouvement ou inversement. Un moteur à explosion contient plusieurs pistons. Lorsque l'un d'eux remonte sous l'effet du mouvement transmis par la bielle, il comprime les gaz au-dessus de lui. Lorsqu'il redescend, poussé par la pression d'explosion des gaz, il renvoie le mouvement à la bielle, entretenant ainsi la rotation du moteur.

Pixel
Abréviation des termes anglais *picture element*, signifiant « élément d'image ». C'est la plus petite unité graphique que les logiciels et les écrans d'ordinateurs utilisent pour reproduire les images. Chaque pixel est un minuscule carré de couleur, individuellement indécelable à l'œil nu. La juxtaposition de milliers ou de milliards de pixels constitue l'image.

Poulie
Roue à gorge autour de laquelle passe une corde, un câble ou une chaîne, facilitant le déplacement d'une charge en divisant la force nécessaire pour la soulever. Un système de poulies permet de réduire l'effort à fournir dans des proportions variant selon le nombre de poulies. L'une des extrémités de la corde est attachée à la charge et l'on tire sur l'autre pour actionner le système.

Poussée
Dans le cas d'un avion ou d'un vaisseau spatial, force s'appliquant vers l'avant générée par les réacteurs ou les propulseurs. Dans un hélicoptère, tout ou partie de la poussée est fourni par le rotor principal.

Pression
Quantité de force exercée par unité de surface. On exerce une pression quand on appuie sur un objet. La pression dépend de l'intensité de la force exercée et de la surface sur laquelle elle est exercée : elle est plus forte quand la surface est petite, et plus faible quand la surface est grande. Un fluide (liquide ou gaz) exerce une pression sur le récipient qui le contient et sur les objets qui y sont immergés. Lorsque l'on plonge sous l'eau, par exemple, la pression augmente à mesure que la profondeur s'accroît car le poids de l'eau située au-dessus du plongeur augmente.

Prisme
En optique, bloc de verre utilisé pour dévier la trajectoire d'un rayon lumineux. Un prisme adéquat permet de dissocier la lumière en ses différentes composantes lumineuses. Ainsi, la lumière blanche peut être décomposée en rouge, orange, jaune, vert, bleu, indigo et violet, qui forment le spectre de l'arc-en-ciel. Le prisme réfracte (dévie) chaque longueur d'onde lumineuse selon un angle légèrement différent, ce qui a pour effet de séparer les couleurs.

Protocole
Ensemble de règles qui gouvernent la manière dont les données sont échangées entre des systèmes d'ordinateurs. Par exemple, le protocole HTTP définit le format des communications entre les navigateurs et les serveurs Internet. Les protocoles permettent de dissocier les données pour une transmission plus rapide et de les rassembler à la réception.

Rayons X
Radiation électromagnétique de très courte longueur d'onde. On peut la produire grâce à un tube cathodique, dans lequel un faisceau d'électrons vient heurter une cible métallique, provoquant l'émission par celle-ci de rayons X. Les rayons X traversent les matières peu denses et sont arrêtés par les matières plus denses, permettant la radiographie.

Réacteur
Moteur produisant une éjection de gaz à très grande vitesse. Beaucoup d'avions militaires, la plupart des avions commerciaux et de nombreux hélicoptères sont propulsés par des réacteurs. La combustion du carburant provoque une éjection d'air et d'autres gaz chauds à l'arrière du moteur, générant une poussée vers l'avant. Un turboréacteur est un réacteur pourvu d'une large soufflante (hélice) à l'entrée. La soufflante projette un surplus d'air dans la turbine qui, s'ajoutant aux gaz éjectés à l'arrière, produit un surcroît de poussée.

Réaction
Les forces vont par paires. Lorsque l'une effectue une action, l'autre applique une réaction en sens inverse. Ainsi, un objet posé sur une table appuie sur celle-ci à cause de son poids. La table lui applique, en réaction, une force égale mais de sens opposé. C'est la troisième loi de Newton sur le mouvement.

Réaction chimique
Dans une réaction chimique, les atomes des éléments qui composent les substances en présence se réorganisent pour former de nouvelles substances, lesquelles contiennent les mêmes atomes mais combinés différemment. Par exemple, lorsque l'on fait griller du pain, une réaction chimique se produit. Le pain contient des hydrates de carbone, des composés renfermant les éléments carbone, hydrogène

et oxygène. Sous l'effet de la chaleur, les hydrates de carbones du pain se transforment en carbone, qui se dépose sous la forme d'une matière noire. De l'eau, fabriquée par l'hydrogène et l'oxygène, se forme également et s'échappe sous forme de vapeur.

Réflexion

Phénomène se produisant lorsque des rayons lumineux frappant une surface sont renvoyés par celle-ci dans une autre direction. Tout objet ne produisant pas lui-même de la lumière est visible par l'œil humain parce qu'il réfléchit (renvoie) la lumière du soleil ou d'un éclairage artificiel. Les objets clairs réfléchissent plus de lumière que les objets sombres.

Réfraction

Phénomène se produisant lorsque des rayons lumineux sont déviés en pénétrant dans un milieu différent. La réfraction se produit parce que la lumière change de vitesse en changeant de milieu. Par exemple, la lumière est ralentie lorsqu'elle passe de l'air dans le verre. Ses rayons changent de direction à partir de la frontière entre les deux milieux.

Rendement

Mesure de la quantité d'énergie qu'une machine transforme en travail utile. Par exemple, une ampoule électrique ayant un bon rendement convertit la majeure partie de l'électricité qu'elle consomme en lumière et non en chaleur.

S

Satellite géostationnaire

Satellite effectuant une révolution complète autour de la Terre en 24 heures, et qui semble donc en position fixe dans le ciel.

Semiconducteur

Matériau dont on peut faire varier la conductivité électrique pour laisser passer une quantité variable de courant, voire l'arrêter complètement. La plupart des composants électroniques, comme les diodes et les transistors, sont fabriqués dans des semiconducteurs comme le silicium. Cela permet de produire et de traiter des signaux électriques.

Serveur

Ordinateur dont la fonction, dans un réseau, est de stocker les données et de gérer les ressources du réseau. Un serveur de fichiers stocke des fichiers et les met à disposition des autres ordinateurs. Un serveur d'impression contrôle une ou plusieurs imprimantes et les listes de documents à imprimer.

Spectre lumineux

Suite de bandes de couleurs lumineuses qui se forment quand la lumière blanche est décomposée par un prisme. Lorsque la lumière pénètre dans le prisme, elle est séparée en faisceaux variant selon les longueurs d'ondes qui les composent. Ils vont du rouge, dont les longueurs d'onde sont les plus longues, au violet, dont les longueurs d'ondes sont les plus courtes. Un prisme crée un spectre lumineux en réfractant (déviant) les différentes longueurs d'ondes selon des angles différents. Le spectre de la lumière visible correspond aux couleurs de l'arc-en-ciel. Il se produit dans l'air lorsque la lumière du Soleil est réfractée par des gouttes de pluie.

Statoréacteur

Forme la plus simple de réacteur sans aucune pièce mobile, constitué d'une simple tuyère mais nécessitant, pour fonctionner, des vitesses élevées.

T

Télémétrie

Mesure automatique des distances au moyen d'appareils de télécommunication tels que les satellites.

Tension

Aussi appelée force électromotrice, c'est la force qui provoque le déplacement des électrons dans un courant électrique. Elle est produite par une source d'énergie électrique comme une batterie.

>> LE SPECTRE ÉLECTROMAGNÉTIQUE

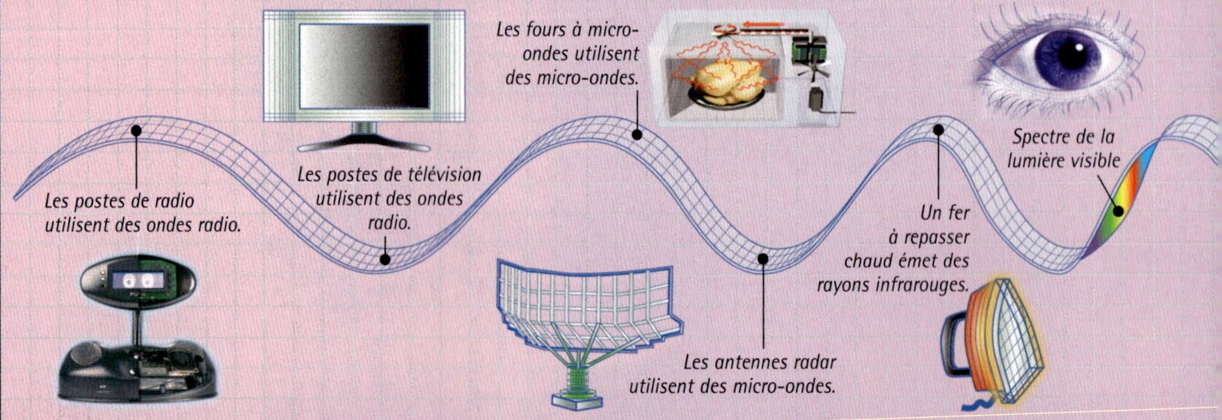

Traînée

Résistance naturelle due au frottement de l'air ou de l'eau sur un appareil comme une voiture, un avion ou un bateau en mouvement. La traînée augmente avec la vitesse. Pour vaincre la traînée, un véhicule doit recourir à la poussée fournie par ses moteurs. Une silhouette aéro- ou hydrodynamique contribue à réduire la traînée.

Transistor

Composant électronique agissant comme interrupteur et amplificateur du courant électrique. Les transistors jouent un rôle important dans les ordinateurs et les amplificateurs de signaux. Ils sont constitués de trois pièces de matériau semiconducteur. La pièce centrale est appelée la base, les deux pièces externes l'émetteur et le collecteur. Le courant principal qui traverse le transistor est modifié par un signal parvenant à la base. Ce signal peut être un apport ou un retrait d'électrons. Ce mouvement d'électrons affecte le passage du courant dans le transistor, modifiant la conductivité de ce dernier et l'amplitude du courant.

Transpondeur

Appareil automatique qui reçoit, amplifie et retransmet des signaux de télécommunication sur diverses fréquences. En aéronautique, un transpondeur est également un appareil qui émet un signal prédéterminé en réponse à la réception d'un autre signal prédéterminé. Il permet l'identification et le contrôle des appareils en vol par les aiguilleurs aériens.

Ultraviolets

Rayonnement (ou radiation) électromagnétique de longueur d'onde plus courte que la lumière visible. Le Soleil est la source de rayons ultraviolets (UV) la plus puissante, mais on peut aussi les produire artificiellement. Ils sont utilisés à des fins très diverses dans l'industrie et en médecine, par exemple pour provoquer une fluorescence ou pour tuer des bactéries.

URL (Uniform Resource Locator)

Adresse d'un site Internet sur le World Wide Web.

Vibration

Oscillation rapide sur une courte distance. Par exemple, une corde de guitare entre en vibration quand on la pince. Le son est une vibration qui se propage en faisant vibrer les molécules dans lesquelles il se déplace.

Vitesse

Notion physique correspondant à la distance parcourue par un objet en fonction du temps. On l'exprime couramment par un nombre de kilomètres parcourus en une heure. Ainsi, la vitesse moyenne d'une personne qui marche est de 5 kilomètres-heure (5 km/h). Celle des véhicules motorisés terrestres peut varier de quelques dizaines à plusieurs centaines de kilomètres-heure. Lorsque les vitesses sont très élevées, comme celles des vaisseaux spatiaux ou des objets célestes, on les exprime plutôt en mètres ou kilomètres par seconde (m/s ou km/s).

Vitesse de la lumière

Vitesse de déplacement de la lumière et de tous les rayonnements électromagnétiques. Elle est de 299 792,458 km/s dans le vide spatial. La théorie de la relativité restreinte d'Albert Einstein établit qu'il s'agit d'une vitesse impossible à dépasser pour toute forme de matière.

World Wide Web

Système constitué par l'ensemble des ordinateurs personnels et serveurs reliés à Internet dans le monde entier mettant à disposition sur le Réseau mondial, les pages des sites Internet consultables par les logiciels navigateurs. Ces pages sont formatées en langage HTML (HyperText Markup Language) et permettent d'afficher du texte et des images.

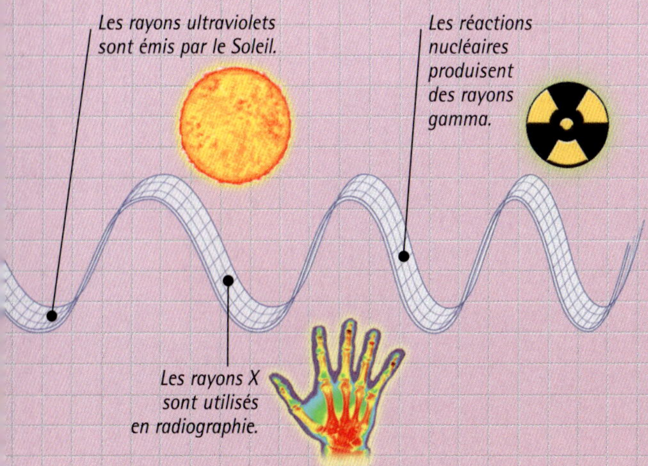

Les ondes d'énergie électromagnétique, qui comprennent les ondes radio, les micro-ondes, les rayons infrarouges, la lumière visible, les ultraviolets, les rayons X et gamma, se déplacent à travers l'espace et la matière. Chacune possède une longueur d'onde différente, ce qui fait qu'elle est porteuse d'une quantité plus ou moins importante d'énergie qui lui confère des propriétés particulières. L'ensemble de la gamme des ondes électromagnétiques est appelé « spectre électromagnétique ». Le spectre lumineux, visible par l'œil humain et constitué par les couleurs de l'arc-en-ciel, constitue une partie du spectre électromagnétique. Toutes les autres ondes sont invisibles. Les infrarouges, les micro-ondes et les ondes radio ont une plus grande longueur d'onde et transportent moins d'énergie que la lumière visible. Les rayons ultraviolets, X et gamma, de longueur d'onde plus courte, transportent plus d'énergie et, à dose plus ou moins forte, peuvent être dangereux pour les êtres vivants.

Les numéros **en gras** indiquent les entrées principales d'index faisant l'objet d'un titre de double-page.

Index

Iconographie et remerciements

L'éditeur souhaite remercier :

Kate Scarborough, Clive Wilson, Fergus Day, Carey Scott, Lynn Bresler, Polly Boyd, Hilary Bird, Tim Ridley, Robin Hunte, Spencer Holbrook et Cendrine Seguin.

H.R. (Bart) Everett, Robotics Group, SPAWAR Systems Center; Hagen Diesterbeck, adidas-Salomon AG; Colin Crawford, PURE Digital ; Emma Halcox, Independence Technology UK ; Karen Hawkes, Graham Hawkes et Adam George Wright, Deep Flight; Nicholas Batten, Autostadt; The Master Locksmiths Association; Henrietta Pinkham, LVMH.

L'éditeur souhaite remercier les personnes physiques et morales l'ayantaimablement autorisé à reproduire leurs photographies :

Abréviations :
g = gauche ; d = droite ; h = haut ; b = bas ; c = centre ; A = au-dessus ; E = en dessous.

Alamy = Alamy Images ; DK = DK Images ; Getty = Getty Images ; Rex = Rex Features ; SPL = Science Photo Library

1 Avec l'aimable autorisation d'Apple Computer, Inc. : X-ray by Gusto. **2-3** Alamy : Stockshot (2) ; Avec l'aimable autorisation d'Apple Computer, Inc. : X-ray by Gusto (Fond) ; Avec l'aimable autorisation de NEC Corporation, Japan (www.incx.nec.co.jp/robot/) : (3) ; SPL : Du Cane Medical Imaging Ltd (6) ; Gusto (4) ; Pasieka (1), (5). **8-9** DK : cg ; SPL : GE Medical Systems hcd ; Gusto c ; NOAA bg ; Tom Barrick, Chris Clark, SGHMS bd. **10-11** Avec l'aimable autorisation d'Adidas. Adidas, le logo Adidas et la marque aux 3 bandes sont des marques déposées du groupe Adidas-Solomon, utilisées avec son aimable autorisation. Les logos 1 et Interface sont des marques déposées du groupe Adidas-Solomon, utilisées avec son aimable autorisation : hc ; DK : bc ; SPL : Alfred Pasieka cg ; Andrew Syred hg ; Dr Gary Settles bd. **12-13** © The Boeing Company : (6) ; Corbis : Lawrence Manning (3) ; Richard Cummins (5) ; DK : (2) ; Pure Digital, une division de Imagination Technologies : (1) ; SPL : Pasieka (4). **14-15** Corbis : George B Diebold. **16-17** Corbis : Charles O'Rear bd ; Libre de droits bd (insert), cd ; National Geographic Image Collection : Bruce Dale g ; SPL : Andrew Syred cdA, hcg ; Dick Luria bcd. **18-19** Avec l'aimable autorisation de Motorola : Photographies de Kate Bradshaw, Phil Letsu, Louise Thomas ; SPL : Cordelia Molloy bc. **20-21** Corbis : Lawrence Manning g ; SPL : Ed Young bcd ; Maximilian Stock Ltd cd. **22-23** Pure Digital, une division de Imagination Technologies. **24-25** DK : g ; Dave King, avec l'aimable autorisation de The Science Museum, London bd. **26-27** Alamy : worldthroughthelens hcd ; Avec l'aimable autorisation d'Archos : bg ; Corbis : Steve Chenn hg ; Avec l'aimable autorisation de Garmin (Europe) Ltd : bd ; SPL : D Roberts c. **28-29** DK : Andy Crawford hd ; SPL : CNRI hcd (fermé), hcd (ouvert) ; Hank Morgan g. **30-31** Rex : hd ; SPL : Mehau Kulyk hcd ; Avec l'aimable autorisation de Takara Co., Ltd : g ; Avec l'aimable autorisation de Japan Acoustic Laboratory d. **32-33** SPL : Mark Maio cg ; Mehau Kulyk bcg ; Pasieka d. **34-35** Alamy : Phil Degginger cdE ; Corbis : Richard Cummins g ; National Geographic Image Collection : Bill Curtsinger bcd. **36-37** Corbis : Libre de droits hcd ; SPL : bd ; John Greim cd ; Mike Miller hcg ; NCSA, University of Illinois bc. **38-39** Alamy : The Garden Picture Library cE ; DK : Will Long et Richard Davies de Oxford Scientific Films bd. **40-41** Avec l'aimable autorisation de Tholos Systems Communication GmbH. **42-43** © The Boeing Company : h ; NASA : (STS41D-36-034) bcg. **44-45** Alamy : IMAGINA The Image Maker. **46-47** Avec l'aimable autorisation d'Adidas. Adidas, le logo Adidas et la marque à 3 bandes sont des marques déposées du groupe Adidas-Solomon, utilisées avec son aimable autorisation. Les logos 1 et Interface sont des marques déposées du groupe Adidas-Solomon, utilisées avec son aimable autorisation : (1) ; Avec l'aimable autorisation d'Apple Computer, Inc. : X-ray by Gusto (6) ; Avec l'aimable autorisation de HEAD : (2) ; Avec l'aimable autorisation de Microsoft : (3) ; SPL : Dr Jeremy Burgess (5) ; Gusto (4). **48-49** SPL : Andrew Syred. **50-51** Avec l'aimable autorisation d'Adidas. Adidas, le logo Adidas et la marque à 3 bandes sont des marques déposées du groupe Adidas-Solomon, reproduites avec son aimable autorisation. Les logos 1 et Interface sont des marques déposées du groupe Adidas-Solomon, reproduites avec son aimable autorisation **52-53** Getty : Adam Pretty g ; SPL : Gusto bd. **54-55** Avec l'aimable autorisation de HEAD ; SPL : Lawrence Lawry bcd. **56-57** Alamy : plainpicture hcd ; StockShot g ; Corbis : David Stoecklein hcdd ; Getty : Donald Miralle hd. **58-59** Corbis : Duomo hcd ; Mike King cdA ; Tim de Waele cd ; Getty : Stone / Nicholas Pinturas g ; Avec l'aimable autorisation de University of Sheffield, Sports Engineering Research Group : bd. **60-61** SPL : Dr Jeremy Burgess bc, bd ; Eye of Science cd, hcd ; Avec l'aimable autorisation de TYR Sport Inc. : hg. **62-63** Avec l'aimable autorisation de Fuji. **64-65** The Advertising Archive : hcg ; Avec l'aimable autorisation de Microsoft : c. **66-67** Alamy : Angie Sharp hcd ; SPL : Gusto d. **68-69** SPL : Dr Jeremy Burgess g ; Philippe Plailly bd. **70-71** Avec l'aimable autorisation d'Apple Computer, Inc. : bg ; X-ray by Gusto d. **72-73** Corbis : Bo Zaunders cg ; Pierre Merimee bcg ; Getty : Image Bank bd ; Image Bank / Frans Jansen hcd ; Photographed's Choice / Rhydian Lewis hg. **74-75** SPL : Hugh Turvey d. **76-77** Alamy : Redferns Music Picture Library bg ; Simon Belcher cE ; Getty : Taxi / Mel Yates cgE ; SPL : Dr Jeremy Burgess cdE ; Gusto h. **78-79** Corbis : Images.com c ; SPL : Dr Gary Settles d. **80-81** SPL : Andrew Syred. **82-83** Avec l'aimable autorisation de Dyson : (5) ; Avec l'aimable autorisation de NEC Corporation, Japan (www.incx.nec.co.jp/robot/) : (6) ; SPL : Andrew Syred (3) ; Gusto (4) ; Hugh Turvey (2) ; Avec l'aimable autorisation de TAG Heuer : (1). **84-85** Corbis : Richard Hamilton Smith. **86-87** DK : Steve Gorton et Gary Ombler cd ; SPL : g ; Andrew Syred cdA, hd ; Scott Camazine / K Visscher cdE ; Susumu Nishinaga cAd, cA. **88-89** SPL : Hugh Turvey h ; Lawrence Lawry bcg, cgE. **90-91** Alamy : Kim Karpeles hd ; SPL : Andrew Syred bd. **92-93** SPL : Martyn F Chillmaid hd ; Avec l'aimable autorisation de TAG Heuer. **94-95** Alamy : f1 online bd ; SPL : Clive Freeman, The Royal Institution g. **96-97** Corbis : Ecoscene / Chinch Gryniewicz bg ; SPL : Bruce Frisch d. **98-99** SPL : Alfred Pasieka cd ; Dr Arthur Tucker hg ; Gusto bd ; Hugh Turvey hd ; Tony McConnell bcg. **100-101** SPL : Gusto g ; Avec l'aimable autorisation du NASA/WMAP Science Team : bd. **102-103** SPL : Gusto. **104-105** Alamy : Ace Stock Limited cEg ; Douglas Armand bcg ; Design : Corpo Nove et Mauro Taliani ; Development : Grado Zero Espace : bg ; Avec l'aimable autorisation de Dassault Aviation : cA ; Getty : Stone / Greg Pease bd ; Autorisation NASA/JPL-Caltech : cgA, hd. **106-107** Alamy : Marco Regalia hg ; Corbis : Morton Beebe hcd ; Wolfgang Kaehler cd ; SPL : Alan Sirulnikoff cg ; Still Pictures : Martha Cooper bd. **108-109** Getty : Stone / David Arky c ; SPL : Sandia National Laboratories bd. **110-111** Alamy : f1 online / Andy Ridder cgE ; SPL : Andrew Syred b ; Eye of Science hcd. **112-113** NASA : Goddard Space Flight Center (GL-2002-002528) bcg ; SPL : Dr Gary Settles c. **114-115** Corbis : Brownie Harris bcg ; SPL : Gusto d. **116-117** Avec l'aimable autorisation de Dyson. **118-119** Corbis : Reuters / Eriko Sugita bd ; Avec l'aimable autorisation de NEC Corporation, Japan (www.incx.nec.co.jp/robot/) : c. **120-121** SPL : ministère de l'énergie des États-Unis. **122-123** European Space Agency : AOES Medialab (6) ; Autorisation NASA/JPL-Caltech : (PIA82679) (1) ; Avec l'aimable autorisation de Rolls-Royce Group pgc : (5) ; SPL : Dr Gary Settles (3) ; Gusto (4) ; Avec l'aimable autorisation de Toyota (GB) PLC : (2). **124-125** Corbis : William Whitehurst. **126-127** Alamy : Steven May bd ; DK : Andy Crawford cdE ; Avec l'aimable autorisation de Ducati : cdA, hd ; SPL : Gusto g. **128-129** Corbis : Ecoscene / Amanda Gazidis hd ; Avec l'aimable autorisation de Toyota (GB) PLC : c. **130-131** Jaguar Daimler Heritage Trust. **132-133** NASA : Langley Research Center (EL-1994-00681) bcg ; SPL : Bruce Frisch hg ; Eye of Science hcd ; James King-Holmes bd ; Sinclair Stammers cg. **134-135** DK : © Mercedes Benz bd ; Getty : Image Bank / Romilly Lockyer hd ; SPL : James King-Holmes bcg. **136-137** Avec l'aimable autorisation d'Autostadt GmbH, Wolfsburg, Germany : bg, c ; SPL : Pascal Goetgheluck hd. **138-139** Avec l'aimable autorisation d'Independence Technology (R-U). **140-141** Alamy : Kevin Foy c ; Getty : Lonely Planet Images / Jean-Bernard Carillet hd. **142-143** Alamy : Stephen Frink Collection hcd ; © 2005 Jay Wade, jaywade.com : Avec l'aimable autorisation de Deep Flight Submersibles b. **144-145** © Mark Wagner / aviation-images.com : bcd, bcdd, bd, h ; Corbis : D Robert & Lorri Franz hd. **146-147** Corbis : Stuart Westmorland bcg ; Avec l'aimable autorisation de Rolls-Royce Group pgc : c. **148-149** Corbis : bd ; SPL : Dr Gary Settles g ; NASA bcd. **150-151** Corbis : Reuters / Molly Riley bcd ; Sygma / Photopress Washington cdE ; Avec l'aimable autorisation de L-3 Communications, Aviation Recorders : g. **152-153** Alamy : Ace Stock Limited hc ; ImageState bcg ; Wesley Hitt hcd ; Corbis : Sygma / Alain Nogues bd ; Getty : Stone / Matthew McVay cd. **154-155** Corbis : Sygma / Durand Patrick cdE ; Getty : Stone / Adrian Neal cdA ; Courtesy NASA/JPL-Caltech : (PIA02679) c ; SPL : Planetary Visions Ltd cg. **156-157** NASA : JSC (STS071-741-004). **158-159** European Space Agency : AOES Medialab cg, d ; CNES/ARIANESPACE-Service Optique CSG, 2004 bg. **160-161** Getty : Stone / Louise Bencze. **162-163** Corbis : Roger Ressmeyer (6) ; DK : (2) ; SPL : Andrew Syred (1) ; NOAA (5) ; Pasieka (3) ; Avec l'aimable autorisation de Victorinox, Suisse : (4). **164-165** SPL : Tek Image. **166-167** Corbis : Bettmann bcd ; SPL : Andrew Syred g. **168-169** Avec l'aimable autorisation d'Apple Computer, Inc. **170-171** Getty : Junko Kimura hg ; SPL : Pasieka c. **172-173** DK : Geoff Dann, Avec l'aimable autorisation de Lorraine Electronics Surveillance hd ; Avec l'aimable autorisation de Victorinox, Suisse : g. **174-175** Avec l'aimable autorisation de Fraunhofer-Gesellschaft, Allemagne : bd ; Rex : g. **176-177** SPL : Susumu Nishinaga g ; Avec l'aimable autorisation de Xerox. Xerox est une marque déposée de Corporation : hd. **178-179** Corbis : George B Diebold g ; SPL : James Holmes bd. **180-181** Corbis : David Pollack hd ; Pascal Goetgheluck (www.goetgheluck.com) : bcg ; SPL : Gusto c ; James King-Holmes hcg ; Mauro Fermariello bd. **182-183** DK : g ; Rex : Andrew Dunsmore bd. **184-185** Rex : Sipa Press. **186-187** Alamy : Robert Harding Picture Library cgA ; Image Avec l'aimabe autorisation de Space and Naval Warfare Systems Center, San Diego. **188-189** Corbis : Roger Ressmeyer c ; SPL : Colin Cuthbert bg. **190-191** Corbis : George Hall. **192-193** SPL : Astrid & Hanns-Frieder Michler cd ; Eye of Science bcg, hcd ; Pascal Goetgheluck bd ; Volker Steger hc. **194-195** SPL : Chris Butler cg ; NOAA c. **196-197** SPL : Geoff Tompkinson. **198-199** Rex : (5) ; SPL : Alfred Pasieka (1) ; Du Cane Medical Imaging Ltd (2), (3) ; Tom Barrick, Chris Clark, SGHMS (4) ; Zephyr (6). **200-201** SPL : A.B. Dowsett. **202-203** SPL : cg, cd ; CNRI hcd ; GE Medical Systems bcd ; Simon Fraser c. **204-205** SPL : Sovereign, ISM bg ; Tom Barrick, Chris Clark, SGHMS c. **206-207** Corbis : Roger Ressmeyer cAd ; SPL : Alfred Pasieka g ; NASA hcd. **208-209** Corbis : Anthony Bannister ; Gallo Images bgA ; Avec l'aimable autorisation d'Intuitive Surgical, Inc. : cEg, cg ; Rex : d ; SPL : Peter Menzel bcg. **210-211** Avec l'aimable autorisation de Abiomed / Jewish Hospital / University of Louisville : bd ; SPL : Du Cane Medical Imaging Ltd g. **212-213** SPL : Antonia Reeve hd ; David M. Martin, M.D. cd ; Du Cane Medical Imaging Ltd g. **214-215** Empics Ltd : Agence de presse européenne d ; Getty : Ker Robertson cg ; Phil Cole cd ; SPL : James King-Holmes bg. **216-217** SPL : Dr Gopal Murti bd ; Mauro Fermariello g. **218-219** SPL : Andrew Syred hd ; Astrid & Hanns-Frieder Michler cdE ; Dr Goran Bredberg hc ; Steve Gschmeissner bg, bd. **220-221** SPL : hd ; R. Maisonneuve, Publiphoto Diffusion cdE. **222-223** SPL : Dr Jeremy Burgess c ; Dr Kari Lounatmaa hd. **224-225** SPL : Zephyr. **226-227** SPL : Alfred Pasieka c ; Mona Lisa Production bcg. **228-229** SPL : Roger Harris. **236-237** Corbis : Leonard de Selva g ; SPL : Novosti d. **238-239** Corbis : Bettmann d ; Rex : **239** g. **240-241** SPL : Volker Steger g, d. **242-243** SPL : Dr Jeremy Burgess g, d. **244-245** SPL : Alfred Pasieka g, d, cEg. **246-247** Avec l'aimable autorisation d'Apple Computer, Inc. : X-Ray by Gusto g, d. **248-249** SPL : John Greim g, d. **250-251** Avec l'aimable autorisation d'Apple Computer, Inc. : X-ray by Gusto g, d. Getty : Taxi / Lester Lefkowitz bcd ; Pure Digital, une division de Imagination Technologies : bg. **252-253** DK : g, d. **254-255** DK : g, d. **256** DK. **Endpapers** : Avec l'aimable autorisation d'Apple Computer, Inc. : X-ray by Gusto. **Jacket** : Avec l'aimable autorisation d'Apple Computer, Inc. : X-ray by Gusto.

FireWire, iPod et PowerBook sont des marques déposées de Apple Computer, Inc., déposées aux États-Unis et dans les autres pays.

100 % Technologique est un livre publié de manière indépendante qui n'a été en aucune manière autorisé, financé ou validé par les personnes ou les sociétés qui se trouvent citées dans ces remerciements.

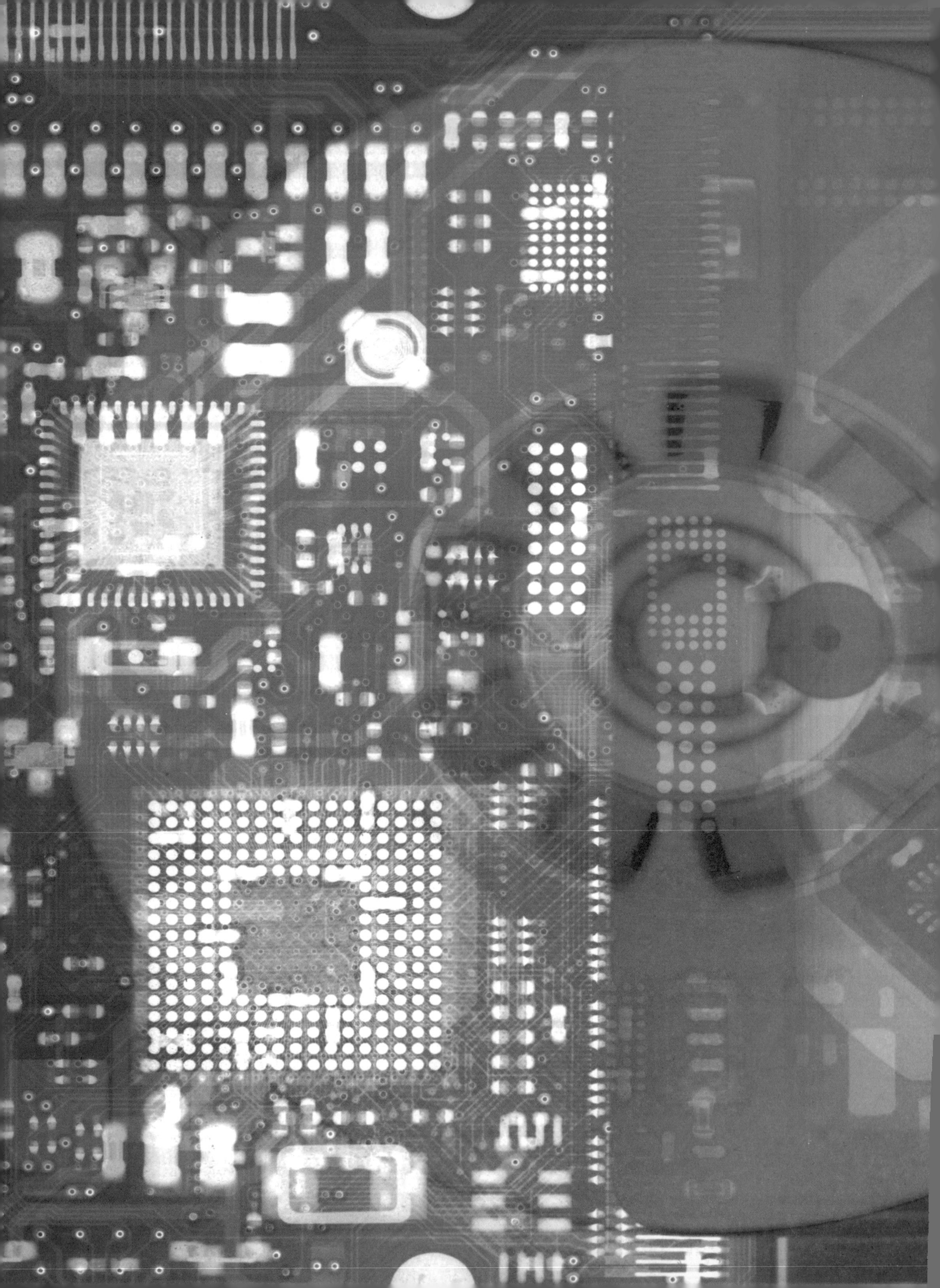